U0344089

李传日 总译

第2卷 Volume 2

机械冲击

Mechanical Shock

[法] 克里斯蒂安·拉兰内（Christian Lalanne） 著

袁宏杰 主译

国防工业出版社

·北京·

原书书名:Mechanical Shock
by Christian Lalanne
原书书号:ISBN 978-1-84821-645-7

著作权合同登记　图字:军-2016-154号

图书在版编目(CIP)数据

机械冲击/(法)克里斯蒂安·拉兰内(Christian Lalanne)著;袁宏杰主译. —北京:国防工业出版社,2021.4
(机械振动与冲击分析)
书名原文:Mechanical Shock
ISBN 978-7-118-11951-0

Ⅰ.①机… Ⅱ.①克… ②袁… Ⅲ.①力学冲击 Ⅳ.①TB301.2

中国版本图书馆 CIP 数据核字(2020)第 226075 号

※

国防工业出版社出版发行
(北京市海淀区紫竹院南路 23 号　邮政编码 100048)
三河市腾飞印务有限公司印刷
新华书店经售

*

开本 710×1000　1/16　印张 20¼　字数 342 千字
2021 年 4 月第 1 版第 1 次印刷　印数 1—2000 册　定价 120.00 元

国防书店:(010)88540777　　书店传真:(010)88540776
发行业务:(010)88540717　　发行传真:(010)88540762

序

欣悉北航几位有真知灼见的教授们翻译了一套《机械振动与冲击分析》丛书,我很荣幸先睹为快。本人从事结构动强度专业方面的工作50多年,看了译丛后很是感慨,北航的教授们很了解我们的国情和结构动强度技术领域发展的行情,这套丛书的出版对国内的科研人员来说确实是雪中送炭,非常及时。

仔细了解了这套丛书的翻译出版工作,给我强烈的感受有3个特点。

(一) 实。这套丛书的作者是法国人 Christian Lalanne,曾在法国国家核能局担任专家,现在是 Lalanne Consultant 的老板。他从事振动和冲击分析方面的研究咨询工作超过40多年,也发表了多篇高水平学术论文。本丛书的内容是作者实际工作和理论分析相结合的产物,既不是单纯的理论陈述,又不是单纯的试验操作,而是既有理论又有实践的一套好书,充分体现出的一个特点就是非常"实",对具体工作是一种实实在在的经验指导。

(二) 全。全在哪呢? 一是门类全,一般冲击和振动经常是分开谈的,而本丛书既有冲击又有振动,一起研究;二是过程全,从单自由度建模开始到单自由度各种激励下的响应,从各种载荷谱编制再到各种载荷激励下的寿命估算,进一步制定试验规范,直到试验,可以说是涵盖了结构动力学的全过程;三是内容全,从基本概念到各种具体方法,内容几乎覆盖了机械振动与冲击的所有方面。本丛书共有5卷,第1卷专门介绍正弦振动,第2卷介绍机械冲击分析,第3卷介绍随机振动,第4卷介绍疲劳损伤的计算,第5卷介绍基于剪裁原则的规范制定方法。

(三) 新。新在什么地方? 还要从我国航空工业发展现状说起。20世纪90年代以前,振动、冲击等内容尚未列入飞机设计流程中去,飞机设计是以静强度、疲劳强度设计为主,而振动、冲击只作为校核的内容,在设计之初并不考虑,而是设计制造完在试飞中去考核,没问题作罢,有问题再处理、排除。由于众多型号研制中出现的各种振动故障问题,大大延误了研制进度,而在用户使用中出现的振动故障,则引起大面积的停飞,影响出勤率、完好率,有的甚至还发生机毁的二等事故,因此,从90年代开始,我国航空工业部门从事振动与冲击分析的技术人员开始探索结构动力学的早期设计问题。经过“十五”到“十二五”3个“五年计划”的预研和型号实践总结，国内相继出版了几本关于振动与冲击方面的专著，本丛书和这些图书相比，有以下几点属于新颖之处：

(1) 在寿命评估方面，本丛书是将载荷用随机、正弦振动或冲击表示，然后计算系统的响应，再根据裂纹扩展的基本原理分析其扩展过程与系统响应的应力之间的关系，最后给出使用寿命的计算。业内研究以随机载荷居多，正弦振动和冲击载荷下的寿命估算较少，特别是塑性应变与断裂循环次数的关系以及基于能量耗散的疲劳寿命等论述都是值得我们借鉴和参考的。

(2) 本丛书认为：不确定因子可定义为在给定概率下，单元最低强度和最大应力之间的关系，即强度均值减去×倍强度标准差与应力均值加上×倍应力标准差之比；试验因子可定义为试验样本量无法无穷大，通过试验评估的均值只能落在一个区间内，为保证强度均值大于某个值（不确定因子乘以环境应力均值，即强度必须达到的最低要求）而增加的一个附加因子即试验因子。试验严酷度就变为试验因子乘以不确定因子再乘以环境应力均值。

这两个概念和我国GJB 67A—2008中的两个概念，即不确定系数和分散系数，有一定相似但又有区别。GJB 67A中，不确定系数又称安全系数，是可能引起飞机部件和结构破坏的载荷与使用中作用在飞机部件或结构上的最大载荷之比，对结构来说，不确定系数是用该系数乘以限制载荷得出极限载荷的导数值；分散系数是用于描述疲劳分析与试验结果的寿命可靠性系数，它与寿命的分布函数、标准差、可靠性要求和载荷谱密切相关，它是决定飞机寿命可靠性的指标。因此，本丛书和国内目前执行的规范以及有关研究所出版的相关书籍完全可以起到互为补充、互为借鉴。

(3) 本丛书内容涉及黏滞性阻尼和非线性阻尼的瞬态和稳态响应问题，这是业内研究振动分析中的一大难点，本丛书提出的观点和做法值得参考和借鉴。

(4) 本丛书中提出“对于环境应当是从项目一开始的未雨绸缪，而不是木已成舟后的事后检讨”的观点，以及“在项目初始阶段还没有图纸的时候，或者在鉴定阶段为了确定试验条件”“在没有准确和有效的结构模型时”，最有效的可用方法是用“最简单的常用机械系统就是一个包括质量、刚度、阻尼的单自由度的线性系统”来作为研究对象。这种方法是可行的，既可作严酷度比较，也可起草规范，作初步设计计算，甚至制定振动分析规则等等有效的“早期设计”工作。当然，在MBSE思想指导下，当今在型号方案阶段确定初步的结构有限元模型已非难事，完全可以在结构有限元模型建立情况下去研究进行结构动力学有关工作的早期设计(在初步设计阶段完全可以进行),尽管如此,本丛书提出的研究思路和方法仍不失为一个新颖之亮点。

(5) 本丛书对各种极限响应谱和疲劳损伤谱的概念(正弦振动、随机振动、冲击),还有各国标准规定的剪裁思想,包括 MIL-STD-810、GAM. EG13、STANAG 4370、AFNOR X50-410 等的综述,这些观点和概念的提出也是值得我们学习研究和借鉴的。

综上所述,本丛书对广大关注结构机械振动与冲击的科研人员、设计人员、试验人员和管理人员都具有一定的参考指导作用,可以说本丛书的翻译出版是一件大事、喜事,值得庆贺,对我们攻克结构动强度(振动、冲击)前进道路上的各种技术障碍会起到积极的促进作用。

中航工业沈阳飞机设计研究所原副所长、科技委主任
中航工业结构动力学专业组第二任组长(2000—2014 年)
中航工业结构动力学专业组名誉组长(2015 年至今)

2021 年 4 月 4 日

译者序

Christian Lalanne 的《机械振动与冲击分析》丛书从振动、冲击描述、系统的响应、损伤机理分析、试验技术分析和规范制定的技术思路出发,立足于依据振动、冲击数据进行综合后形成的规范,和其实际的环境具有相同的严酷度,并结合示例给出解决方案。丛书具有鲜明的工程特色,提出的规范制定方法对国军标制定,装备的振动、冲击环境试验条件确定具有重要的作用,同时也将对我国当前装备研制中的环境适应性工作起到重要的推动作用。

本书是《机械振动与冲击分析》丛书的第二册。本书将与冲击相关的基础理论和应用技术有机地结合起来,是一部描述冲击环境、对产品损伤影响、冲击规范制定及冲击环境试验的专著。介绍半正弦、后峰锯齿、方波、梯形等经典冲击波形的时域、频域特征,经典冲击在冲击模式和碰撞模式下的运动规律及如何使用冲击机、振动台实现这些经典冲击。以冲击响应谱为重点,阐述冲击响应谱的分析方法,包括冲击响应谱的不同定义和特性,以及计算时的注意事项。基于冲击响应谱描述冲击环境的严酷度,给出如何制定一个与实际测量环境具有相同严酷度的试验规范,以及如何用实验室设备(如冲击机、由时域信号或者响应谱驱动的电动振动台)实现该规范,并指出各种解决方案的限制和优缺点。对于特殊类的冲击,如爆炸分离冲击等也给出了模拟方法。

本书由李志强审校。装备科技译著出版基金资助了本书的翻译出版工作,在此一并表示感谢。

限于作者的水平,翻译过程中难免有不当之处,敬请读者指正。

袁宏杰

2021 年 4 月

FOREWORD 丛书序

无论是日常使用的简单产品如移动电话、腕表、车载电子组件等，还是更为复杂的专用系统如卫星设备、飞机飞控系统等，在其工作寿命期内不仅要经受不同温度和湿度的环境作用，还要承受机械振动和冲击的作用，本丛书的主题正是围绕着后者展开。这些产品必须精心设计以保证其能经受所处环境的作用而免遭损坏，并能通过原理样机或者计算以及权威实验室试验来验证其设计。

产品的设计以及后续的试验都要基于其技术规范进行，这些规范通常源于国家或国际标准。最初于20世纪40年代制定的标准是通用规范，常常极为严酷，包括了正弦振动，其频率被设置为设备的共振频率。这些规范的制定主要是用来验证设备具有某种特定的耐受能力，这里隐含一个假设：当设备可以经受住特定振动环境的作用而依然正常工作，则其也能承受其使用中的振动环境而不被损坏。标准的变迁跟随着试验设备的发展，尽管有时候会基于保守的考虑而有些滞后：从能够产生正弦扫频振动，到能在较宽频带内产生窄带随机扫频振动，再到最终能产生宽带随机振动。在20世纪70年代末，人们认为一个基本的需求就是要减少车载设备的重量和成本，并制定出与实际使用条件更贴近的规范。在1980年至1985年间，这种观念的变化影响到了相关的美国标准（MIL-STD-810）、法国标准（GAM-EG-13）以及国际标准（NATO）的制定，所有这些标准都推荐了剪裁试验的概念。目前推荐的说法是要剪裁产品以适应其环境，更明确地强调了对于环境应当是从项目一开始的未雨绸缪，而不是木已成舟后的事后检验。这些概念源于军工行业，目前却正在越来越多地推广至民用领域。

剪裁的基础是对设备的全寿命剖面的分析，也是基于对与各种使用情况相关的环境条件的测量，还要依靠将所有数据进行综合后形成的简化规范，这一规范和其实际的环境具有相同的严酷度。

这种方法的前提是对经受动态载荷的力学系统有了正确的了解，对最常见的故障模式也很清楚。

一般来说,对经受振动作用的系统而言,对其应力的良好评估只可能根据有限元模型和较为复杂的计算获得。要进行这种计算,只可能在项目相对较晚的一个阶段开展,这时,结构已经被明确定义,模型才可建立。

无论是在项目还没有图纸的最初始阶段,还是在鉴定阶段,为了确定试验条件,都需要开展大量与环境相关的工作,这些工作与设备自身无关。

在没有准确和有效的结构模型时,最简单常用的力学系统就是一个包括质量、刚度和阻尼的单自由度的线性系统,尤其适用于以下几种情况。

(1) 对几种冲击(采用冲击响应谱)或者几种振动(采用极值响应谱和疲劳损伤谱)的严酷度进行比较。

(2) 起草振动规范,所确定的振动可以在模型上产生与实际环境相同的效应,这里隐含着一个假设:这一等效作用在真实的并更加复杂的结构中依然存在。

(3) 在项目的起始阶段对初步设计进行计算。

(4) 制定振动分析的规则(如选择功率谱密度计算的点数)或者确定试验参数的规则(选择正弦扫频试验中的扫描速率)。

以上说明了这一简单模型在这套包含5卷分册的"机械振动与冲击分析"丛书中的重要性。

第1卷专门介绍了正弦振动。首先回顾了几种在工作寿命期内会对材料产生影响的主要振动环境以及思考方法,然后对一些基本的力学概念、单自由度力学系统对任意激励的响应(相对的和绝对的)及其不同形式的传递函数进行介绍。通过在实际环境和实验室试验环境下对正弦振动特性的分析,推导了具有黏滞阻尼和非线性阻尼的单自由度系统的瞬态和稳态响应,介绍了不同正弦扫描模式的特性。随后,分析了各种扫描方式的特性,依据单自由度系统的响应机理,演示了扫描速率选择不合适所带来的后果,并据此推导出了选择扫描速率的原则。

第2卷介绍了机械冲击。该卷介绍了冲击响应谱的不同定义、特性以及计算时的注意事项。介绍了在常用试验设备上应用最广泛的冲击波形及其特性,以及如何制定一个与实际测量环境具有相同严酷度的试验规范。然后给出了用经典实验室设备(如冲击机、由时域信号或者响应谱驱动的电动振动台)实现试验规范的示例,并指出了各种解决方案的限制、优点和缺点。

第3卷主要介绍了随机振动的分析,涵盖了实际环境中会遇到的绝大多数振动。该卷在介绍信号的频域分析之前,描述了随机过程的特性,以使分析过程简化。首先介绍了功率谱密度的定义和计算时的注意事项,然后给出了改进结果的处理方法(加窗和重叠)。第三种补充的方法主要为时域信号的统计特性分析,这种方法的特点在于可以确定一个随机高斯信号极值的分布规律,从而免去对峰值的直接计数(参见第4卷和第5卷),简化疲劳损伤的计算。最后介绍了单自由度线性系统的随机振动响应。

第4卷专门介绍了疲劳损伤的计算。介绍了用来描述材料在疲劳作用下行为的假设条件、损伤累积的规律和响应峰值的计数方法(当无法采用由高斯信号得到的峰值概率密度时,该方法可以给出峰值的直方图)。推导了有关平均损伤及其标准差的表达式,并介绍了其他假设下的分析案例(非零均值、疲劳极限、非线性累积规律等),还介绍了有关低周疲劳和断裂力学的主要规律。

第5卷主要介绍了基于剪裁原则的规范制定方法。针对每种类型的应力(正弦振动、正弦扫频、冲击、随机振动等)定义了极限响应谱和疲劳损伤谱。随后详细介绍了由设备寿命周期剖面建立规范的过程,一并考虑了不确定因子(与实际环境和力学强度分散性相关的不确定性)和试验因子(验证试验次数的函数)。

需要重申的是,本丛书旨在对以下对象有所帮助:设计团队中负责产品设计的工程师和技术人员、负责编写各种设计和试验规范(用于验证、鉴定和认证等)的项目组、负责试验设计并选择最合适的模拟方式的实验室。

INTRODUCTION 引言

当产品在寿命期内工作或搬运、运输等时,通常会经历机械冲击环境,这种冲击环境虽然持续时间很短(零点几毫秒到几十毫秒),但通常很严酷,不容忽视。

在20世纪30年代对地震及其对建筑物的影响的研究中,诞生了冲击响应频谱的概念,第二次世界大战期间开始进行产品的冲击试验,随着振动试验设备能力的提高,在振动台上产生合成的冲击波形成为可能,70年代以后,伴随着计算机技术的发展,可在振动台上实现冲击响应谱试验。

第1章在简单地介绍试验中经常用到的冲击波形后,描述基于傅里叶分析的多种方法。第2章介绍以多种形式定义的冲击响应谱及其计算方法。

第3章描述响应谱的所有特性,原始信号的重要特征,如冲击期间的幅值以及与运动相关的速度变化量,均可以从其导出。

冲击响应频谱是制定规范的理想工具,第4章详细介绍将一组实际环境的冲击测量数据转换为具有相同严酷度的试验规范的过程,并介绍一些文献中提及的其他方法。

掌握冲击过程中的运动学知识是理解冲击机和编程发生器的基础。第5章分别按碰撞模式或者脉冲模式,给出经典冲击的速度和位移与时间关系的表达式。

第6章描述目前实验室广泛使用的冲击机及其相关的编程发生器。当为降低成本而减少试验装置的变更次数时,以简单冲击形式(如半正弦波、矩形波、后峰锯齿波)表示的试验规范有时可以利用电动振动台来进行冲击试验。第7章分析振动台进行冲击试验时遇到的问题,重点介绍此方法存在的局限性,以及为保证试验模拟的质量,对冲击试验剖面需要进行的修改以及由此产生的后果。

将一组冲击波形根据冲击响应谱归纳为具有相同严酷度的简单形式的冲击常常是一项细致的工作。计算机技术和控制设施的发展,使这一难题可通过以冲击响应谱的形式表示试验规范,并且用冲击响应谱直接控制振动台进行试验来解决。实际上,由于驱动振动台的信号只能是时域信号,因此需要由控制系统软件生成一个与规范具有相同冲击响应谱的时域信号,第 8 章介绍等效冲击波形的合成原理,给出常用的基本信号的波形和特性,重点讲述信号重构及与模拟质量相关的问题。

卫星发射中经常用到火工品装置或设备(爆炸索、阀等),因为它们在作动过程中具有很高的精度。由于火工品爆炸引起的结构冲击非常严酷,且具有较特殊的性质,因此在实验室内进行模拟需要采用一些专门的方法,第 9 章有详细描述。

包装箱用来保护里面的设备免于搬运和其他偶然事件造成的各种冲击的影响,当包装箱和产品的重量很大时,通过对含产品的包装箱进行冲击试验来验证是非常困难的,甚至是不可能的。一个相对常用的冲击试验方法是对缩比模型进行试验,如缩比因子为 4 或 5 倍量级。这种技术有时也可应用到某些振动试验中,只是没有那样经常使用。本书附录总结了部分用于定义模型和解释试验结果的相似性规则。

符号表

符号表给出了本书使用的主要符号的最常见定义。其中一些符号可能在某些情况会有其他含义,为避免引起混淆,将在出现时进行定义说明。

a_{max}	$a(t)$的最大值
$a(t)$	冲击 $\ddot{x}(t)$的成分
A_c	补偿信号幅值
$A(\theta)$	过渡导纳
b	Basquin 方程 $N\sigma^b = C$ 中的参数 b
c	黏性阻尼系数
C	Basquin 定律常数($N\delta^b = C$)
$d(t)$	$a(t)$的位移
D	编程器的直径
$D(f_0)$	疲劳损伤
e	奈培数
E	弹性模量或者冲击能量
ERS	极限响应谱
$E(t)$	扫频正弦函数特性
f	激励频率
f_0	固有频率
$F(t)$	施加到系统的外力
F_{rms}	力的均方根值
F_m	力的最大值
g	重力加速度
h	间隔(f/f_0)或目标的厚度
$h(t)$	脉冲响应
H	跌落高度
H_R	回弹高度
$H()$	传递函数

i	$\sqrt{-1}$
IPS	前峰锯齿波
$\Im(\Omega)$	$\ddot{X}(\Omega)$的虚部
k	不确定性系数或刚度
K	应力和变形的比例常数
l_{rms}	$l(t)$的均方根值
l_{m}	$l(t)$的最大值
$l(t)$	广义激励(位移)
$\dot{l}(t)$	$l(t)$的一阶导数
$\ddot{l}(t)$	$l(t)$的二阶导数
L	长度
$L(\Omega)$	$l(t)$的傅里叶变换
m	质量
n	测试条或材料的循环次数
n_{FT}	傅里叶变换的点数
N	失效循环次数
p	冲击波幅值的百分比或拉普拉斯变量
q_0	$\theta=0$ 时 $q(\theta)$的值
$\dot{q}_0$	$\theta=0$ 时 $\dot{q}(\theta)$的值
$q(\theta)$	简化的响应
$\dot{q}(\theta)$	$q(\theta)$的一阶导数
$\ddot{q}(\theta)$	$q(\theta)$的二阶导数
Q	品质因数
$Q(p)$	$q(\theta)$的拉普拉斯变换
$r(t)$	时间窗
R_{e}	屈服应力
R_{m}	极限拉伸强度
$R(\Omega)$	系统响应的傅里叶变换
$\Re(\Omega)$	$\ddot{X}(\Omega)$的实部
s	标准差
S	面积
SRS	冲击响应谱
STFT	短时傅里叶变换

$S(\ )$	功率谱密度
t	时间
t_d	冲击衰减到零的时间
t_i	跌落持续时间
t_r	冲击上升时间
t_R	反弹的持续时间
T	振动持续时间
T_0	固有周期
TPS	后峰锯齿波
$u(t)$	归一化的响应
$\dot{u}(t)$	$u(t)$的一阶导数
$\ddot{u}(t)$	$u(t)$的二阶导数
V_f	冲击结束时的速度
v_i	冲击速度
v_R	反弹速度
$v(t)$	速度$\dot{x}(t)$或与$a(t)$有关的速度
$V(\ )$	$v(t)$的傅里叶变换
x_m	$x(t)$的最大值
$x(t)$	单自由度系统的基础的绝对位移
$\dot{x}(t)$	单自由度系统的基础的绝对速度
$\ddot{x}(t)$	单自由度系统的基础的绝对加速度
$\ddot{x}_{rms}$	$\ddot{x}(t)$的均方根值
$\ddot{x}_m$	$\ddot{x}(t)$的最大值
$\ddot{X}_m$	傅里叶变换$\ddot{X}(\Omega)$的幅值
$\ddot{X}(\Omega)$	$\ddot{x}(t)$的傅里叶变换
$y(t)$	单自由度系统质量块位移的绝对响应
$\dot{y}(t)$	单自由度系统质量块的绝对速度响应
$\ddot{y}(t)$	单自由度系统质量块的绝对加速度响应
z_m	$z(t)$的最大值
z_s	最大静态相对位移
z_{sup}	$z(t)$的最大值
$z(t)$	单自由度系统相对于其基础的相对位移响应
$\dot{z}(t)$	相对速度响应
$\ddot{z}(t)$	相对加速度响应

α	恢复系数
δt	时间间隔
ΔV	速度变化
ϕ	无量纲乘积 $f_0\tau$
$\phi(\Omega)$	相位
η	衰减正弦衰减因子
η_c	补偿信号的相对衰减
$\lambda(\,)$	简化激励
$\Lambda(p)$	$\lambda(\,)$的拉普拉斯变换
π	3.14159265…
θ	简化时间($\omega_0 t$)
θ_d	简化衰减时间
θ_m	简化上升时间
θ_0	$t=\tau$ 时 θ 的值
ρ	密度
σ	应力
σ_{cr}	压应力
σ_m	最大应力
τ	冲击持续时间
τ_1	前置冲击时间
τ_2	后置冲击时间
τ_{rms}	冲击持续时间的均方根值
ω_c	补偿信号的角频率
ω_0	固有角频率 $2\pi f_0$
Ω	激励角频率 $2\pi f$
ξ	阻尼比

CONTENTS 目录

第1章 冲击分析

1.1 定义

1.1.1 冲击

冲击定义为持续时间介于机械系统的固有周期与2倍固有周期之间的振动激励。

例1.1 图1.1和图1.2给出了地震和爆炸冲击过程的冲击加速度信号。

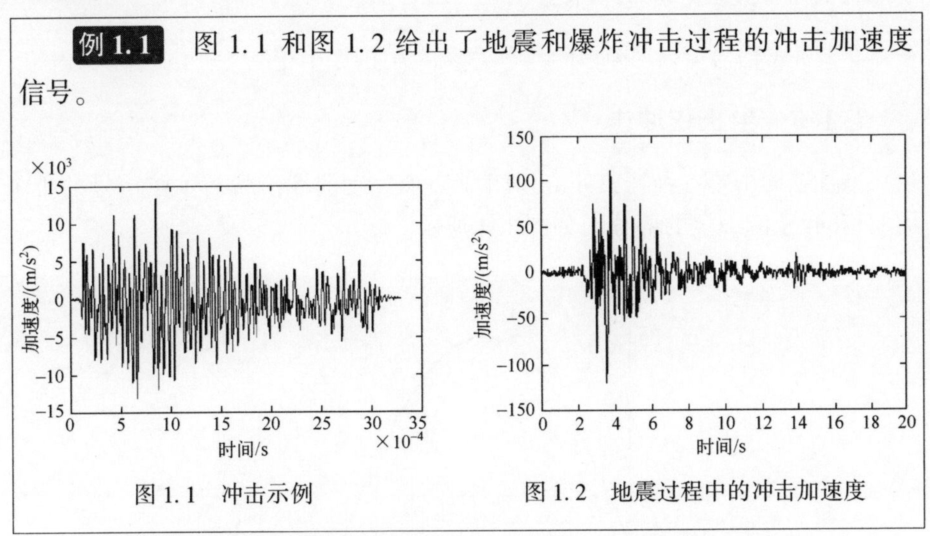

图1.1 冲击示例

图1.2 地震过程中的冲击加速度

当力、位移、速度或加速度突然变化时,产生冲击,系统进入瞬态。

如果变化的持续时间比系统的固有周期短,则认为变化是突然的[NOR 93]。

1.1.2 瞬态信号

瞬态信号是指持续时间很短(零点几秒至几十秒)的振动信号,其示例如

图 1.3所示。机械冲击所关注的是两个不同状态或持续时间很短的状态阶段，如飞机的制动。

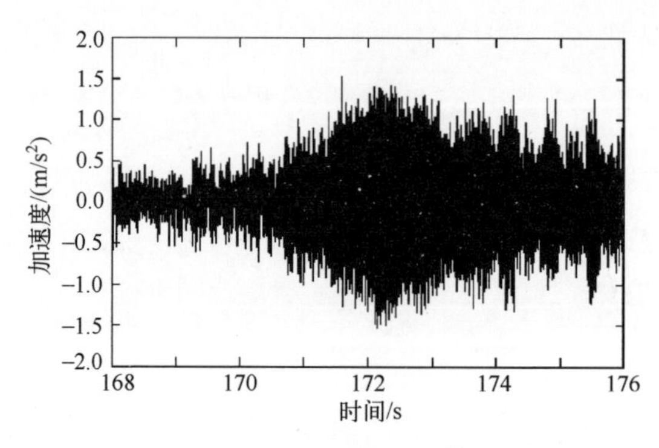

图 1.3 瞬态信号示例

1.1.3 加加速度

加速度对时间的导数定义为加加速度。该参数描述了加速度随时间的变化规律。

1.1.4 经典(理想)冲击

经典冲击信号可以用简单的数学关系式描述,如半正弦、三角或矩形冲击等。

1.1.5 半正弦冲击

半正弦冲击是一种经典冲击,其时间-加速度曲线形状与正弦信号的半个周期相同(正的或负的部分),如图 1.4 所示。

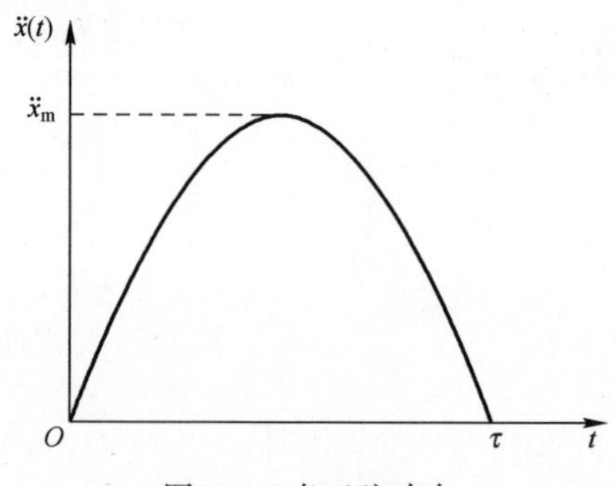

图 1.4 半正弦冲击

半正弦冲击在 $t<0, t>\tau$ 时取值为 0,在区间$(0,\tau)$可以写成

$$\ddot{x}(t)=\ddot{x}_m \sin(\Omega t) \tag{1.1}$$

式中：$\ddot{x}_m$ 为冲击信号的幅值；$\Omega=\frac{\pi}{\tau}$，τ 为持续时间。

式（1.1）对应的广义形式为 $l(t)=l_m\sin(\Omega t)$。

对于力激励，$l(t)=\frac{F(t)}{k}$；对于加速度激励，$l(t)=-\frac{\ddot{x}(t)}{\omega_0^2}$。

采用第 1 卷第 3 章中的符号，冲击定义的简化形式（无量纲）为

$$\lambda(\theta)=\sin(h\theta) \tag{1.2}$$

式中

$$h=\frac{\Omega}{\omega_0}=\frac{\pi}{\tau}\frac{T_0}{2\pi}=\frac{T_0}{2\tau} \tag{1.3}$$

1.1.6 正矢[①]（或半正矢[②]）冲击

正矢（或半正矢）冲击为经典冲击，其加速度随时间变化的曲线形状与正弦信号的两个最小值之间的曲线相同，如图 1.5 所示。

正矢（或半正矢）如图 1.6 所示，可以表示为

$$\begin{cases}\ddot{x}(t)=\dfrac{\ddot{x}_m}{2}\left[1-\cos\left(\dfrac{2\pi}{\tau}t\right)\right] & (0\leqslant t\leqslant\tau)\\ \ddot{x}(t)=0 & (\text{其他})\end{cases} \tag{1.4}$$

广义形式为

$$\begin{cases}\ell(t)=\dfrac{\ell_m}{2}\left[1-\cos\left(\dfrac{2\pi}{\tau}t\right)\right] & (0\leqslant t\leqslant\tau)\\ \ell(t)=0 & (\text{其他})\end{cases}$$

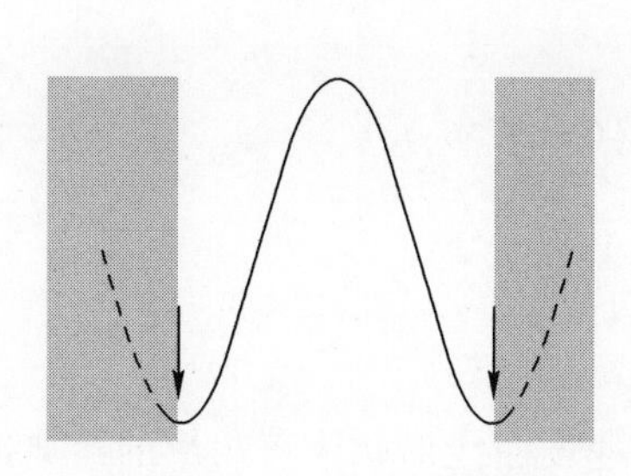

图 1.5 介于两个最小值之间的正弦曲线

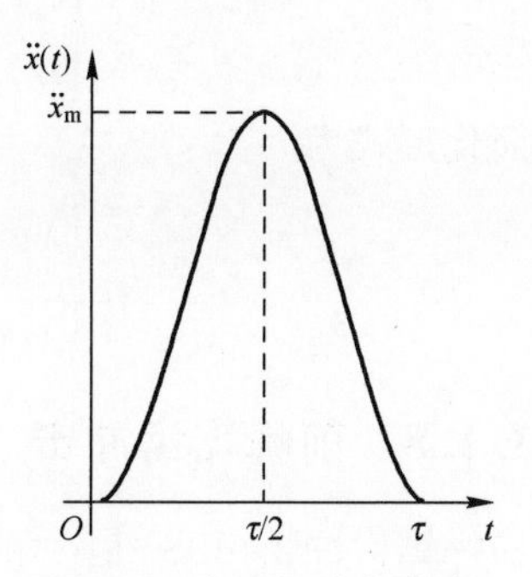

图 1.6 半正矢冲击脉冲

① 一个负的余弦。
② 负余弦的一半。

简化形式为

$$\begin{cases}\lambda(\theta)=\dfrac{1}{2}\left[1-\cos\left(2\pi\dfrac{\theta}{\theta_0}\right)\right] & (0\leqslant\theta\leqslant\theta_0)\\ \lambda(\theta)=0 & (\text{其他})\end{cases}$$

1.1.7 后峰锯齿冲击

后峰锯齿冲击(TPS 或 FPS)也是一种经典冲击,其时间-加速度曲线的形状为三角形,加速度线性增加到最大值然后瞬间减小到零,如图 1.7 所示。

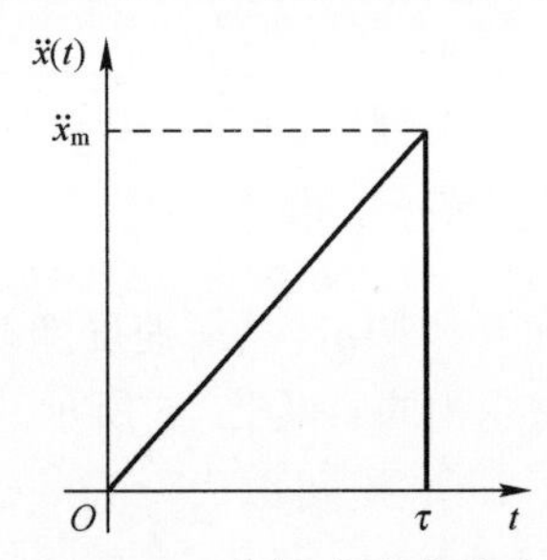

图 1.7 后峰锯齿冲击脉冲

后峰锯齿冲击脉冲可以表示为

$$\begin{cases}\ddot{x}(t)=\ddot{x}_m\dfrac{t}{\tau} & (0\leqslant t\leqslant\tau)\\ \ddot{x}(t)=0 & (\text{其他})\end{cases} \tag{1.5}$$

广义形式为

$$\begin{cases}l(t)=l_m\dfrac{t}{\tau} & (0\leqslant t\leqslant\tau)\\ l(t)=0 & (\text{其他})\end{cases}$$

简化形式为

$$\begin{cases}\lambda(\theta)=\dfrac{\theta}{\theta_0} & (0\leqslant\theta\leqslant\theta_0)\\ \lambda(\theta)=0 & (\text{其他})\end{cases}$$

1.1.8 前峰锯齿冲击

前峰锯齿冲击(IPS)是一种时间-加速度曲线形状为三角形的经典冲击,其加速度瞬间增大到一个最大值,然后缓慢地减小到零,如图 1.8 所示。

前峰锯齿脉冲可以表示为

$$\begin{cases}\ddot{x}(t)=\ddot{x}_m\left(1-\dfrac{t}{\tau}\right) & (0\leqslant t\leqslant\tau)\\ \ddot{x}(t)=0 & (\text{其他})\end{cases} \tag{1.6}$$

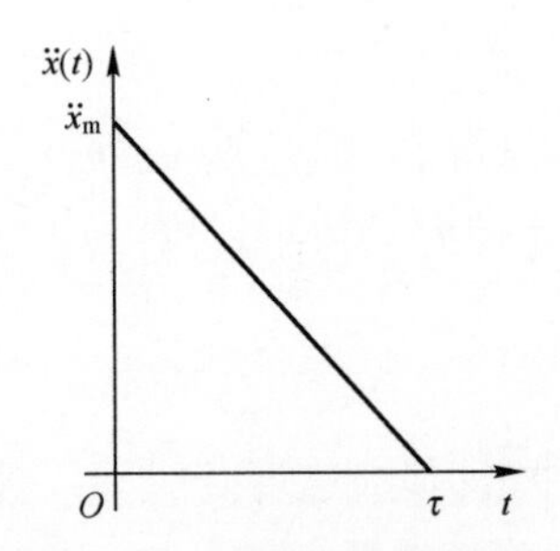

图 1.8 前峰锯齿冲击脉冲

广义形式为

$$\begin{cases} l(t)=l_m\left(1-\dfrac{t}{\tau}\right) & (0\leqslant t\leqslant\tau) \\ l(t)=0 & (\text{其他}) \end{cases}$$

简化形式为

$$\begin{cases} \lambda(\theta)=1-\dfrac{\theta}{\theta_0} & (0\leqslant\theta\leqslant\theta_0) \\ \lambda(t)=0 & (\text{其他}) \end{cases}$$

1.1.9 矩形脉冲冲击

矩形脉冲冲击是一种经典冲击,其加速度瞬间增大到某个给定的值,然后保持恒定不变,最后瞬间减少到零,如图 1.9 所示。

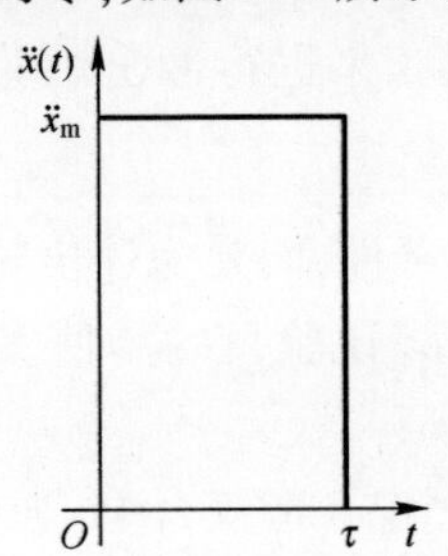

图 1.9 矩形脉冲冲击脉冲

矩形脉冲冲击可以表示为

$$\begin{cases} \ddot{x}(t)=\ddot{x}_m & (0\leqslant t\leqslant\tau) \\ \ddot{x}(t)=0 & (\text{其他}) \end{cases} \tag{1.7}$$

广义形式为

$$\begin{cases} l(t)=l_m & (0\leqslant t\leqslant\tau) \\ l(t)=0 & (\text{其他}) \end{cases}$$

简化形式为

$$\begin{cases}\lambda(\theta)=1 & (0\leqslant\theta\leqslant\theta_0)\\ \lambda(\theta)=0 & (\text{其他})\end{cases}$$

1.1.10 梯形冲击

梯形冲击是一种经典冲击,其加速度随时间线性增大到给定值,保持一段时间,最后线性减小到零。

1.1.11 衰减正弦脉冲

衰减正弦脉冲由几个周期的衰减正弦信号构成,其特征由波峰的最大幅值、频率和阻尼来描述:

$$\ddot{x}(t)=\ddot{x}_m\exp(-2\pi\xi ft)\sin(2\pi ft) \tag{1.8}$$

衰减正弦的优点是描述了单自由度系统对冲击激励的脉冲响应。衰减正弦也用于匹配特定的冲击响应谱(振动台控制的冲击响应谱)。

1.1.12 颠簸试验

颠簸试验需重复多次某种经典的冲击波形(AFNOR)[NOR 93,DEF 99,IE 87]。有关标准给出了试验的严酷等级。

例 1.2 标准 GAM EG 13(第一部分—43 分册—冲击)建议用峰值为 10g,持续时间为 16ms 的半正弦来进行冲击试验,每秒 3 次,每轴向 3000 次[GAM 86]。

该试验并非模拟任何使用条件,而是为评价轮式车辆的车载设备冲击环境适应性的可信度的一种试验。该试验目的是使实验室试验与运输过程中的重复冲击产生相同的效果。

在这个试验中,设备总是固定在颠簸台上(如果有隔离装置,则应带隔离装置进行试验)。

1.1.13 爆炸冲击

航天工业使用了很多爆炸分离装置,如爆炸螺栓、爆炸切离阀、爆炸索等。这些装置产生的冲击频率高、加速度大,对结构(结构变形、裂纹生成)危害大,对电子设备(焊点损伤、连线断开、玻璃裂纹)危害更大。20 世纪 60 年代后才考虑到这些冲击的危害。以前认为爆炸冲击的幅值虽然很大,但是持续时间很短,不会对产品产生损伤,结果导致了多起导弹故障。

C. Moening[MOE 86]统计了1960年至1986年美国航天器的故障：

——由振动引起的失效:3次；

——由爆炸冲击导致的失效:63次。

或许冲击的严酷性可以解释这些差别,但C. Moening研究后认为并不是这样。原因如下：

——这些冲击很难事先估计到；

——在概念设计阶段没有考虑这些应力,并且缺少严格的试验规范。

爆炸冲击具有下列一些特性(图1.10)：

——加速度的量级非常大；

——冲击的幅值不仅仅与爆炸量有关[HUG 83b]；

——减少炸药量不一定减小冲击；

——被爆炸索切断的金属数量是一个重要因素；

——信号是振荡的；

——近场,靠近源头(大概距装置爆炸点15cm内,能量较小的火工装置则在7cm内),冲击的影响与应力波在材料中的传播有较大的关系。

——超过这个距离(远场),冲击的传播发生衰减,只剩下与结构共振频率相关的衰减振荡响应①(表1.1)。

——3个轴向的冲击非常接近。它们的频率高,会导致电子元件失效。

——很难事先估计冲击的量级,也不准确。

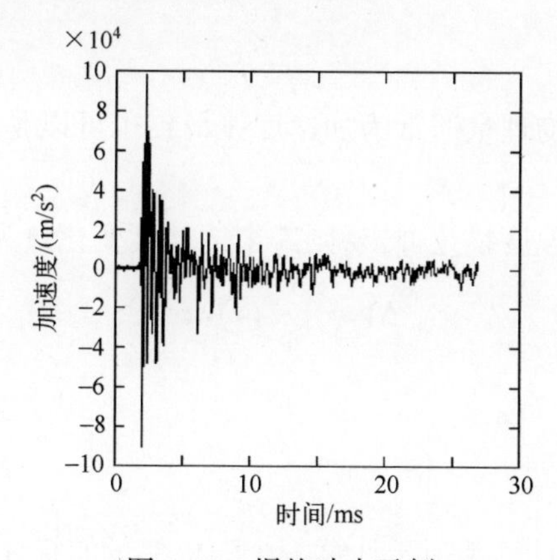

图1.10 爆炸冲击示例

① 有时定义第三种场,中场(距离产生爆炸冲击的火工装置15~60cm之间,对较小的火工装置距离7~15cm之间),中场不仅考虑应力波的影响,还要考虑结构共振频率下的衰减响应。而远场仅仅考虑后者的影响。

表 1.1 爆炸冲击各区的特性

区 域	与冲击源的距离	产生强冲击的装置	冲击幅值、频率
近场（应力波的传播）	<7.5cm	<15cm	$5000g\sim300000g$ >100000Hz
远场（应力波的传播+结构响应）	>7.5cm	>15cm	$1000g\sim5000g$ >10000Hz

爆炸冲击的这些特征使得其很难测量，传感器的幅值测量范围需达到 $100000g$，频率需超过 100kHz，并有很大横向分量，也很难模拟。

不同的文献对爆炸冲击各区的定义有所不同。例如，IEST[IES 09]和 MIL STD 810(方法 517)根据实验室模拟爆炸冲击的方法提出了一种分类方法[BAT 09]。

——对于近场：频率达到及高于 10000Hz，幅值高于 $10000g$。

——中场：频率介于 3000~10000Hz 之间，幅值低于 $10000g$。

——远场：频率低于 3000Hz，幅值低于 $1000g$。

1.2 时域分析

冲击的时域特性可以通过下面的参数来描述：

——幅值 $\ddot{x}(t)$；

——持续时间 τ；

——波形。

表示冲击大小的物理量通常为加速度 $\ddot{x}(t)$，也可以是速度 $v(t)$、位移 $x(t)$ 或力 $F(t)$。

本书主要应用加速度描述冲击，则冲击的速度变化量为

$$\Delta V = \int_0^{\tau} \ddot{x}(t)\,\mathrm{d}t \tag{1.9}$$

1.3 时域矩

时域矩 $M_n(t_s)$ 的计算类似于计算一个随机变量的统计矩，它们是时域信号平方的加权和[MAR 72，SMA 92，SMA 94]。

$$M_n(t_s) = \int_{-\infty}^{+\infty} (t - t_s)^n \ddot{x}^2(t)\,\mathrm{d}t$$

式中：t_s 为时间偏移；n 为矩的阶数。

零阶矩为

$$M_0=\int_{-\infty}^{+\infty}\ddot{x}^2(t)\,\mathrm{d}t$$

这个矩表示信号总的能量 E,它与 t_s 无关。

通过时域矩的归一化求得这些参数,中心矩由矩心或中间时刻 τ 定义,τ 为 t_s 零时刻的值:

$$M_1(t_s)=\int_{-\infty}^{+\infty}(t-t_s)\ddot{x}^2(t)\,\mathrm{d}t=\int_{-\infty}^{+\infty}t\ddot{x}^2(t)\,\mathrm{d}t-t_s\int_{-\infty}^{+\infty}\ddot{x}^2(t)\,\mathrm{d}t$$

$$M_1(t_s)=M_1(0)-t_sM_0$$

中间时刻 τ 由 $M_1(\tau)=0$ 求得

$$\tau=\frac{M_1}{M_0}$$

因此定义:均方根持续时间为

$$D^2=\frac{M_2(\tau)}{M_0}$$

式中:D 表示信号的分散程度,与统计学中的标准差相似。能量主要在矩心 $3D$ 的±2 范围内。

根能量幅值为

$$A_e^2=\frac{M_0}{D}$$

中心偏度 S_t

$$S_t^3=\frac{M_3(\tau)}{M_0}$$

S_t 描述了信号的形状,并给出了关于矩心 τ 对称性的一些信息。相对于矩心对称的信号具有零偏度,正值表示信号在矩心之前具有较大的幅度,并且具有长尾状的低振幅。

归一化偏度为

$$S=\frac{S_t}{D}$$

中心峭度 K_t 为

$$K_t^4=\frac{M_4(\tau)}{M_0}$$

峭度给出了信号的包络峰数量信息。

归一化峭度为

$$K=\frac{K_t}{D}$$

这些矩能够根据 $t_s=0$ 的值进行表示,可以看出:

$$D^2=\frac{M_2(0)}{M_0}-\left(\frac{M_1(0)}{M_0}\right)^2$$

$$S_t^3=\left(\frac{M_3(0)}{M_0}\right)-3\left(\frac{M_1(0)M_2(0)}{M_0^2}\right)+2\left(\frac{M_1(0)}{M_0}\right)^3$$

$$K_t^4=\left(\frac{M_4(0)}{M_0}\right)-4\left(\frac{M_1(0)M_3(0)}{M_0^2}\right)+6\left(\frac{M_1^2(0)M_2(0)}{M_0^3}\right)-3\left(\frac{M_1(0)}{M_0}\right)^4$$

例 1.3 有矩心的冲击示例(图 1.11)。

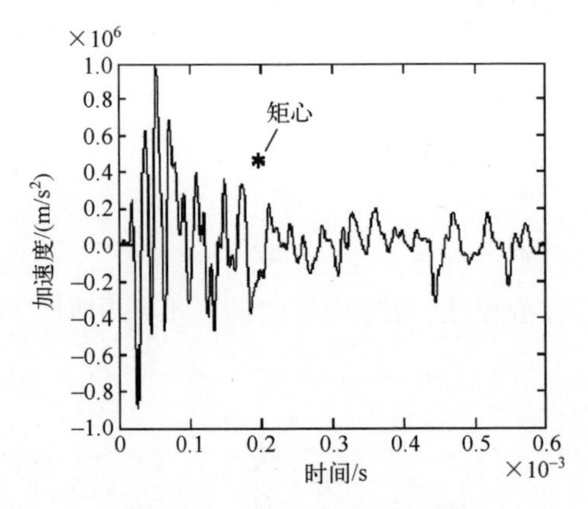

图 1.11 有矩心的冲击示例

能量为 $2.62\times10^7\ (\mathrm{m/s^2})^2\cdot\mathrm{s}$

均方根持续时间为 1.22×10^{-4}s

$\tau=1.19\times10^{-4}$s

根能量的幅值为 $4.64\times10^5\mathrm{m/s^2}$

偏度为 1.56×10^{-4}s

归一化偏度为 1.28

峭度为 1.97×10^{-4}s

归一化峭度为 1.61

1.4 傅里叶变换

1.4.1 定义

变量为 t 的绝对可积实函数 $\ddot{x}(t)$ 的傅里叶积分(或傅里叶变换)定义为:

$$\ddot{X}(\Omega)=\int_{-\infty}^{+\infty}\ddot{x}(t)\,\mathrm{e}^{-\mathrm{i}\Omega t}\mathrm{d}t \tag{1.10}$$

函数 $\ddot{X}(\Omega)$ 是复数,其实部和虚部分别为 $\mathrm{Re}(\Omega)$ 和 $\mathrm{Im}(\Omega)$。因此有

$$\ddot{X}(\Omega)=\mathrm{Re}(\Omega)+\mathrm{i}\,\mathrm{Im}(\Omega) \tag{1.11}$$

或

$$\ddot{X}(\Omega)=\ddot{X}_{\mathrm{m}}(\Omega)\,\mathrm{e}^{\mathrm{i}\phi(\Omega)} \tag{1.12}$$

式中:$\ddot{X}(\Omega)$ 为 $\ddot{x}(t)$ 的傅里叶变换;$\ddot{X}_{\mathrm{m}}^{2}(\Omega)$ 为能量谱;$\phi(\Omega)$ 为相位谱,且有

$$\ddot{X}_{\mathrm{m}}^{2}(\Omega)=\mathrm{Re}^{2}(\Omega)+\mathrm{Im}^{2}(\Omega) \tag{1.13}$$

和

$$\tan\phi=\frac{\mathrm{Im}}{\mathrm{Re}} \tag{1.14}$$

傅里叶变换是一对一变换。通过傅里叶逆变换,可用 $\ddot{X}(\Omega)$ 来表示 $\ddot{x}(t)$:

$$\ddot{x}(t)=\frac{1}{2\pi}\int_{-\infty}^{+\infty}\ddot{X}(\Omega)\,\mathrm{e}^{\mathrm{i}\Omega t}\mathrm{d}\Omega \tag{1.15}$$

(如果傅里叶变换 $\ddot{X}(\Omega)$ 是在整个域内的一个绝对可积函数)。

注:

1. 对于 $\Omega=0$,有

$$\ddot{X}(0)=\int_{-\infty}^{+\infty}\ddot{x}(t)\,\mathrm{d}t$$

加速度冲击信号的傅里叶变换(幅值)在 $f=0$ 处的值等于冲击下速度的变化量 ΔV(在曲线 $\ddot{x}(t)$ 下的面积)。

2. 傅里叶变换的定义有以下几种形式[LAL 75]:

$$\begin{cases}\ddot{X}(\Omega)=\dfrac{1}{2\pi}\displaystyle\int_{-\infty}^{+\infty}\ddot{x}(t)\,\mathrm{e}^{-\mathrm{i}\Omega t}\mathrm{d}t\\ \ddot{x}(t)=\displaystyle\int_{-\infty}^{+\infty}\ddot{X}(\Omega)\,\mathrm{e}^{\mathrm{i}\Omega t}\mathrm{d}\Omega\end{cases} \tag{1.16}$$

$$\begin{cases}\ddot{X}(\Omega)=\dfrac{1}{\sqrt{2\pi}}\displaystyle\int_{-\infty}^{+\infty}\ddot{x}(t)\,\mathrm{e}^{-\mathrm{i}\Omega t}\mathrm{d}t\\ \ddot{x}(t)=\dfrac{1}{2\pi}\displaystyle\int_{-\infty}^{+\infty}\ddot{X}(\Omega)\,\mathrm{e}^{\mathrm{i}\Omega t}\mathrm{d}\Omega\end{cases} \tag{1.17}$$

$$\begin{cases}\ddot{X}(\Omega)=\displaystyle\int_{-\infty}^{+\infty}\ddot{x}(t)\,\mathrm{e}^{-2\pi\mathrm{i}\Omega t}\mathrm{d}t\\ \ddot{x}(t)=\displaystyle\int_{-\infty}^{+\infty}\ddot{X}(\Omega)\,\mathrm{e}^{2\pi\mathrm{i}\Omega t}\mathrm{d}\Omega\end{cases} \tag{1.18}$$

在最后一种情况中,傅里叶变换和逆变换是对称的。有些文献中 $\ddot{X}(\Omega)$ 的的指数部分符号为正,而 $\ddot{x}(t)$ 的指数部分符号为负。

1.4.2 归一化的傅里叶变换

若令横坐标为 $f\tau$(τ 为冲击持续时间),纵坐标为 $A(f)/\ddot{x}_m\tau$,则可以把冲击信号傅里叶变换的幅值和相位绘在一个图上。

1.4.3 节给出了单位持续时间(等于乘积 $f\tau$)、幅值为 1 的经典冲击信号的归一化傅里叶谱。对于任意持续时间、幅值的相同经典冲击波形的傅里叶谱可根据归一化的傅里叶谱得到。

1.4.3 经典冲击信号的傅里叶变换

1.4.3.1 半正弦脉冲

半正弦信号傅里叶变换的幅值和相位(图 1.12)及实部和虚部(图 1.13)如下:

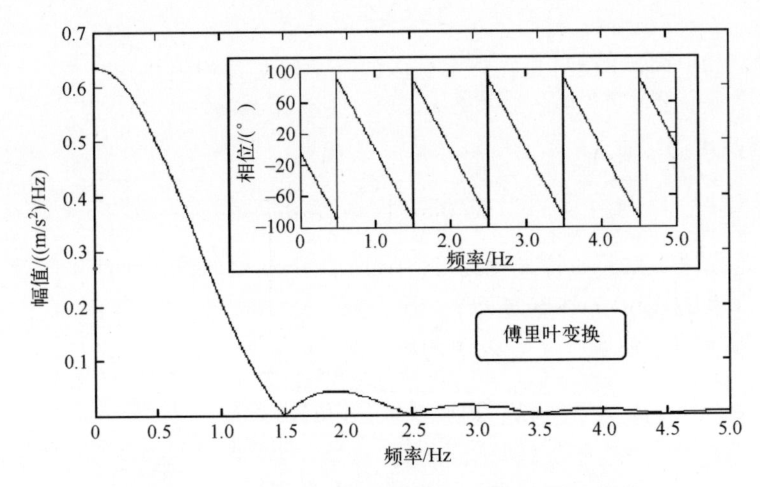

图 1.12 半正弦冲击脉冲傅里叶变换的幅值和相位

幅值[LAL 75]为

$$\ddot{X}_m=\frac{2\tau\ddot{x}_m}{\pi}\left|\frac{\cos(\pi f\tau)}{1-4f^2\tau^2}\right| \tag{1.19}$$

相位为

$$\phi=-\pi[f\tau-(1+k)] \quad (k\ 为正整数) \tag{1.20}$$

实部为

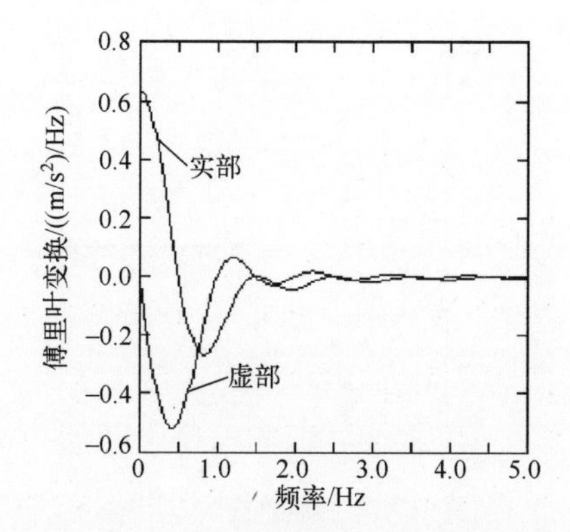

图 1.13 半正弦傅里叶变换的实部和虚部

$$\mathrm{Re}(\ddot{X}_{\mathrm{m}})=\frac{\tau\ddot{x}_{\mathrm{m}}[1+\cos(2\pi f\tau)]}{\pi(1-4f^2\tau^2)} \tag{1.21}$$

虚部为

$$\mathrm{Im}(\ddot{X}_{\mathrm{m}})=-\frac{-\tau\ddot{x}_{\mathrm{m}}\sin(2\pi f\tau)}{\pi(1-4f^2\tau^2)} \tag{1.22}$$

1.4.3.2 正矢脉冲

正矢冲击脉冲傅里叶变换的幅值和相位(图 1.14)及实部和虚部(图 1.15)如下:

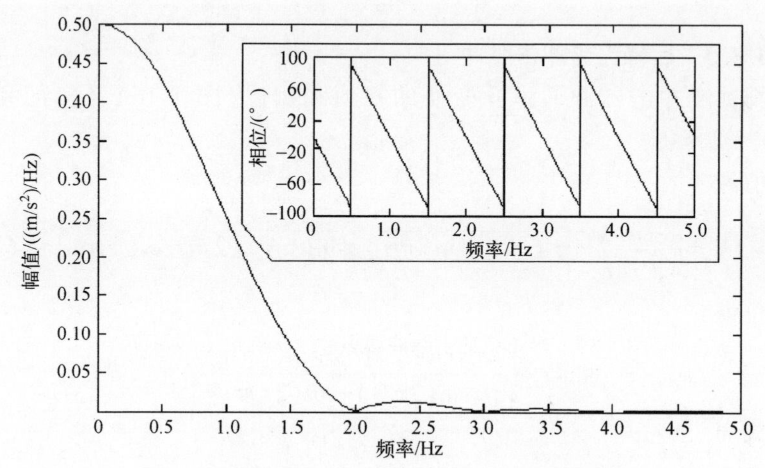

图 1.14 正矢冲击脉冲傅里叶变换的幅值和相位

幅值为

$$\ddot{X}_{\mathrm{m}}=\left|\frac{\sin(\pi f\tau)}{2\pi f\tau(1-f^2\tau^2)}\right| \tag{1.23}$$

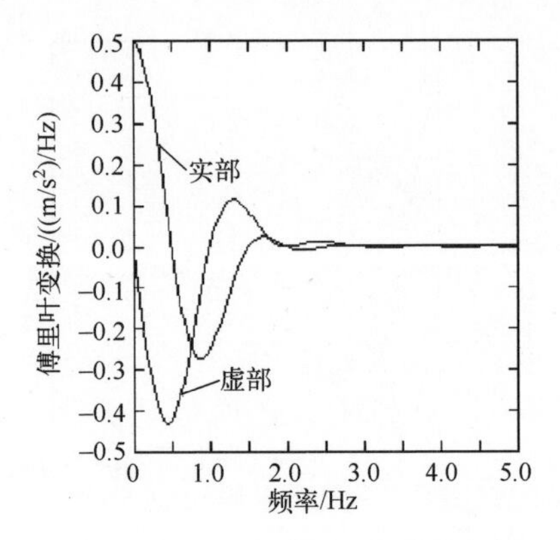

图 1.15　正矢冲击脉冲傅里叶变换的实部和虚部

相位为

$$\phi=-\pi[f\tau-(1+k)] \quad (k:\text{正整数}) \tag{1.24}$$

实部为

$$\mathrm{Re}(\ddot{X}_{\mathrm{m}})=\frac{\ddot{x}_{\mathrm{m}}\sin(2\pi f\tau)}{4\pi f(1-f^2\tau^2)} \tag{1.25}$$

虚部为

$$\mathrm{Im}(\ddot{X}_{\mathrm{m}})=\frac{\ddot{x}_{\mathrm{m}}[\cos(2\pi f\tau)-1]}{4\pi f(1-f^2\tau^2)} \tag{1.26}$$

1.4.3.3　后峰锯齿冲击脉冲

后峰锯齿冲击脉冲傅里叶变换的幅值和相位(图 1.16)及实部和虚部(图 1.17)如下:

幅值为

$$\ddot{X}_{\mathrm{m}}=\frac{\ddot{x}_{\mathrm{m}}}{4\pi^2f^2\tau}\sqrt{4\pi^2f^2\tau^2+4\sin(\pi f\tau)[\sin(\pi f\tau)-2\pi f\tau\cos(\pi f\tau)]} \tag{1.27}$$

相位为

$$\tan\phi=\frac{2\pi f\tau\cos(2\pi f\tau)-\sin(2\pi f\tau)}{2\pi f\tau\sin(2\pi f\tau)+\cos(2\pi f\tau)-1} \tag{1.28}$$

实部为

$$\mathrm{Re}(\ddot{X}_{\mathrm{m}})=\frac{\ddot{x}_{\mathrm{m}}[\cos(2\pi f\tau)+2\pi f\tau\sin(2\pi f\tau)-1]}{4\pi^2f^2\tau} \tag{1.29}$$

虚部为

$$\mathrm{Im}(\ddot{X}_{\mathrm{m}})=\frac{\ddot{x}_{\mathrm{m}}[2\pi f\tau\cos(2\pi f\tau)-\sin(2\pi f\tau)]}{4\pi^2f^2\tau} \tag{1.30}$$

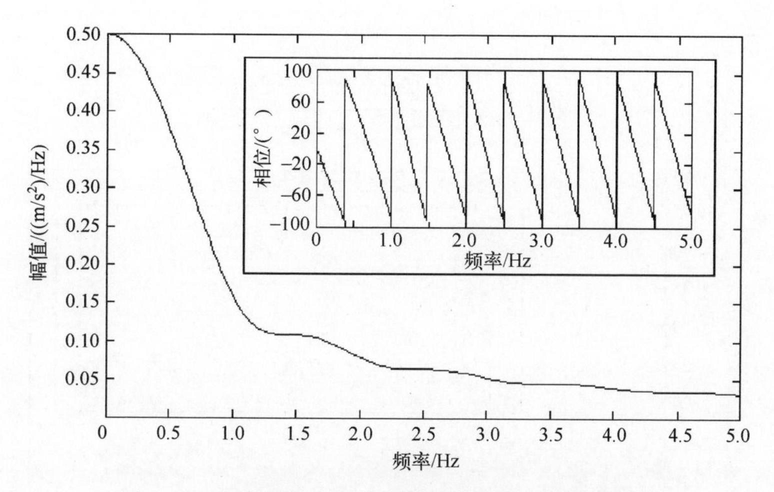

图 1.16　后峰锯齿冲击脉冲傅里叶变换的幅值和相位

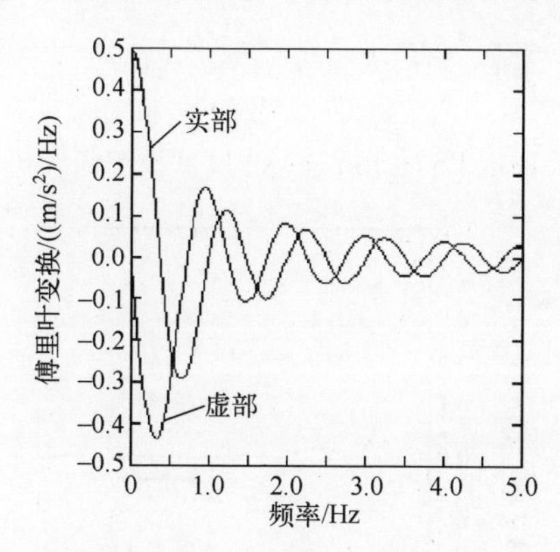

图 1.17　后峰锯齿冲击脉冲傅里叶变换的实部和虚部

1.4.3.4　前峰锯齿冲击脉冲

前峰锯齿冲击脉冲傅里叶变换的幅值和相位(图 1.18)及虚部和实部(图 1.19) 如下:

幅值为

$$\ddot{X}_{\mathrm{m}}=\frac{\ddot{x}_{\mathrm{m}}}{4\pi^2 f^2\tau}\sqrt{4\pi^2 f^2\tau^2+4\sin(\pi f\tau)[\sin(\pi f\tau)-2\pi f\tau\cos(\pi f\tau)]} \tag{1.31}$$

相位为

$$\tan\phi=\frac{\sin(2\pi f\tau)-2\pi f\tau}{1-\cos(2\pi f\tau)} \tag{1.32}$$

实部为

$$\mathrm{Re}(\ddot{X}_{\mathrm{m}})=\frac{\ddot{x}_{\mathrm{m}}[1-\cos(2\pi f\tau)]}{4\pi^2 f^2\tau} \tag{1.33}$$

虚部为

$$\operatorname{Im}(\ddot{X}_m)=\frac{\ddot{x}_m[\sin(2\pi f\tau)-2\pi f\tau]}{4\pi^2 f^2 \tau} \quad (1.34)$$

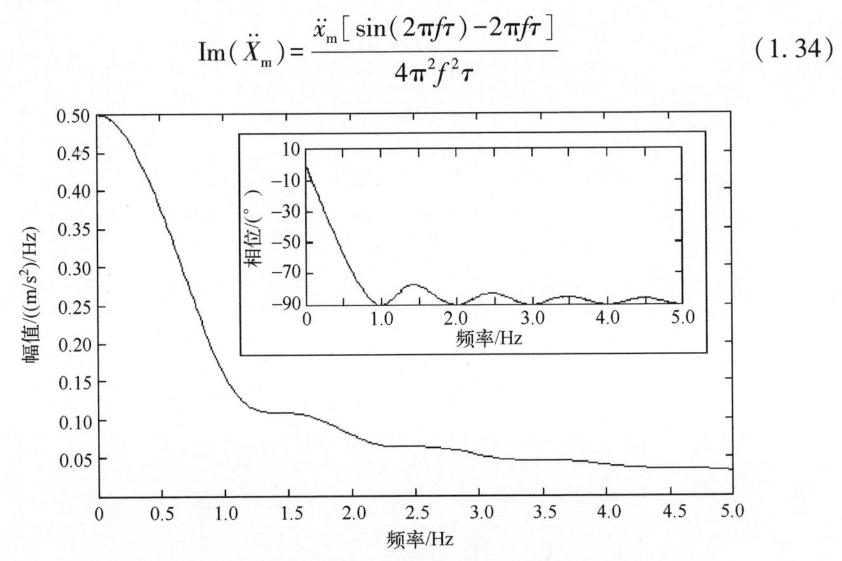

图 1.18 IPS 冲击脉冲傅里叶变换的幅值和相位

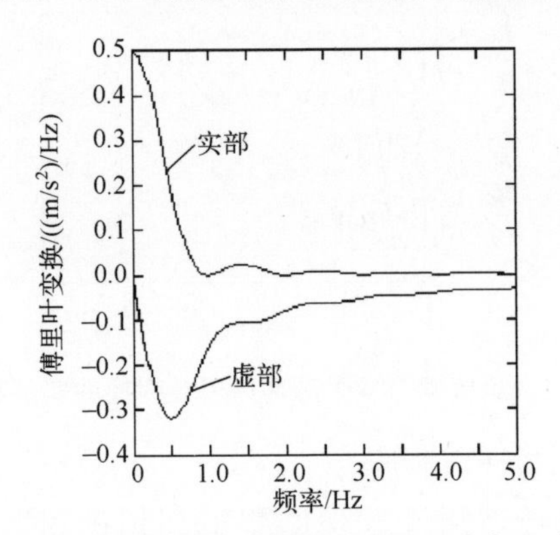

图 1.19 IPS 冲击脉冲傅里叶变换的实部和虚部

1.4.3.5 任意三角脉冲

加速度由零线性增加到最大值,然后线性减小到零。

令 t_t 为上升时间,t_d 为衰减时间。

三角冲击脉冲傅里叶变换的幅值和相位(图 1.20 和图 1.21)及实部和虚部(图 1.22、图 1.23)如下:

幅值为

$$\ddot{X}_m=\frac{2\ddot{x}_m}{4\pi^2 t_r(\tau-t_r)}\sqrt{t_r^2\sin^2(\pi f\tau)+\tau^2\sin^2(\pi f t_r)-\tau t_r\{\sin^2(\pi f t_r)+\sin^2(\pi f\tau)-\sin^2[\pi f(\tau-t_r)]\}} \quad (1.35)$$

相位为

$$\tan\phi=\frac{t_{\mathrm{r}}\sin(2\pi f\tau)-\tau\sin(2\pi f t_{\mathrm{r}})}{\tau[\cos(2\pi f t_{\mathrm{r}})-1]-t_{\mathrm{r}}[\cos(2\pi f\tau)-1]} \tag{1.36}$$

实部为

$$\mathrm{Re}(\ddot{X}_{\mathrm{m}})=\frac{\ddot{x}_{\mathrm{m}}[\tau\cos(2\pi f t_{\mathrm{r}})-\tau-t_{\mathrm{r}}\cos(2\pi f\tau)+t_{\mathrm{r}}]}{4\pi^2 t_{\mathrm{r}}(\tau-t_{\mathrm{r}})} \tag{1.37}$$

虚部为

$$\mathrm{Im}(\ddot{X}_{\mathrm{m}})=\frac{\ddot{x}_{\mathrm{m}}[t_{\mathrm{r}}\sin(2\pi f\tau)-\tau\sin(2\pi f t_{\mathrm{r}})]}{4\pi^2 t_{\mathrm{r}}(\tau-t_{\mathrm{r}})} \tag{1.38}$$

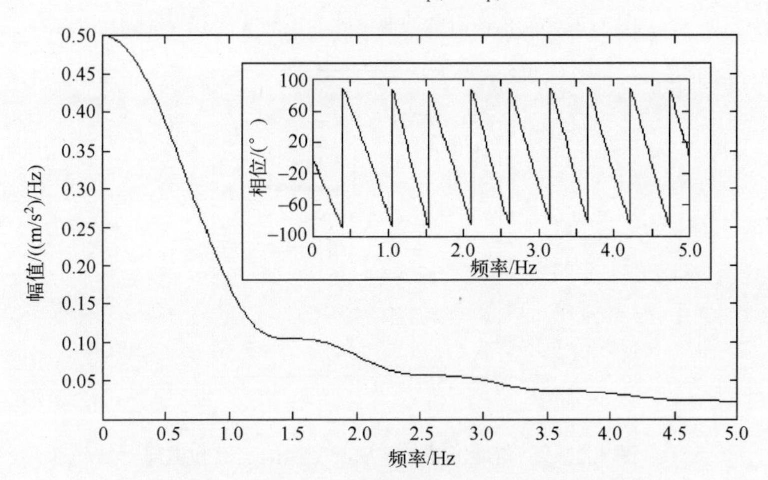

图 1.20 三角冲击脉冲傅里叶变换的幅值和相位

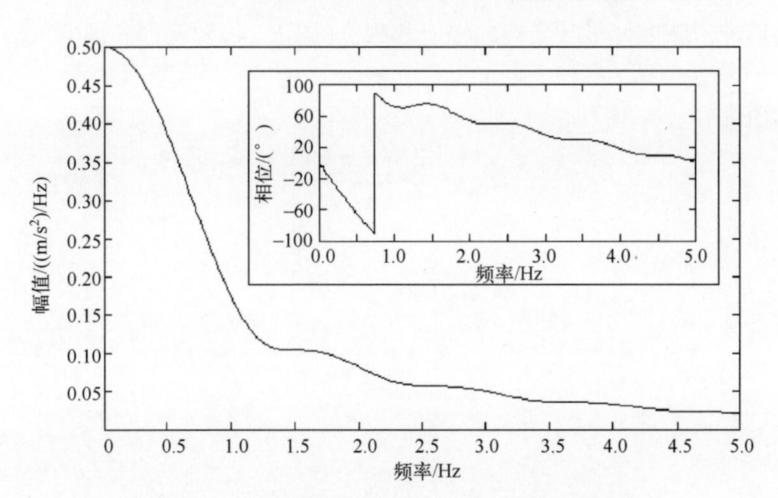

图 1.21 三角冲击脉冲傅里叶变换的幅值和相位

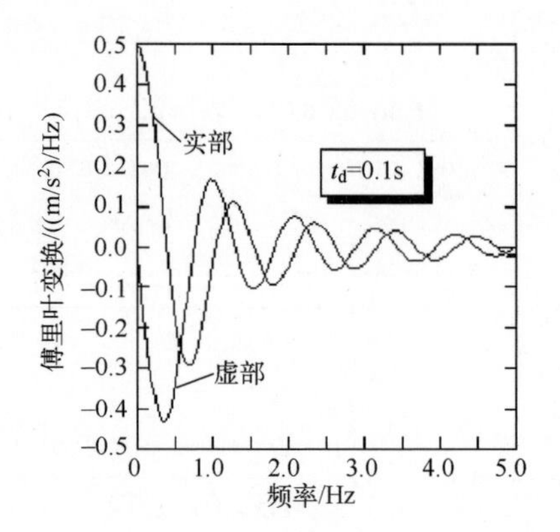

图 1.22 三角冲击脉冲傅里叶变换的实部和虚部

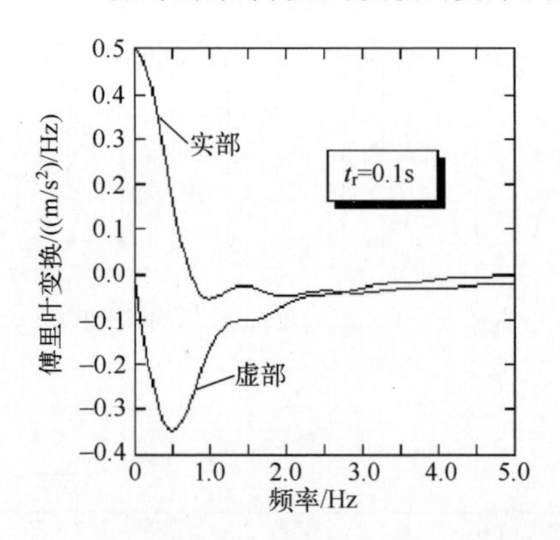

图 1.23 三角冲击脉冲傅里叶变换的实部和虚部

1.4.3.6 矩形脉冲

矩形冲击脉冲傅里叶变换的幅值和相位(图 1.24)及实部和虚部(图 1.25)如下:

幅值为

$$\ddot{X}_m=\left|\frac{\ddot{x}_m\sin(\pi f\tau)}{\pi f}\right| \tag{1.39}$$

相位为

$$\phi=-\pi[f\tau-(1+k)] \tag{1.40}$$

实部为

$$\mathrm{Re}(\ddot{X}_m)=\frac{\ddot{x}_m\sin(2\pi f\tau)}{2\pi f} \tag{1.41}$$

虚部为

$$\mathrm{Im}(\ddot{X}_m)=\frac{\ddot{x}_m[\cos(2\pi f\tau)-1]}{2\pi f} \tag{1.42}$$

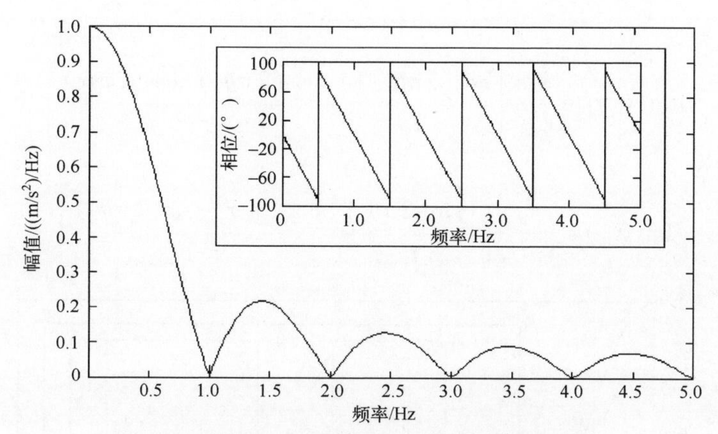

图 1.24 矩形冲击脉冲傅里叶变换的幅值和相位

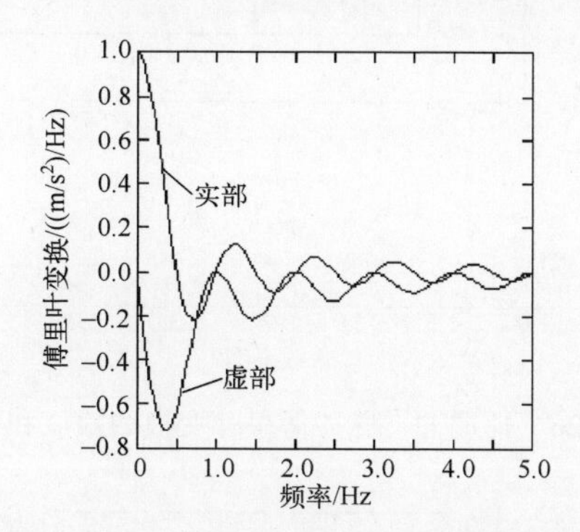

图 1.25 矩形冲击脉冲傅里叶变换的实部和虚部

1.4.3.7 梯形脉冲

令 t_r 为加速度由零增大到恒定值 $\ddot{x}_m$ 的上升时间，t_d 为衰减到零所用时间。

梯形冲击脉冲傅里叶变换的幅值和相位(图 1.26)及实部和虚部(图 1.27)如下：

幅值为

$$\ddot{X}_m=\frac{2\ddot{x}_m}{\Omega^2}\left[\frac{\sin^2\frac{\Omega t_r}{2}}{t_r^2}+\frac{\sin^2\frac{\Omega(\tau-t_d)}{2}}{(\tau-t_d)^2}-2\frac{\sin\frac{\Omega t_r}{2}\sin\frac{\Omega(\tau-t_d)}{2}\cos\left(\Omega\frac{\tau+t_d-t_r}{2}\right)}{t_r(\tau-t_d)}\right]^{\frac{1}{2}} \tag{1.43}$$

相位为

$$\tan\phi=\frac{\frac{\sin(\Omega\tau)-\sin(\Omega t_d)}{\tau-t_d}-\frac{\sin(\Omega t_r)}{t_r}}{\frac{\cos(\Omega t_r)-1}{t_r}-\frac{\cos(\Omega t_d)-\cos(\Omega\tau)}{\tau-t_d}} \tag{1.44}$$

实部为

$$\mathrm{Re}(\ddot{X}_{\mathrm{m}})=\frac{\ddot{x}_{\mathrm{m}}}{4\pi^2f^2}\left[\frac{\cos(2\pi f t_{\mathrm{r}}-1)}{t_{\mathrm{r}}}+\frac{\cos(2\pi f t_{\mathrm{d}})-\cos(2\pi f\tau)}{\tau-t_{\mathrm{d}}}\right] \tag{1.45}$$

虚部为

$$\mathrm{Im}(\ddot{X}_{\mathrm{m}})=\frac{\ddot{x}_{\mathrm{m}}}{4\pi^2f^2}\left[\frac{-\sin(2\pi f t_{\mathrm{r}})}{t_{\mathrm{r}}}+\frac{\sin(2\pi f\tau)-\sin(2\pi f t_{\mathrm{d}})}{\tau-t_{\mathrm{d}}}\right] \tag{1.46}$$

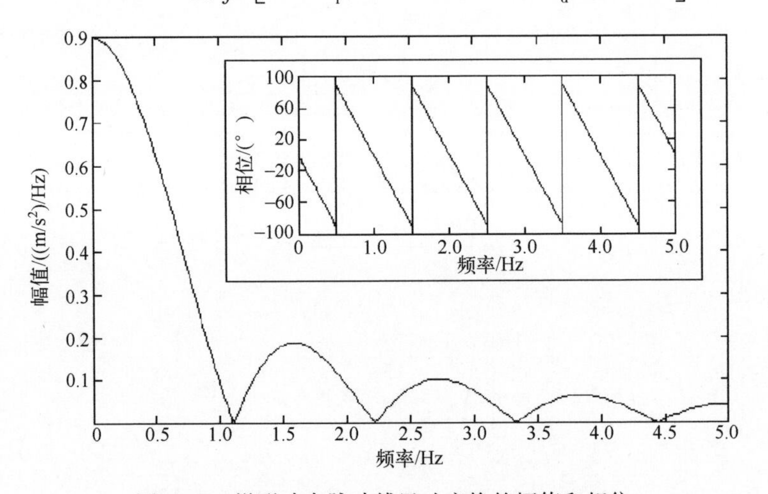

图 1.26　梯形冲击脉冲傅里叶变换的幅值和相位

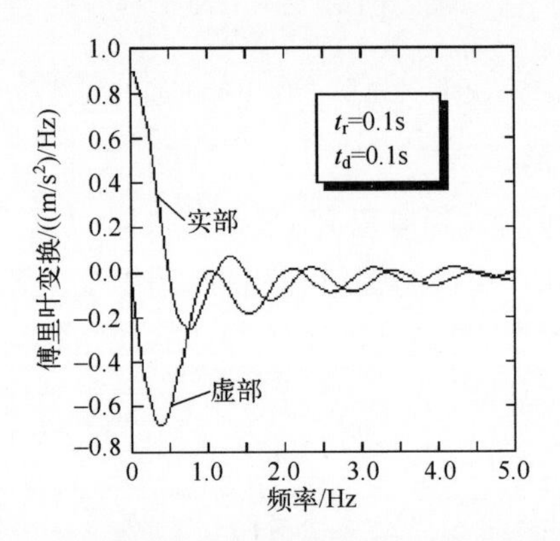

图 1.27　梯形冲击脉冲傅里叶变换的实部和虚部

1.4.4　冲击信号的傅里叶变换描述了什么

冲击信号傅里叶变换后每个频率点对应的幅值等于时域信号通过中心频率为该频率点的带通滤波器的最大响应值除以滤波器的带宽。

例 1.4

以一个 500m/s^2、持续时间 10ms 的半正弦冲击信号为例，它的傅里叶变换的幅值如图 1.28 所示。选取频率 58Hz 所对应的谱上的一个点。此频率下幅值等于 2.29(m/s^2)/Hz。

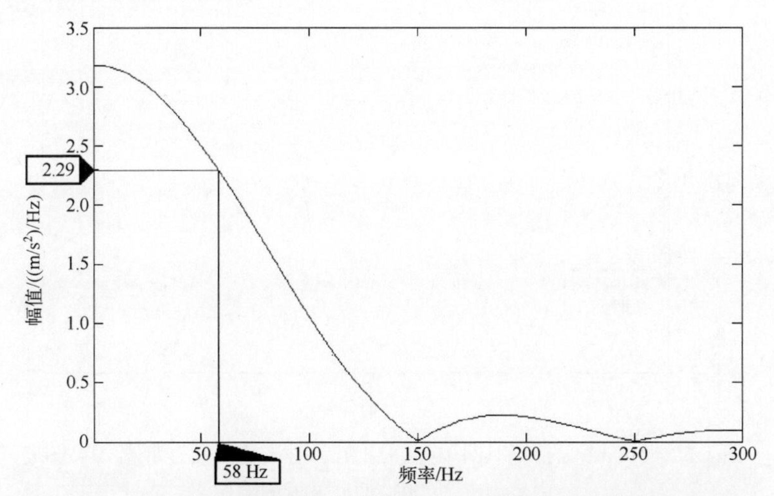

图 1.28　500m/s^2、持续时间 10ms 的半正弦冲击信号傅里叶变换的幅值

以中心频率为 58Hz、带宽 $\Delta f=2$Hz 的矩形滤波器的响应为例(图 1.28)，滤波器的最大响应(冲击结束时出现)为 4.58m/s^2。该值除以滤波器的带宽等于图 1.29 的频率为 58Hz 时对应的幅值。

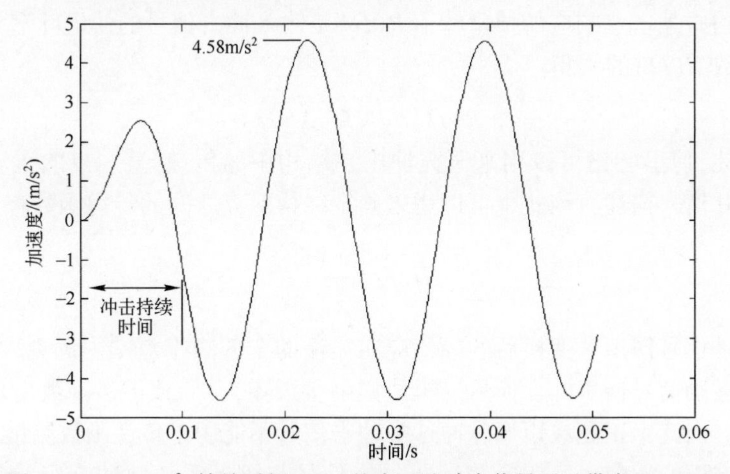

图 1.29　500m/s^2、持续时间 10ms 的半正弦冲击信号通过带宽 $\Delta f=2$Hz、中心频率为 58Hz 的滤波器响应

图 1.30 给出了信号中心频率为 58Hz，带宽等于 1Hz 时，滤波器的响应。响应的最大值与图 1.28 中频率为 58Hz 的幅值相同。滤波器的带宽增大时，精度将降低。

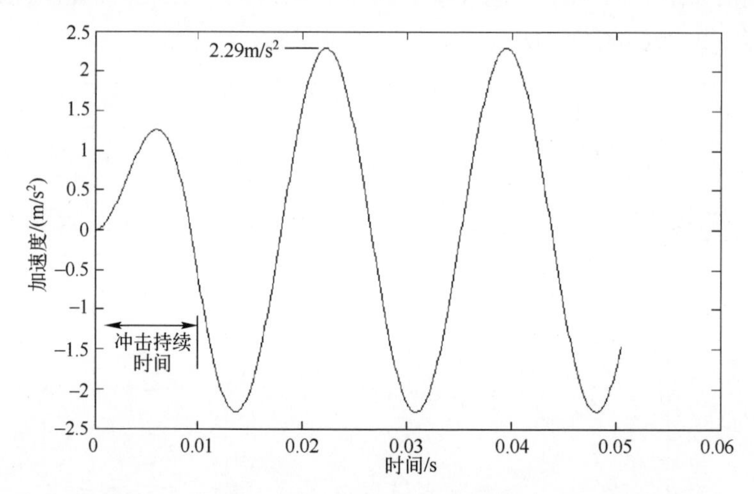

图 1.30　500m/s²、持续时间 10ms 的半正弦冲击信号通过带宽 $\Delta f = 1\text{Hz}$、中心频率为 58Hz 的滤波器的响应

1.4.5　傅里叶变换的重要性

与冲击响应谱(SRS)不同，傅里叶谱包含了原始信号的所有信息。

结构中某一点响应的傅里叶谱 $R(\Omega)$ 是输入冲击信号的傅里叶谱 $\ddot{X}(\Omega)$ 与传递函数 $H(\Omega)$ 的乘积：

$$R(\Omega) = H(\Omega)\ddot{X}(\Omega) \tag{1.47}$$

因此，傅里叶谱可以用来研究冲击在结构中的传递，某一点的运动可以通过傅里叶谱来描述。该式也可以用来确定结构两点之间的传递函数：

$$H(f) = \frac{\ddot{Y}(f)}{\ddot{X}(f)} \tag{1.48}$$

激励信号傅里叶变换后的幅值应在关注的全部频率范围内远远大于零，这是因为激励信号傅里叶变换后的幅值如果接近零，会导致传递函数出现不正常的峰值。因此半正弦或矩形脉冲这类冲击信号不能用于传递函数测量。

时域内的响应也可表示成输入冲击信号与机械系统脉冲响应的卷积。此时使用到了傅里叶变换的一个重要特性：两个信号卷积的傅里叶变换等于两个信号傅里叶变换的乘积。

时域、频域变换及对输入、响应的方便描述,使得研究冲击时经常使用傅里叶谱,特别是由试验数据来制定试验规范时。

虽然傅里叶谱有这些优点,但本书很少使用。因为当比较两种激励时,会遇到以下问题:

——两个冲击的比较。傅里叶谱是复数,因此完整的描述需要两个参数:实部和虚部,或者幅值和相位。这些曲线一般是不光滑的,且除特殊情形外,当把同一频率的两个谱放在一起时,很难确定两个冲击激励的相对严酷等级。此外,相位,实部和虚部可以是正值,也可为负值,因此很难制定规范。

——通过傅里叶逆变换得到的时域信号通常较为复杂,除了使用电动振动台实现外,不可能通过常用的冲击试验台实现。

傅里叶变换不用于试验规范的制定或冲击信号的比较。但使用振动台控制冲击波形时,要应用傅里叶变换的一一映射的性质以及输入、响应之间的关系式(1.47)。根据安装装置的传递函数,利用傅里叶变换的性质可控制试件的输入加速度。

1.5 能量谱

1.5.1 按频率变化的能量

能量谱定义为

$$\mathrm{ES} = \int_0^f [\mathrm{FT}(f)]^2 \mathrm{d}f \tag{1.49}$$

式中:$\mathrm{FT}(f)$为信号傅里叶变换的幅值。

这个谱可以用来确定包含$p\%$能量时的频率:

$$p\% = \frac{\int_0^{f_{p\%}} [\mathrm{FT}(f)]^2 \mathrm{d}f}{\int_0^{f_{\max}} [\mathrm{FT}(f)]^2 \mathrm{d}f} \tag{1.50}$$

1.5.2 平均能量谱

冲击信号的傅里叶变换具有随机特性,例如一次爆炸冲击,只给出了冲击信号频率特征的一个样本。

可以用功率谱密度来描述频率成分。功率谱密度由几次测量信号的傅里叶变换后幅值平方的均值得到。如果n为信号测量的次数,则平均能量为

$$\overline{E}(f) = \frac{1}{n} \sum_{i=1}^{n} |\mathrm{FT}_i(f)|^2 \tag{1.51}$$

式中:$FT_i(f)$为第 i 个测量的冲击信号傅里叶变换的幅值。

这个谱称为能量谱或瞬态自谱,与由几个随机信号样本计算的自功率谱相似。

1.6 傅里叶变换的计算

1.6.1 引言

傅里叶变换的计算方法有很多,但通常都使用 Cooley-Tukey[COO 65]的快速傅里叶(FFT)算法,因为该算法速度比较快(第 3 卷)。需注意的是,用这个算法得到的结果必须乘以分析信号的持续时间。

1.6.2 模拟信号

以持续时间为 τ 的加速度时域信号为例,其最大频率为 f_{max},用 n_{FT}(2 的幂)个点,计算其傅里叶变换。根据 Shannon 理论(第 1 卷),采样频率 $f_{samp}=2f_{max}$,即时间间隔为

$$\Delta t=\frac{1}{f_{samp}}=\frac{1}{2f_{max}} \tag{1.52}$$

频率间隔为

$$\Delta f=\frac{f_{max}}{n_{FT}} \tag{1.53}$$

由于以 Δf 的分辨率来分析信号,则持续时间为

$$T=\frac{1}{\Delta f} \tag{1.54}$$

得到时间间隔为

$$\Delta t=\frac{1}{2f_{max}}=\frac{1}{2(\Delta f n_{FT})}=\frac{T}{2n_{FT}} \tag{1.55}$$

如果用 n 个点来描述该信号:

$$T=n\Delta t \tag{1.56}$$

须有

$$n=2n_{FT} \tag{1.57}$$

得

$$T=n\Delta t=2n_{FT}\frac{1}{2f_{max}}=\frac{n_{FT}}{f_{max}} \tag{1.58}$$

用来计算傅里叶变换的持续时间 T 可以与被分析信号的持续时间 τ 不同

（如对于冲击信号），不能小于 τ（如果小于 τ，冲击信号的形状发生改变）。因此，如果令 $\Delta f_0=\dfrac{1}{\tau}$，则由 $T\geqslant\tau$，$\dfrac{1}{\Delta f}\geqslant\dfrac{1}{\Delta f_0}$，即

$$\Delta f=\frac{f_{max}}{n_{FT}}\leqslant\frac{1}{\tau} \tag{1.59}$$

如果选择的参数（n_{FT} 和 f_{max}）导致 Δf 的值太大，则有必要改变其中的一个参数来满足上述条件。

如需要计算的持续时间 T 大于信号的持续时间 τ，信号须根据间隔 Δt 通过加零的方法延长到持续时间 T。

表 1.2 概述了计算过程。

表 1.2　模拟数据傅里叶变换的计算过程

<table>
<tr><td colspan="2">数据：
——被分析信号的特性描述（波形、幅值、持续时间）或没有数字化的测量信号
——傅里叶变换的点数 n_{FT} 以及最大频率 f_{max}</td></tr>
<tr><td>$f_{samp}=2f_{max}$</td><td>为了避免混叠现象（香农定理）。如果测量的信号可能包含频率大于 f_{max} 的成分，则在数字化之前必须用低通滤波器进行滤波。考虑滤波器频率 f_{max} 后的斜率，最好选择 $f_{samp}=2.6f_{max}$（第 1 卷）</td></tr>
<tr><td>$\Delta t=\dfrac{1}{2f_{max}}$</td><td>信号数字化的时间间隔（时域信号两个点之间的间隔）</td></tr>
<tr><td>$\Delta f=\dfrac{f_{max}}{n_{FT}}$</td><td>傅里叶变换后两个连续频率点之间的频率间隔</td></tr>
<tr><td>$n=2n_{FT}$</td><td>信号数字化的点数</td></tr>
<tr><td>$T=n\Delta t$</td><td>被分析信号的持续时间</td></tr>
<tr><td colspan="2">如果 $T>\tau$，则在 τ 和 T 之间须加零。
如果准确描述 $0\sim\tau$ 之间信号的数据不足，则增大 f_{max}。
须满足 $\Delta f=\dfrac{f_{max}}{n_{FT}}\leqslant\dfrac{1}{\tau}$（$T\geqslant\tau$）：
——如果 f_{max} 不变，则 n_{FT}（2 的幂）$\geqslant\tau f_{max}$。
——如果 n_{FT} 不变，则 $f_{max}\leqslant\dfrac{n_{FT}}{\tau}$</td></tr>
</table>

1.6.3　数字信号

如果持续时间 τ 的信号采样点数为 N，采样时间间隔为 ΔT，则信号分析的最大频率为

$$f_{max}=\frac{1}{2\Delta t} \tag{1.60}$$

$$n_{FT} \leqslant \frac{N}{2}(\text{最接近 2 的幂})$$

即

$$n = 2n_{FT}$$

这个数应该是 2 的幂。为了满足这个条件,如果对信号分析影响不大,则可减小持续时间,或在信号的末尾加零增加持续时间。

如果为了满足要求的最大分析频率 f_{max} 和采样点数 n_{FT},可能需重新采样,信号加零时须按照表 1.2 中的准则。

信号的频率间隔为

$$\Delta f = \frac{f_{max}}{n_{FT}}$$

1.6.4 计算冲击信号的傅里叶变换之前加零

当冲击信号采样点较少时,由于感兴趣的频率集中在傅里叶谱有限的几个点上,因此很难获取更加详细的信息。在计算傅里叶变换之前信号尾部加零,可提高频率分辨率,获取更多频率处点的值,且曲线更光滑。

例 1.5

以一个 500m/s^2、持续时间 10ms 的半正弦冲击信号为例。假设该信号的采样点数为 256(2 的幂)。利用前面的公式,可以确定:

时间间隔:

$$\delta t = \frac{\tau}{n} = \frac{0.01}{256} \approx 3.91 \times 10^{-5}(\text{s})$$

变换点数:

$$n_{FT} = \frac{n}{2} = 128$$

最大频率:

$$f_{max} = \frac{1}{2\delta t} = \frac{1}{2 \times 3.91 \times 10^{-5}} = 12800(\text{Hz})$$

频率间隔:

$$\Delta f = \frac{f_{max}}{n_{FT}} = \frac{12800}{128} = 100(\text{Hz})$$

傅里叶变换后的分析频率介于 0~12800Hz 之间,频率间隔为 100Hz,共 128 个离散点(图 1.31)。在对感兴趣的频率区间(0~500Hz)内的频率点非常少(5 个)(图 1.32)。

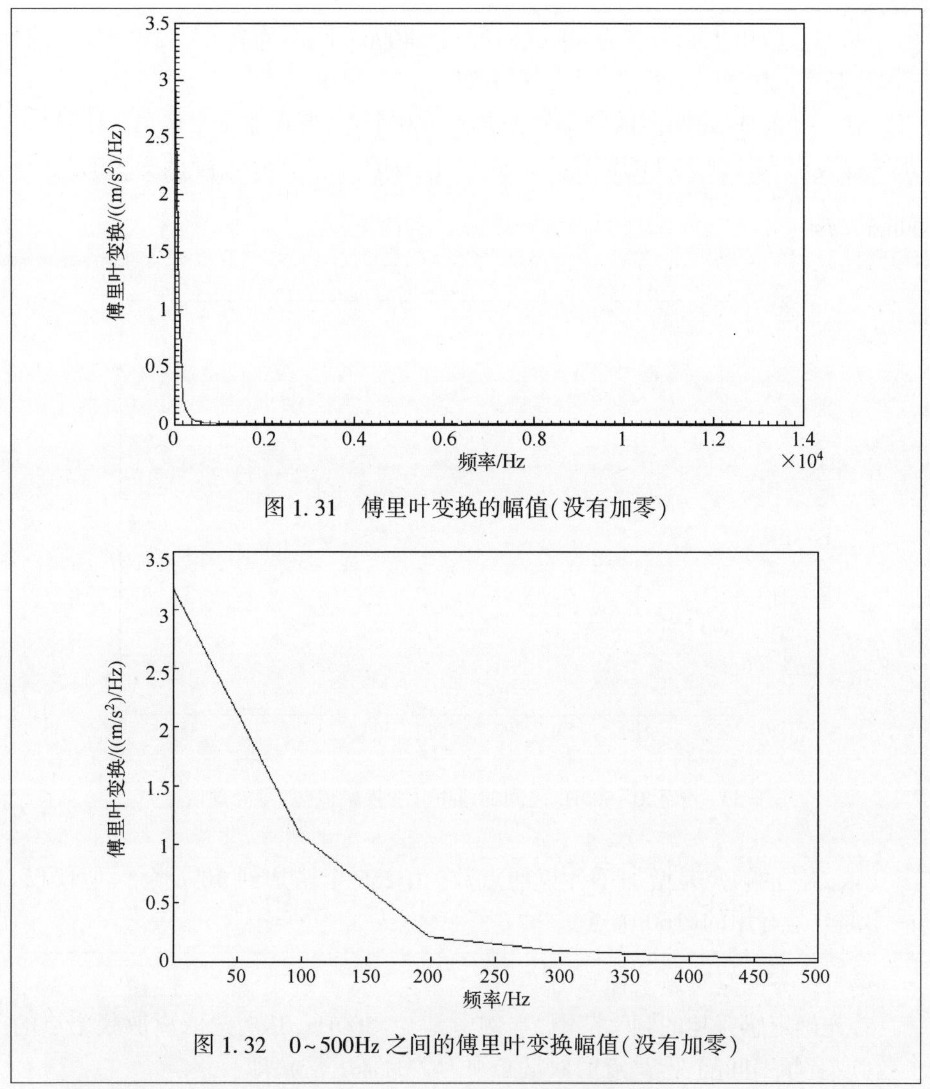

图 1.31 傅里叶变换的幅值(没有加零)

图 1.32 0~500Hz 之间的傅里叶变换幅值(没有加零)

有两种方法可增加感兴趣的带宽内频率点的数量。

第一种方法是仅仅在冲击信号的末尾加零,从而增加信号的点数(总的点数等于 2 的幂)。因为 $n=2n_{\mathrm{FT}}$,所以频率点的数量也随相同比例增加。

例 1.6

仍以例 1.5 为例。采样点数为 256,增加零的个数为 256 的 31 倍,则该信号由 8192 个点组成,时间间隔保持不变($\delta t=3.91\times10^{-5}\mathrm{s}$),总的持续时间为 0.21s。

频率点数由 128 个变为 4096(8192/2=4096)个,分布在 0~12800Hz 之间(因为频率间隔变小,所以最大频率不变)。

在 0~500Hz 之间离散频率幅值共有 160 个点,变得非常平滑(图 1.33)。加零没有引入任何额外的信息,仅是增加信号的长度($T>\tau$),降低变换的频率间隔$\left(\Delta f=\frac{1}{T}\right)$。

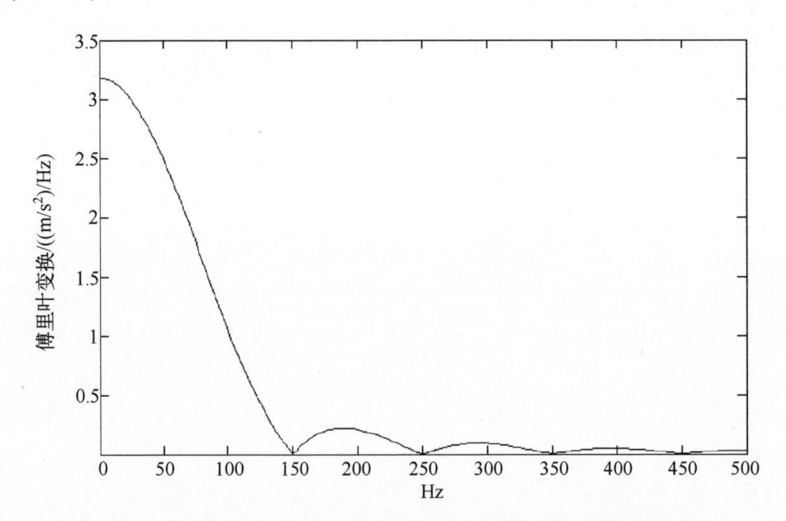

图 1.33　介于 0~500Hz 之间的傅里叶变换幅值(加零处理信号)

该方法的缺点是增加了计算的点数(由 256 个增加到 4096 个),但仅仅一小部分是有用的(160 个点)。

第二种方法是重新采样和加零。

首先确定感兴趣的频率范围,本例中是 0~500Hz,其次选取离散频率点的个数(或者频率间隔,但是点的数量必须为 2 的幂次倍),即

$$f_{\max}=500\text{Hz}$$

$$n_{\text{FT}}=128$$

根据感兴趣的最大频率确定时间间隔,即

$$\delta t=\frac{1}{2f_{\max}}=\frac{1}{2\times 500}=0.001(\text{s})$$

根据信号的采样点数($n=2n_{\text{FT}}=256$)可确定持续时间 $T=256\times 0.001=0.256(\text{s})$,持续时间大于半正弦冲击信号的持续时间。因此有必要采取以下的措施:

——用时间间隔 $\delta t = 0.001\text{s}$ 重新采样(而不是最初的间隔 $3.91\times10^{-5}\text{s}$);

——然后对信号加零,直到持续时间为 0.256s。

这样得到的曲线与图 1.33 的非常接近,但所有的点都是有用的。

如果在信号的数字化处理之前,考虑傅里叶变换的计算,则可采用相同的方法确定离散频率以及信号的长度。

1.6.5 加窗

加窗能消除冲击前和冲击后的噪声,可应用表 1.3 给出的窗函数:

表 1.3 分析冲击的窗函数

瞬态分析	矩形加权	没有窗,一般用于瞬态信号
	瞬态加权(矩形窗,信号周围)	短冲击和瞬态信号,用于提高信噪比
	指数加权	比记录的长瞬态信号,记录长度内衰减的不充分的,指数衰减信号
	汉宁加权	66%或 75%搭接的瞬态信号,长于记录的时间
频率响应函数测量	瞬态加权	冲击锤激励时,激励信号
	指数加权	冲击锤激励时,小阻尼的响应信号。注意,低频或细化分析时,记录的长度很长,冲击锤的随机冲击时应用汉宁加权

汉宁窗最适宜作为首选窗函数[GIR 04]。

1.7 时域-频域分析的优点

1.7.1 傅里叶变换的局限

用傅里叶变换的方法可得到冲击信号的谱成分,表达式如下:

$$\mathrm{FT}(f) = \int_{-\infty}^{+\infty} \ddot{x}(t)\,\mathrm{e}^{-2\pi i f t}\,\mathrm{d}t \tag{1.61}$$

傅里叶变换用于:

——描述全部信号与频率为 f 的正弦曲线的相似程度;

——描述整个信号的频率成分。时域信号不能看出的频率的变化。

例 1.7

图 1.34 给出了由 4 条幅值相同,频率分别为 20Hz、50Hz、100Hz、150Hz 的正弦曲线连接组成的信号。

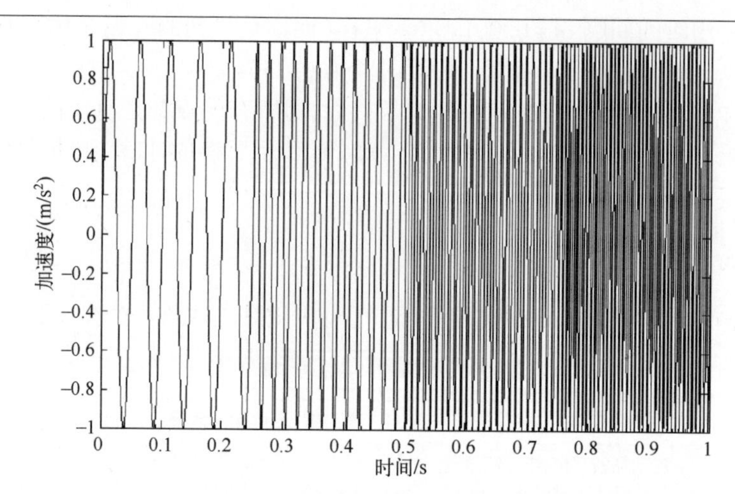

图 1.34　由 4 条正弦曲线连接组成的信号(20Hz、50Hz、100Hz 和 150Hz)

这个组合信号的傅里叶变换(图 1.35)给出了信号中的频率,但是没有给出各个信号出现的时间信息。

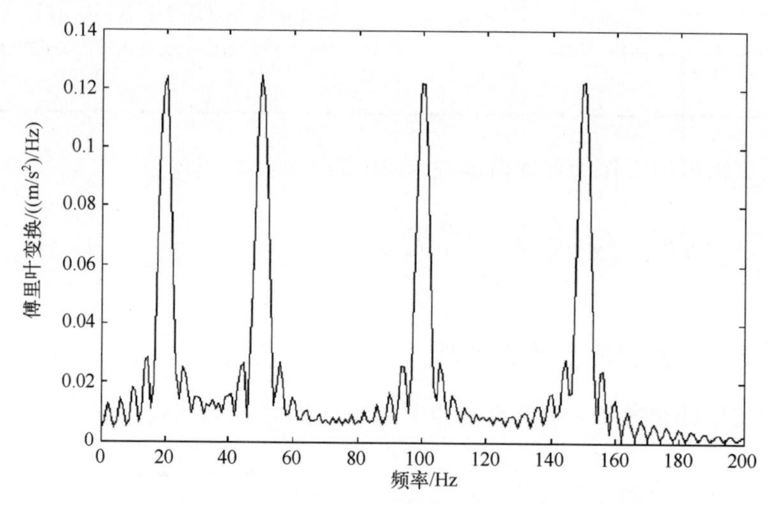

图 1.35　由 4 条正弦曲线连接组成信号的傅里叶变换

4 条正弦曲线连接组成的信号与由这 4 条正弦曲线之和构成的信号(图 1.36)的傅里叶变换(图 1.37)非常接近,因此,需要寻找一种新的分析方法。

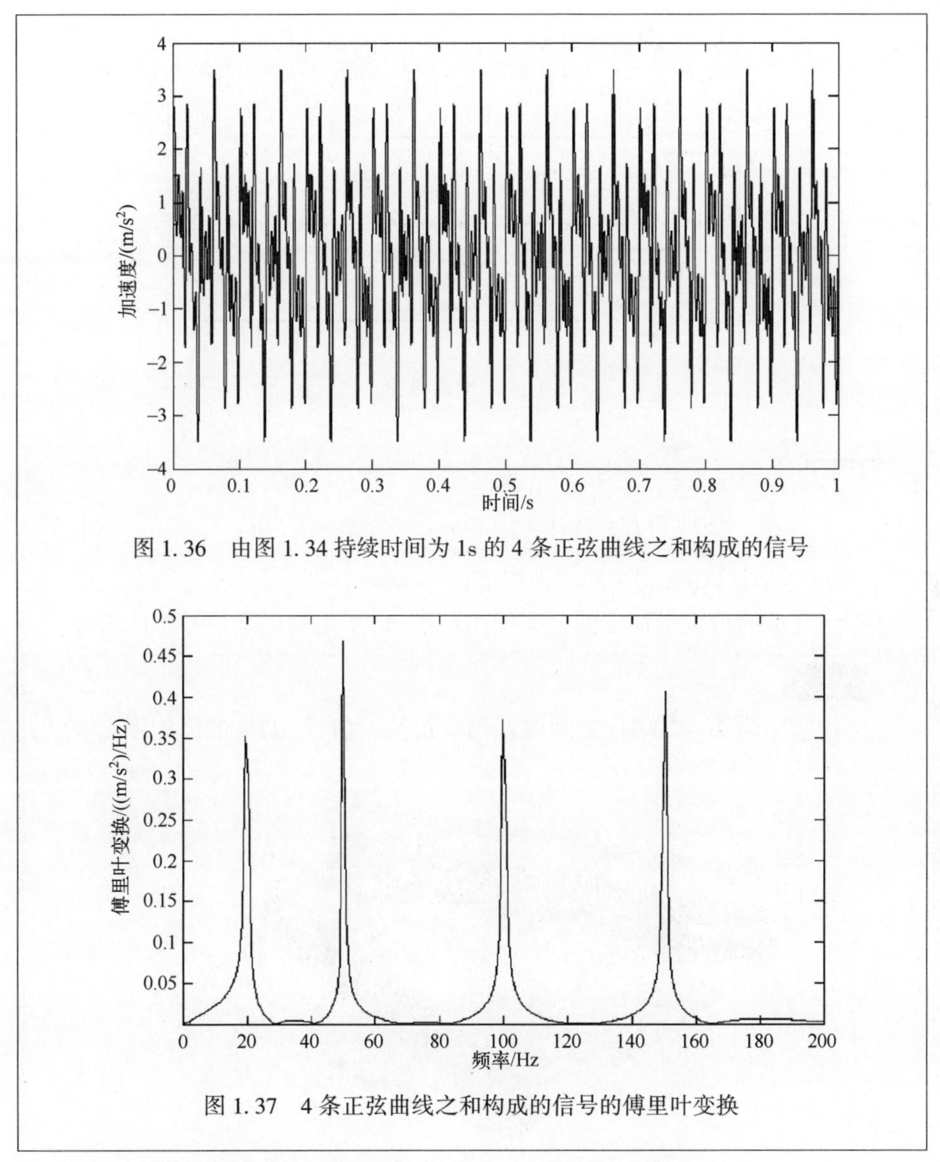

图1.36 由图1.34持续时间为1s的4条正弦曲线之和构成的信号

图1.37 4条正弦曲线之和构成的信号的傅里叶变换

寻找一种能够区分这两种情况的分析方法将是必要的。

1.7.2 短时傅里叶变换

第一种方法是应用“滑动”时窗(图1.38),对加窗的信号进行傅里叶变换,绘制出随时间窗变化后的傅里叶变换结果。变换的结果可以用时间-频域-幅值的三维图(STFT)[BOU 96,GAD 97,WAN 96]表示。

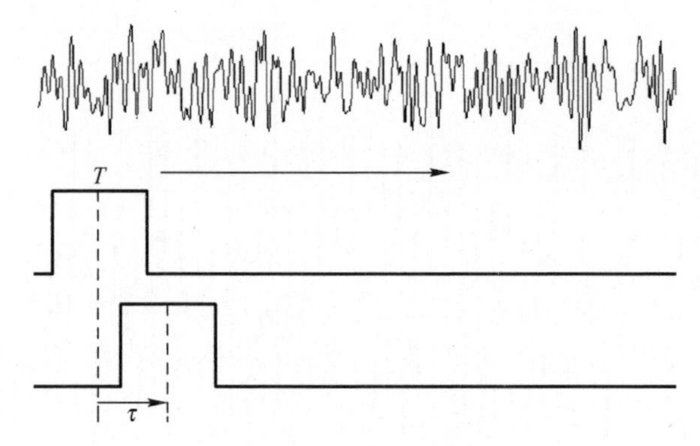

图 1.38 滑动时窗

STFT 由下式定义：

$$\mathrm{STFT}(f,\tau)=\int_{-\infty}^{+\infty}[\ddot{x}(t)r(t-\tau)]\mathrm{e}^{-2\pi ift}\mathrm{d}t \tag{1.62}$$

式中：$\ddot{x}(t)$为要分析的信号；$r(t)$为矩形窗。

因此，分析的带宽是恒定的。对噪声不敏感，常用来识别信号中的谐波。

例 1.8

2s 内频率为 20~200Hz 之间线性扫频正弦。信号 STFT 的模如图 1.39。

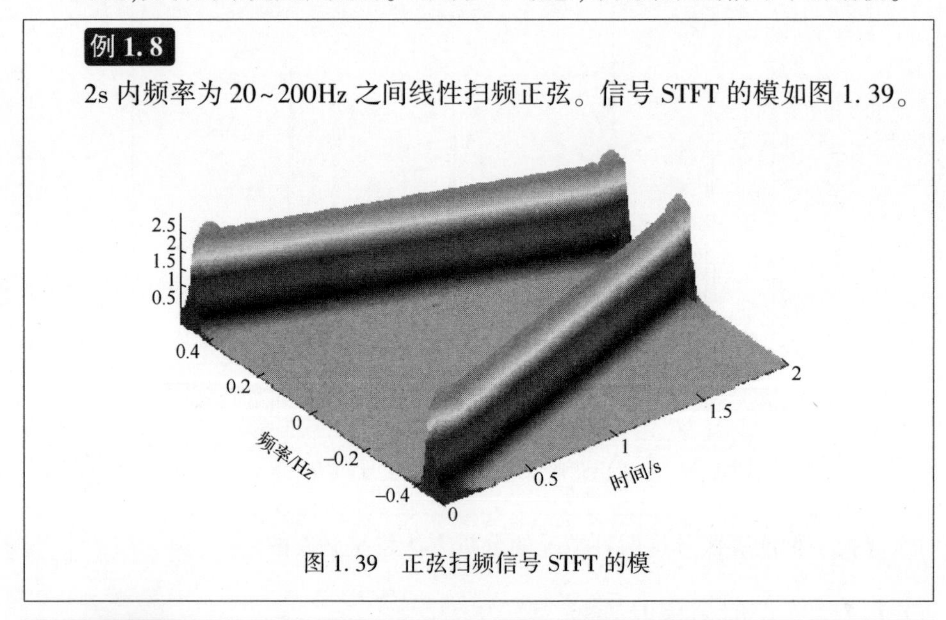

图 1.39 正弦扫频信号 STFT 的模

例 1.9

来自于图 1.34，由 4 条正弦曲线连接构成的信号的 STFT。

这种描述，获得的图形关于频率轴对称。因此，本例有 8 个峰值。

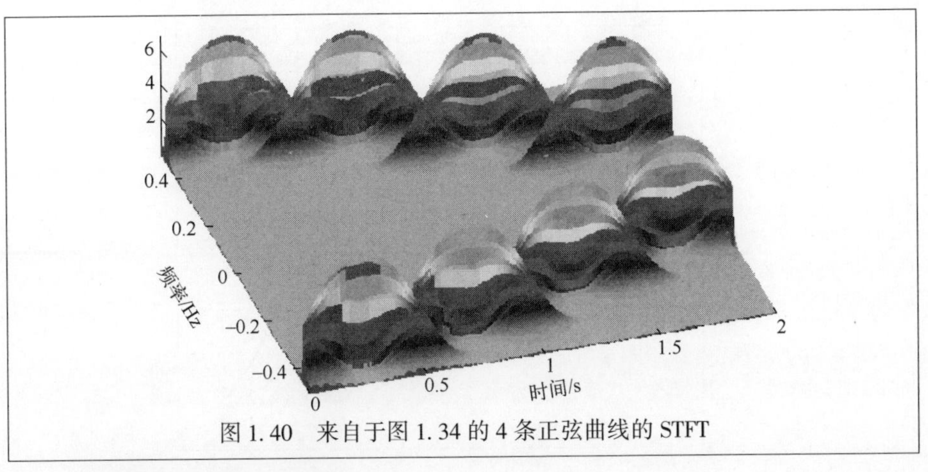

图1.40　来自于图1.34的4条正弦曲线的STFT

不确定准则(Heisenberg)

窗的持续时间越短,时间分辨率越好,但是频率分辨率越差,不能得到某固定时刻的频率。

只能知道信号的信息:

——在某个频率带内;

——在给定的时间间隔内。

如果时窗的长度有限:

——仅包含信号的一部分;

——频率分辨率比较差。

如果时窗长度无限,则频率分辨率很高,但是不能得到任何的时域信息。

矩形窗的缺点在于:

——在频域内存在旁瓣;

——有限持续时间的窗,导致频率分辨率差(傅里叶变换:$e^{j\omega t}$)。

Gabor窗(高斯函数)使这种泄漏最小化:

$$r(t)=\frac{1}{(2\pi)^{1/4}\sqrt{|b|}}e^{-t^2/4b^2} \tag{1.63}$$

为了减少泄漏,也可以用其他的窗(如海明窗、汉宁窗、Nuttall、Papoulis、Harris、Triangular、Bartlett、Bart、Blackman、Parzen、Kaiser、Dolph、Hanna、Nutbess、样条窗等)。

例1.10

本例选择海明窗。用于图1.40的STFT的海明窗如图1.41。

图1.42是图1.41的1/10窗(图1.43)获得的STFT,图1.44是图1.41的10倍窗(图1.45)获得的STFT。用持续时间短的窗变换后频率变化明显,

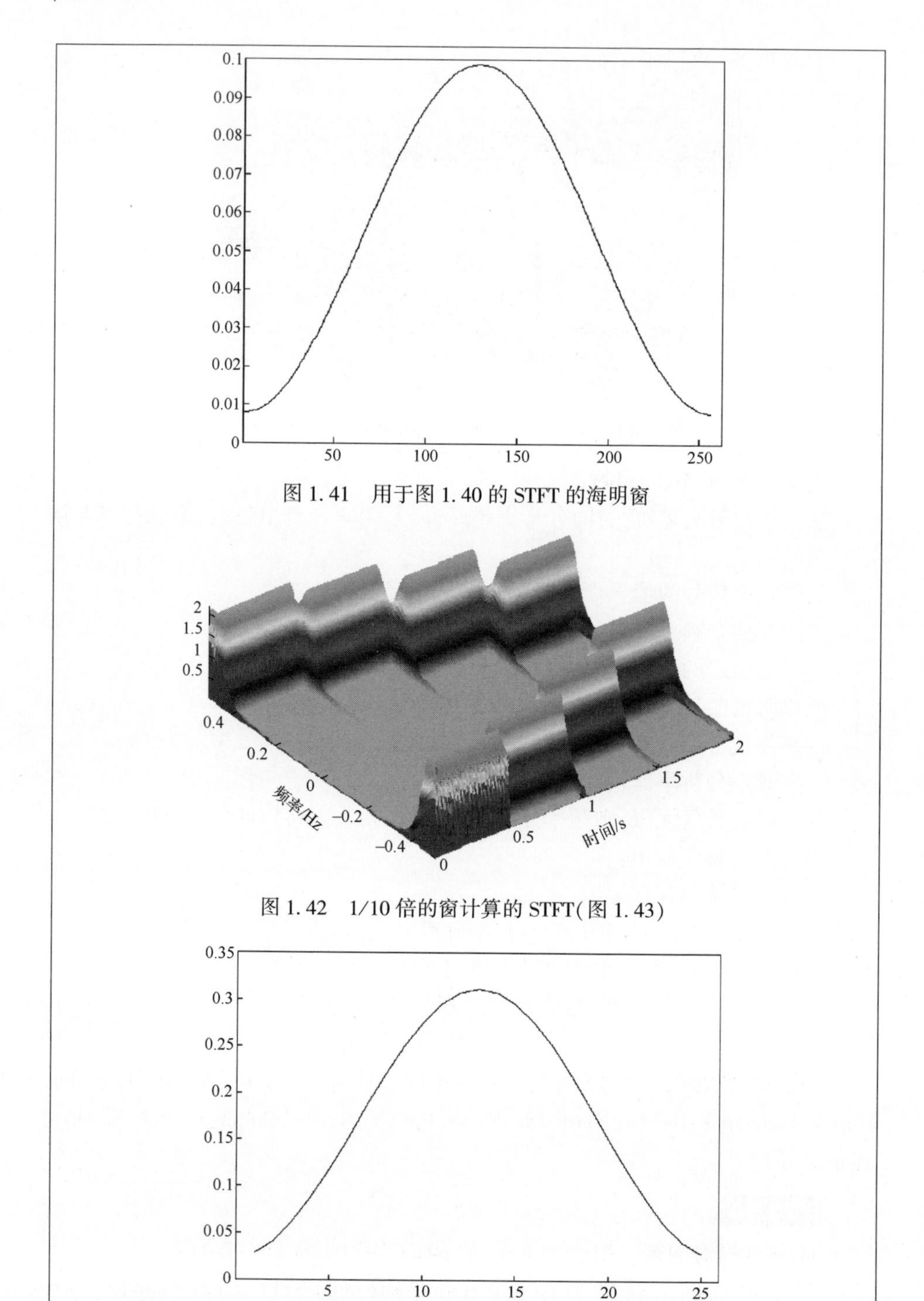

图 1.41 用于图 1.40 的 STFT 的海明窗

图 1.42 1/10 倍的窗计算的 STFT(图 1.43)

图 1.43 比图 1.41 小 1/10 的窗

但是精度差(峰值很大);反之,持续时间长的窗频率分辨率高,但是出现峰值重叠以及无法准确地确定频率幅值的变化。

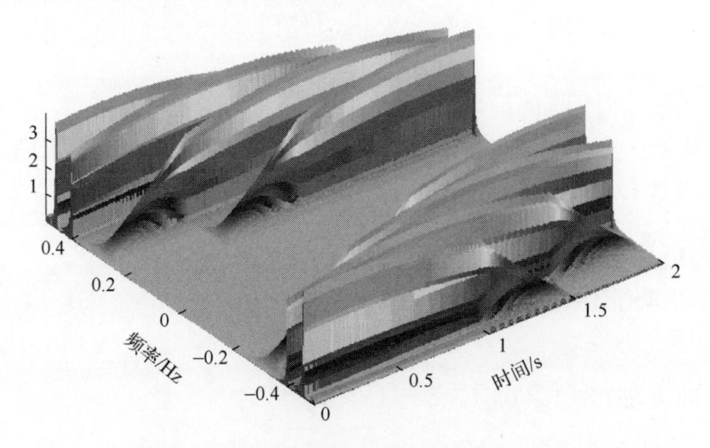

图 1.44 10 倍的窗计算的 STFT(图 1.45)

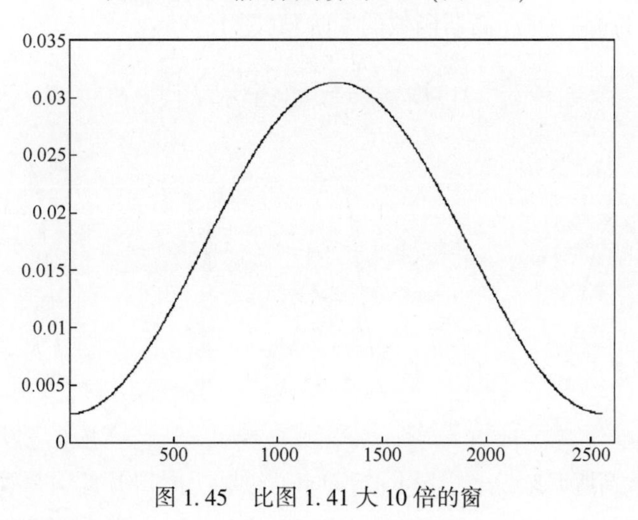

图 1.45 比图 1.41 大 10 倍的窗

1.7.3 小波变换

小波分析可以消除 STFT 的缺点。

小波变换的计算方法类似于 STFT,用一个给定形式小波函数乘以信号的不同部分[BOU 96,GAD 97,WAN 96]。主要的区别有两点:

——不计算加窗之后的信号的傅里叶变换(因此没有负频率);

——窗的大小随频率的成分而改变。信号分解成基于小波母函数的扩展函数或压缩函数的分量。

计算过程如下：

（1）选择小波函数。广义的形式为

$$r(t)=\frac{1}{\sqrt{s}}\Psi\left(\frac{t-\tau}{s}\right) \tag{1.64}$$

小波函数是时间 t 的函数，包含两个参数：

——常数 τ，位置参数，表征时域信号对应的小波函数位置（窗的变换）；

——常数 s，尺度参数，定义了窗的大小。

例 1.11

高斯小波（图 1.46）：

$$r(t)=\mathrm{e}^{-\frac{t^2}{2s^2}} \tag{1.65}$$

Morlet 小波（图 1.47）：

$$r(t)=\mathrm{e}^{\mathrm{i}at}\mathrm{e}^{\frac{t^2}{2s}} \tag{1.66}$$

“墨西哥帽”小波（高斯函数的二阶导，图 1.48）：

$$r(t)=\frac{1}{s^3\sqrt{2\pi}}\left[\mathrm{e}^{-\frac{t^2}{2s^2}}\left(\frac{t^2}{s^2}-1\right)\right] \tag{1.67}$$

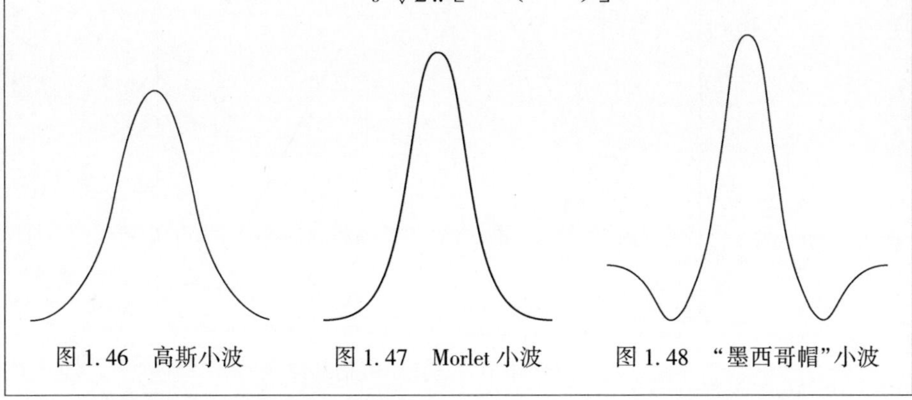

图 1.46　高斯小波　　图 1.47　Morlet 小波　　图 1.48　“墨西哥帽”小波

（2）选择第一次分析的小波尺度。

从信号的零点开始如图 1.49 所示，像加窗一样，用小波函数乘以信号。然后在整个持续时间内积分，除以 $1/\sqrt{s}$ 来进行归一化处理：

$$\mathrm{TO}=\frac{1}{\sqrt{s}}\int_0^T \ddot{x}(t)\,r\left(\frac{t-\tau}{s}\right)\mathrm{d}t \tag{1.68}$$

计算的结果是一个数值。

相对原点移动一个位置，如图 1.50 所示用相同的小波以及相同的小波尺度 s 再次计算。然后再移到下一位置如图 1.51 所示，再次计算。

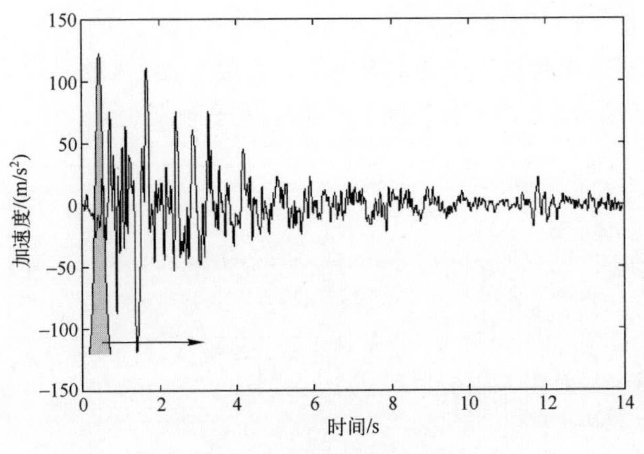

图 1.49　在信号的开始加一个窗

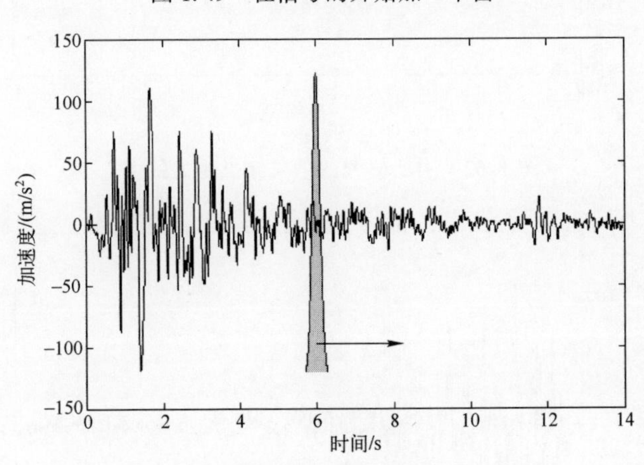

图 1.50　对分析信号的中间施加一个窗

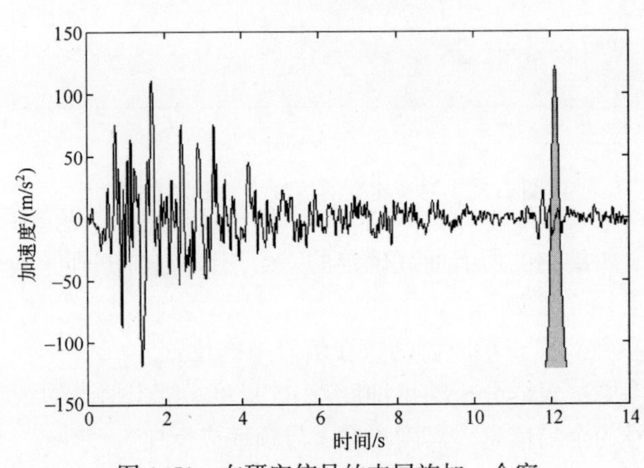

图 1.51　在研究信号的末尾施加一个窗

当计算完信号的所有时间点后,可得到给定尺度 s 值的一条曲线。

(3) 选择另一个尺度 s 如图 1.52 所示,重复上面的计算,然后用第三个尺度 s,如图 1.53 所示,直到所有尺度 s 值都计算完毕。

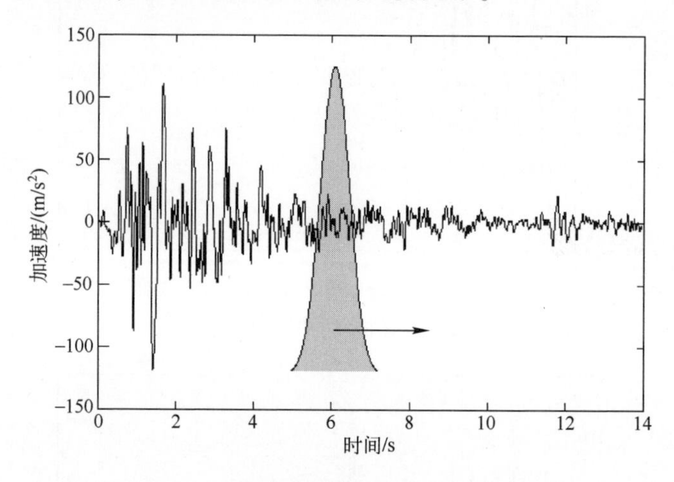

图 1.52 对所研究的信号施加更大的窗

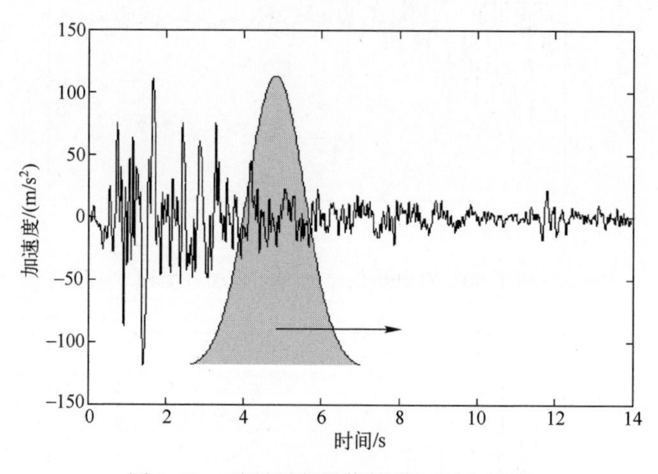

图 1.53 对所研究的信号施加更大的窗

(4) 根据 s 所绘制的所有曲线确定的一个三维立体图,即小波变换。

小波变换有两个参数:

——时间参数对应着小波窗函数在信号中的位置。

——尺度参数 s 表征分析的精细度:小的尺度 s 给出信号的细节信息,大的尺度 s 给出信号的全局信息。尺度参数 s 与频率成反比。

小波变换是连续的,时间和尺度 s 理论上可以一种连续的方式变化。而

STFT 的频率和时间分辨率是恒定的,不能同时在时间和频率上都得到较好的分辨率。表 1.4 给出了小波变换的不同尺度下的分辨率属性。

表 1.4 小波变换的不同尺度下分辨率的属性

	尺　度	频域分辨率	时域分辨率
小尺度	好	差	好
大尺度	差	好	差

小波变换的这些性质及对噪声不敏感的特点是分析由低频响应构成的冲击信号的很好工具,一般而言,冲击的低频响应比高频响应衰减得慢。

例 1.12

图 1.54 是由 4 条正弦曲线连接成的信号(图 1.34)的小波变换。

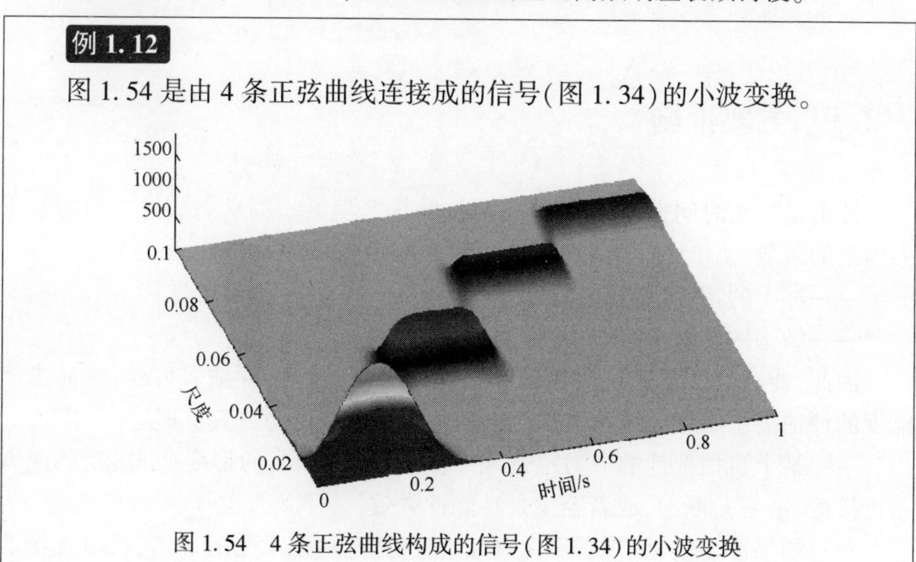

图 1.54 4 条正弦曲线构成的信号(图 1.34)的小波变换

第 2 章 冲击响应谱

2.1 主要准则

冲击是持续时间很短的激励,可导致结构产生瞬态的动态应力。应力是下列因素的函数:

——冲击的特性(幅值,持续时间,波形);

——结构的动力学特性(共振频率,Q 值)。

因此,冲击的严酷度只能根据承受冲击的结构特性评估。另外,对冲击严酷度的评估需了解导致结构毁坏的机理。两个最常见的失效机理是:

——某个机械部件的应力超过某一阈值,导致永久的形变(可接受的或者不可接受)或者是断裂,或者至少是功能性失效。

——如果冲击重复了很多次(例如,某飞机起落架承受的冲击,机电接触器等),结构部件长期的疲劳损伤累积导致的断裂。后续将讨论此类问题。

可利用数学或有限元模型,进行应力计算以评估冲击的严酷度,如与材料的持久极限应力比较。该方法是用于评估结构的。但评估几种冲击信号(实际环境下测量的冲击信号,采用相应标准测量的冲击,规范的制定等)的相对严酷程度时存在较大问题,如果采用结构的精细模型,则很难进行比较。此外,该方法也并不总是可行的,特别是在产品的设计阶段。因此,需要找到一种适合任意结构的一般方法。

1932 年,M. A. Biot[BIO 32]提出了一种评估地震对建筑影响的方法,随后,该方法应用于各种冲击分析中。

该方法是将冲击激励施加到一个“标准”的机械系统,而不是真实的结构模型,该模型由支撑和 N 个独立的线性单自由度系统组成,每个单自由度系统的质量为 m_i、刚度为 k_i、阻尼系数为 c_i,因此,每个单自由度系统(图 2.1)的临界

阻尼为

$$\zeta = \frac{c_i}{2\sqrt{k_i m_i}}$$

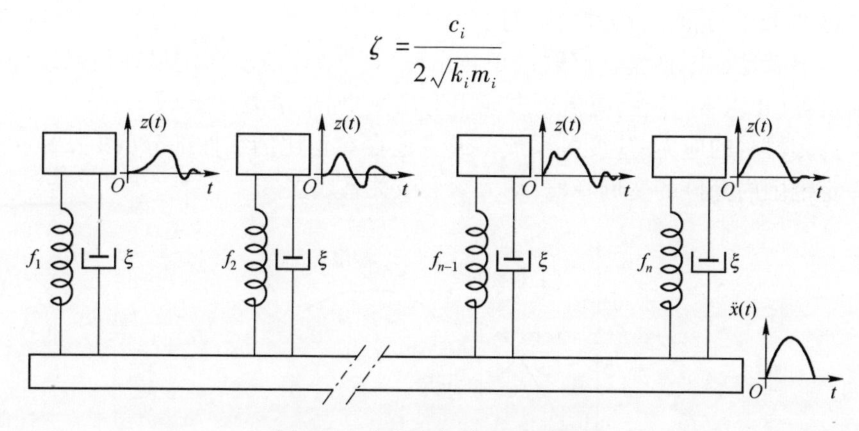

图 2.1 冲击响应谱(SRS)模型

当支撑经受冲击时,质量块 m_i 受冲击作用产生运动,其阻尼比为 ξ,共振频率 $f_{oi}=\frac{1}{2\pi}\sqrt{\frac{k_i}{m_i}}$,弹性元件的应力为 σ_i。

该方法寻找所有单自由度系统固有频率下的最大应力 σ_{mi}。冲击 A 作用下如果所有固有频率下的最大应力都比冲击 B 作用下大,则冲击 A 比 B 严酷。如果理想系统下冲击 A 比 B 严酷,可以推断,冲击 A 施加到任何一个实际结构(可以是非线性的或单自由度系统)比 B 都更严酷。

注:1984 年[DEW 84]对圆板组成的机械装置进行研究,圆板可放置不同的质量块,因此可改变自由度的数量。试验测量和比较了由几种相同谱(主要的共振频率包含在频率范围内)但波形不同的冲击产生的应力。不管自由度为多少,对于该装置:

——两个谱相同的经典冲击(没有速度变化)产生类似的应力,相差不超过20%,两种复杂的振荡冲击结果也是这样;

——经典冲击的应力与振荡冲击的应力之间相差 2 倍。

为评估非线性影响而进行的数字仿真也支持了这些结论。即使不考虑严重的非线性,由相同的谱但形状不一样的冲击导致的应力也有着很大的差别。

为比较具有相同冲击响应谱的冲击信号(通过对测量的信号包络得到的半正弦冲击和由 WAVSIN 波形组合延时得到的冲击)对一电子部件产生的应力,B. B. Petersen[PET 81]测量了电子部件 5 个点的最大响应,与由冲击响应谱计算的应力结果比较表明,尽管响应谱的模型与实际结构有很大不同,差别因子不超过 3。

D. O. Smallwood[SMA 06]的最新研究表明:对多自由度系统,能够找到两个 SRS 很相近的信号,响应比达到 1.4。

当不满足 SRS 的定义(线性,单自由度)时,应用响应谱定量评估系统的响应要慎重[BOR 89]。响应谱更多地用于几种冲击的严酷度比较。

许多材料的应力-应变关系或多或少地存在正比的线性部分(图 2.2)。对于一定范围内允许的变形峰值,动力学上该关系成立。

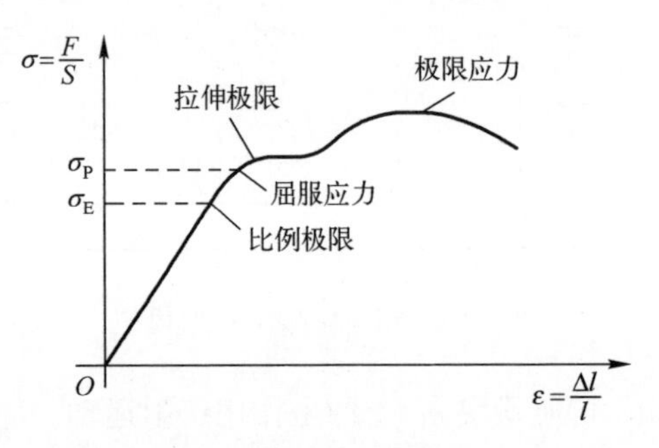

图 2.2 应力-应变曲线

如果假设质量—弹簧—阻尼系统为线性的,比较由冲击引起的最大响应应力 σ_m 或者最大的相对位移 z_m,因为

$$\sigma_m = K z_m \tag{2.1}$$

式中:z_m 为系统动力学特性的函数;K 与材料的常数。

式 2.1 中的最大相对位移 z_{sup},对于给定的阻尼比 ξ,乘以固有频率 ω_0^2 就是 SRS。1933 年和 1934 年[BIO 33,BIO 34],随后的 1941 年和 1943 年[BIO 41,BIO 43]首先发表了关于这些谱的论文。当时称为冲击谱,现在称为 SRS。

1940 年到 1950 年,冲击谱用于环境试验领域,如 1942 年 J. M. Frankland [FRA 42],1948 年 J. P. Walsh 和 R. E. Blake [WAL 48],R. E. Mindlin [MIN 45]。此后,许多研究都用冲击响应谱作为冲击分析以及模拟的工具[HIE 74,KEL 69,MAR 87,MAT 77]。

2.2 单自由度线性系统的响应

2.2.1 力输入的冲击

如图 2.3 所示的受力作用的单自由度线性系统,对质量—弹簧—阻尼系统的质量块施加力 $F(t)$,可得运动方程为

$$m\frac{d^2z}{dt^2}+c\frac{dz}{dt}+kz=F(t) \tag{2.2}$$

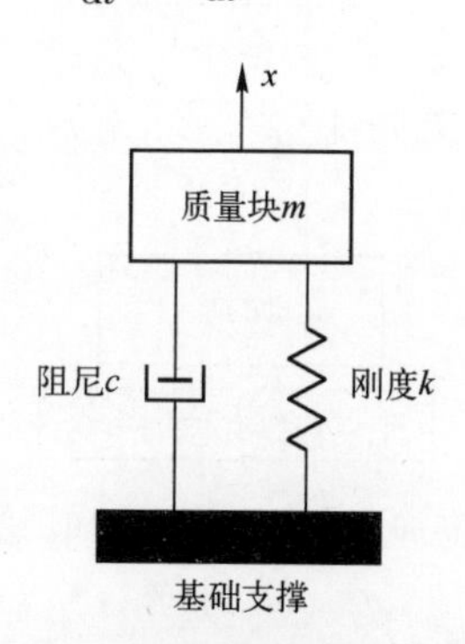

图2.3 受力作用的单自由度线性系统

式中:$z(t)$是质量块m在冲击$F(t)$作用下相对于支撑的相对位移,可以写成

$$\frac{d^2z}{dt^2}+2\xi\omega_0\frac{dz}{dt}+\omega_0^2z=\frac{F(t)}{m} \tag{2.3}$$

其中

$$\xi=\frac{c}{2\sqrt{km}} \tag{2.4}$$

$$\omega_0=\sqrt{\frac{k}{m}} \tag{2.5}$$

2.2.2 加速度输入的冲击

如图2.4所示的受加速度作用的单自由度线性系统,令$\ddot{x}(t)$为施加在单自由度机械系统上的加速度,质量块m的绝对加速度响应为$\ddot{y}(t)$,相对于基础的相对位移为$z(t)$。则运动方程为

$$m\frac{d^2y}{dt^2}=-k(y-x)-c\left(\frac{dy}{dt}-\frac{dx}{dt}\right) \tag{2.6}$$

即

$$\frac{d^2y}{dt^2}+2\xi\omega_0\frac{dy}{dt}+\omega_0^2y=\omega_0^2x(t)+2\xi\omega_0\frac{dx}{dt} \tag{2.7}$$

或者,令$z(t)=y(t)-x(t)$,则有

$$\frac{d^2z}{dt^2}+2\xi\omega_0\frac{dz}{dt}+\omega_0^2z=-\frac{d^2x}{dt^2} \tag{2.8}$$

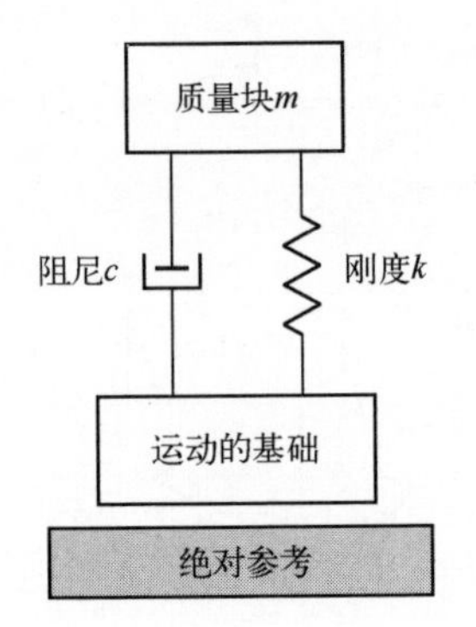

图 2.4　受加速度作用的单自由度线性系统

2.2.3　归一化

比较式(2.3)和式(2.8),它们都具有下列形式:

$$\frac{\mathrm{d}^2u}{\mathrm{d}t^2}+2\xi\omega_0\frac{\mathrm{d}u}{\mathrm{d}t}+\omega_0^2u(t)=\omega_0^2\ell(t) \tag{2.9}$$

式中:$\ell(t)$、$u(t)$分别为激励和响应的归一化的函数。

式(2.9)可以写成简化形式:

$$\frac{\mathrm{d}^2q}{\mathrm{d}\theta^2}+2\xi\omega_0\frac{\mathrm{d}q}{\mathrm{d}\theta}+\omega_0^2q(\theta)=\lambda(\theta) \tag{2.10}$$

式中

$$q(\theta)=\frac{u(\theta)}{\ell_{\mathrm{m}}} \tag{2.11}$$

$$\theta=\omega_0t \tag{2.12}$$

$$\lambda(t)=\frac{\ell(t)}{\ell_{\mathrm{m}}} \tag{2.13}$$

其中:ℓ_{m} 为 $\ell(t)$的最大值。

求解

可以对式(2.10)进行分步积分或拉普拉斯变换。初始条件为零时,可用杜哈梅尔积分表示为

$$q(\theta)=\frac{1}{\sqrt{1-\xi^2}}\int_0^\theta\lambda(\delta)\mathrm{e}^{-\xi(\theta-\delta)}\sin[\sqrt{1-\xi^2}(\theta-\delta)]\mathrm{d}\delta \tag{2.14}$$

式中:δ 为积分变量。

归一化的公式为

$$u(t)=\frac{\omega_0}{\sqrt{1-\xi^2}}\int_0^t\ell(\alpha)\mathrm{e}^{-\xi\omega_0(t-\alpha)}\sin[(\omega_0\sqrt{1-\xi^2})(t-\alpha)]\mathrm{d}\alpha \tag{2.15}$$

式中:α 为与时间相关的积分变量。

如果激励是基础的加速度,则相应的相对位移为

$$z(t)=\frac{-1}{\omega_0\sqrt{1-\xi^2}}\int_0^t \ddot{x}(\alpha)\mathrm{e}^{-\xi\omega_0(t-\alpha)}\sin[(\omega_0\sqrt{1-\xi^2})(t-\alpha)]\mathrm{d}\alpha \tag{2.16}$$

质量块的绝对加速度为

$$\ddot{y}(t)=\frac{\omega_0}{\sqrt{1-\xi^2}}\int_0^t \ddot{x}(\alpha)\mathrm{e}^{-\xi\omega_0(t-\alpha)}\{(1-2\xi^2)\sin[(\omega_0\sqrt{1-\xi^2})(t-\alpha)]+ 2\xi\sqrt{1-\xi^2}\cos[(\omega_0\sqrt{1-\xi^2})(t-\alpha)]\}\mathrm{d}\alpha \tag{2.17}$$

应用

以一个包装为例,其净质量为 m,上、下两面刚度都为 k、阻尼都为 c。

$$k=1.2337\times10^6\mathrm{N/m}$$
$$c=1.57\times10^3\mathrm{N\cdot s/m}$$
$$m=100\mathrm{kg}$$

假设包装从 $h=5\mathrm{m}$ 的高度自由跌落,撞击到地面后没有反弹,外部框架没有变形(图 2.5),系统等效于图 2.6 中的模型。

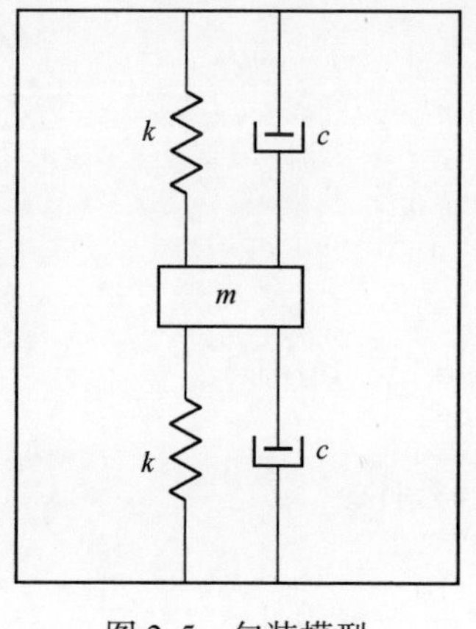

图 2.5 包装模型

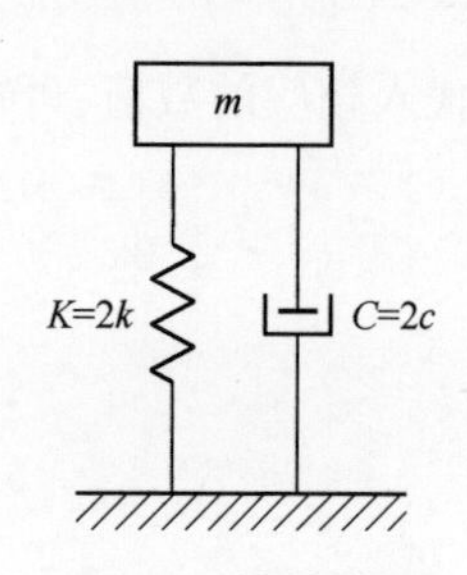

图 2.6 等效模型

质量块 m 的运动方程(第 1 卷,第 3 章,式(3.29))为

$$Q(p)=\frac{\Lambda(p)}{p^2+2\xi p+1}+\frac{pq_0+(\dot{q}_0+2\xi p)}{p^2+2\xi p+1}$$

$$\ell(\theta)=\frac{mg}{K},\quad z_s=\frac{mg}{K},\quad \lambda(\theta)=\frac{mg}{Kz_s}=\frac{mg}{K\frac{mg}{K}}=1 \tag{2.18}$$

$$q_0=0$$

和

$$\dot{q}_0=\frac{\mathrm{d}z(\theta)}{\mathrm{d}\theta z_s}=\frac{1}{\omega_0}\frac{\mathrm{d}z}{z_s\mathrm{d}t}=\frac{\sqrt{2gh}}{\omega_0 z_s}=\frac{1}{z_s}\sqrt{\frac{2mgh}{K}} \tag{2.19}$$

$$\dot{q}_0=\frac{K}{mg}\sqrt{\frac{2mgh}{K}}=\sqrt{\frac{2Kh}{mg}} \tag{2.20}$$

$$Q(p)=\frac{1}{p(p^2+2\xi p+1)}+\frac{\dot{q}_0}{p^2+2\xi p+1}$$

$$Q(p)=\frac{1}{p}-\frac{p+2\xi}{p^2+2\xi p+1}+\frac{\dot{q}_0}{p^2+2\xi p+1}$$

$$q(\theta)=1-\frac{\mathrm{e}^{-\xi\theta}}{\sqrt{1-\xi^2}}[\xi\sin(\sqrt{1-\xi^2}\,\theta)+\sqrt{1-\xi^2}\cos(\sqrt{1-\xi^2}\,\theta)]+\dot{q}_0\frac{\mathrm{e}^{-\xi\theta}}{\sqrt{1-\xi^2}}\sin(\sqrt{1-\xi^2}\,\theta) \tag{2.21}$$

式中

$$\theta=\omega_0 t=\sqrt{\frac{K}{m}}\,t$$

和

$$\xi=\frac{c}{2\sqrt{km}}$$

方程代入相应的数值,可得

$$\omega_0=\sqrt{\frac{2.47\times10^6}{100}}=157.16(\mathrm{Hz})$$

$$f_0=\frac{\omega_0}{2\pi}\approx25\mathrm{Hz}$$

$$\xi=\frac{2\times3.14\times10^3}{2\times2\times100\times157.16}\approx0.1$$

$$z(t)=\frac{mg}{K}q(t)=\frac{g}{\omega_0^2}q(t) \tag{2.22}$$

$$z(t)=\frac{g}{\omega_0^2}\left\{1-\frac{\mathrm{e}^{-\xi\omega_0 t}}{\sqrt{1-\xi^2}}[\xi\sin(\sqrt{1-\xi^2}\,\omega_0 t)+\sqrt{1-\xi^2}\cos(\sqrt{1-\xi^2}\,\omega_0 t)]+\frac{\sqrt{2gh}}{z_s\omega_0}\frac{\mathrm{e}^{-\xi\omega_0 t}}{\sqrt{1-\xi^2}}\sin(\sqrt{1-\xi^2}\,\omega_0 t)\right\}$$

$$z(t)=\frac{g}{\omega_0^2}\left\{1+\frac{e^{-\xi\omega_0 t}}{\sqrt{1-\xi^2}}\left[(\dot{q}_0-\xi)\sin(\sqrt{1-\xi^2}\,\omega_0 t)-\sqrt{1-\xi^2}\cos(\sqrt{1-\xi^2}\,\omega_0 t)\right]\right\} \tag{2.23}$$

$$\dot{q}_0=\sqrt{\frac{2Kh}{mg}}=\sqrt{\frac{2\times 2.47\times 10^6\times 5}{100\times 9.81}}\approx 158.677$$

$$z(t)\approx 3.97\times 10^4+e^{-15.7t}(0.06327\sin 156.37t-3.97\times 10^{-4}\cos 156.37t)$$

对上式求导可以获得速度$\dot{z}(t)$和加速度$\ddot{z}(t)$。其中,第一项是悬架在100kg载荷下的静态变形。

2.2.4 经典冲击下单自由度系统的响应

半正弦脉冲

令

$\theta_0=\omega_0\tau$(τ为冲击持续时间),$h=\dfrac{\pi}{\theta_0}$

当$0\leqslant\theta\leqslant\theta_0$时,有

$$q(\theta)=\frac{h}{h^2(2-h^2-4\xi^2)-1}\left\{\frac{h^2-1}{h}\sin(h\theta)+2\xi\left[\cos(h\theta)-e^{-\xi\theta}\cos(\sqrt{1-\xi^2}\,\theta)\right]+\frac{e^{-\xi\theta}}{\sqrt{1-\xi^2}}(1-2\xi^2-h^2)\sin(\sqrt{1-\xi^2}\,\theta)\right\} \tag{2.24}$$

$$q(\theta)=A(\theta) \tag{2.25}$$

当$\theta\geqslant\theta_0$时,有

$$q(\theta)=A(\theta)+A(\theta-\theta_0) \tag{2.26}$$

正矢脉冲

当$0\leqslant\theta\leqslant\theta_0$时,有

$$\alpha=\frac{2\pi}{\theta_0}$$

$$q(\theta)=\frac{1}{2}-\frac{\alpha^2}{2N}\left[\frac{1-\alpha^2}{\alpha^2}\cos(\alpha\theta)-\frac{2\xi}{\alpha}\sin(\alpha\theta)-(4\xi^2-1+\alpha^2)e^{-\xi\theta}\cos(\sqrt{1-\xi^2}\,\theta)+\frac{e^{-\xi\theta}}{\sqrt{1-\xi^2}}(12\xi^2+3\alpha^2-5)\sin(\sqrt{1-\xi^2}\,\theta)\right] \tag{2.27}$$

$$N=(1-\alpha^2)^2+4\xi^2\alpha^2$$

当$\theta\geqslant\theta_0$时,有

$$q(\theta)=A(\theta)-A(\theta-\theta_0) \tag{2.28}$$

矩形脉冲

当 $0 \leqslant \theta \leqslant \theta_0$ 时，有

$$q(\theta)=1-\frac{e^{-\xi\theta}}{\sqrt{1-\xi^2}}\left[\sqrt{1-\xi^2}\cos(\sqrt{1-\xi^2}\,\theta)+\xi\sin(\sqrt{1-\xi^2}\,\theta)\right]\equiv 1-A(\theta) \tag{2.29}$$

当 $\theta \geqslant \theta_0$ 时，有

$$q(\theta)=A(\theta)-A(\theta-\theta_0) \tag{2.30}$$

前峰锯齿脉冲

当 $\theta \leqslant \theta \leqslant \theta_0$ 时，有

$$q(\theta)=1-e^{-\xi\theta}\left[\cos(\sqrt{1-\xi^2}\,\theta)+\frac{\xi}{\sqrt{1-\xi^2}}\sin(\sqrt{1-\xi^2}\,\theta)\right]-\frac{1}{\theta_0}\left\{\theta-2\xi+e^{-\xi\theta}\left[2\xi\cos(\sqrt{1-\xi^2}\,\theta)+\frac{2\xi^2-1}{\sqrt{1-\xi^2}}\sin(\sqrt{1-\xi^2}\,\theta)\right]\right\} \tag{2.31}$$

$$q(\theta)=A(\theta)-B(\theta) \tag{2.32}$$

当 $\theta \geqslant \theta_0$ 时，有

$$q(\theta)=A(\theta)-B(\theta)+B(\theta-\theta_0) \tag{2.33}$$

后峰锯齿脉冲

当 $0 \leqslant \theta \leqslant \theta_0$ 时，有

$$q(\theta)=\frac{1}{\theta_0}\left[\theta-2\xi+2\xi e^{-\xi\theta}\cos(\sqrt{1-\xi^2}\,\theta)+(2\xi^2-1)\frac{e^{-\xi\theta}}{\sqrt{1-\xi^2}}\sin(\sqrt{1-\xi^2}\,\theta)\right]\equiv A(\theta) \tag{2.34}$$

当 $\theta \geqslant \theta_0$ 时，有

$$B(\theta)=1-e^{-\xi(\theta-\theta_0)}\cos[\sqrt{1-\xi^2}\,(\theta-\theta_0)]-\xi\frac{e^{-\xi(\theta-\theta_0)}}{\sqrt{1-\xi^2}}\sin[\sqrt{1-\xi^2}\,(\theta-\theta_0)] \tag{2.35}$$

$$q(\theta)=A(\theta)-A(\theta-\theta_0)-B(\theta) \tag{2.36}$$

任意三角形脉冲

当 $0 \leqslant \theta \leqslant \theta_r$ 时，有

$$q(\theta)=\frac{1}{\theta_r}\left[\theta-2\xi+2\xi e^{-\xi\theta}\cos(\sqrt{1-\xi^2}\,\theta)+(2\xi^2-1)\frac{e^{-\xi\theta}}{\sqrt{1-\xi^2}}\sin(\sqrt{1-\xi^2}\,\theta)\right] \tag{2.37}$$

$$q(\theta)=\frac{1}{\theta_r}A(\theta) \tag{2.38}$$

当 $\theta_r \leqslant \theta \leqslant \theta_0$ 时，有

$$q(\theta)=\frac{1}{\theta_r}A(\theta)-\frac{\theta_0}{\theta_r-(\theta_0-\theta_r)}A(\theta-\theta_0) \tag{2.39}$$

当 $\theta \geqslant \theta_0$ 时,有

$$q(\theta)=\frac{1}{\theta_r}A(\theta)-\frac{\theta_0}{\theta_r-(\theta_0-\theta_r)}A(\theta-\theta_r)+\frac{1}{\theta_0-\theta_r}A(\theta-\theta_0) \tag{2.40}$$

梯形脉冲(图2.7)

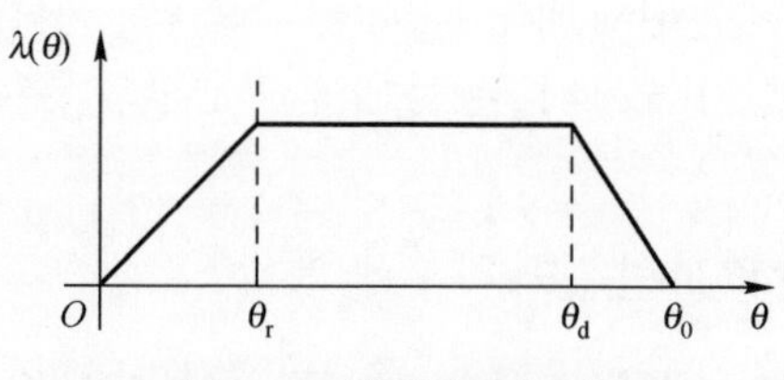

图2.7　梯形冲击脉冲

当 $0 \leqslant \theta \leqslant \theta_r$ 时,有

$$q(\theta)=\frac{1}{\theta_r}A(\theta) \tag{2.41}$$

式中

$$A(\theta)=\theta-2\xi+2\xi e^{-\xi\theta}\cos(\sqrt{1-\xi^2}\theta)+(2\xi-1)\frac{e^{-\xi\theta}}{\sqrt{1-\xi^2}}\sin(\sqrt{1-\xi^2}\theta) \tag{2.42}$$

当 $\theta_r \leqslant \theta \leqslant \theta_d$ 时,有

$$q(\theta)=\frac{1}{\theta_r}[A(\theta)-A(\theta-\theta_r)] \tag{2.43}$$

当 $\theta_d \leqslant \theta \leqslant \theta_0$ 时,有

$$q(\theta)=\frac{1}{\theta_r}[A(\theta)-A(\theta-\theta_r)]-\frac{1}{\theta-\theta_d}A(\theta-\theta_d) \tag{2.44}$$

当 $\theta \geqslant \theta_0$ 时,有

$$q(\theta)=\frac{1}{\theta_r}[A(\theta)-A(\theta-\theta_r)]-\frac{1}{\theta_0-\theta_d}A(\theta-\theta_d)+\frac{1}{\theta_0-\theta_d}A(\theta-\theta_0) \tag{2.45}$$

2.3 定义

2.3.1 响应谱

响应谱描述了单自由度线性系统在给定阻尼下,受冲击激励后,随固有频率 $f_0=\frac{\omega_0}{2\pi}$ 变化的最大响应。

2.3.2 绝对加速度 SRS

通常,用基础的绝对加速度或直接施加在质量块上的力描述激励,系统的响应可以用质量块的绝对加速度来表示(可以用固定在质量块上的加速度传感器测量),此时响应谱称为绝对加速度 SRS。当与特征值比较(研究冲击对人的影响,与电子部件的规范比较)时,绝对加速度是最容易得到的参数,采用绝对加速度 SRS。

2.3.3 相对位移冲击谱

与计算质量块的绝对加速度类似,通常也需要计算质量块与基础的相对位移,位移与弹簧的应力成正比例(因为系统看作是线性的)。实际上,通常称纵坐标 $\omega_0^2 z_{sup}$ 为等效静态加速度。这个乘积具有加速度的量纲,当阻尼为零时,等于质量块的绝对加速度。除阻尼为零外,并不等于质量块的加速度。但当阻尼非常接近于零,特别是当 $\zeta=0.05$ 时,可以将 $\omega_0^2 z_{sup}$ 近似看作质量块 m 的绝对加速度 $\ddot{y}_{sup}$ [LAL 75]。

当谱用于结构的特性分析、冲击严酷度的比较(应力是一个很好的因子)、试验规范的制定(实际环境与试验环境比较)或减振评价(相对位移和应力是有用的)时,实际上应力(因此,相对位移)是最有用的参数。

$\omega_0^2 z_{sup}$ 称为伪加速度。同样,$\omega_0 z_{sup}$ 称为伪速度。

描述 $\omega_0^2 z_{sup}$ 随固有频率变化的谱称为相对位移冲击谱。

根据给定频率下的最大响应,按两种分类,响应谱可用不同的方式来定义(图 2.8)。

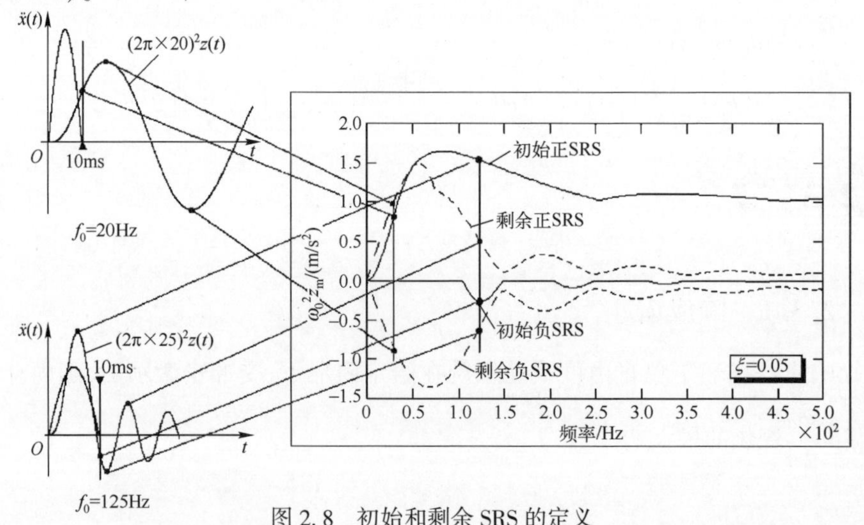

图 2.8 初始和剩余 SRS 的定义

2.3.4 主要(或初始)正 SRS

冲击作用过程中,系统响应的最大正值。

2.3.5 主要(或初始)负 SRS

冲击作用过程中,系统响应的最大负值。

2.3.6 次要(或剩余)SRS

冲击结束后,系统的最大响应。可以是正或负。

2.3.7 正(或最大正)SRS

该谱是由冲击导致的正最大响应,不考虑冲击持续时间。因此,是对初始正谱和剩余正谱的包络。

2.3.8 负(或最大负)SRS

该谱是由冲击导致的负最大响应,不考虑冲击持续时间。因此,是对初始负谱和剩余负谱的包络。

例 2.1 图 2.9 是矩形脉冲的冲击响应谱。

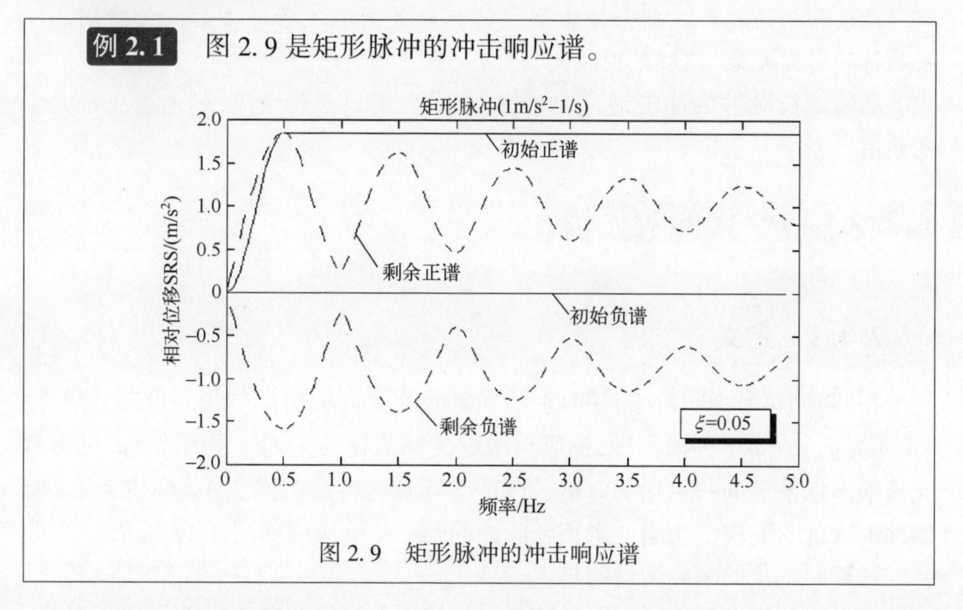

图 2.9 矩形脉冲的冲击响应谱

2.3.9 最大 SRS

最大 SRS 为正谱和负谱的绝对值的包络。

哪种谱是最好的？假设损伤与响应的最大值成正比，即与给定频率下谱的幅值成正比，对系统损伤来说最大值 z_m 在冲击过程中或之后产生并不重要的，因此最有用的谱是正谱和负谱，它们与最大谱在实际中使用最广。如果系统不对称，须分析系统的正谱和负谱之间的差别，例如，承受不同的拉应力和压应力。了解这些不同的定义，可更正确理解文献中的有关谱的曲线。定义的不同SRS关系如图2.10所示。

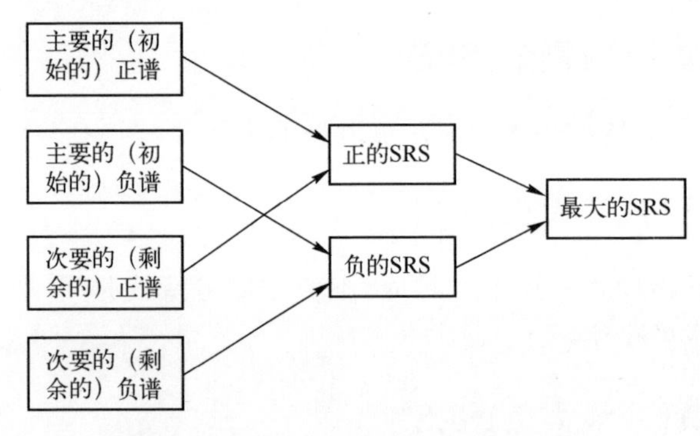

图2.10　定义的不同SRS之间的关系

注：通常，冲击谱的低频段由剩余谱构成。然后，随着频率变大，冲击谱的高频段由初始谱构成。剩余谱占主导的频率范围取决于冲击的持续时间。冲击的持续时间越短，频域范围越大，特别是当冲击为爆炸冲击时。

后峰锯齿脉冲的冲击谱是一个例外，最大谱只含剩余谱，剩余谱总是大于初始谱。

2.4　归一化的响应谱

2.4.1　定义

相同波形时，不同持续时间、不同幅值的冲击响应谱形状是类似的。以 $f_0\tau$（而不是 f_0）或 $\omega_0\tau$ 为横坐标，响应与激励的幅值比 $\omega_0^2 z_m / \ddot{x}_m$ 为纵坐标，可得到无量纲坐标系下的归一化响应谱。该谱实际上与持续时间为1s、幅值为 $1m/s^2$ 的冲击激励的响应谱相同。半正弦脉冲的归一化响应谱如图2.11所示。

计算归一化的响应谱目的是：

——得到任意幅值、任意持续时间、但波形相同的冲击响应谱；

——分析给定包络谱（由真实环境冲测量得到的谱）的简单冲击的特性。

下面给出了单位幅值、单位持续时间、不同阻尼、不同波形的冲击谱。为了

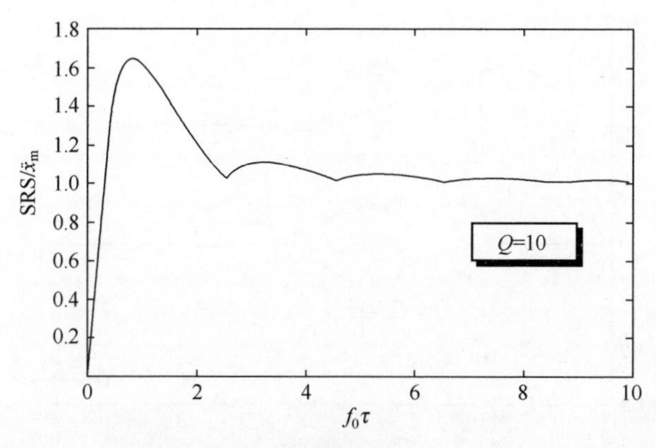

图 2.11 半正弦脉冲的归一化 SRS

获得任意幅值$\ddot{x}_m$ 和持续时间 τ 的冲击信号的响应谱,按如下步骤:

——对于幅值,用标准化的值乘以$\ddot{x}_m$;

——对于横坐标,用$f_0=\dfrac{\phi}{\tau}$代替 $\phi(=f_0\tau)$。

后面将讨论如何用这些谱得到试验规范。

2.4.2 半正弦脉冲

半正弦脉冲归一化的正和负相对位移 SRS 如图 2.12 所示,半正弦脉冲归一化的初始和剩余相对位移 SRS 如图 2.13 所示,半正弦脉冲归一化的正和负绝对加速度 SRS 如图 2.14 所示。

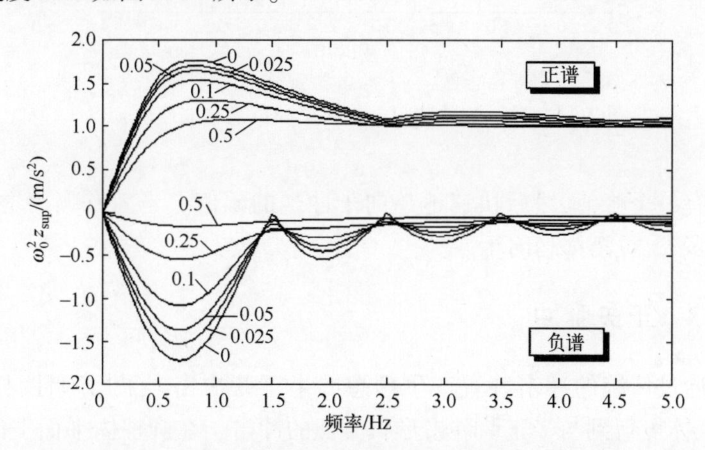

图 2.12 半正弦脉冲归一化的正和负相对位移 SRS

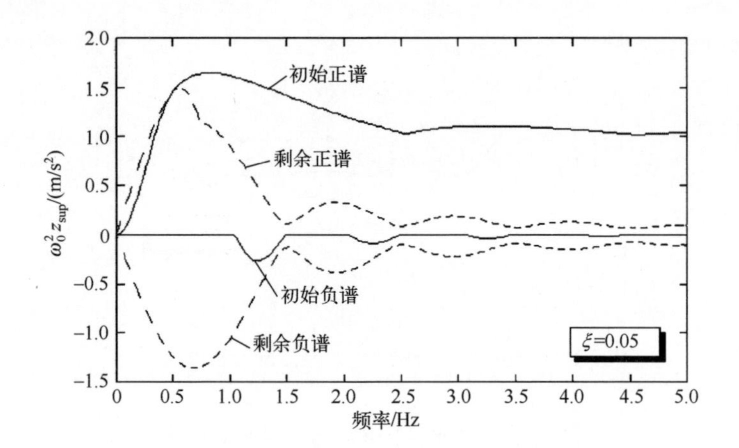

图 2.13　半正弦脉冲归一化的初始和剩余相对位移 SRS

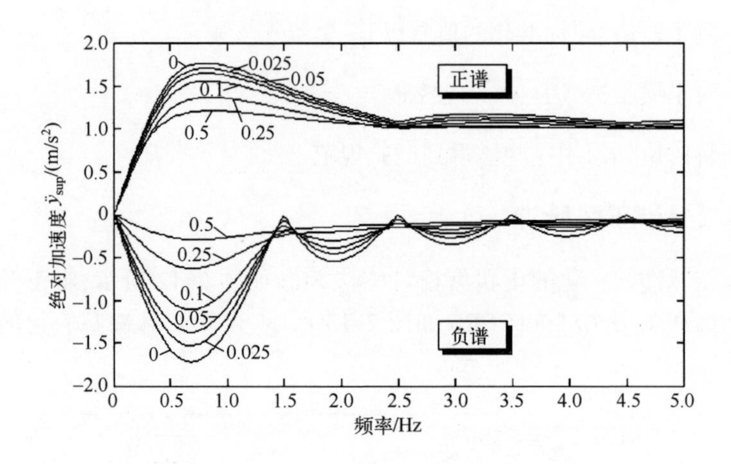

图 2.14　半正弦脉冲归一化的正和负绝对加速度 SRS

正谱有一个峰值,然后快速地趋向于冲击的幅值。当固有频率增大时,无论阻尼为多少,负谱都趋向于零。

2.4.3　正矢脉冲

很难通过传统的冲击装置产生理想的半正弦冲击。采用弹性材料(弹性体)的圆柱体可得到与半正弦冲击形状类似的冲击。在圆柱体平面上的台面冲击可在目标器上产生前后几次的冲击波,因此在冲击信号的初始部分叠加了较强的振荡信号。

为了抑制振荡,制造商建议冲击目标器的表面要略微有点圆锥状,这样就可以渐渐地控制振荡。这种方式有效,但是在信号的开始和结束处因角度取整而改变了冲击剖面。因此,获得的冲击类似正矢形状(图1.5),由介于两个最小值之间的正弦曲线组成。

正矢冲击的SRS(图2.15)与半正弦的SRS非常接近。正矢脉冲归一化的初始和剩余相对位移SRS如图2.16所示。

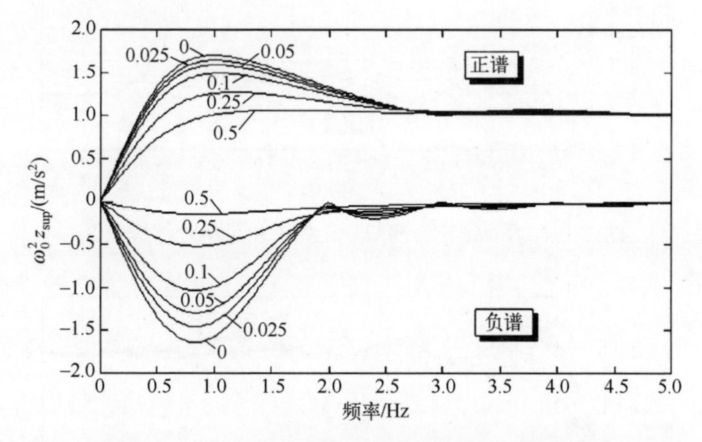

图2.15　正矢脉冲归一化的正和负相对位移SRS

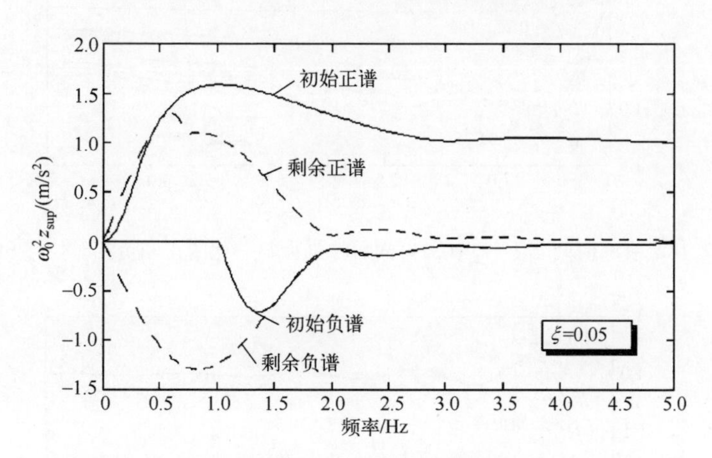

图2.16　正矢脉冲归一化的初始和剩余相对位移SRS

2.4.4　后峰锯齿脉冲

后峰锯齿脉冲正谱的第一个峰值比半正弦谱略小。当阻尼为零时,正谱和负谱是对称的(图2.17)。当阻尼增大,负谱幅值减小,谱趋向恒定的常数(对于常见的阻尼,特别是0.05(图2.18)。后峰锯齿脉冲归一化初始和剩余相对位移SRS如图2.19所示。

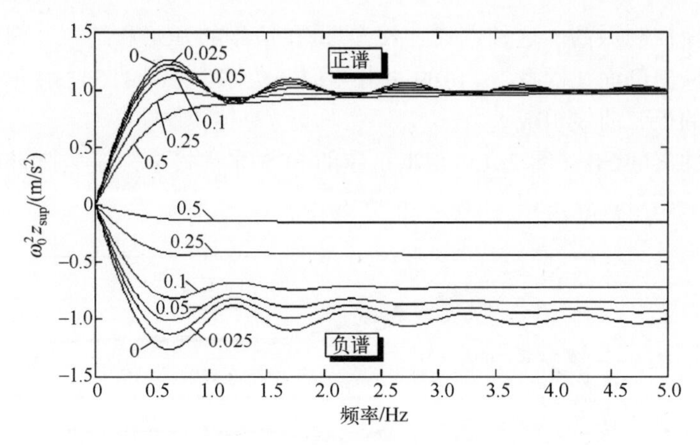

图 2.17 后峰锯齿脉冲归一化的正和负相对位移 SRS

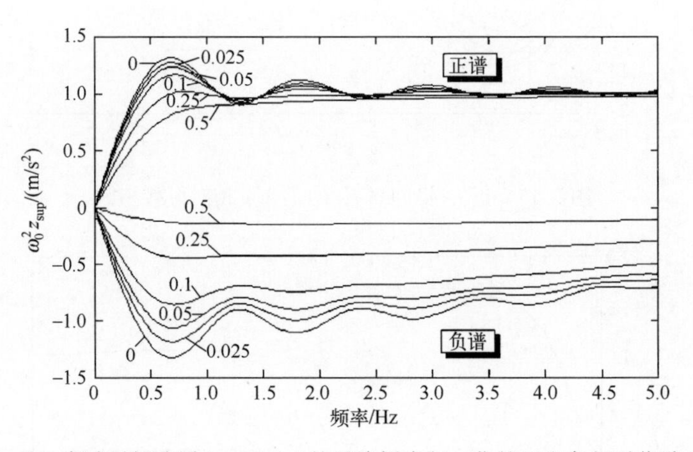

图 2.18 衰减时间非零(t_d=0.1s)的后峰锯齿归一化的正和负相对位移 SRS

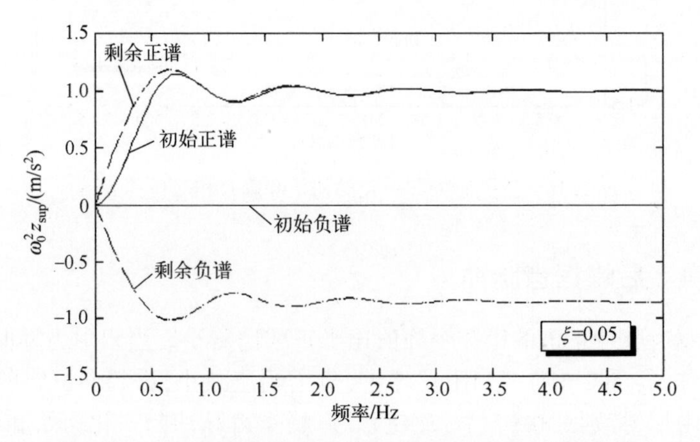

图 2.19 后峰锯齿脉冲归一化的初始和剩余相对位移 SRS

2.4.5 前峰锯齿脉冲

前峰锯齿脉冲归一化的正和负相对位移 SRS 如图 2.20 所示,初始和剩余相对位移 SRS 如图 2.21 所示,上升时间非零(t_r=0.1s)归一化的正和负相对位移 SRS 如图 2.22 所示。

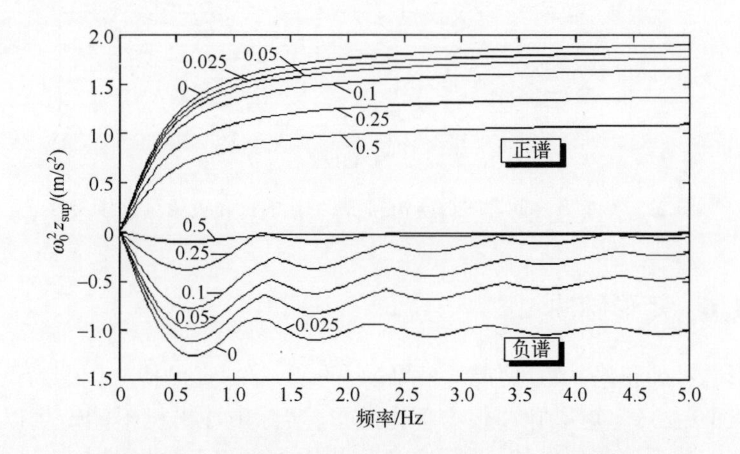

图 2.20 前峰锯齿脉冲归一化的正和负相对位移 SRS

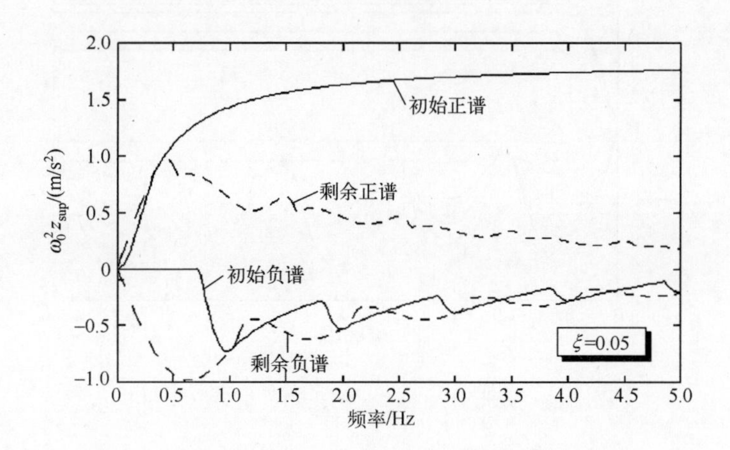

图 2.21 前峰锯齿脉冲归一化的初始和剩余相对位移 SRS

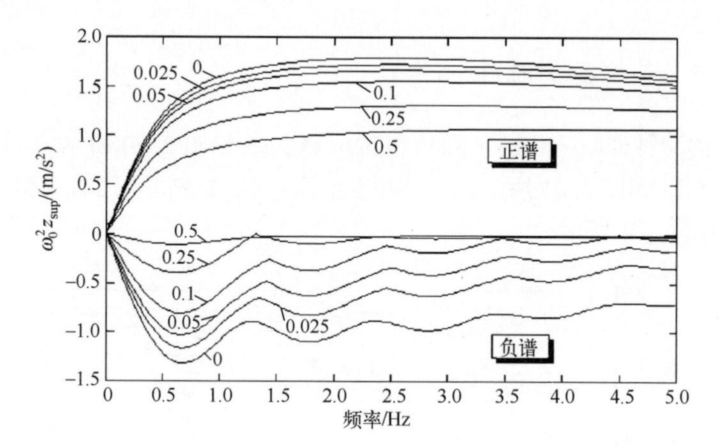

图 2.22　上升之间非零(t_r = 0.1s)归一化的正和负相对位移 SRS

2.4.6　矩形脉冲

矩形脉冲的正谱从零增加到一个较大的值,并一直保持。负谱为恒定幅值的片状(图 2.23)。矩形脉冲仅为理论波形,实际中冲击机不能产生以无穷大的斜率从零达到恒定值保持一段,又以无穷大的斜率回到的零。

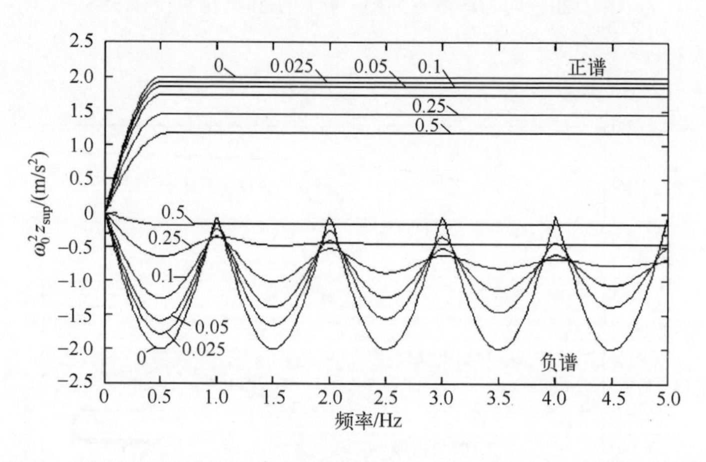

图 2.23　矩形脉冲归一化的正和负相对位移 SRS

2.4.7　梯形脉冲

梯形脉冲(t_r = 0.1s, t_d = 0.1s)归一化的正和负相对位移 SRS 如图 2.24 所示。

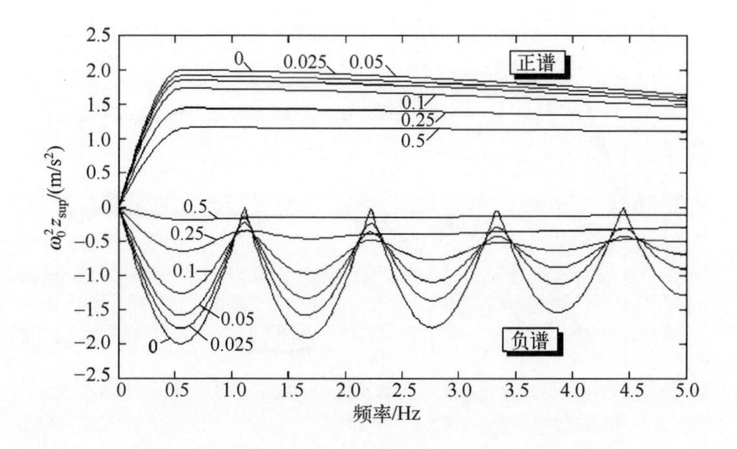

图 2.24 梯形脉冲归一化的正和负相对位移 SRS

2.5 SRS 类型的选择

SRS 有许多定义,如相对位移 SRS、绝对加速度 SRS、初始正和负 SRS、剩余正和负 SRS 等,这么多 SRS 定义该应用哪一个?

假设损伤与响应的最大值成正比例,或者与给定频率下的谱的幅值成正比例。对于系统损伤而言,最大值 z_m 发生在冲击作用结束的前或后并不重要。最重要的是正谱和负谱,而不需要知道最大峰值发生的时刻。

最常用的谱是最大谱。如果系统是非对称的,需要明确正谱和负谱之间的差异,如拉力和压力下的特性不同。

当阻尼较小时,特别当 $\xi = 0.05$ 时,相对位移和绝对加速度谱非常接近,可以将 $\omega_0^2 z_{sup}$ 作为质量块 m 的绝对加速度 $\ddot{y}_{sup}$ [LAL 75]。如图 2.12 半正弦冲击的相对位移谱与图 2.14 的绝对加速度谱(图 2.25)。因此,即使想了解 SRS 特性,各种谱之间的差异也并不重要。

实际上,应力(相对位移)是最需要关注的参数。谱用来研究结构的特性,比较冲击的严酷度以及试验规范的制定(实际环境与模拟环境之间的严酷度比较)或者评价减振性(相对位移和应力)。

当绝对加速度某些特性的比较(研究冲击对人的影响,比较电子设备的试验规范等)其是最简单的参数,用绝对加速度谱是有利的[HIE 74,HIE 75]。

了解这些不同的定义,可能正确理解文献中的有关谱的曲线。

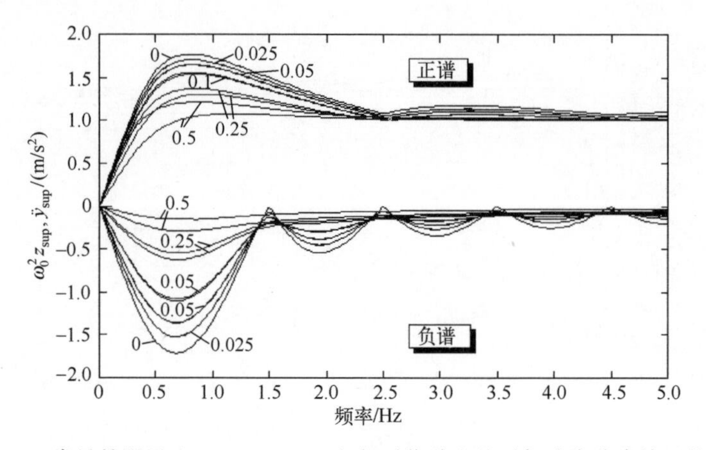

图 2.25　常见的阻尼比($0 \leqslant \xi \leqslant 0.1$)下,相对位移和绝对加速度非常接近的 SRS

2.6　常见经典冲击的 SRS 比较

图 2.26 给出了持续时间和幅值相同的 3 种经典冲击的 SRS($Q=10$),可以看出,矩形冲击的正 SRS 总是最大的,其次是半正弦冲击的 SRS 以及后峰锯齿冲击的 SRS。

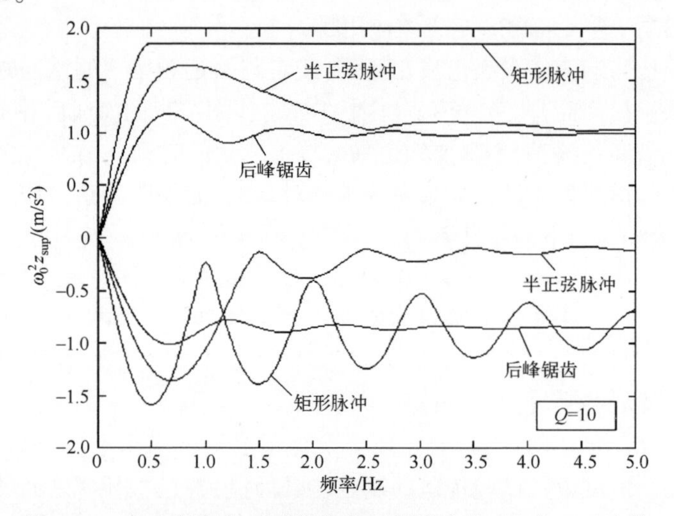

图 2.26　半正弦脉冲、后峰锯齿和矩形脉冲的正和负 SRS 比较

2.7　由基础绝对位移定义的冲击 SRS

当冲击是施加在基底上的位移时,通常用(绝对)加速度来描述激励。因此,响应可以用单自由度系统的质量块的绝对加速度,或用质量块相对于基础

的位移乘以 ω_0^2 来描述。输入的冲击也可以是速度或绝对位移。

考虑第1卷中第3章建立的微分方程的简化形式,由绝对位移定义的冲击信号的SRS计算与由绝对加速度定义的冲击信号的SRS计算一样。实际计算时,可应用同一程序。

类似地,如果输入是随时间变化的绝对速度,则计算得到的SRS是随固有频率变化的绝对速度。

2.8 冲击的幅值和持续时间对SRS的影响

SRS描述了单自由度线性系统的最大响应。因此,其幅值随冲击的幅值而变化。若对信号的瞬态值乘以2,则SRS变大2倍。

冲击的持续时间增长,SRS向低频段集中,即SRS向 y 轴移动。

例2.2

以幅值为 50m/s^2、持续时间为10ms的半正弦脉冲为例。图2.27给出了它的SRS,同时也给出了幅值为 100m/s^2、25m/s^2(持续时间相同)时的SRS。

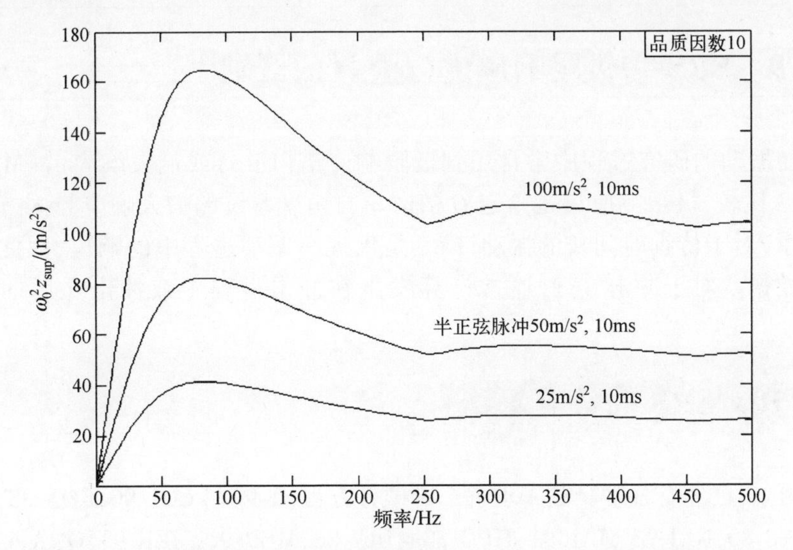

图2.27 持续时间为10ms,幅值分别为 25m/s^2、50m/s^2 和 100m/s^2 的半正弦脉冲的SRS($Q=10$)

图2.28给出了幅值为 50m/s^2,持续时间分别为5ms、10ms和20ms半正弦脉冲的SRS。

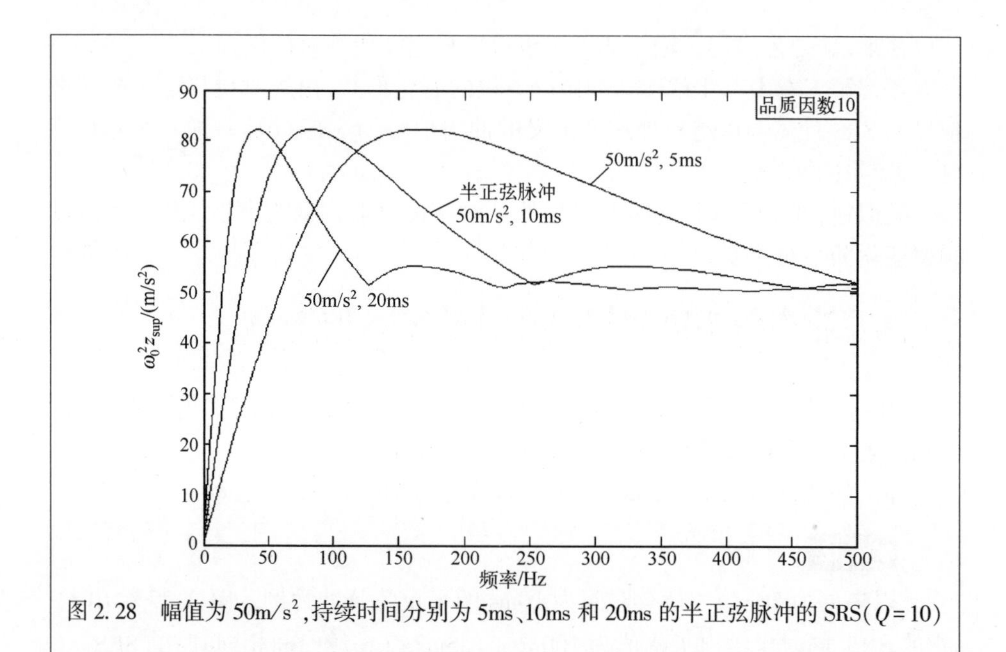

图 2.28 幅值为 50m/s²,持续时间分别为 5ms、10ms 和 20ms 的半正弦脉冲的 SRS($Q=10$)

2.9 SRS 和极限响应谱(ERS)的区别

在振动的研究过程中常常用到极限响应谱(ERS)或最大响应谱(MRS),与 SRS 比较,极限响应谱是给定 Q 值时单自由度系统的最大响应与固有频率的关系,对于持续时间长的振动,ERS 是出现在振动过程中的响应,因此 ERS 是初始谱。对于冲击 SRS,通常计算发生在冲击过程中或冲击之后的最大响应。

2.10 SRS 的计算算法

目前,已经有各种算法来求解二阶微分方程(2.9)([COL 90,COX 83,DOK 89,GAB 80,GRI 96,HAL 91,HUG 83a,IRV 86,MER 91,MER 93,OHA 62,SEI 91,SMA 81])。最可靠可信的两种算法是 F. W. Cox [COX 83]和 D. O. Smallwood [SMA 81] (2.11 节)的算法。

尽管这些算法相对简单,但是由于算法自身的原因或软件程序的误差,结果会存在一定的差异。

2.11 计算 SRS 的子程序

下面程序是用来计算单自由度系统的响应,也可以用来计算冲击后的最大值和最小值(正、负、初始、剩余 SRS 上的点,相对位移和绝对加速度)。输入程序的参数是冲击波形点的数量、系统的固有频率以及品质因数 Q、信号的时间间隔(可能是常数)和信号的幅值数组等。该程序也可以用来计算单自由度系统受任意激励作用的响应,特别是受随机激励的响应(只考虑初始响应)。

计算在频率 f_0 下的 SRS 程序(GFA-BASIC)——F. W. Cox [COX 83]

```
PROCEDURE S_R_S(npts_signal%,w0,Q_factor,dt,VAR xpp())
LOCAL i%,a,a1,a2,b,b1,b2,c,c1,c2,d,d2,e,s,u,v,wdt,w02,w02dt
LOCAL p1d,p2d,p1a,p2a,pd,pa,wtd,wta,sd,cd,ud,vd,ed,sa,ca,ua,
va,ea
' npts_signal% = Number of points of definition of the shock versus time
' xpp(npts_signal%) = Array of the amplitudes of the shock pulse
' dt= Temporal step
' w0= Undamped natural pulsation (2 * PI * f0)
' Initialization and preparation of calculations
psi=1/2/Q_factor // Damping ratio
w=w0 * SQR(1-psi^2) // Damped natural pulsation
d=2 * psi * w0
d2=d/2
wdt=w * dt
e=EXP(-d2 * dt)
s=e * SIN(wdt)
c=e * COS(wdt)
u=w * c-d2 * s
v=-w * s-d2 * c
w02=w0^2
w02dt=w02 * dt
' Calculation of the primary SRS
' Initialization of the parameters
srca_prim_min=1E100 // Negative primary SRS (absolute acceleration)
```

```
srca_prim_max=-srca_prim_min // Positive primary SRS (absolute acceleration)
srcd_prim_min=srca_prim_min // Negative primary SRS (relative displacement)
srcd_prim_max=-srcd_prim_min // Positive primary SRS (relative displacement)
displacement_z=0 // Relative displacement of the mass under the shock
velocity_zp=0 // Relative velocity of the mass
' Calculation of the sup. and inf. responses during the shock at the frequency f0
FOR i%=2 TO npts_signal%
a=(xpp(i%-1)-xpp(i%))/w02dt
b=(-xpp(i%-1)-d * a)/w02
c2=displacement_z-b
c1=(d2 * c2+velocity_zp-a)/w
displacement_z=s * c1+c * c2+a * dt+b
velocity_zp=u * c1+v * c2+a
responsed_prim=-displacement_z * w02 // Relative displac. during shock x
square of the pulsation
responsea_prim=-d * velocity_zp-displacement_z * w02 // Absolute response
accel. during the shock
' Positive primary SRS of absolute accelerations
srca_prim_max=ABS(MAX(srca_prim_max,responsea_prim))
' Negative primary SRS of absolute accelerations
srca_prim_min=MIN(srca_prim_min,responsea_prim)
' Positive primary SRS of the relative displacements
srcd_prim_max=ABS(MAX(srcd_prim_max,responsed_prim))
' Negative primary SRS of the relative displacements
srcd_prim_min=MIN(srcd_prim_min,responsed_prim)
NEXT i%
' Calculation of the residual SRS
' Initial conditions for the residual response = Conditions at the end of the shock
```

```
srca_res_max=responsea_prim // Positive residual SRS of absolute accelera-
tions
srca_res_min=responsea_prim // Negative residual SRS of absolute accelera-
tions
srcd_res_max=responsed_prim // Positive residual SRS of the relative dis-
placements
srcd_res_min=responsed_prim // Negative residual SRS of the relative dis-
placements
' Calculation of the phase angle of the first peak of the residual relative dis-
placement
c1=(d2 * displacement_z+velocity_zp)/w
c2=displacement_z
a1=-w * c2-d2 * c1
a2=w * c1-d2 * c2
p1d=-a1
p2d=a2
IF p1d=0
pd=PI/2 * SGN(p2d)
ELSE
pd=ATN(p2d/p1d)
ENDIF
IF pd>=0
wtd=pd
ELSE
wtd=PI+pd
ENDIF
' Calculation of the phase angle of the first peak of residual absolute acceler-
ation
b1a=-w * a2-d2 * a1
b2a=w * a1-d2 * a2
p1a=-d * b1a-a1 * w02
p2a=d * b2a+a2 * w02
IF p1a=0
pa=PI/2 * SGN(p2a)
```

```
ELSE
pa=ATN(p2a/p1a)
ENDIF
IF pa>=0
wta=pa
ELSE
wta=PI+pa
ENDIF
FOR i%=1 TO 2 // Calculation of the sup. and inf. values after the shock at the frequency f0
' Residual relative displacement
sd=SIN(wtd)
cd=COS(wtd)
ud=w * cd-d2 * sd
vd=-w * sd-d2 * cd
ed=EXP(-d2 * wtd/w)
displacementd_z=ed * (sd * c1+cd * c2)
velocityd_zp=ed * (ud * c1+vd * c2)
' Residual absolute acceleration
sa=SIN(wta)
ca=COS(wta)
ua=w * ca-d2 * sa
va=-w * sa-d2 * ca
ea=EXP(-d2 * wta/w)
displacementa_z=ea * (sa * c1+ca * c2)
velocitya_zp=ea * (ua * c1+va * c2)
' Residual SRS
srcd_res=-displacementd_z * w02 // SRS of the relative displacements
srca_res=-d * velocitya_zp-displacementa_z * w02 // SRS of absolute accelerations
srcd_res_max=MAX(srcd_res_max,srcd_res) // Positive residual SRS of the relative displacements
srcd_res_min=MIN(srcd_res_min,srcd_res) // Negative residual SRS of the relative displacements
```

```
srca_res_max = MAX(srca_res_max, srca_res) // Positive residual SRS of the absolute accelerations
srca_res_min = MIN(srca_res_min, srca_res) // Negative residual SRS of the absolute accelerations
wtd = wtd+PI
wta = wta+PI
NEXT i%
srcd_pos = MAX(srcd_prim_max, srcd_res_max) // Positive SRS of the relative displacements
srcd_neg = MIN(srcd_prim_min, srcd_res_min) // Negative SRS of the relative displacements
srcd_maximax = MAX(srcd_pos, ABS(srcd_neg)) // Maximax SRS of the relative displacements
srca_pos = MAX(srca_prim_max, srca_res_max) // Positive SRS of absolute accelerations
srca_neg = MIN(srca_prim_min, srca_res_min) // Negative SRS of absolute accelerations
srca_maximax = MAX(srca_pos, ABS(srca_neg)) // Maximax SRS of absolute accelerations
RETURN
```

2.12 信号采样频率的选择

SRS 是由一系列单自由度系统的最大响应峰值组成的。通常采用与冲击信号相同的时间间隔来计算响应。

为准确地描述信号,采样频率应足够高(图 2.29),尤其不要漏掉峰值。由香农定理定义的采样频率足以用来准确地描述冲击激励信号的频率成分以及计算傅里叶变换。但是,如果用来计算 SRS,则此采样频率不够高。

当单自由度系统的固有频率比较低时,即使采样频率不足以准确地描述激励的冲击信号(图 2.30),但也足以准确地识别出冲击响应的峰值。因此,SRS 的误差只与冲击信号的离散程度有关,并且离散误差转化为速度变化量的误差,即谱低频段的斜率。

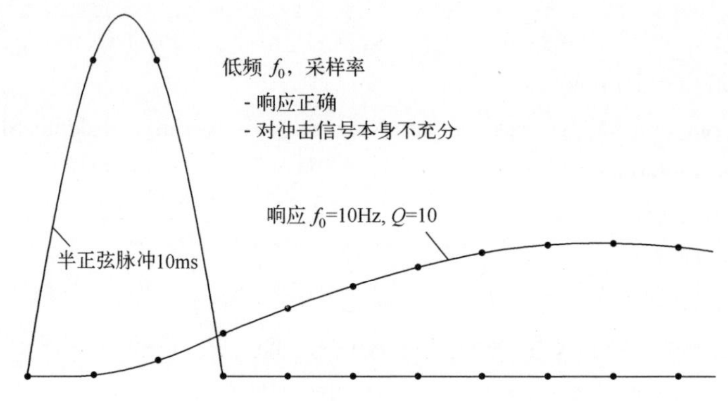

图 2.29　太低的采样频率对信号本身的影响超过了固有频率很低的单自由度系统响应

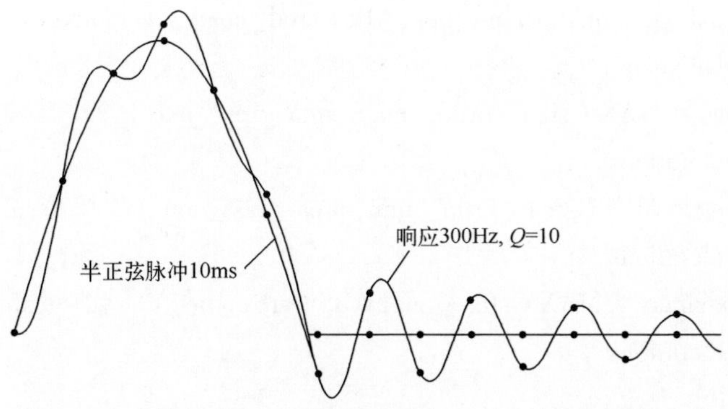

图 2.30　采样频率必须足够描述单自由度系统高频段的响应

另外，虽然采样频率可很好地重构激励冲击信号，但是当系统的固有频率比激励信号的最高频率高时，对于响应的冲击信号来说，采样频率就低了。此时的误差与冲击作用期间响应的最大峰值（初始谱）的检测有关。

图 2.31 给出了当波峰附近的点关于峰值对称时严酷情况下的误差。

如果令

$$S_F = \frac{\text{采样频率}}{\text{SRS 最大频率}} \tag{2.46}$$

则随采样因子 S_F 变化的误差[SIN 81，WIS 83]为

$$e_S = 100\left[1-\cos\left(\frac{\pi}{S_F}\right)\right] \tag{2.47}$$

因此有

$$S_F = \frac{\pi}{\arccos\left(1-\frac{e_S}{100}\right)} \tag{2.48}$$

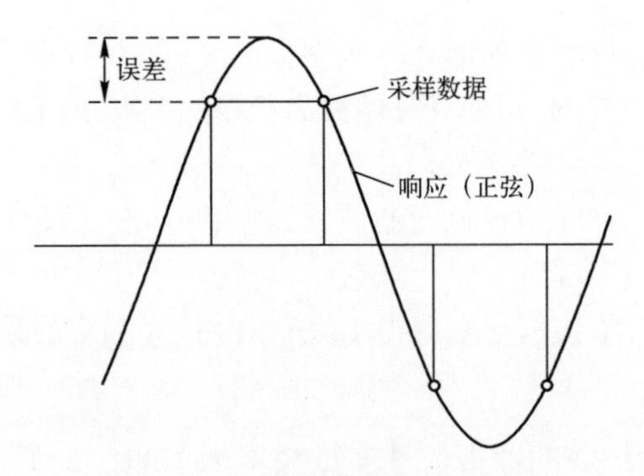

图 2.31　测量波峰幅值产生的误差

采样因子与测量峰值误差关系如图 2.32 所示，为使高频段的误差低于 2%，采样频率应大于谱最大频率的 16 倍（最大频率的 23 倍时误差低于 1%）。

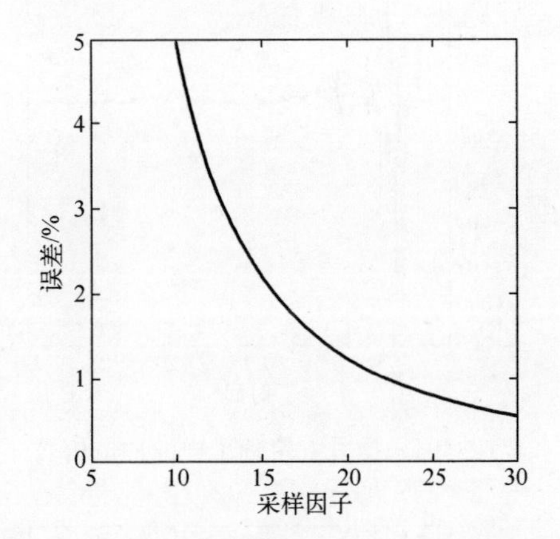

图 2.32　测量波峰幅值产生的误差对采样因子

通常取采样因子为 10，误差为 5%左右。

通常，最高频率应介于：

——10 倍的冲击信号最高频率；

——10 倍的 SRS 最高频率。

通过点之间的抛物线插值获得最大值也无法达到更好的结果。

由谱的最大频率定义的采样频率增加了计算时间。为了减小计算时间，可以根据系统的固有频率来选择可变的采样频率[SMA 02]。

注：当误差 e_S 很小时，如小于 14%，可以简化式(2.47)来计算 S_F：

$$S_F \approx \frac{\pi}{\sqrt{2e_S}} \tag{2.49}$$

满足香农定理,只能准确地计算频率低于$f_{samp}/10$对应的 SRS。但可用第 1 卷介绍的方法来重构信号,可使计算的最高频率达到要求[LAL 04,SMA 00]。计算过程如下:

——以 2 倍的信号(通过低通滤波器截断高于f_{max}的信号)最大频率f_{max}为采样频率对振动信号采样;

——对于冲击,重构信号来获得 10 倍 SRS 最大频率的采样频率(与信号的最高频率区分开)。

例 2.3 图 2.33 的冲击信号经过频率为 10kHz 的低通滤波后,根据香农定理以$f_{samp}=20$kHz 采样。为能够计算 10kHz$\left(\frac{5\times20000}{10}\right)$的 SRS,以 5 倍多的点重构信号(图 2.34)。

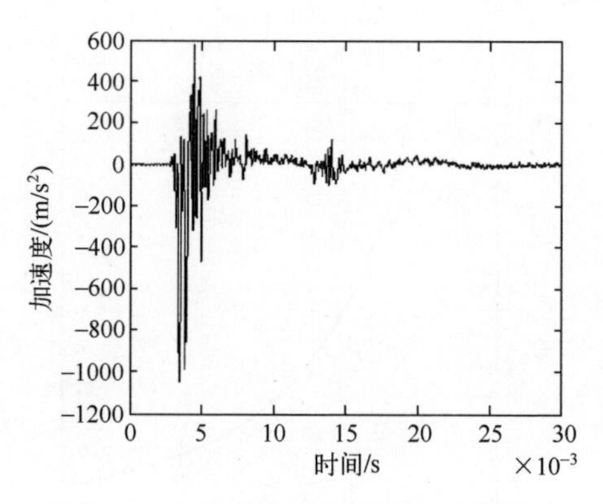

图 2.33 根据香农定理采样的冲击信号

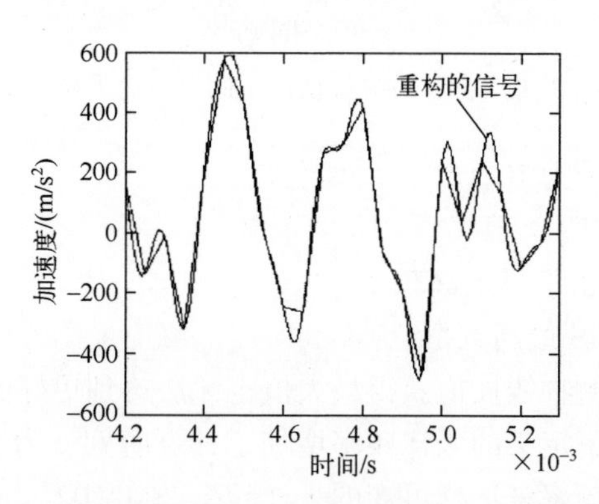

图 2.34 根据香农定理采样的信号和重构(局部)的信号

从图2.35中可看出，重构冲击信号的SRS和根据香农定理采样的冲击信号的SRS在2kHz($f_{samp}/10$)左右后存在差异。

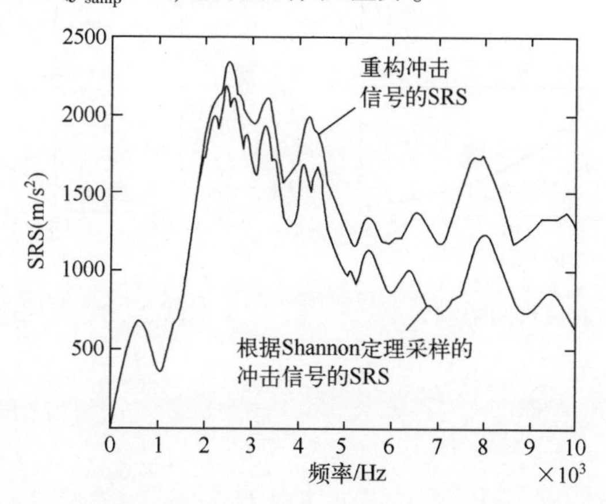

图2.35 根据香农定理采样的冲击信号的SRS和重构冲击信号的SRS

2.13 SRS的应用示例

以一个包装为例，该包装经受幅值为300m/s²、持续时间为6ms的半正弦冲击，要求包装内质量为m的设备在运输过程中承受的加速度不超过100m/s²(图2.36)，响应的最大位移不超过$e=4$cm(防止设备与包装壁相碰)。

假设包装内的产品质量m为50kg，减振系统为单自由度系统，$Q=5$，确定减振装置的k来满足减振要求。

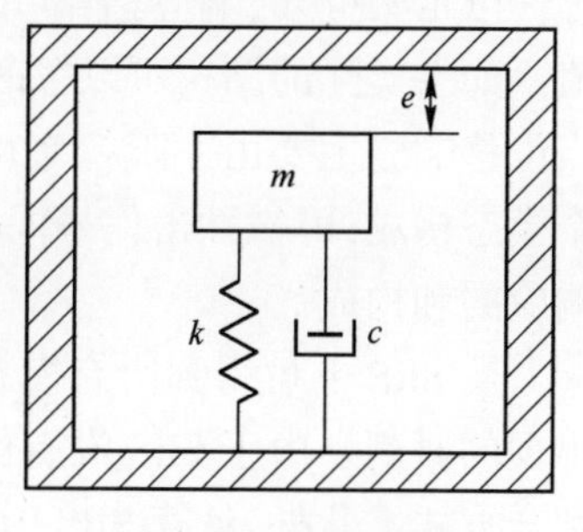

图2.36 包装模型

图2.37和图2.38给出了阻尼$\xi=0.10\left(=\frac{1}{2Q}\right)$时，固有频率介于1~50Hz之间该半正弦冲击脉冲的响应谱。图2.37中的曲线纵坐标为响应的相对位移(质量块的最大相对位移，由谱的纵坐标$\omega_0^2 z_{sup}$除以ω_0^2得到)。图2.38中的谱描述了常用的加速度响应曲线$\omega_0^2 z_{sup}(f_0)$。也可在一个对数的四坐标谱图上绘制一条曲线。

图2.37表明，为使设备的位移限制在4cm之内，系统的固有频率必须大于或等于4Hz。为使设备的加速度限制在100m/s²需要满足$f_0 \leqslant 16$Hz(图2.38)。因此可接受的固有频率范围为4Hz$\leqslant f_0 \leqslant$16Hz。

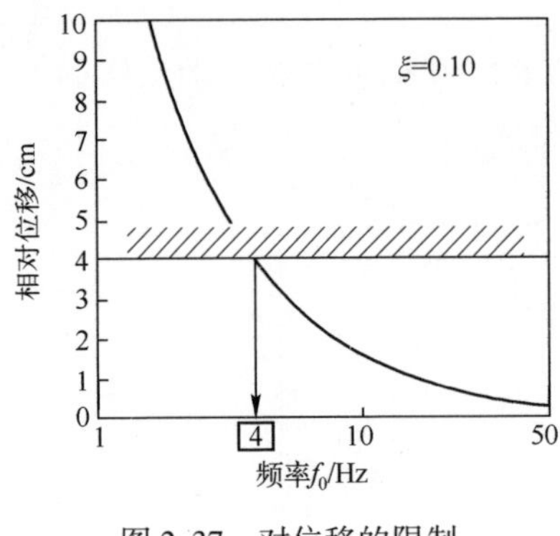

图 2.37 对位移的限制

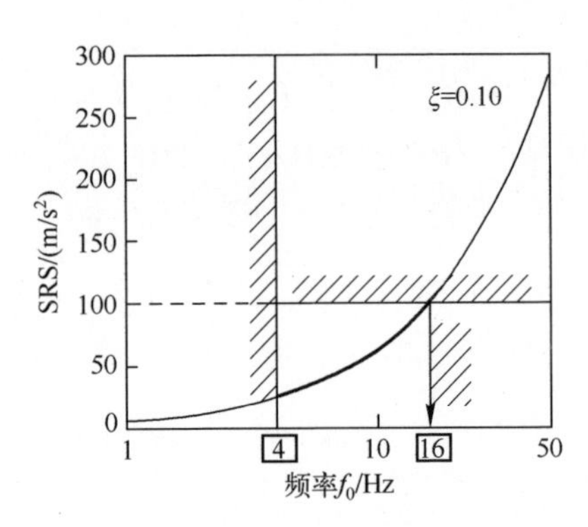

图 2.38 对加速度的限制

已知

$$f_0=\frac{1}{2\pi}\sqrt{\frac{k}{m}}$$

则

$$(8\pi)^2 m \leqslant k \leqslant (32\pi)^2 m$$

即

$$3.16\times10^4\,\mathrm{N/m} \leqslant k \leqslant 5.05\times10^5\,\mathrm{N/m}$$

2.14 多自由度系统 SRS

由定义可知,响应谱给出了受冲击作用的单自由度线性系统的最大响应值。如果实际的结构可以等效为这样的系统,则 SRS 可以用来直接评估响应。当位移响应主要由一阶频率确定时,这种近似是可行的。然而,一般结构由多个模态构成,可被冲击信号同时激发出来。结构的响应由激发出来的多个模态响应的和构成。

从 SRS 上可得到所有模态中每一阶的最大响应,但是不能确认这些最大值出现的时刻。由于 SRS 没有保留模态之间的相位关系,也无法知道模态之间的耦合方式。此外,计算 SRS 时阻尼在整个频率范围内不变,但每个模态的阻尼不同。严格地讲,对多阶模态的系统响应用 SRS 评估较困难,但没有其他的方法可行。问题是如何依据结构的质量、模态形状,确定总的响应和合适的加权因子将这些"基本"的响应结合起来。

以 n 自由度的线性系统为例,受冲击的响应可以表示为

$$z(t)=\sum_{i=1}^{n} a_n \phi^{(i)} \int_0^t h_i(t-\alpha)\,\ddot{x}(\alpha)\,\mathrm{d}\alpha \tag{2.50}$$

式中：n 为模态的总阶数；a_n 为阶数是 n 的模态加权因子；$h_n(t)$ 为模态 n 的脉冲响应；$\ddot{x}(t)$ 为激励（冲击）；$\phi^{(n)}$ 为系统的模态矢量；α 为积分变量。

如果模态（m）占主导地位，则可以根据下列公式简化关系：

$$z(t) = \phi^{(m)} \int_0^t h_m(t-\alpha)\,\ddot{x}(\alpha)\,\mathrm{d}\alpha \tag{2.51}$$

模态 m 的 SRS 值为

$$(z_m)_m = \max_{t\geqslant 0}\left[\phi^{(m)} \int_0^t h_m(t-\alpha)\,\ddot{x}(\alpha)\,\mathrm{d}\alpha\right] \tag{2.52}$$

此时，响应 $z(t)$ 的最大值为

$$\max_{t\geqslant 0}[z(t)] \approx \phi^{(m)}(z_m)_m \tag{2.53}$$

当存在多阶模态时，根据 SRS 得到的数据，估计多自由度质量 j 的总响应值，有以下方法。

H. Benioff 在 1934 年提出[BEN 34]将每阶模态响应的最大值简单的相加，不考虑相位。

M. A. Biot 在 1941 年提出了一种非常保守的方法来预计建筑受地震的响应，等于最大模态响应的绝对值之和：

$$\max_{t\geqslant 0}|z_j(t)| \leqslant \sum_{i=1}^{n} |a_i|\,|\phi_j^{(i)}|\,(z_m)_i \tag{2.54}$$

该方法用来预测地震的响应足够准确[RID 69]。由于所有模态的最大响应的值不可能总是在同一时刻发生，因此实际的最大响应低于绝对值之和。该方法给出了一个响应上限，实际的优点是误差总是在安全范围之内。但该方法导致安全因子较大[SHE 66]。

为比较由模态叠加法计算的半正弦冲击的最大响应与实际的最大响应，1958 年 S. Rubin[RUB 58]对两自由度的无阻尼系统进行了研究。结果表明通过对每一阶模态最大响应的求和可以获得结构的最大响应的上限，主要问题是模态频率的分布以及激励的形状，可能的误差大概低于 10%。当模态的频率位于 SRS 的不同区域时误差最大，例如，如果某阶模态处于低频，而其他的模态位于高频。

如果结构的基频足够高，Y. C. Fung 和 M. V. Barton[FUN 58]认为更好的方法是对分离模态的最大响应求代数和：

$$\max_{t\geqslant 0}|z_j(t)| \leqslant \sum_{i=1}^{n} a_i\phi_j^{(i)}(z_m)_i \tag{2.55}$$

1955 年 Clough 在对地震的研究中，提出将其他模态的响应按恒定的百分比增加到第一阶模态上或者对第一阶模态的响应按恒定的百分比增大[CLO 55]。

虽然每阶模态的响应峰值发生在不同的时间,严格意义上讲,不能用纯粹的统计方法来处理,但仍可用概率论中的方法来解决这些问题。Rosenblueth 认为概率最大的值是所有模态响应的均方根值[MER 62],该方法假设所有模态独立。

如果模态 i 的固有频率 f_{0i},模态 j 的固有频率 f_{0j},满足 $f_{0i} \leqslant 0.9f_{0j}$,则认为相互独立。对于有多模态频率的三维结构这种假设通常认为是不合理的。

1955 年 M. L. Rumerman[RID 69]和 1965 年 F. E. Ostrem[OST 65]再次使用了这个准则,得到的总响应值小于绝对值之和,从而提供了一种更可信的均值估计条件。

可用绝对值之和与均方根值来改进该方法[JEN 58],也可以用系统的加权平均来确定正的和负的限制值。例如,质量 j 的相对位移响应可近似为

$$\max_{t \geqslant 0} |z_j(t)| = \frac{\sqrt{\sum_{i=1}^{n} (z_m^2)_i} + p \sum_{i=1}^{n} |z_m|_i}{p+1} \tag{2.56}$$

式中:$|z_m|_i$ 为每阶模态最大响应的绝对值;p 为加权因子[MER 62]。

1981 年第一次提出了地震对建筑影响的完全二次方程综合(CQC)方法[WIL 81]。该方法基于随机振动理论考虑了模态的耦合,是响应可能性最大的响应评估,二次方程法是一种特例。

力的峰值可采用 CQC 方法通过最大模态值评估,应用两重求和得到:

$$\ddot{x} = \sqrt{\sum_{n} \sum_{n} f_{0n} \rho_{nm} f_{0m}} \tag{2.57}$$

式中:f_{0n} 为模态 n 的模态力。

两重求和包含了所有模态[DER 80,MOR99,NAS 01,REG 06,WIL 02],当阻尼不变时应用二次方程法,耦合系数为

$$\rho_{nm} = \frac{8\xi^2(1+r)r^{3/2}}{(1-r^2)^2+4\xi^2 r(1+r)^2} \tag{2.58}$$

式中

$$r = \frac{\omega_n}{\omega_m}$$

这些耦合系数都小于或等于 1。耦合系数数组是对称非负的值。

2.15 损伤边界曲线

为避免运输或搬运过程中产品跌落到地面或经受冲击,产品需进行包装。包装为可吸收冲击能量(与冲击速度有关)的缓冲材料(如蜂窝状或泡沫);或

者产生非弹性变形,产生的冲击波形为矩形或梯形;或者使用弹性材料,此时产生的冲击波形为半正弦波形(图2.39)。

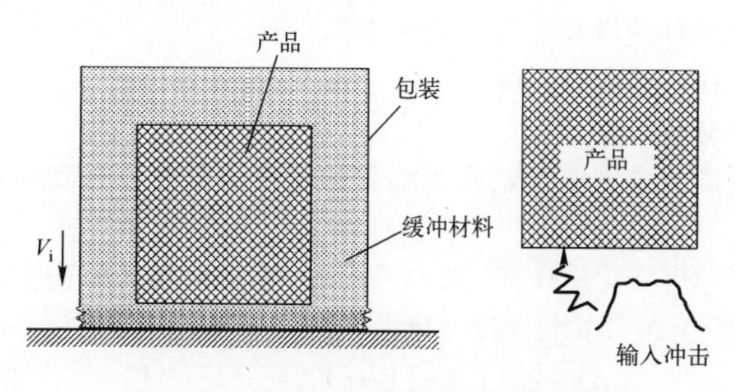

图2.39 在包装破碎过程中产生的冲击

确定冲击环境后,应用统计分析的方法确定具有损伤容限百分比的跌落高度。

为选择包装缓冲材料的特性,首先要确定产品在两种情况下冲击的易损性。

冲击的严酷度与冲击的幅值和速度变换量有关(SRS中两种参数互相影响)。因此,需要确定没有包装的产品能够承受的最大加速度和最大速度变化量。

在冲击机上进行两种试验:①加速度不变,改变速度变化量;②速度变化量不变,改变加速度。对于后者,导致产品损坏(变形,断裂,冲击后功能故障)的最低加速度称为临界最大加速度。

速度变化量与加速度变化量的损伤关系曲线称为损伤边界曲线[AST 10](图2.40)

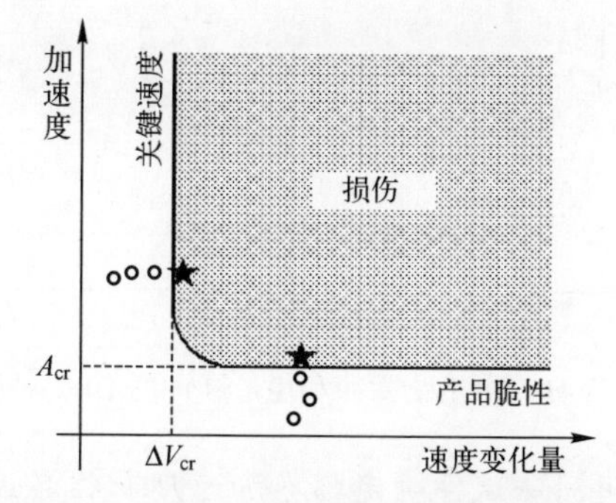

图2.40 损伤边界曲线(矩形冲击脉冲)

用持续时间较短的冲击开始试验,随后增加持续时间(加速度不变),直到出现损伤(功能和结构),临界速度变化量为仅仅低于产品损伤时的速度变化量。

保持速度变化量不变,用相对大的速度变化量(至少 1.5 倍临界速度变化量),从小量级的加速度开始用新试件试验。

试验应该在对冲击最不利的配置(单元方向)中完成。

试验结果分析

如果加速度或速度变换量高于临界加速度或临界速度变换量,则产品将损坏。

根据临界速度变化量计算临界跌落高度,如果 V_i 为碰撞速度,V_R 为回弹速度,α 为回弹率($V_R=-\alpha V_i$),速度变化量为

$$\Delta V=V_R-V_i=-(V_i+\alpha V_i)=-(1+\alpha)V_i \tag{2.59}$$

跌落高度为

$$H_{cr}=\frac{V_i^2}{2g}=\frac{\Delta V^2}{2g(1+\alpha)^2} \tag{2.60}$$

如果临界高度低于产品设计的外场实际环境高度,有必要应用有缓冲的包装,须定义其特性(挤压应力、厚度、截面等)以便冲击的最大加速度低于临界加速度;反之,不需保护。

试验应用的脉冲波形为矩形波,主要理由有两个:

——矩形脉冲较严酷(SRS);结果保守(图 2.41)。

——DBC 由两条曲线组成,仅损坏两件产品就可确定此条曲线。为确定半正弦的损伤曲线,需要多套试件。

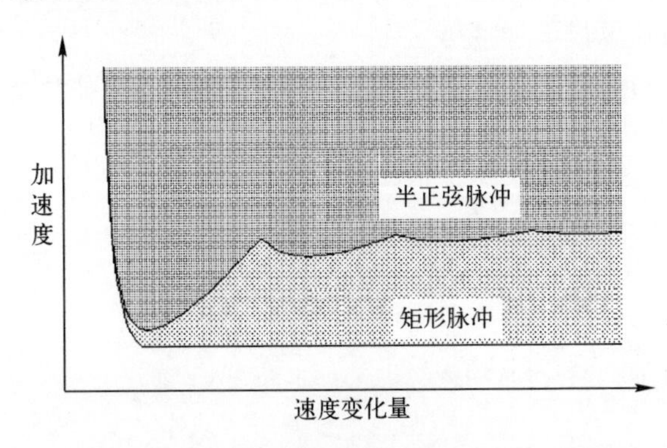

图 2.41　半正弦脉冲和矩形脉冲的 DBC 对比

注:考虑费用时,用同一试件确定临界加速度和临界速度变化量,在失效前应经受多次冲击。只有产品为脆性试件时,试验才有效。如果产品是塑性的,则应该考虑每次冲击的疲劳影响。

第3章 冲击响应谱的性质

3.1 冲击响应谱分段

冲击谱可以分为3段：

——低频的脉冲段，在此段内响应谱的幅值低于冲击激励的幅值。与系统的固有周期相比，冲击激励的持续时间很短。系统减缓了冲击效应。在3.2节详细介绍该段的谱特性。

——高频范围内的静态段，此段无论阻尼为多大，正的谱幅值都趋向于冲击激励的幅值。与冲击的持续时间相比，系统的固有周期较短，因此该段内的响应类似激励为静态加速度（或者变化非常慢的加速度）时的响应。但不适用于矩形冲击或上升时间为零的冲击。上升时间为零的冲击仅在理论上存在，实际上不可能存在。

——中间段，此段具有冲击的动态幅值，系统的固有周期与冲击的持续时间相近。幅值放大的效果取决于冲击波形和系统阻尼，对于经典的冲击（半正弦、正矢和前峰锯齿）不超出1.77倍。响应的值较大并呈振荡形状，如呈几个正弦周期振荡。

3.2 SRS低频段的特性

3.2.1 一般特性

在脉冲段（$0 \leqslant f_0 \tau \leqslant 0,2$）：

——冲击波形对谱的幅值影响较小。阻尼一定时，冲击的速度变化量ΔV，即加速度曲线$\ddot{x}(t)$下的面积，影响较大。

——正的谱和负的谱,通常是剩余谱(当谱的频率足够低时,有些持续时间长的冲击可能例外)。只要阻尼很小,几乎对称。

——响应的幅值(伪加速度 $\omega_0^2 z_{sup}$ 或绝对加速度 $\ddot{y}_{sup}$)低于激励的幅值,存在"衰减"。所以建议按此脉冲段选取隔离系统的固有频率,由此可以推导隔离材料的刚度,即

$$k = m\omega_0^2 = 4\pi^2 f_0^2 m$$

式中:m 为要保护的产品质量。

——谱在原点($f_0 = 0\text{Hz}$)处的曲率通常可消除[FUN 57]。

对数图或四坐标轴图能更好地描述 SRS 的性质。

3.2.2 速度变化不为零的冲击

对经典脉冲($\Delta V \neq 0$),低频段的剩余谱大于初始谱。

对任意的阻尼比 ξ,速度变化量为 ΔV 时,脉冲响应为

$$\omega_0^2 z(t) = \frac{\omega_0}{\sqrt{1-\xi^2}} \Delta V \mathrm{e}^{-\xi\omega_0 t} \sin(\omega_0 \sqrt{1-\xi^2}\, t) \tag{3.1}$$

当 $\frac{\mathrm{d}z(t)}{\mathrm{d}t} = 0$,得到 $z(t)$ 最大值,即对于 t:

$$\omega_0^2 \sqrt{1-\xi^2}\, t = \arctan \frac{\sqrt{1-\xi^2}}{\xi}$$

可得

$$|z_{sup}| = \frac{\Delta V}{\omega_0 \sqrt{1-\xi^2}} \exp\left(-\frac{\xi}{\sqrt{1-\xi^2}} \arctan \frac{\sqrt{1-\xi^2}}{\xi}\right) \sin\left(\arctan \frac{\sqrt{1-\xi^2}}{\xi}\right) \tag{3.2}$$

低频段的 SRS 为

$$|\omega_0^2 z_{sup}| = \frac{\omega_0 \Delta V}{\sqrt{1-\xi^2}} \exp\left(-\frac{\xi}{\sqrt{1-\xi^2}} \arctan \frac{\sqrt{1-\xi^2}}{\xi}\right) \sin\left(\arctan \frac{\sqrt{1-\xi^2}}{\xi}\right) \tag{3.3}$$

即

$$|\omega_0^2 z_{sup}| = \Delta V \omega_0 \varphi(\xi) \tag{3.4}$$

$$\left|\frac{\mathrm{d}(\omega_0^2 z_{sup})}{\mathrm{d}\omega_0}\right| = \Delta V \varphi(\xi) \tag{3.5}$$

如果 $\xi \to 0$,$\varphi(\xi) \to 1$,斜率趋于 ΔV。原点处谱的斜率为

$$p = \frac{\mathrm{d}(|\omega_0^2 z_{sup}|)}{\mathrm{d}f_0} = 2\pi\Delta V \tag{3.6}$$

注:线性坐标中阻尼为零的谱,其原点的切线斜率与对应脉冲的速度变化 ΔV 成比例。

如果有小阻尼，则该公式为近似公式。

例 3.1

$100m/s^2$、持续时间 10ms 的半正弦脉冲，正的 SRS(相对位移)。

原点处谱的斜率(图 3.1)为

$$p=\frac{120}{30}=4(\mathrm{m/s})$$

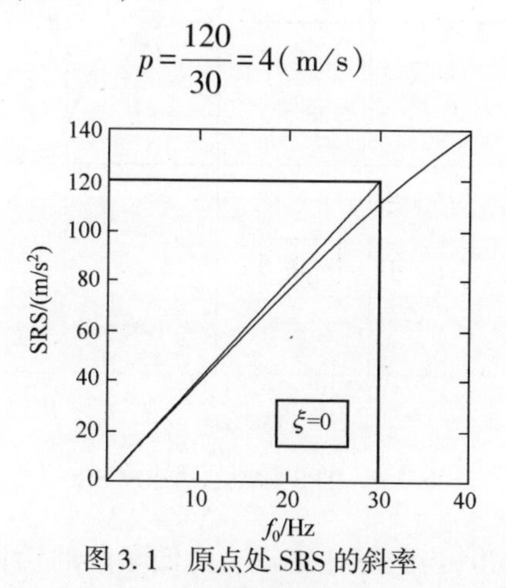

图 3.1　原点处 SRS 的斜率

可得

$$\Delta V=\frac{p}{2\pi}=\frac{4}{2\pi}=\frac{2}{\pi}(\mathrm{m/s})$$

与半正弦脉冲加速度曲线的面积对比：

$$\frac{2}{\pi}100\times 0.01=\frac{2}{\pi}(\mathrm{m/s})$$

根据随 ω_0 变化的伪速度，谱定义为

$$|\omega_0 z_{\sup}|=\Delta V\varphi(\xi) \tag{3.7}$$

当 ω_0 趋于零时，$|\omega_0 z_{\sup}|$ 趋于恒定值 $\Delta V\varphi(\xi)$。图 3.2 给出了随 ξ 变化的 $\varphi(\xi)$ 曲线。

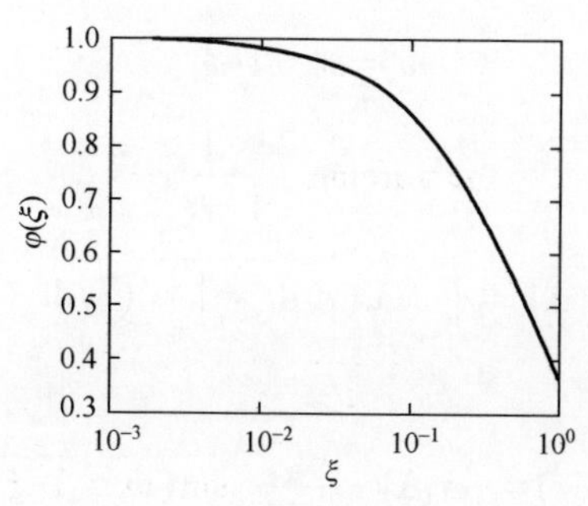

图 3.2　随 ξ 变化的函数 $\varphi(\xi)$ 曲线

例 3.2

100m/s²、持续时间 10ms 的 TPS 脉冲。

计算的正 SRS 伪速度谱(图 3.3)。

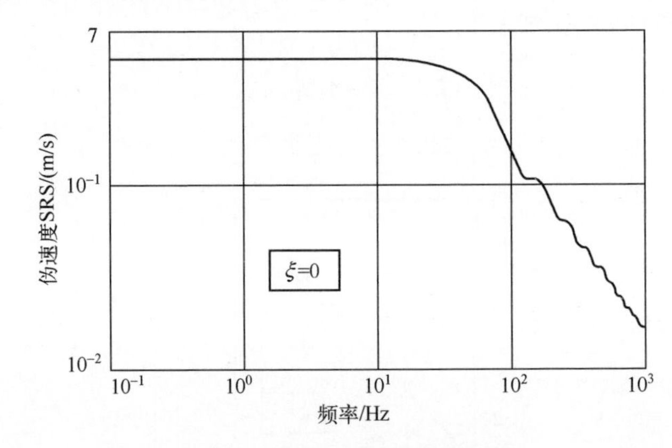

图 3.3　TPS 脉冲的伪速度 SRS

根据图 3.3 可看出,当阻尼比 $\xi=0$ 时,低频段的伪速度谱趋于 0.5(TPS 脉冲下的面积)。

当阻尼趋于零时,伪速度 $\omega_0 z_{\text{sup}}$ 趋于 ΔV。如果阻尼不为零,则伪速度趋于小于 ΔV 的常数。

相对位移($\omega_0^2 z_{\text{sup}}$)的剩余正 SRS 在低频段以斜率为 1 减小,即在对数坐标中斜率为 6dB/oct($\xi=0$)。

由式(4.55)(第 1 卷)给出单自由度系统的脉冲相对响应。当 $\omega_0\tau\ll1$ 时,有

$$u(t)=-\frac{\Delta V}{\omega_0}\frac{\mathrm{e}^{-\xi\omega_0 t}}{\sqrt{1-\xi^2}}\sin(\omega_a t+\varphi)$$

式中

$$\omega_a=\omega_0\sqrt{1-\xi^2} \tag{3.8}$$

$$\varphi=\arctan\frac{2\xi\sqrt{1-\xi^2}}{1-2\xi^2} \tag{3.9}$$

$$\Delta V=\int_{-\infty}^{+\infty}\ddot{x}(t)\,\mathrm{d}t=\int_0^{\tau}\ddot{x}(t)\,\mathrm{d}t \tag{3.10}$$

响应 $\omega_0 z(t)$ 为

$$\omega_0 z(t)=-\omega_0\Delta V-\frac{\mathrm{e}^{-\xi\omega_0 t}}{\sqrt{1-\xi^2}}\sin(\omega_0\sqrt{1-\xi^2}\,t) \tag{3.11}$$

如果阻尼为零,则

$$u(t)=-\frac{\Delta V}{\omega_0}\sin(\omega_0 t) \tag{3.12}$$

最大位移出现在剩余段

$$u(t_{\max})=-\frac{\Delta V}{\omega_0} \tag{3.13}$$

得 SRS

$$S=\omega_0^2\left|-\frac{\Delta V}{\omega_0}\right|=\omega_0\Delta V \tag{3.14}$$

和

$$\lg S=\lg\omega_0+\lg\Delta V \tag{3.15}$$

$y=af^n$形式的曲线,在对数坐标中,斜率 n 为线性,即

$$\lg y=n\lg f+\lg a \tag{3.16}$$

斜率为

$$N=20\lg 2^n=20n(\lg 2)(\mathrm{dB/oct}) \tag{3.17}$$

$$N\approx 6n(\mathrm{dB/oct}) \tag{3.18}$$

在对数-对数坐标中绘制的无阻尼 SRS 在原点处的斜率等于 1,即 6dB/oct,如图 3.4 所示(注:SRS 斜率用 dB/oct 表示)。

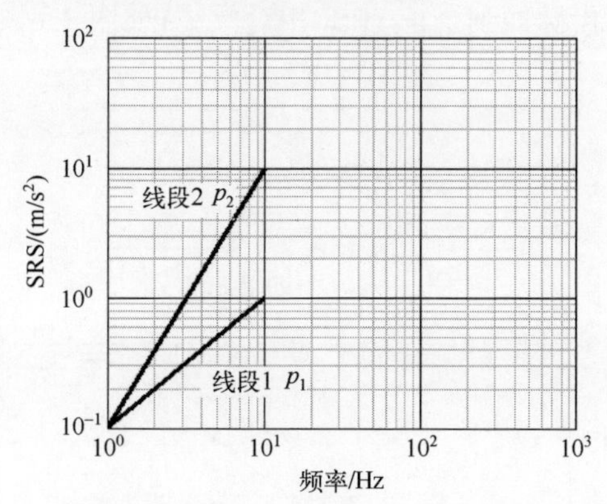

图 3.4 对数轴上的线段 1 和线段 2(6dB/oct 和 12dB/oct)

对线段 1,斜率为

$$p_1=\frac{\lg 1-\lg 0.1}{\lg 10-\lg 1}=1 \tag{3.19}$$

同样对线段 2,斜率为

$$p_2=\frac{\lg 10-\lg 0.1}{\lg 10-\lg 1}=2 \tag{3.20}$$

倍频程为

$$n=\frac{\lg\left(\frac{f_2}{f_1}\right)}{\lg 2}(\text{oct}) \tag{3.21}$$

分贝为

$$n=20\lg\left(\frac{A_2}{A_1}\right)(\text{dB}) \tag{3.22}$$

斜率为

$$n=\frac{20\lg\left(\frac{A_2}{A_1}\right)}{\lg\left(\frac{f_2}{f_1}\right)}\lg 2(\text{dB/oct}) \tag{3.23}$$

$$n=20\log(2)\,\text{slope}\approx 6\text{slope}(\text{dB/oct}) \tag{3.24}$$

因此

$$\text{slope}=1\rightarrow 6\text{dB/oct}$$
$$\text{slope}=2\rightarrow 12\text{dB/oct}$$

例 3.3 后峰锯齿脉冲持续时间为 10ms，幅值为 100m/s^2（图 3.5），零频率附近的后峰锯齿脉冲剩余正 SRS（相对位移）如图 3.6。

$\Delta V=0.5\text{m/s}$

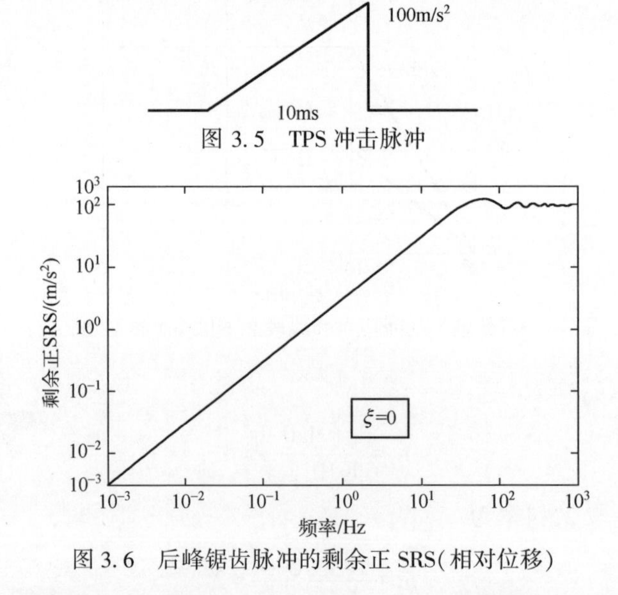

图 3.5 TPS 冲击脉冲

图 3.6 后峰锯齿脉冲的剩余正 SRS（相对位移）

初始正 SRS $\omega_0^2 z_{sup}$ 的斜率通常等于 2(12dB/oct)[SMA 85]。

例 3.4 零频率附近半正弦脉冲的初始正 SRS 如图 3.7 所示。

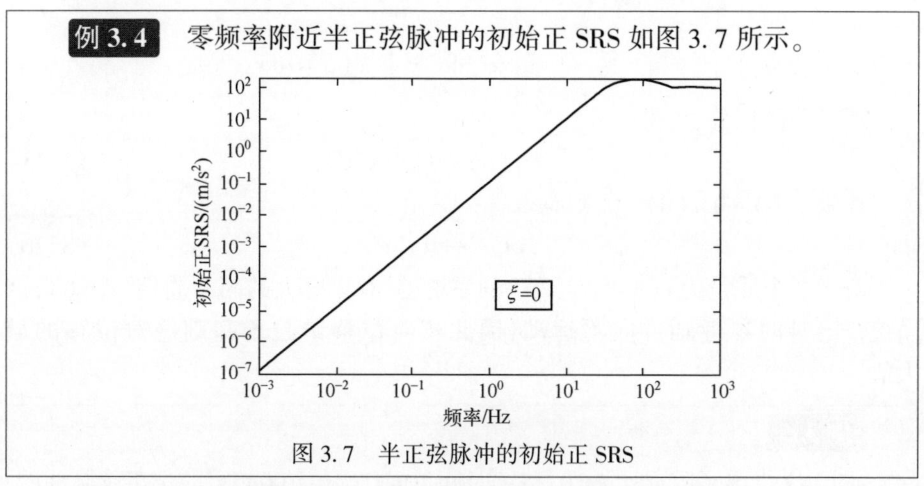

图 3.7 半正弦脉冲的初始正 SRS

在脉冲(图 3.8)的持续时间内,相对位移 z_{sup} 趋于恒定值 $z_0 = x_m$,与基底的绝对位移相同。在低频段,设备对加速度不敏感,但是对位移敏感:

$$\frac{z_{sup}}{x_m} \rightarrow 1$$

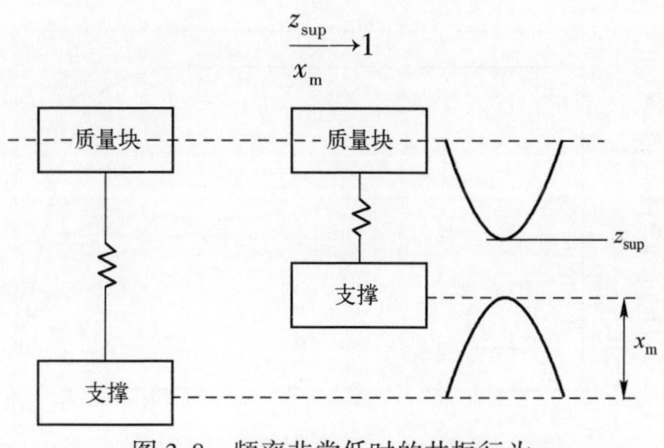

图 3.8 频率非常低时的共振行为

基础与软支撑类似,用很大的位移减弱了加速度[SNO 68]。

该性质可用单自由度线性系统相对位移响应的 Duhamel 方程证明(第 1 卷,第 3 章):

$$z(t) = -\frac{1}{\omega_0 \sqrt{1-\xi^2}} \int_0^t \ddot{x}(\alpha) e^{-\xi \omega_0 (t-\alpha)} \sin\left[\omega_0 \sqrt{1-\xi^2}(t-\alpha)\right] d\alpha$$

如果 $\omega_0 \rightarrow 0$,$e^{-\xi \omega_0 (t-\alpha)} \rightarrow 1$ 和

$$\sin\left[\omega_0 \sqrt{1-\xi^2}(t-\alpha)\right] \approx \omega_0 \sqrt{1-\xi^2}(t-\alpha)$$

$$z(t) \approx \frac{1}{\omega_0 \sqrt{1-\xi^2}} \int_0^t \ddot{x}(\alpha) e^{-\xi \omega_0 (t-\alpha)} \omega_0 \sqrt{1-\xi^2}(t-\alpha) d\alpha$$

$$z(t) \approx -\int_0^t \ddot{x}(\alpha)(t-\alpha)\,\mathrm{d}\alpha$$

$$z(t) \approx -\int_0^t \ddot{x}(\alpha)t\,\mathrm{d}\alpha + \int_0^t \ddot{x}(\alpha)\alpha\,\mathrm{d}\alpha$$

通过分部积分,可得

$$z(t) \approx tv(0)-x(t)+x(0) \tag{3.25}$$

如果 $x(0)=0, v(0)=0$,则有

$$z(t) \to -x(t) \tag{3.26}$$

对于一个质量为 m 的"无限软"的系统,其有无穷大的固有周期($f_0=0$),该系统在绝对的参考轴方向不运动,因此相对位移谱趋于基础绝对位移的最大值。

例 3.5

图 3.9 给出了阻尼比 $\xi=0$、持续时间 10ms、幅值 $100\mathrm{m/s^2}$ 的半正弦脉冲的初始的正 SRS $z_{\mathrm{sup}}(f_0)$,频率范围介于 0.01~100Hz 之间。

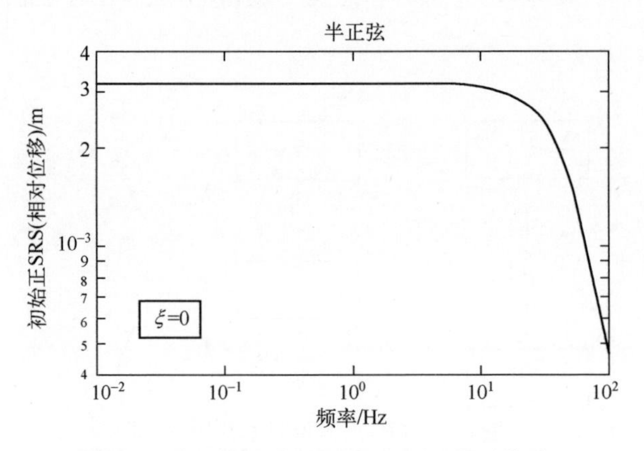

图 3.9 半正弦脉冲的初始正 SRS(相对位移)

由加速度脉冲 $\ddot{x}(t)$ 计算得到的冲击最大位移为

$$x_{\mathrm{m}} = \frac{\ddot{x}_{\mathrm{m}}\tau^2}{\pi} = 3.18\times10^{-3}(\mathrm{m})$$

当 $f_0 \to 0$,SRS 趋于这个值。

对于经典形状的脉冲,响应第一个峰值发生的时间 t_{p} 随着 ω_0 趋于零而趋于 $\frac{\pi}{2\omega_0}$[FUN 57]。

低频段伪速度的初始正谱斜率为 6dB/oct。

例3.6 图3.10给出了后峰锯齿脉冲四坐标系下的初始正SRS。

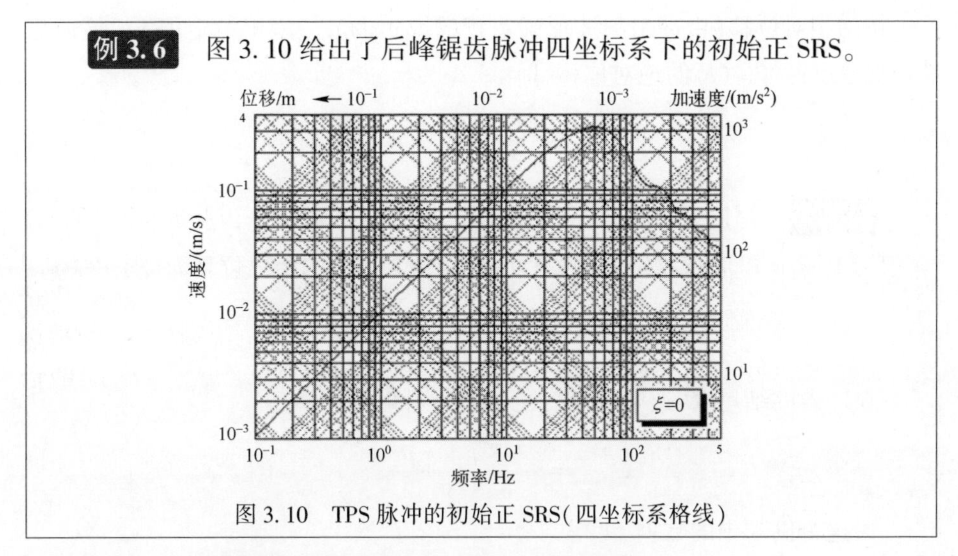

图3.10 TPS脉冲的初始正SRS(四坐标系格线)

3.2.3 脉冲结束后 $\Delta V=0, \Delta D\neq 0$ 的冲击

假设 $\xi=0$：

速度的傅里叶变换在 $f=0$ 时的值为

$$V(0)=\int_{-\infty}^{+\infty} v(t)\,\mathrm{d}t=\Delta D \tag{3.27}$$

因为加速度是速度的一阶导数，当 ω_0 较小时，剩余谱等于 $\omega_0^2\Delta D$。此时，无阻尼剩余SRS的斜率等于2(即12dB/oct)。

例3.7

幅值为100m/s²、持续时间为10ms的半正弦脉冲信号的剩余正SRS(见图3.11)。

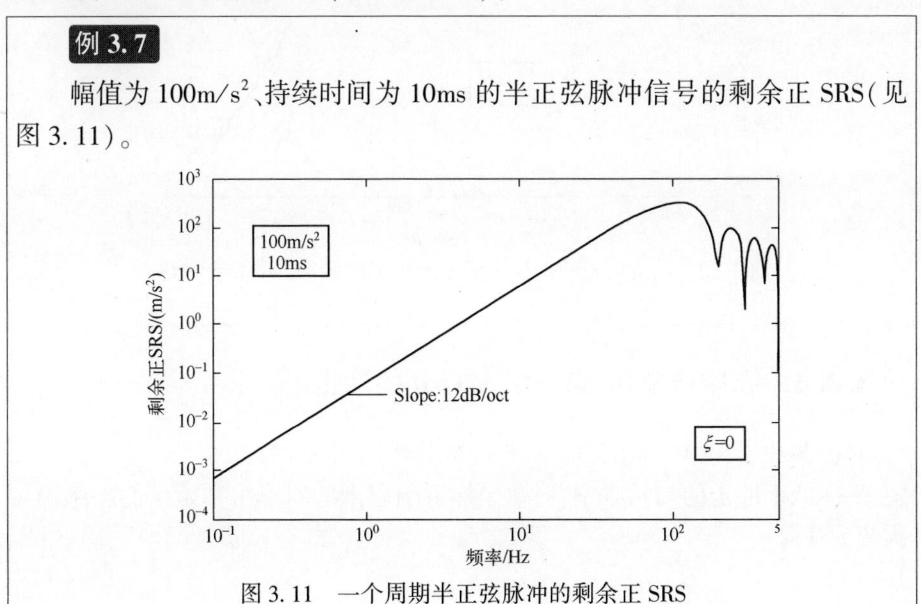

图3.11 一个周期半正弦脉冲的剩余正SRS

初始相对位移(由冲击的波形确定正的或负的)z_{sup}趋于恒定值x_m,该值为冲击加速度脉冲$\ddot{x}(t)$的绝对位移,即

$$\frac{z_{sup}}{x_m}\to 1$$

例 3.8 幅值为 100m/s²、持续时间为 10ms 的后峰锯齿脉冲,用对称的幅值为 10m/s²矩形脉冲作为前置和后置冲击。冲击的最大位移为(第 7 章):

$$x_m=-\frac{\ddot{x}_m\tau^2}{4}\left(\frac{\sqrt{2}}{3}+\frac{p}{2}+\frac{1}{8p}-\frac{p^3}{6}\right)$$

在冲击的结尾处,速度没有变化,剩余位移为

$$x_{residual}=-\frac{\ddot{x}_m\tau^2}{4}\left(\frac{1}{3}+\frac{p}{2}-\frac{p^3}{3}\right)$$

用这个例子中的数据,可得

$$x_m=-4.428\text{mm}$$

可在该冲击的初始负谱上找到该值(图 3.12),即

$$x_{residual}=-0.9576\times10^{-4}\text{mm}$$

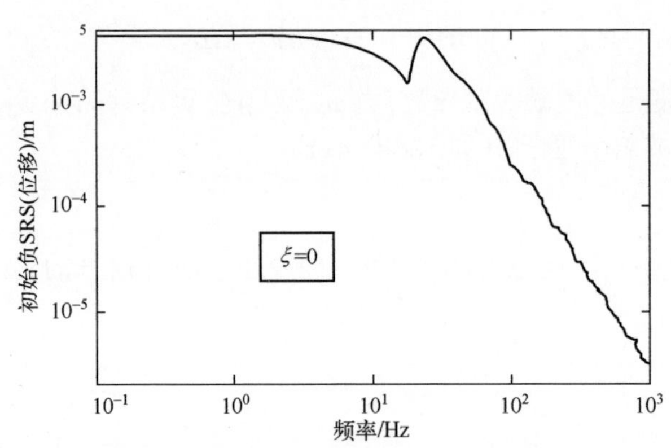

图 3.12 前置后置冲击为矩形脉冲的 TPS 脉冲的初始负 SRS

3.2.4 脉冲结束后 $\Delta V=0,\Delta D=0$ 的冲击

对振荡冲击,存在下述特征区域[SMA 85](图 3.13):

——低于冲击的初始频率,对数坐标下响应谱的斜率由初始谱的斜率确定(大约为 3);

——随着频率下降,斜率趋向于更小的值2;

——当固有频率进一步减小,斜率为1(6dB/oct)(剩余谱)。一般而言,只要频率足够低,任何形式的冲击,在对数坐标下谱的斜率都为1。

例3.9

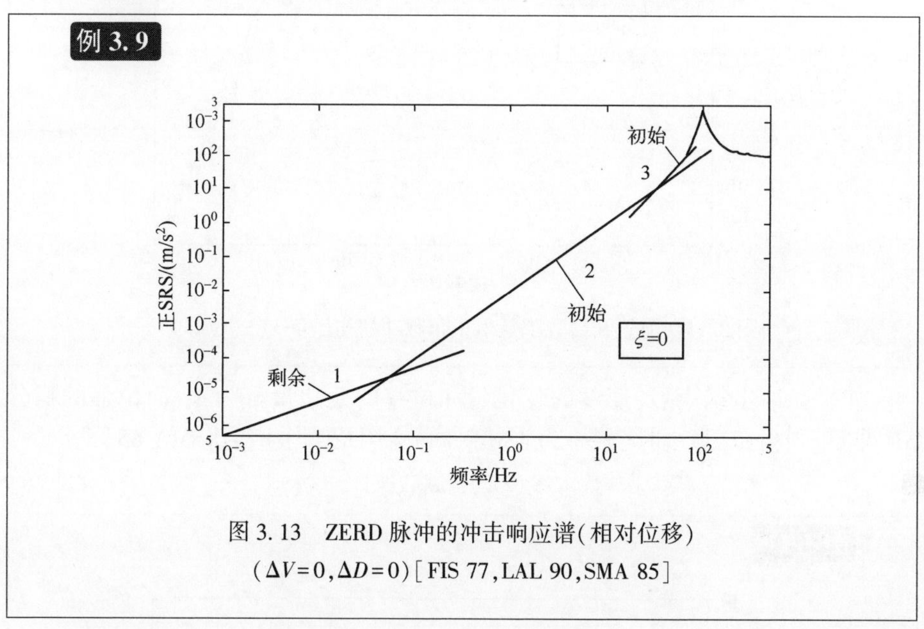

图3.13 ZERD脉冲的冲击响应谱(相对位移)
($\Delta V=0,\Delta D=0$)[FIS 77,LAL 90,SMA 85]

初始负SRS $\omega_0^2 z_{sup}$ 的斜率为12dB/oct;相对位移 z_{sup} 趋于与冲击 $\ddot{x}(t)$ 的绝对位移 x_m。图3.14、图3.15、图3.16分别为前置和后置都是半正弦脉冲的初始负SRS,初始负SRS(位移),剩余正SRS。

例3.10

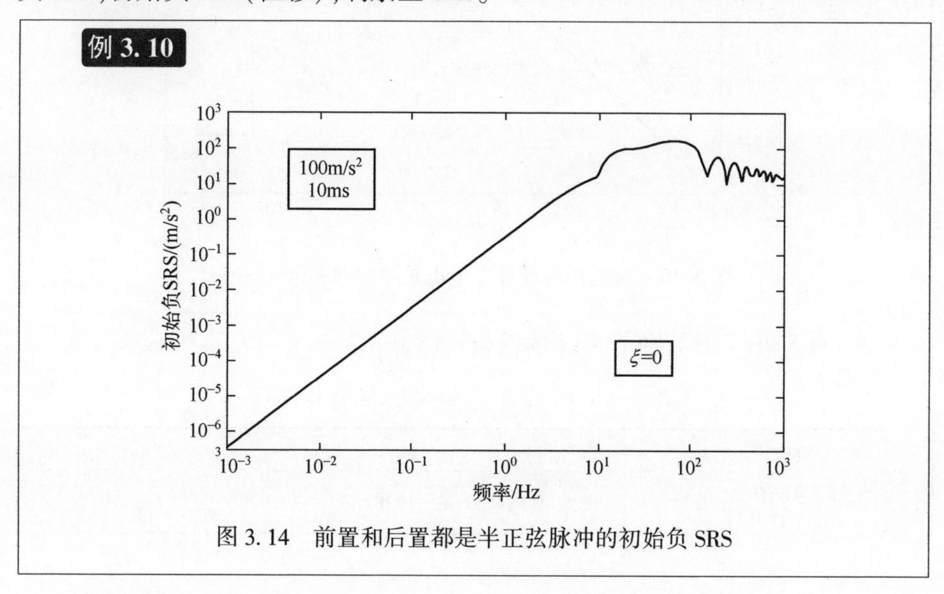

图3.14 前置和后置都是半正弦脉冲的初始负SRS

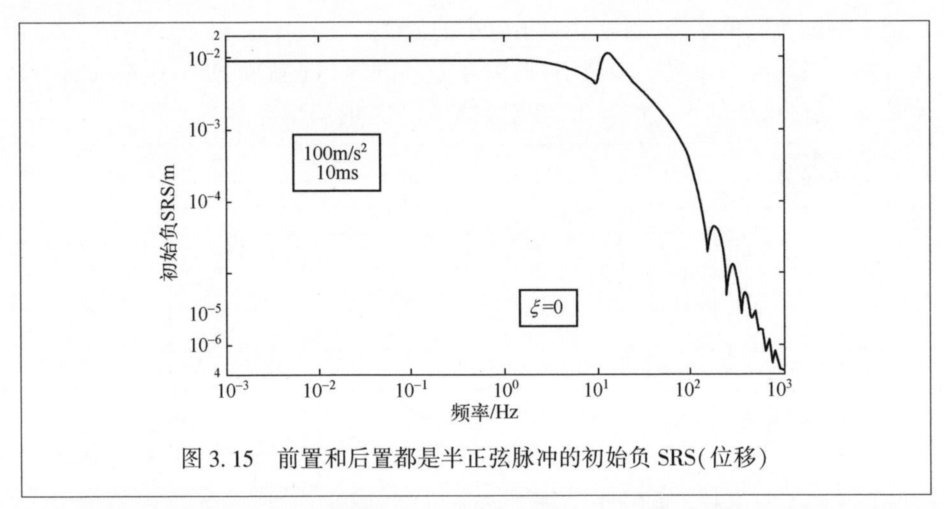

图 3.15 前置和后置都是半正弦脉冲的初始负 SRS(位移)

如果在冲击结束后,速度的变化量和位移的变化量都为零,而位移的积分 ΔD 非零,则当 ω_0 很小时(斜率为 18dB/oct)无阻尼剩余谱为[SMA 85]

$$S_r(\omega_0)=\omega_0^3\Delta D \tag{3.28}$$

例 3.11

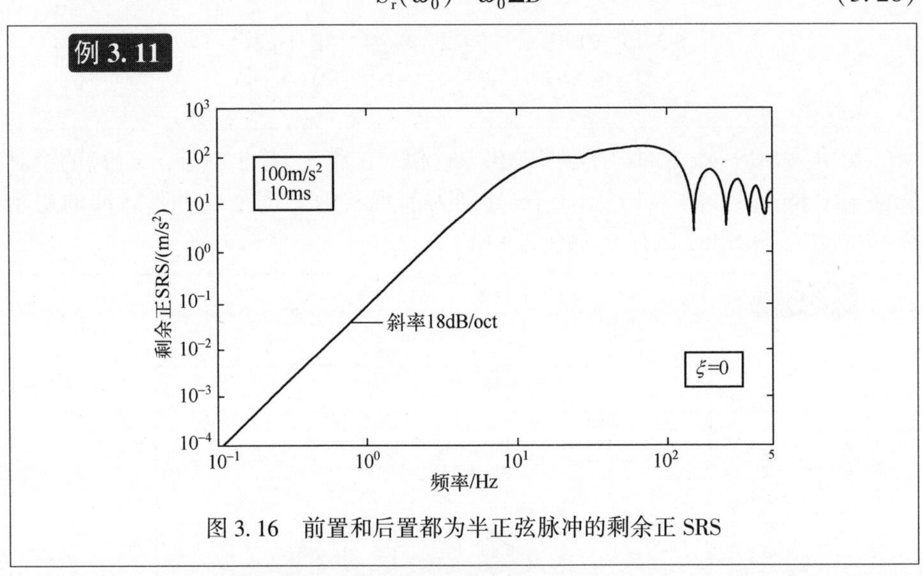

图 3.16 前置和后置都为半正弦脉冲的剩余正 SRS

表 3.1 给出了对数轴上 SRS 的低频特性。

表 3.1 对数轴上 SRS 的低频特征

$\Delta V \neq 0$	斜率 6dB/oct
$\Delta V=0$ $\Delta D \neq 0$	无阻尼,剩余的 SRS:12dB/oct

（续）

$\Delta V=0$ $\Delta D=0$	SRS：6dB/oct（剩余），然后是 12dB/oct 和 18dB/oct（初始） 初始负 SRS：12dB/oct 如果位移 D 在冲击结束时不等于零，则无阻尼、剩余的 SRS：18dB/oct
爆炸冲击	6dB/oct

3.2.5 对剩余谱的说明

绝对位移谱

当 ω_0 足够小时，激励 $x(t)$ 的剩余谱与下列条件下的位移谱相同[FUN 61]：

(1) $\dot{x}(\tau)=0, x(\tau)\neq 0$

(2) $\dot{x}(\tau)=x(\tau)=0, \int_0^\tau x(t)\,\mathrm{d}t \neq 0$

(3) $\dot{x}(\tau)=x(\tau)=\int_0^\tau x(t)\,\mathrm{d}t=0, \int_0^t x(t)\,\mathrm{d}t \neq 0 \quad (0<t<x(\tau))$

然而，与(3)相反，如果

$$\dot{x}(\tau)=x(\tau)=\int_0^\tau x(t)\,\mathrm{d}t=0$$

但是如果在区间 $0\leqslant t_p\leqslant\tau$ 内存在多个 t_p 值使区间 $\int_0^{t_p} x(t)=0$，则剩余谱等于 $\omega_0^2\left|\int_0^\tau x(t)\,\mathrm{d}t\right|$，位移谱等于 $\omega_0^2\left|\int_0^{t_p} x(t)\,\mathrm{d}t\right|$ 的最大值[FUN 61]。

如果在冲击结束后 ΔV 和 ΔD 为零，则绝对位移的响应谱等于 $2x(\tau)$，其中 $x(\tau)$ 为基础的剩余位移。如果 $x(\tau)=0$，谱等于 $\omega_0\left|\int_0^\tau x(\lambda)\,\mathrm{d}\lambda\right|$ 与 $\omega_0^2\left|\int_0^{t_p} x(\lambda)\lambda\,\mathrm{d}\lambda\right|$ 的最大值，其中 $t=t_p$ 是积分 $\int_0^{t_p} x(\lambda)\,\mathrm{d}\lambda$ 为零时对应的时间。如果输入冲击的 $\Delta V\neq 0$，则响应的绝对位移不受限制。

相对位移

当 ω_0 足够小，下列条件下剩余谱和位移谱相同：

——冲击结束后 $x(\tau)\neq 0$；

——$x(\tau)=0$，但在 $t=\tau$，$x(t)$ 最大。

否则，剩余谱等于 $x(\tau)$，而位移谱等于 $x(t)$ 的最大绝对值。

3.3 SRS 高频段的特性

根据式(2.16)，响应可以写为

$$\omega_0^2 z(t)=\frac{-\omega_0}{\sqrt{1-\xi^2}}\int_0^t \ddot{x}(\alpha)\mathrm{e}^{-\xi\omega_0(t-\alpha)}\sin[\omega_0\sqrt{1-\xi^2}(t-\alpha)]\mathrm{d}\alpha$$

令 $u=t-\alpha$,则有

$$\omega_0^2 z(t)=\frac{-\omega_0}{\sqrt{1-\xi^2}}\int_0^t \ddot{x}(t-u)\mathrm{e}^{-\xi\omega_0 u}\sin(\omega_0\sqrt{1-\xi^2}u)\mathrm{d}u$$

为证明 $\lim\limits_{\omega_0\to\infty}\omega_0^2 z(t)=-\ddot{x}(t)$,令

$$w(t)=\frac{-\omega_0\xi^2}{\sqrt{1-\xi^2}}\int_0^t \ddot{x}(t)\mathrm{e}^{-\xi\omega_0 u}\omega_0\sqrt{1-\xi^2}u\mathrm{d}u$$

$$w(t)=-\omega_0^2\ddot{x}(t)\xi^2\int_0^t \mathrm{e}^{-\xi\omega_0 u}u\mathrm{d}u$$

通过积分:

$$w(t)=-\omega_0^2\xi^2\ddot{x}(t)\left[-\frac{t\mathrm{e}^{-\xi\omega_0 t}}{\xi\omega_0}-\frac{\mathrm{e}^{-\xi\omega_0 t}}{\xi^2\omega_0^2}+\frac{1}{\xi^2\omega_0^2}\right]$$

$$w(t)=-\ddot{x}(t)[-\xi\omega_0 t\mathrm{e}^{-\xi\omega_0 t}-\mathrm{e}^{-\xi\omega_0 t}+1]$$

当 ω_0 趋于无穷,$w(t)$趋于$-\ddot{x}(t)$。$\lim\limits_{\omega_0\to\infty}|\omega_0^2 z(t)-w(t)|=0$,即$\forall\varepsilon>0$, $\exists\Omega>0$,使$\forall\omega\geqslant\Omega$, $|\omega_0^2 z(t)-w(t)|\leqslant\varepsilon\cdot\mathrm{constant}$。

$$|\omega_0^2 z(t)-w(t)|=\left|\frac{\omega_0}{\sqrt{1-\xi^2}}\int_0^t[\ddot{x}(t)\omega_0\sqrt{1-\xi^2}u\xi^2-\ddot{x}(t-u)\sin(\omega_0\sqrt{1-\xi^2}u)]\mathrm{e}^{-\xi\omega_0 t}\mathrm{d}u\right|$$

$$|\omega_0^2 z(t)-w(t)|\leqslant\frac{\omega_0}{\sqrt{1-\xi^2}}\int_0^t|\ddot{x}(t)\omega_0\sqrt{1-\xi^2}u\xi^2-\ddot{x}(t-u)\sin(\omega_0\sqrt{1-\xi^2}u)|\mathrm{e}^{-\xi\omega_0 t}\mathrm{d}u$$

如果函数$\ddot{x}(t)$是连续的,则有

$$f(u)=\frac{\omega_0}{\sqrt{1-\xi^2}}|\ddot{x}(t-u)\sin(\omega_0\sqrt{1-\xi^2}u)-\ddot{x}(t)\omega_0\sqrt{1-\xi^2}u\xi^2|$$

随着 u 趋于零而趋于零。因此,存在 $\eta\in[0,t]$,对 $u\in[0,\eta]$,$f(u)\leqslant\varepsilon$,有

$$-\frac{\omega_0}{\sqrt{1-\xi^2}}\int_0^\eta f(u)\mathrm{e}^{-\xi\omega_0 u}\mathrm{d}u\leqslant\varepsilon\frac{\omega_0}{\sqrt{1-\xi^2}}\int_0^\eta \mathrm{e}^{-\xi\omega_0 u}\mathrm{d}u$$

$$-\frac{\omega_0}{\sqrt{1-\xi^2}}\int_0^\eta f(u)\mathrm{e}^{-\xi\omega_0 u}\mathrm{d}u\leqslant\frac{\varepsilon}{\xi\sqrt{1-\xi^2}}$$

函数$\ddot{x}(t)$是连续的,因此,对于$[0,t]$,$\exists M>0$,对于所有的 $u\in[0,t]$,$|\ddot{x}(u)|\leqslant M$,有

$$\frac{\omega_0}{\sqrt{1-\xi^2}}\int_\eta^t f(u)\,\mathrm{e}^{-\xi\omega_0 u}\mathrm{d}u \leqslant \frac{\omega_0}{\sqrt{1-\xi^2}}\int_\eta^t M\mathrm{e}^{-\xi\omega_0 u}\mathrm{d}u = \frac{M}{\xi\sqrt{1-\xi^2}}[\mathrm{e}^{-\xi\omega_0\eta} - \mathrm{e}^{-\xi\omega_0 t}]$$

当 $\forall\,\omega \geqslant \Omega, \frac{M}{\xi\sqrt{1-\xi^2}}[\mathrm{e}^{-\xi\omega_0\eta}-\mathrm{e}^{-\xi\omega_0 t}] \leqslant \varepsilon$ 时，$\exists\,\Omega>0$。因此，对于 $\omega \geqslant \Omega$：

$$|\omega_0^2 z(t) - w(t)| \leqslant \frac{\omega_0}{\sqrt{1-\xi^2}}\int_0^t f(u)\,\mathrm{e}^{-\xi\omega_0 u}\mathrm{d}u$$

$$|\omega_0^2 z(t) - w(t)| \leqslant \frac{\omega_0}{\sqrt{1-\xi^2}}\int_0^\eta f(u)\,\mathrm{e}^{-\xi\omega_0 u}\mathrm{d}u + \frac{\omega_0}{\sqrt{1-\xi^2}}\int_\eta^t f(u)\,\mathrm{e}^{-\xi\omega_0 u}\mathrm{d}u$$

$$|\omega_0^2 z(t)-w(t)| \leqslant \frac{\varepsilon}{\xi\sqrt{1-\xi^2}}+\varepsilon$$

在高频段，$\omega_0^2 z(t)$ 趋于 $\ddot{x}(t)$，因此 SRS 趋于 $\ddot{x}(t)$ 的最大值 $\ddot{x}_m$。

3.4 阻尼的影响

阻尼对冲击谱的稳态区域影响非常小。此段与阻尼无关，谱的值随时间趋于激励冲击信号的幅值。该性质适用于矩形脉冲外的所有冲击波形，矩形脉冲的冲击谱幅值依不同的阻尼介于1~2倍的冲击幅值之间。

冲击谱的低频段特别是中间段，当阻尼很大时，谱的幅值比较小。对于正常阻尼比(0.01~0.1)有速度变化的冲击该现象不是很明显。对于振荡类型的冲击(如衰减的正弦)接近于激励信号的频率处的值较明显。谱的峰值是振荡次数和阻尼的函数。

3.5 阻尼的选取

应该根据承受冲击激励的结构选取阻尼。当不知道时，或为与已经计算的谱进行比较，采用的相对阻尼为0.05($Q=10$)，没有文献给出选择的方法。E. F. Small[SMA 66]的研究给出了电子设备品质因数 Q 的分布函数(图3.17)和密度函数(500次测量)(图3.18)。

$Q=10$ 可以完全适用，因为在实际中通常 $Q<10$。除非特别说明，一般都选 $Q=10$。谱随阻尼的变化相对较小，Q 值的选择不是很重要。为了降低可能的误差，Q 值的选取应该标注在图表中。

注：实际中，结构 Q 值最可能的范围是5~20之间。如果传感器固定在板上或插接帽上，Q 值更大[HAY 72]，但由于通常关注结构的响应，因此，上述测

量不是很有意义。虽然是同一激励信号,但不同 Q 值计算的谱不同,而基于这些谱计算出的 SRS 之间没有确定的关系。

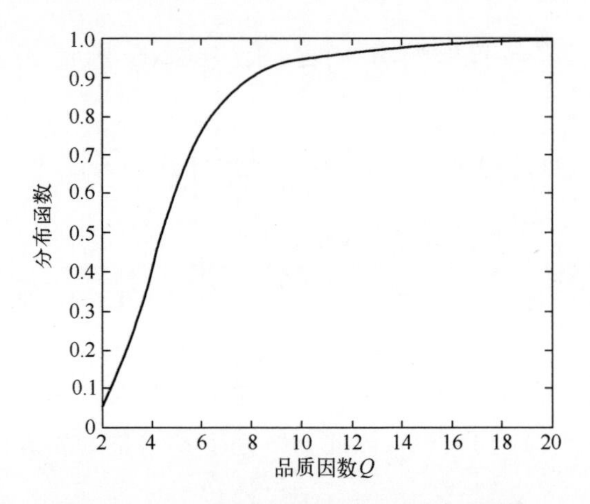

图 3.17　电子设备品质因数 Q 的分布函数

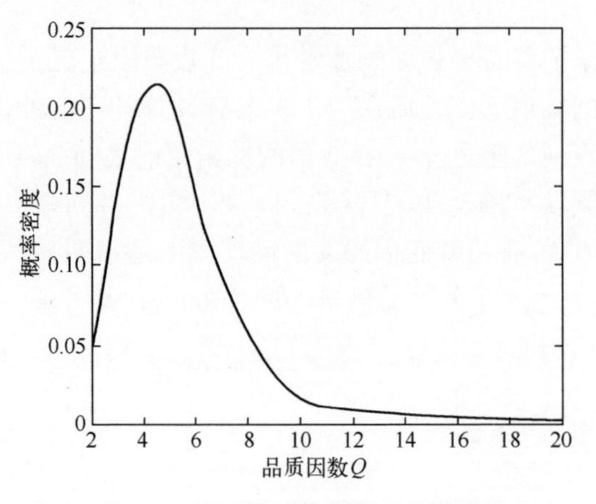

图 3.18　电子设备品质因数 Q 的概率密度

M. B. Grath 和 W. F. Bangs[GRA 72]对爆炸冲击谱的分析时,提出了一种经验方法来进行这种转换。给出一个修正因子,该因子等于已知 Q 值的谱与 $Q=10$ 的谱(图 3.19)的比值。第一条曲线是谱峰的比值,第二条是标准点的(非峰值数据)。这两条曲线的比较证实了谱的峰值对 Q 值选取更敏感。

这些结果与 W. P. Rader 和 W. F. Bangs[RAD 70]进行的类似研究一致,然而后者的研究没有区分谱峰和其他值。

考虑制定这些曲线时的分散性,为确保可靠性,作者计算了与修正因子有关的标准方差(表3.2)(在一些特殊情形下,$Q=20$ 时,修正因子的分布不是正态的,但是接近于Beta或一型Pearson)。

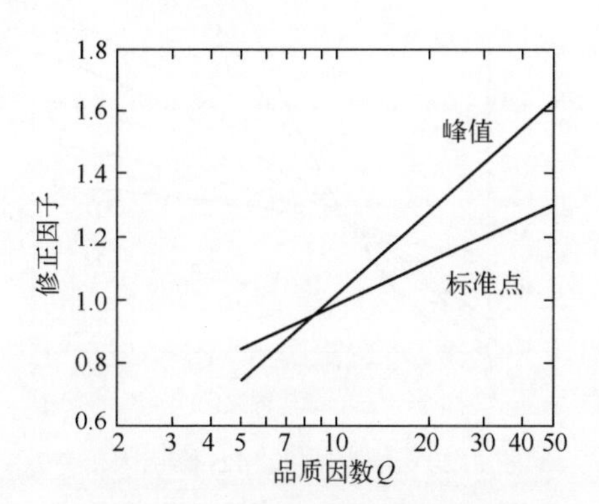

图3.19 依据 Q 的SRS修正因子

表3.2 修正因子的标准方差

Q	标准点	峰值
5	0.085	0.10
10	0	0.00
20	0.10	0.15
30	0.15	0.24
40	0.19	0.30
50	0.21	0.34

结果表明,取均值可覆盖65%,取均值加标准差可覆盖93%。同时表明,考虑了 Q 值修正的谱幅值不足以用来疲劳分析。在确定修正因子过程中,建议用J. D. Crum和R. L. Grant [CRU 70](见4.4.2节)提出的关系式来计算此变换中的等效循环数,该关系式以正弦波为激励信号,计算响应 $\omega_0^2 z(t)$:

$$\omega_0^2 z(t)=Q\ddot{x}_{\mathrm{m}}(1-\mathrm{e}^{\pi N/Q})\cos(2\pi f_0 t) \tag{3.29}$$

式中:N 为时间 t 的循环次数。

对该公式除以 $Q=10$ 时的值进行标准化,绘制出图3.20中的曲线,可以读出给定修正因子和给定品质因数 Q 时对应的 N。式(3.29)对小阻尼情形是准确的,而对于 $Q<10$ 的大阻尼则不适用。

$$\frac{[\omega_0^2 z]_Q}{[\omega_0^2 z]_{10}}=\frac{Q(1-\mathrm{e}^{\pi N/Q})}{10(1-\mathrm{e}^{10})} \tag{3.30}$$

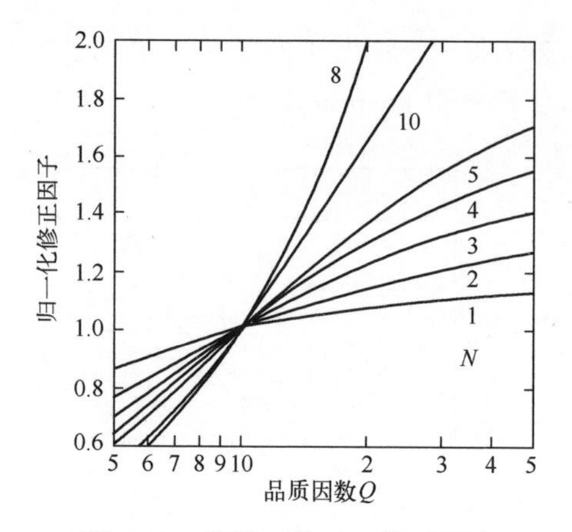

图 3. 20　依据 Q 的 SRS 修正因子

3.6　频率范围的选取

通常按照下面的准则来选取频率范围：

——包含可能所要研究的结构共振频率；

——包含冲击的重要频率的范围(特别是爆炸冲击)。

3.7　分析点数和分布的选取

对于经典冲击的 SRS 的计算，取 200 个离散点足够。计算实际环境中实测的冲击 SRS，应根据信号的频率成分增加分析的点数。

通常为了获得信号的低频特性，最好按对数选取离散点。

冲击响应谱分析应重点突出待分析信号的各种频率成分。注意到，单自由度系统的响应在很大程度上取决于频率点的选取，或以其固有频率为中心的一段区间 $\Delta f=\dfrac{f_0}{Q}$。

当 $Q=10$ 时，按频率间隔为 10Hz 计算 SRS。如果 SRS 的离散频率间隔太宽，大于半功率带宽，则在两离散频率点之间频率将会漏掉(图 3. 21)[HEN 03]。

图 3. 21　当 $Q=10$ 时，离散频率取 10Hz 计算 SRS 时，单自由度系统半功率点带宽

当固有频率增大时，Δf 也会相应地增大。当固有频率为 100Hz 时，$\Delta f=10\text{Hz}$；当固有频率为 1000Hz 时，$\Delta f=100\text{Hz}$；当固有频率超过 100Hz 时，频率间隔远小于半功率带宽（图 3.22）。

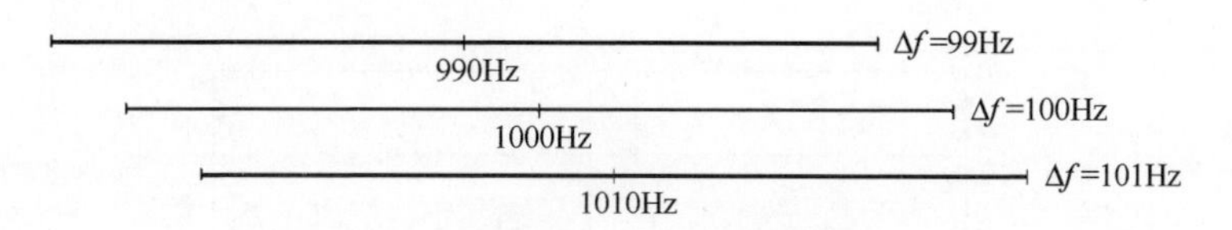

图 3.22 固有频率 990Hz、1000Hz 和 1010Hz，$Q=10$ 时半功率点的带宽

因此，有必要按 Δf 确定离散点的数量，区间的带宽随固有频率变化（在 Q 给定值时）。这意味着离散点不应线性分布，而应对数分布[HEN 03]。第 3 卷中附录 2 给出，以频率 f 为中心的频率带宽为 $\left(\alpha-\frac{1}{\alpha}\right)f$，其中 α 与每倍频程的点的数量 n 关系为 $\alpha=2^{1/2n}$。为包含信号中的所有频率成分，两个离散频率的间隔不应大于 Δf，即

$$\left(\alpha-\frac{1}{\alpha}\right)f\leqslant\frac{f}{Q} \tag{3.31}$$

或者，去掉负根，有

$$\alpha\leqslant\frac{1}{2Q}+\sqrt{1+\frac{1}{4Q^2}}$$

因此，每倍频程的点数为

$$n\geqslant\frac{\ln 2}{2\ln\left(\frac{1}{2Q}+\sqrt{1+\frac{1}{4Q^2}}\right)}\left(=\frac{\ln 2}{2\ln\left[\xi+\sqrt{1+\xi^2}\right]}\right) \tag{3.32}$$

图 3.23 表明了随 Q 变化的 n 变化值。

表 3.3 给出了每倍频程 n 的最小值。

表 3.3 n 的最小值

Q	5	10	15	20	25	30	35	40
n 的最小值	4	7	11	14	21	28	35	760

更大的数量可以获得更平滑的曲线。

如果 SRS 的频率范围为 0.1~2000Hz，每倍频程下 14 个点意味着总离散点数为 200。

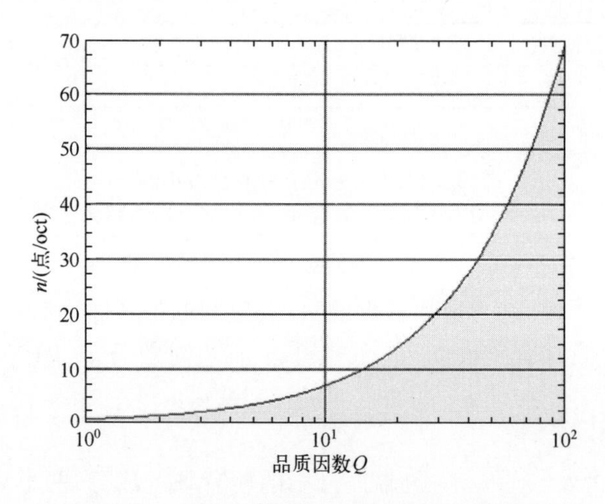

图 3.23 不同 Q 值下的每倍频程的点的数量

例 3.12 图 3.25 给出了图 3.24 冲击脉冲 7 点/oct 与 30 点/oct 的 SRS。

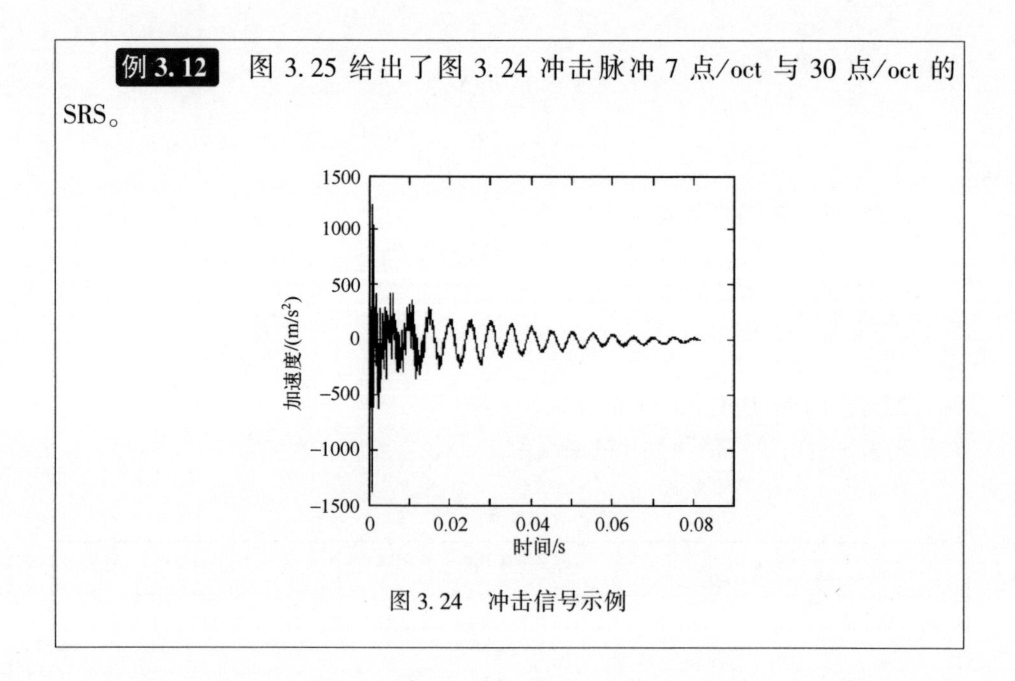

图 3.24 冲击信号示例

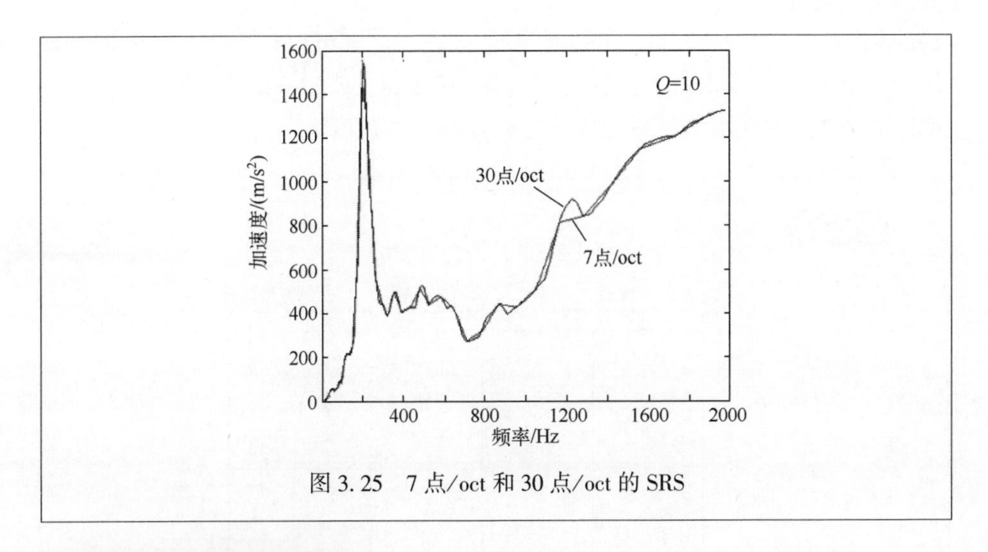

图 3.25　7 点/oct 和 30 点/oct 的 SRS

3.8　描述谱的图

有两种图描述谱:

——(x,y),一个轴为频率,一个轴表示谱的值(线性或对数);

——四坐标系的图(四格线谱)(图 3.26)。

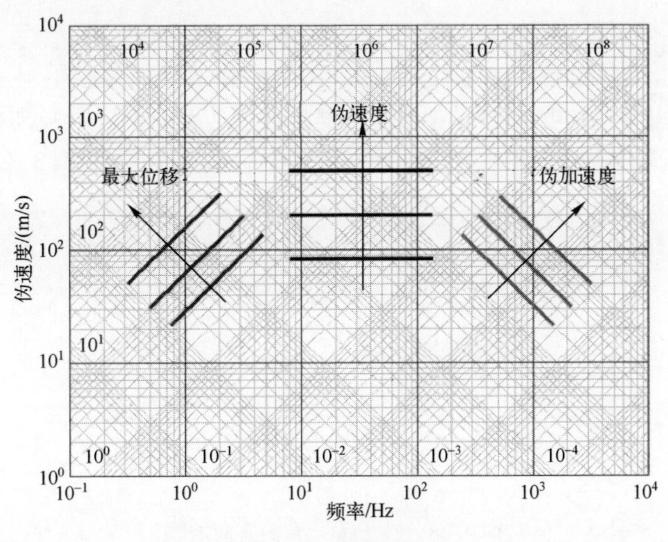

图 3.26　四坐标系

四坐标系的图,横轴为频率 $f_0=\frac{\omega_0}{2\pi}$,纵坐标为伪速度 $\omega_0 z_m$,与两轴成 45°的

坐标分别是最大相对位移 z_m 和伪加速度 $\omega_0^2 z_m$。该图可以直接读出高频段的冲击幅值、低频段与冲击有关的速度的变化(或者,如果 $\Delta V=0$,则是位移)。该图可以分析单自由度系统敏感频段的位移、速度、加速度。

四坐标系的图通常用于分析地震的 SRS(见图 3.27)。

例 3.13

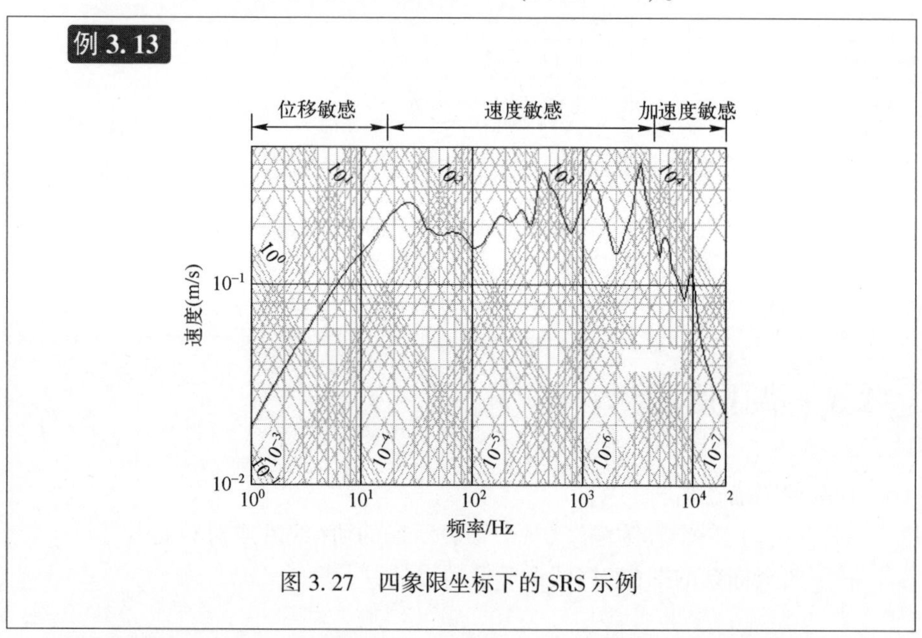

图 3.27　四象限坐标下的 SRS 示例

注:在地震中,SRS 通常用的是固有周期 $T_0=1/f_0$ 而不是固有频率 f_0。

例 3.14　图 3.28 是某地震的加速度时间历程,图 3.29 是加速度 SRS,图 3.30 是速度 SRS。图 3.31 是四坐标图(纵轴为加速度)。图 3.32 为 ZERD 脉冲在四坐标图中 SRS 示例。图 3.32 较先前二坐标图易读。

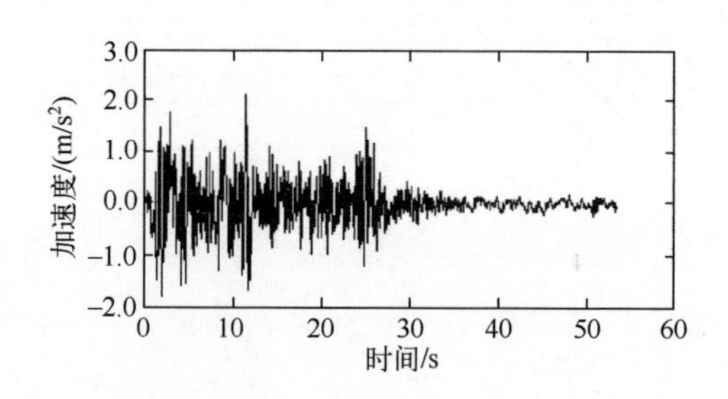

图 3.28　El-Centro 东西方向地震随时间变化的加速度

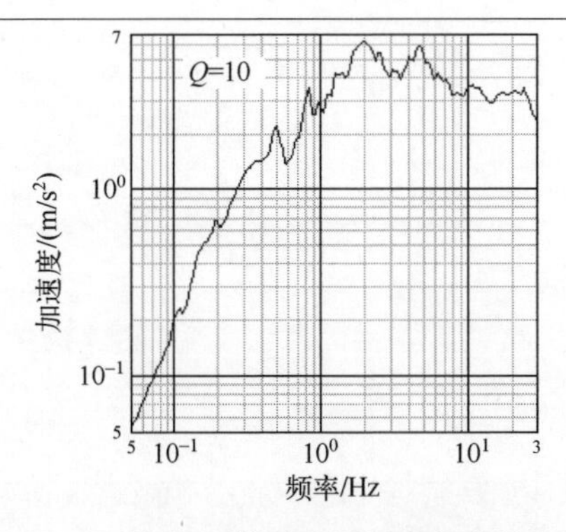

图 3.29　图 3.28 信号基于固有频率的 SRS

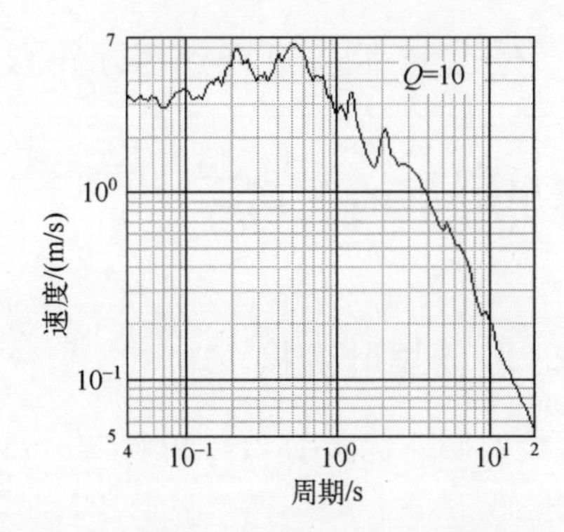

图 3.30　图 3.28 信号基于固有周期的 SRS

注:在加速度-频率对数轴上,可通过同样的方式读取速度和位移。

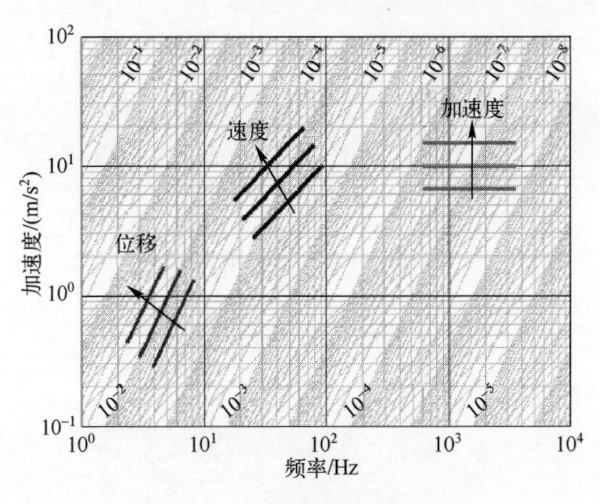

图 3.31　伪加速度的四坐标图

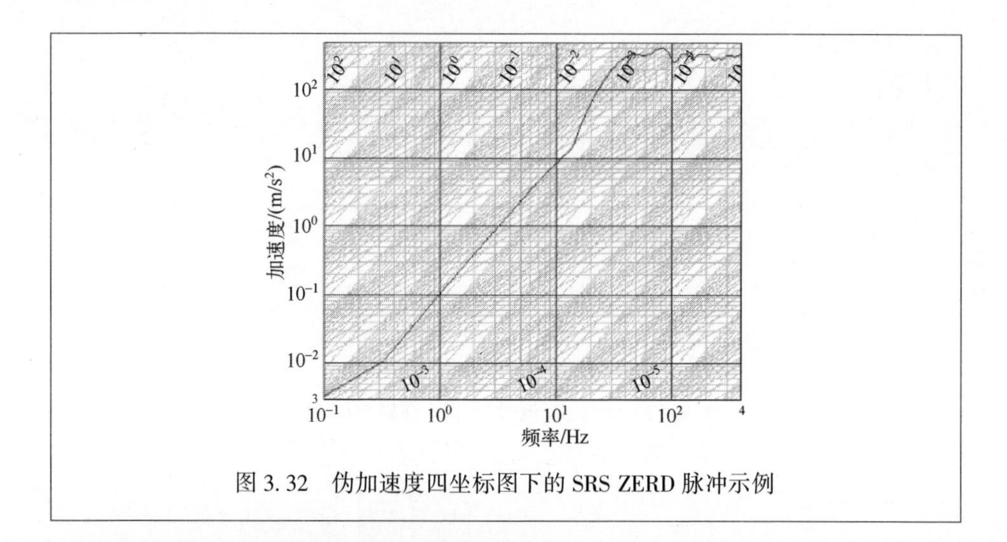

图 3.32　伪加速度四坐标图下的 SRS ZERD 脉冲示例

3.9　SRS 与傅里叶谱的关系

3.9.1　初始 SRS 和傅里叶变换

单自由度无阻尼系统对归一化激励 $\ell(t)$ 的响应 $u(t)$ [LAL 75]（第 1 卷，第 3 章）可以写为

$$u(t) = \omega_0 \int_0^t \ell(\alpha) \sin[\omega_0(t-\alpha)] \mathrm{d}\alpha$$

假设 $t<\tau$，则有

$$u(t) = \omega_0 \sin(\omega_0 t) \int_0^t \ell(\alpha) \cos(\omega_0 \alpha) \mathrm{d}\alpha - \omega_0 \cos(\omega_0 t) \int_0^t \ell(\alpha) \sin(\omega_0 \alpha) \mathrm{d}\alpha$$

形式如下：

$$u(t) = \omega_0 C \sin(\omega_0 t) + \omega_0 S \cos(\omega_0 t) \tag{3.33}$$

式中

$$C = \int_0^t \ell(\alpha) \cos(\omega_0 \alpha) \mathrm{d}\alpha$$

$$S = -\int_0^t \ell(\alpha) \sin(\omega_0 \alpha) \mathrm{d}\alpha \tag{3.34}$$

C 和 S 是时间 t 的函数。$u(t)$ 也可以写为

$$u(t) = \omega_0 \sqrt{C^2+S^2} \sin(\omega_0 t - \phi_P) \tag{3.35}$$

式中

$$\tan\phi_P = \frac{S}{C} \tag{3.36}$$

如果函数$\sqrt{C^2+S^2}$和$\sin(\omega_0 t-\phi_P)$在同一时间取得最大值，则响应$u(t)$也为最大值。

当$\sin(\omega_0 t-\phi_P)=1$时，$\sin(\omega_0 t-\phi_P)$最大。函数$\sqrt{C^2+S^2}$在导数等于零时取得最大值：

$$\frac{\mathrm{d}(\sqrt{C^2+S^2})}{\mathrm{d}t}=\frac{1}{2}\frac{1}{\sqrt{C^2+S^2}}[2C\ell(t)\cos(\omega_0 t)+2S\ell(t)\sin(\omega_0 t)]=0$$

$$\frac{C}{\sqrt{C^2+S^2}}\cos(\omega_0 t)+\frac{S}{\sqrt{C^2+S^2}}\sin(\omega_0 t)=0$$

即如果$\cos(\omega_0 t-\phi_P)=0$或$\sin(\omega_0 t-\phi_P)=1$，得$u(t)$的最大绝对值：

$$(u_m)_P=\omega_0\sqrt{C^2+S^2} \tag{3.37}$$

式中：下标P表示它是初始谱。

冲击只在$0\sim t$之间是非零时，$\ell(t)$的傅里叶谱为

$$L(\omega_0)\int_0^t \ell(\alpha)\mathrm{e}^{-\mathrm{i}\omega_0\alpha}\mathrm{d}\alpha \tag{3.38}$$

幅值谱为

$$|L(\omega_0)|_{0,t}=\left\{\left[\int_0^t \ell(\alpha)\cos(\omega_0\alpha)\mathrm{d}\alpha\right]^2+\left[\int_0^t \ell(\alpha)\sin(\omega_0\alpha)\mathrm{d}\alpha\right]^2\right\}^{1/2} \tag{3.39}$$

$(u_m)_P$与$|L(\omega_0)|$比较表明：

$$(u_m)_P=\omega_0|L(\omega_0)|_{0,t} \tag{3.40}$$

在无量纲坐标系统中，令$q_m=\dfrac{u_m}{\ell_m}$，则有

$$\frac{\omega_0}{\ell_m}|L(\omega_0)|_{0,t}=(q_m)_P \tag{3.41}$$

因此，冲击的初始谱与$t\leqslant\tau$时简化的傅里叶谱的幅值一致[CAV 64]。

傅里叶谱的相位$\phi_{L_{0,t}}$为

$$\tan\phi_{L_{0,t}}=-\frac{\int_0^t \ell(\alpha)\sin(\omega_0\alpha)\mathrm{d}\alpha}{\int_0^t \ell(\alpha)\cos(\omega_0\alpha)\mathrm{d}\alpha} \tag{3.42}$$

然而，式(3.42)定义的相位ϕ_P为

$$\tan\phi_P=-\frac{\int_0^t \ell(\alpha)\sin(\omega_0\alpha)\mathrm{d}\alpha}{\int_0^t \ell(\alpha)\cos(\omega_0\alpha)\mathrm{d}\alpha} \tag{3.43}$$

$$\phi_{L_{0,y}}=\phi_P+k\pi \tag{3.44}$$

式中:k 为正数或零。

对于无阻尼系统,初始正谱和傅里叶谱在 $0\sim t$ 之间在相位和幅值上是相关的。

3.9.2 剩余 SRS 和傅里叶变换

无论 t 值多大,响应都可写为

$$u(t) = \omega_0 \int_0^t \ell(\alpha)\sin[\omega_0(t-\alpha)]\,\mathrm{d}\alpha$$

$$u(t) = \omega_0 \sin(\omega_0 t)\int_0^t \ell(\alpha)\cos(\omega_0\alpha)\,\mathrm{d}\alpha - \omega_0\cos(\omega_0 t)\int_0^t \ell(\alpha)\sin(\omega_0\alpha)\,\mathrm{d}\alpha$$

对于 $t \geqslant \tau$,当 $\ell(\alpha)=0$ 时,有

$$u(t) = \omega_0 \sin(\omega_0 t)\int_0^\tau \ell(\alpha)\cos(\omega_0\alpha)\,\mathrm{d}\alpha - \omega_0\cos(\omega_0 t)\int_0^\tau \ell(\alpha)\sin(\omega_0\alpha)\,\mathrm{d}\alpha$$

简化形式为 $B_1\sin(\omega_0 t)+B_2\cos(\omega_0 t)$,$B_1$ 和 B_2 是常数。即有

$$u(t) = C\sin(\omega_0 t+\phi_R) \tag{3.45}$$

式中:常数 C 为

$$C = \omega_0\left\{\left[\int_0^\tau \ell(\alpha)\cos(\omega_0\alpha)\,\mathrm{d}\alpha\right]^2 + \left[\int_0^\tau \ell(\alpha)\sin(\omega_0\alpha)\,\mathrm{d}\alpha\right]^2\right\}^{1/2} \tag{3.46}$$

相位 ϕ_R 为

$$\tan\phi_R = -\frac{\int_0^\tau \ell(\alpha)\sin(\omega_0\alpha)\,\mathrm{d}\alpha}{\int_0^\tau \ell(\alpha)\cos(\omega_0\alpha)\,\mathrm{d}\alpha} \tag{3.47}$$

由响应的最大值定义位移的剩余谱,即

$$U_m = C$$

$$D_R(\omega_0) = \omega_0\left\{\left[\int_0^\tau \ell(\alpha)\cos(\omega_0\alpha)\,\mathrm{d}\alpha\right]^2 + \left[\int_0^\tau \ell(\alpha)\sin(\omega_0\alpha)\,\mathrm{d}\alpha\right]^2\right\}^{1/2} \tag{3.48}$$

激励 $\ell(t)$ 的傅里叶变换为

$$L(\Omega) = \int_{-\infty}^{+\infty} \ell(\alpha)\,\mathrm{e}^{-\mathrm{i}\Omega\alpha}\,\mathrm{d}\alpha$$

或因为介于 $(0,\tau)$ 之外的函数 $\ell(t)$ 等于零,即

$$L(\Omega) = \int_0^\tau \ell(\alpha)\,\mathrm{e}^{-\mathrm{i}\Omega\alpha}\,\mathrm{d}\alpha$$

该式子也可以根据欧拉方程写成

$$L(\Omega) = \int_0^\tau \ell(\alpha)\cos(\Omega\alpha)\,\mathrm{d}\alpha - \mathrm{i}\int_0^\tau \ell(\alpha)\sin(\Omega\alpha)\,\mathrm{d}\alpha$$

$$L(\Omega) = \mathrm{Re}[L(\Omega)] + \mathrm{i}\,\mathrm{Im}[L(\Omega)] \tag{3.49}$$

式中：Re(Ω)是傅里叶积分的实部，Im (Ω)是虚部。

$L(\Omega)$是复数，它的模为

$$|L(\Omega)| = \left\{\left[\int_0^\tau \ell(\alpha)\cos(\Omega\alpha)\,\mathrm{d}\alpha\right]^2 + \left[\int_0^\tau \ell(\alpha)\sin(\Omega\alpha)\,\mathrm{d}\alpha\right]^2\right\}^{1/2} \tag{3.50}$$

比较$D_R(\Omega)$和$|L(\Omega)|$的公式。除了因子ω_0，把其中一个的ω_0换成Ω，这两个量就是一样的。系统的固有频率ω_0可以取任意值，取等于Ω。因此有

$$D_R(\Omega)=\Omega|L(\Omega)| \tag{3.51}$$

相位为

$$\tan\phi_L = -\frac{\int_0^\tau \ell(\alpha)\sin(\Omega\alpha)\,\mathrm{d}\alpha}{\int_0^\tau \ell(\alpha)\cos(\Omega\alpha)\,\mathrm{d}\alpha} \tag{3.52}$$

只考虑$\phi_L \in \left(-\frac{\pi}{2},+\frac{\pi}{2}\right)$的值。$\phi_R$和$\phi_L$的比较表明：

$$\phi_L = -\Omega t_P + \frac{2k+1}{2}\pi \tag{3.53}$$

对于无阻尼系统，傅里叶谱与剩余正冲击谱的幅值和相位相关[CAV 64]。

注意：如果激励是加速度，则有$\ell(t) = -\frac{\ddot{x}(t)}{\omega_0^2}$。此外，如果$\ddot{X}(\Omega)$是$\ddot{x}(t)$的傅里叶变换，则有[GER 66，NAS 65]

$$D_R(\Omega)=\Omega L(\Omega)=\frac{|\ddot{X}(\Omega)|}{\Omega} \tag{3.54}$$

可得

$$|X(\Omega)| = \Omega D_R(\Omega) = V_R(\Omega) \tag{3.55}$$

式中：$V_R(\omega)$为伪速度谱。

$|L(\Omega)|$的量纲为激励$\ell(t)$与时间的乘积，因此$\Omega|L(\Omega)|$是$\ell(t)$的量纲。如果对$\ell(t)$除以它的最大值ℓ_m进行标准化，则变为无量纲的形式：

$$\frac{D_R(\Omega)}{\ell_m} = \frac{\Omega|L(\Omega)|}{\ell_m} \tag{3.56}$$

此时信号$\left(\frac{\Omega|L(\Omega)|}{\ell_m}\right)$的傅里叶谱与零阻尼时的剩余冲击谱$\left(\frac{D_R(\Omega)}{\ell_m}\right)$一致[SUT 68]。

3.9.3 用傅里叶谱和冲击响应谱比较不同冲击的相对严酷度

以两种冲击信号的傅里叶谱（幅值）为例，一个形状是等腰三角形，另一个

是后峰锯齿(图 3.33),当阻尼为零时,它们的傅里叶谱与正的冲击响应谱类似(图 3.34)。

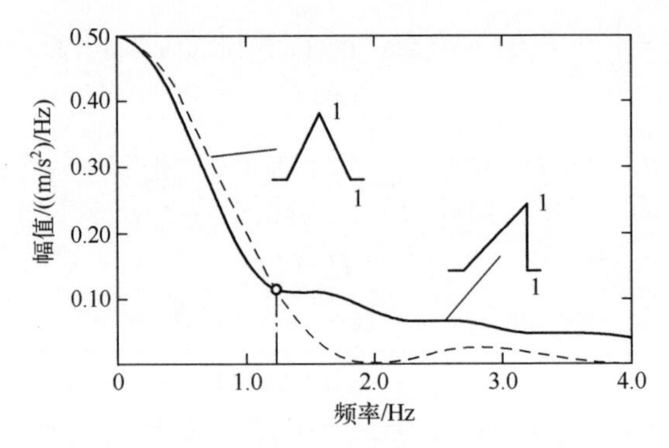

图 3.33 后峰锯齿脉冲与等腰三角形脉冲的傅里叶变换幅值的比较

两种冲击的持续时间相同(1s),幅值相同($1m/s^2$),甚至速度变化(0.5m/s)都一样,但形状不同。

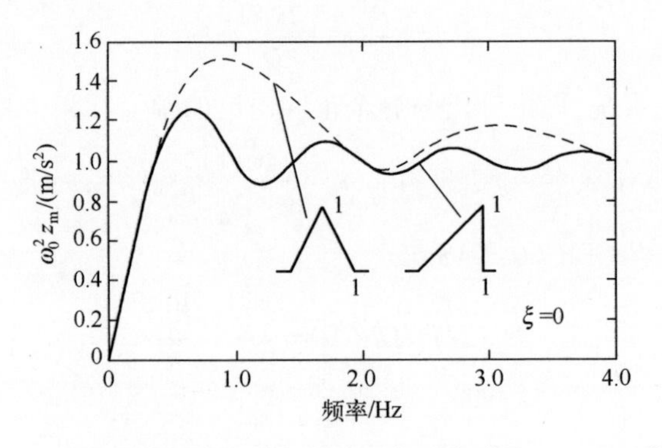

图 3.34 后峰锯齿脉冲与等腰三角形脉冲的正 SRS 比较

可以发现,频率 $f<1.25$Hz 时,两种脉冲的傅里叶谱的相对位置基本一致,剩余谱 SRS 对应的范围与傅里叶谱有直接的关系。

当 $f>1.25$Hz 时,后峰锯齿的傅里叶谱更大,但等腰三角形脉冲的 SRS(主谱)总是包络了 TPS。

傅里叶谱只考虑了冲击结束后的影响(而且没有考虑阻尼),因此傅里叶谱只部分地反映了冲击的严酷度。

例 3.15 以图 3.35 和图 3.36 中的冲击为例。在 1000Hz 范围内冲击 A 的傅里叶变换的幅值比冲击 B 的大,超过 1000Hz 后 A 的幅值小于 B(图 3.37)。

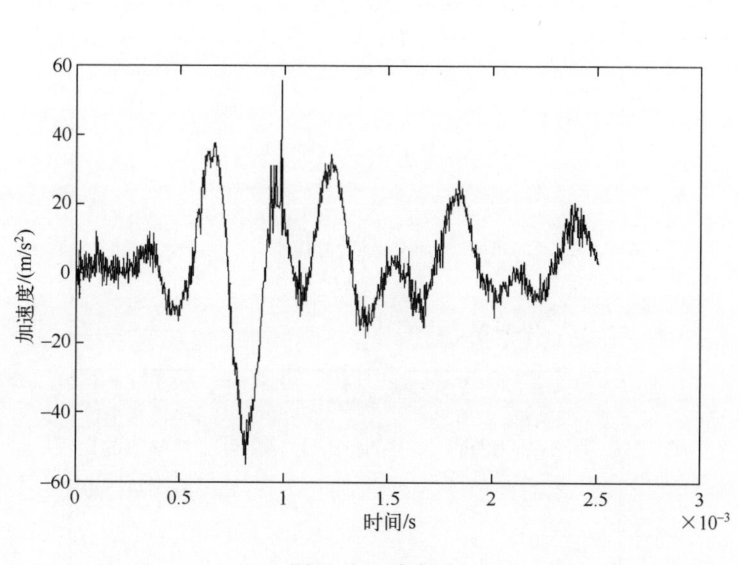

图 3.35 冲击 *A*

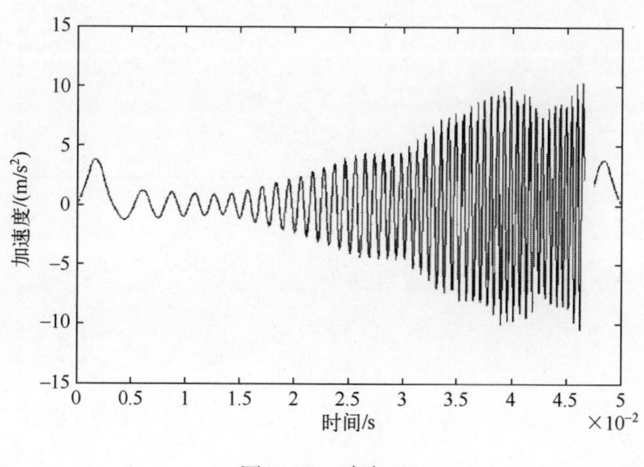

图 3.36 冲击 *B*

频率超过 800Hz 后,阻尼为零的情况下,冲击 *B* 的 SRS 比冲击 *A* 大得多(图 3.38)。

当阻尼等于 0.05 时,整个频率范围内冲击 *A* 和冲击 *B* 的 SRS 的幅值相同(图 3.39)。傅里叶变换无法比较冲击的严酷度。

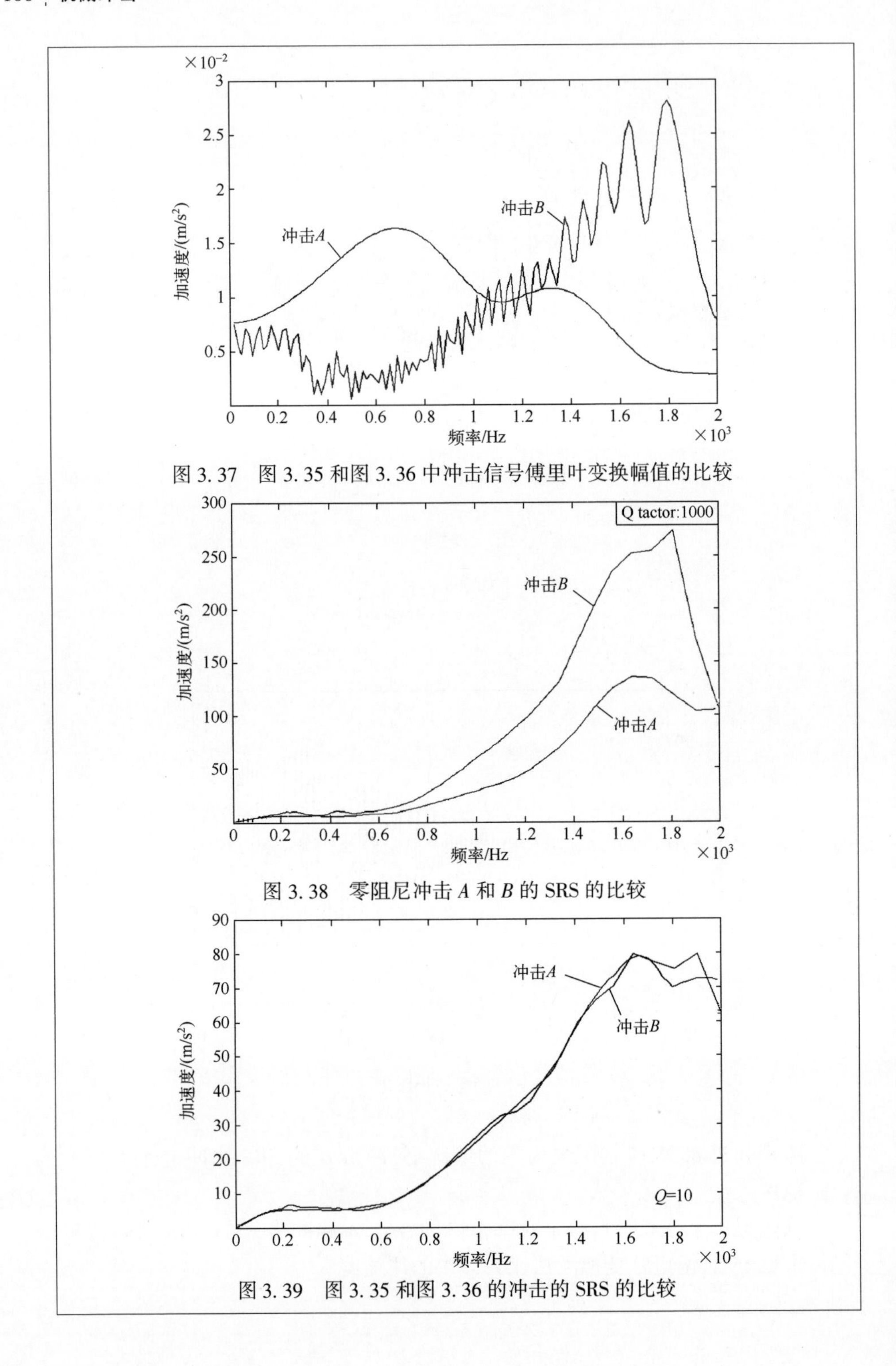

图 3.37 图 3.35 和图 3.36 中冲击信号傅里叶变换幅值的比较

图 3.38 零阻尼冲击 A 和 B 的 SRS 的比较

图 3.39 图 3.35 和图 3.36 的冲击的 SRS 的比较

3.10 响应谱计算的注意事项

3.10.1 主要误差源

对多个实验室结果进行比较后分析表明,计算 SRS 时产生误差的原因是多方面的,主要原因包括[SMI 91,SMI 95,SMI 96]:

——使用的算法(第2卷,2.10节);

——存在连续成分和/或抑制连续成分所采用的技术;

——采样频率不够(第1卷,第1章;第2卷,2.12节);

——存在严重的背景噪声。

不同的情形误差反映在谱的低频段或高频段。

3.10.2 测量设备背景噪声的影响

可根据测量的冲击幅值对测试设备进行校准。当不了解被测的冲击特性时,为保证测试设备不饱和,可选用较大的有效范围。即使信噪比可接受,环境噪声的影响也不容忽视,可能导致计算的谱存在较大误差,并由此导致依此制定的试验规范有较大误差。噪声的主要影响为人为地增大了谱(正和负),随频率的增加,品质因数 Q 也增加。

例 3.16

图 3.41 是品质因数 Q 分别为 10 和 50 时,没有噪声的 TPS 冲击(100m/s^2、25ms)的正谱和负谱,以及由 TPS 加均方根值等于 10m/s^2 的随机噪声(冲击幅值的 1/10)构成的冲击的谱(计算条件相同)(图 3.40)。

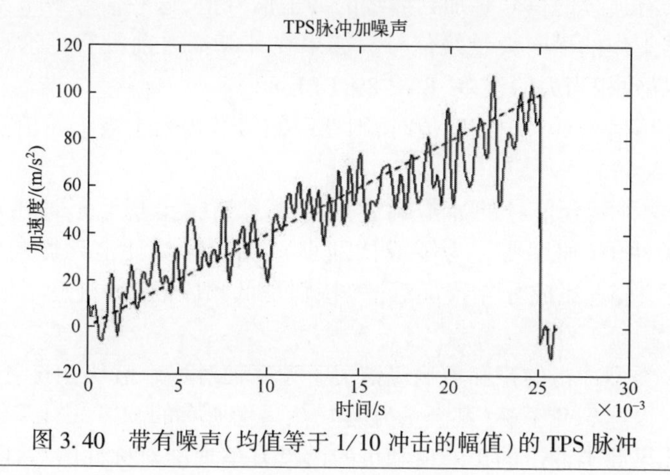

图 3.40 带有噪声(均值等于 1/10 冲击的幅值)的 TPS 脉冲

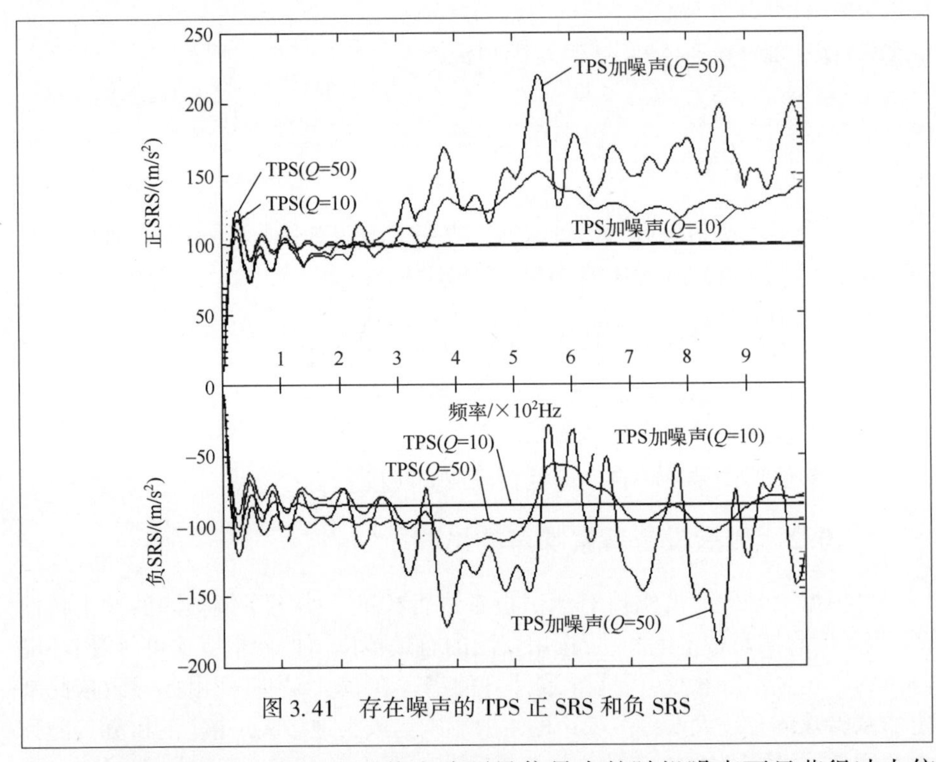

图 3.41　存在噪声的 TPS 正 SRS 和负 SRS

由于随机特性,一般不太可能去除测量信号中的随机噪声而只获得冲击信号。然而,可以通过去除掉总信号傅里叶变换中的噪声部分来达到修正信号的目的(模相减,保留信号的相位)[CAI 94]。

3.10.3　零点漂移的影响

经常会有连续的信号叠加到测量的冲击信号上,这些信号最常见的来源是干扰传感器工作的横向大量级信号。如果在计算谱之前没有把这种信号去除掉,则可能导致相当大的误差[BAC 89,BEL 88]。

当该连续信号具有恒定幅值时,则处理的信号相当于被真实信号调制的矩形信号(图 3.42)。

因此,这种复合信号的冲击响应谱会或多或少出现矩形冲击谱的特性。对于振荡类冲击(速度变化为零或特别小),例如爆炸冲击该影响特别明显。后面的例子中,直流成分导致了对谱(特别是低频段的谱)进行了明显的修正[LAL 92a]:

——该类型冲击的正和负响应谱关于频率轴对称。谱从 0Hz 开始,以非常小的斜率慢慢达到几千赫(甚至上万赫),然后像所有的 SRS 一样趋于时域信号的幅值。如果此类冲击的正的谱和负的谱没有呈现准对称性的特性,则很明显地表明信号的中心性较差。如果信号的正谱和负谱(绝对值)在某一频率下的差异达6dB(Powers-Piersol过程),则测量的信号存在较大的失真[NAS 99,PIE 92]。根据爆炸冲击结束后速度变化为零或不为零的特性,检查由加速度信号积分得到的速度也可以用来识别信号均值的漂移以及用来校验冲击结束时的速度。

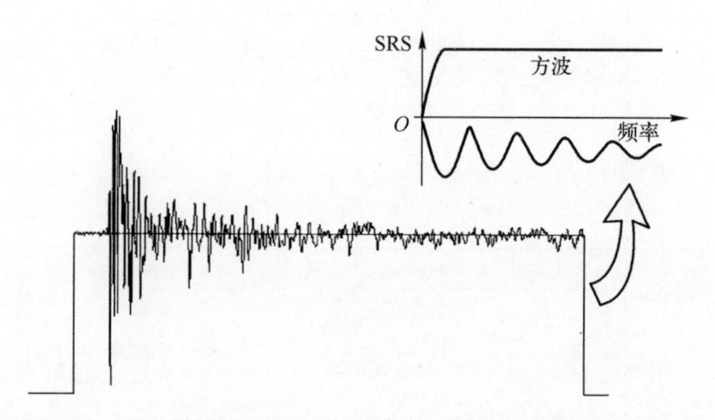

图3.42 恒定零漂移类似于由计算SRS的信号调制的矩形脉冲

——负谱中的波瓣比较明显,类似于矩形脉冲冲击。

例3.17

该例子给出的是人为添加了一连续信号的爆炸冲击(图3.43)。图3.44给出的零漂低频的变化约为5%。漂移的幅值对谱形(存在波瓣)的影响如图3.45所示。

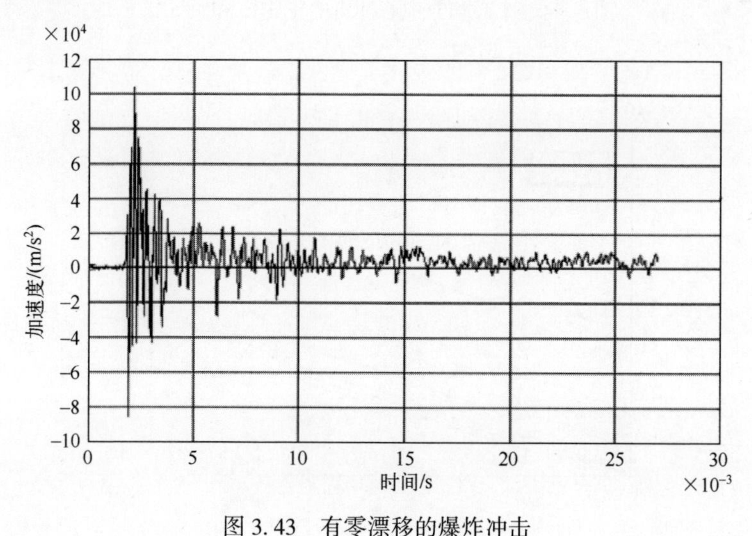

图3.43 有零漂移的爆炸冲击

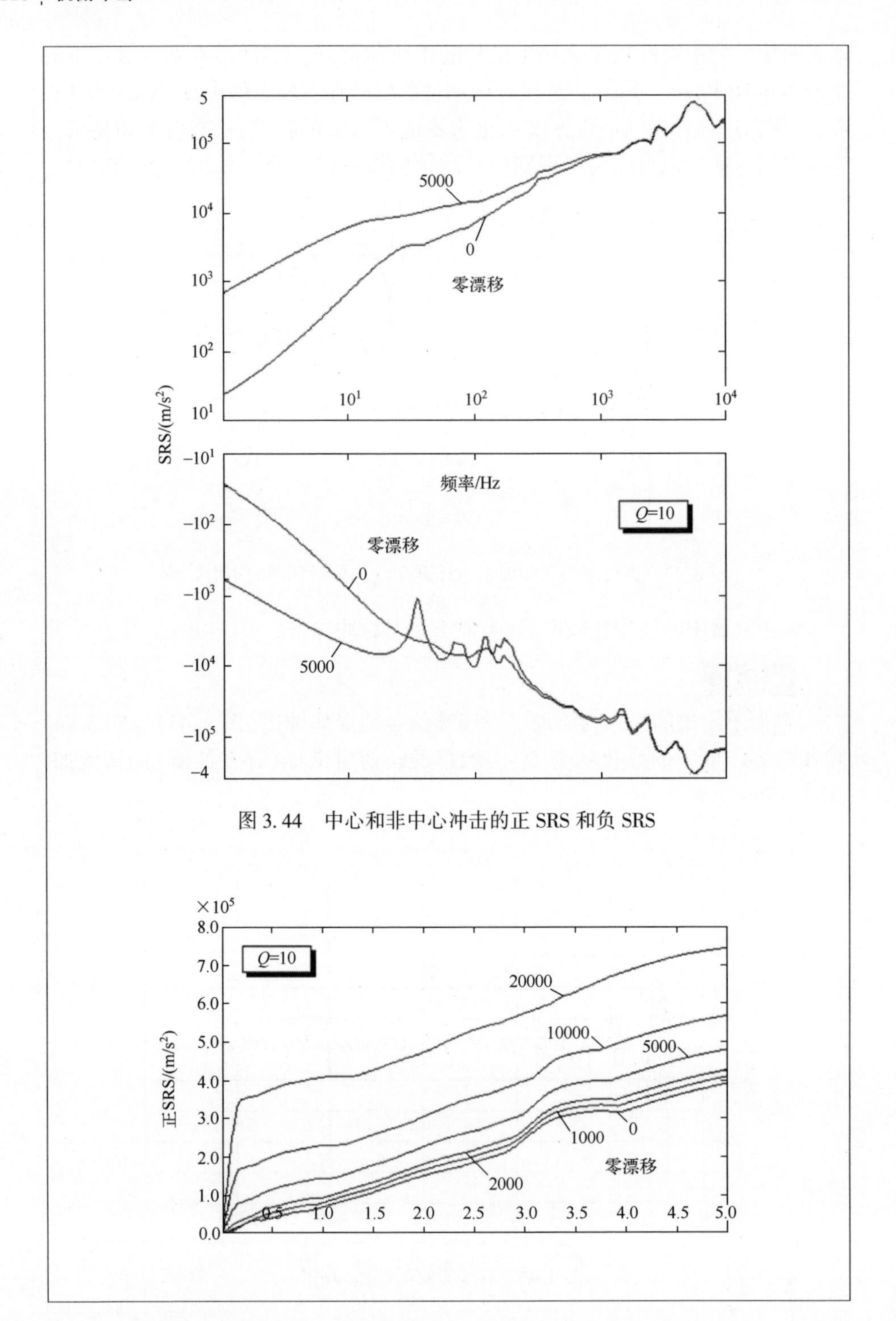

图 3.44 中心和非中心冲击的正 SRS 和负 SRS

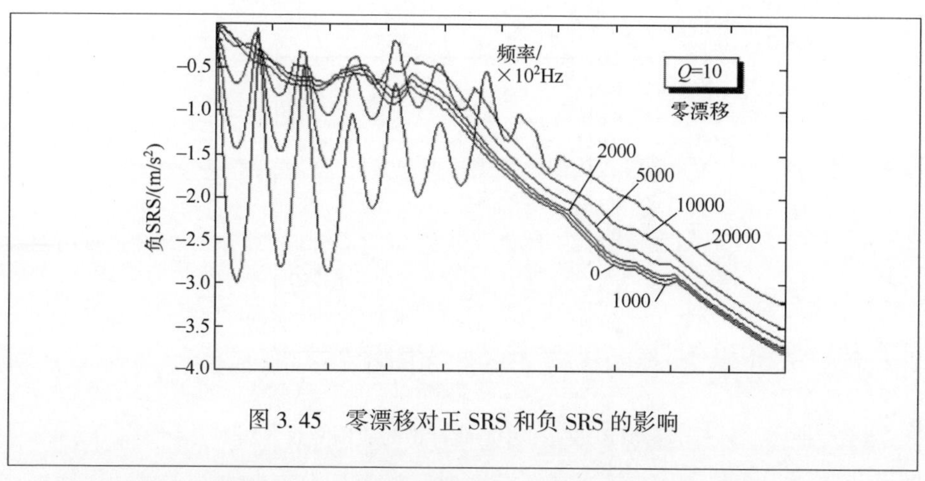

图 3.45 零漂移对正 SRS 和负 SRS 的影响

对于恒定的或随时间变化的零漂移[BOO 99,CHA 10,IWA 84,IWA 85,SMI 85,WU 07],可以通过叠加形状相同符号相反的信号来修正。即使测试过程中的干扰只影响信号均值,对它的修正也是一个细致的工作。特别要确保修正的信号是不饱和的。

通过对加速度或速度(加速度积分得到)的时间历程进行滑动平均可得到要消除的信号。

例 3.18 图 3.46 中心化的冲击波形与图 3.47 曲线上对应的点相加后得到如图 3.48 所示的非中心化的冲击波形。图 3.48 的冲击信号通过对加速度积分后得到的速度进行几次滑动平均可重新中心化。

——以 8 点计算速度的滑动平均 M_1;

——以 16 点计算 M_1 的滑动平均 M_2,重复 4 次(从 M_2 到 M_3,从 M_3 到 M_4);

——减去速度,最后平均;

——信号所有点数平均后,全部重新中心化;

——对数据求导,得到加速度信号。

对重新中心化的速度信号求导后,可得本例中原始的信号(图 3.46)。

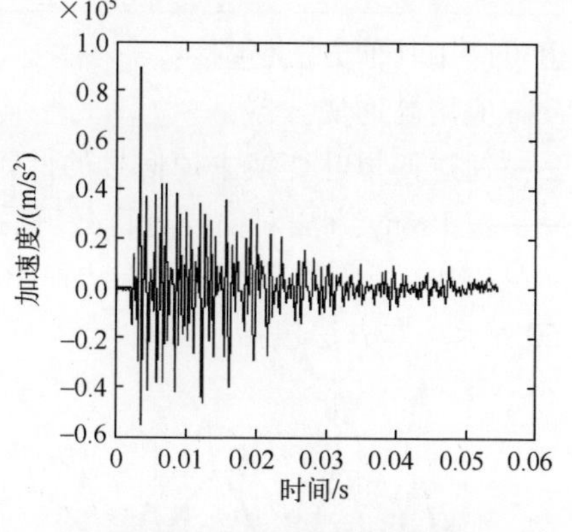

图 3.46 中心化冲击波形

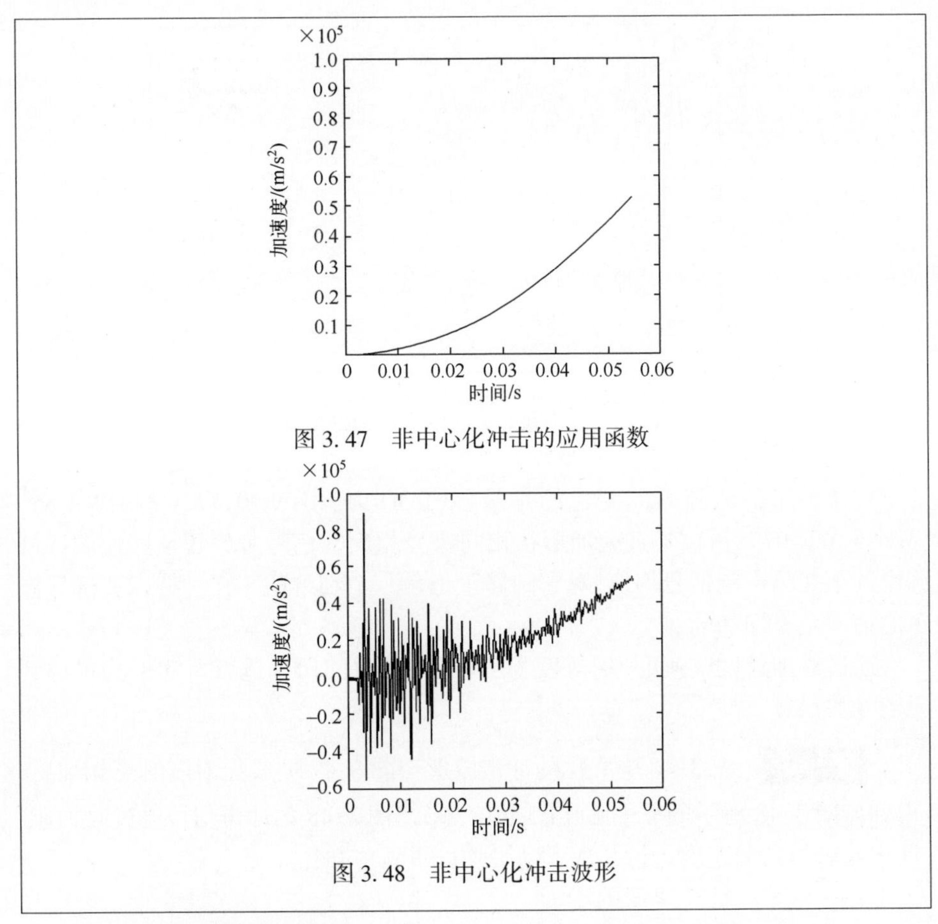

图 3.47　非中心化冲击的应用函数

图 3.48　非中心化冲击波形

也可应用其他方法,包括:

——应用高通滤波器;

——通过傅里叶变换去掉信号的低频部分;

——按 Prony 方法对信号进行分解后消除一部分;

——EMD(经验模态分解)方法[GRI 06,HUA 98,KIM 09],如图 3.49 和图 3.50所示。本方法包括:

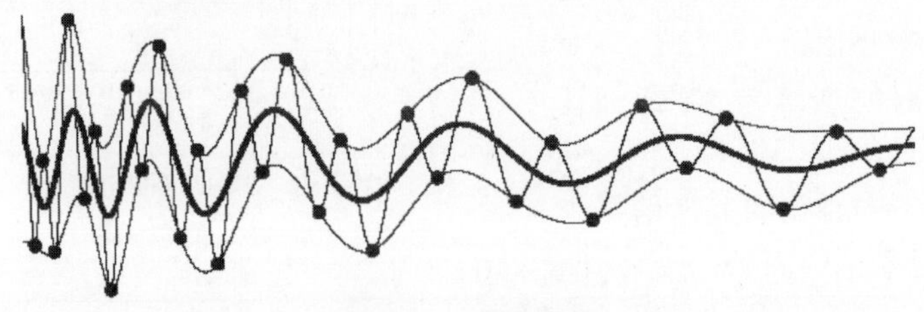

图 3.49　包络平均

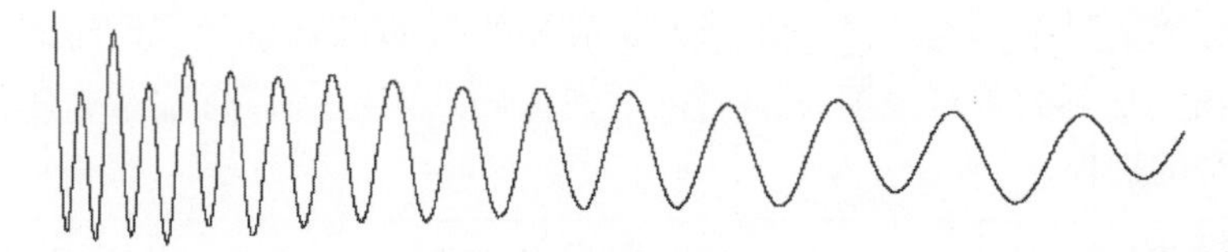

图3.50 减去平均值的信号

——辨识信号的极值；

——找出极大值和极小值，定义两个包络 $E_{min}(t)$ 和 $E_{max}(t)$；

——计算平均值 $m(t)=\frac{E_{min}(t)+E_{max}(t)}{2}$；

——从原始信号减去平均值 $m(t)$；

——重复 n 次，直到平均值接近零。

零漂的修正需要知道零漂的特性[SHA 04]。除特殊情况外，无论采取何种方法，不可能从失真的信号重现真实的信号，修正仅仅是极端情况下的一种最后的手段，如仅有一次测量的数据。

没有理想的修正方法，需按信号的失真类型选择合适的修正方法。

3.11 爆炸冲击示例

爆炸冲击的测量和分析是一项需要小心谨慎的困难工作。对于不正确的测量结果，特别是用来制定规范的测量，这些检查具有重要的意义。

检查分为采集过程和SRS分析过程两部分[SMI 08，WRI 10]。

3.11.1 测量采集

类似条件下测量的爆炸冲击通常分散性较大（相对平均值3~8dB[SMI 84，SMI86]）。差异的原因通常与不合适的测量设备和测量条件有关[SMI 86]：

——传感器通过类似机械滤波的块状物安装到结构上。

——零漂，由于增大的幅值使加速度传感器的压电片工作在时变非线性区而产生。零漂影响SRS的计算。

——幅值饱和。

——传感器共振。

选用合适的测量设备，可得到接近真实环境测量结果。测量的谱不随设备及容限变化。

带宽

假设计算的SRS上限频率为 f_{max}。为使单自由度系统得到正确的响应，则系统的频率上限至少为 $3f_{max}$（单自由度系统的传递函数在 f_{max} 上有 10% 的衰减），冲击施加到此单自由度系统上将得到正确的响应。最高频率影响了冲击测量系统的选择。

例 3.19 假设 SRS 的频率上限为 2000Hz。图 3.51 为固有频率为 2000Hz 的单自由度系统的传递函数（$Q=10$）。冲击带宽至少为 6000Hz。

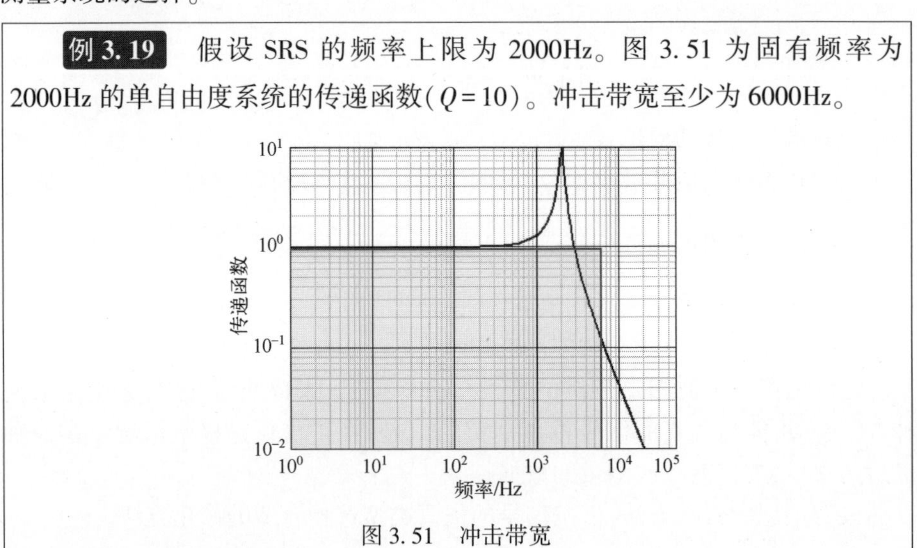

图 3.51　冲击带宽

测量系统的传递函数

这是一个关乎测量信号有无失真的问题。

——冲击信号的全部频率位于测量系统传递函数幅值谱的线性部分（接近 1）；

——冲击信号的全部频率位于测量系统传递函数相位谱的线性部分（典型值 5°）；

——加速度的幅值响应位于线性区。

采样频率的要求见 2.12 节。

3.11.2　计算 SRS 前信号的检查

测量信号正谱和负谱的对称性

除特殊情况外，真实的爆炸冲击的正谱和负谱的幅值非常接近。因此，正谱和负谱的对称性用来判断一个过程是否为真实的爆炸冲击，或者，是否测量出现了问题。

截断、饱和、零漂、寄生峰等都可能引起此问题。

随时间变化的速度计算

通过加速度积分计算的随时间变化的速度函数，能够发现平均值的快速变化导致的异常峰值。如果冲击过程中结构的速度变化量为零，则信号的平均值应该保持在信号波动的峰值范围内。

如果结构的初速度为零,冲击过程中,计算的信号速度变化量应与结构速度变化一致。

3.11.3 SRS 检查

A. G. Piersol[HIM 95,PIE 88,PIE 92]和 C. E. Wright[WR 10]推荐了几种 SRS 检查方法。

正谱和负谱的对称性的检查

由3.10.3节表明,带有零漂的数据,正谱和负谱是不对称的。

SRS 的高频段

当 SRS 的频率足够大时,爆炸冲击的 SRS 幅值通常趋向冲击信号的幅值。

SRS 的最大值与冲击幅值的比(高频的 SRS)

正弦信号的 SRS 是正弦信号幅值的 Q 倍。经典冲击响应的最大值为1~2倍的冲击幅值(与冲击波形,Q 值有关)。爆炸冲击的特点是时间短、振荡快,响应的 SRS 峰值为2~6倍的冲击幅值。

SRS 低频段的斜率

SRS 在原点的斜率与速度变化量成正比。当爆炸冲击的速度变化量为零时,线性坐标中,低频段 SRS 的斜率是频率轴的切线。

对数坐标下,SRS 斜率理论上为12dB/oct,实际上如果测量的 SRS 斜率在6~12dB/oct之间,则可认为是正确的[WRJ 10],小的斜率意味着测量结果存在问题,可能存在某种传感器漂移。

检查相同持续时间的冲击前,冲击后的信号的 SRS。爆炸冲击的 SRS 不高于背景噪音6dB 的频带是无效的[PIE 92]。

3.12 伪速度谱

3.8节给出了四对数坐标冲击谱的优点,特别是相对位移的 SRS(伪加速度 $\omega_0^2 z_m$)的优点。四对数坐标中,可直接从纵轴上得到响应的伪速度,有关文献称为伪速度冲击谱(PVSS)[GAB03]或伪速度冲击响应谱(PVSRS)[LIM 09]。

3.12.1 Hunt 关系

1948年 H. G. Yate[YAT 49],1960年 F. V. Hunt [HUN 60]给出了结构最大应力与最大模态速度的关系:

$$\sigma = \rho c v_m \tag{3.57}$$

式中:ρ 为材料的密度;c 为声音在材料传播的速度,$c=\sqrt{\dfrac{E}{\rho}}$(E 为弹性模量);v_m

为最大速度。

很多文献(E. E. Ungar[UNG 62],S. H. Crandall[CRA 62],H. A. Gaberson[GAB 62])应用了这种关系。最近的研究(H. A. Gaberson[GAB 00,GAB 03,GAB 11]),尤其对爆炸冲击的研究,给出了根据模态的速度响应确定应力的优点[GAB 95,GAB 06,GAB 07,GAB 07a,GAB 07b]。

F. V. Hunt 通过分析长度为 L 的无阻尼杆,在正弦激励下,波在杆中的传播,建立了这种关系。

对杆的一端沿杆的纵轴施加正弦振动,根据运动的微分方程,纵轴运动 $z(t)$ 的形式为

$$z(t)=z_{\mathrm{m}}\cos(k_n x)\mathrm{e}^{\mathrm{j}\omega t} \tag{3.58}$$

式中:k_n 为常量。

若杆的另一端自由,$\sin(k_n L)=0$,因此

$$k_n=n\frac{\pi}{L}(n\ \text{取整数}) \tag{3.59}$$

若杆的另一端固定,$\cos(k_n L)=0$,因此

$$k_n=\left(n-\frac{1}{2}\right)\frac{\pi}{L}(n\ \text{取整数}) \tag{3.60}$$

Hunt 建立了下述关系:

相对速度 $v(t)=\mathrm{d}z/\mathrm{d}t$(从 $\cos(k_n x)=1$ 得到)的最大值:

$$v_{\mathrm{m}}=\omega_0 z_{\mathrm{m}} \tag{3.61}$$

注意:由于速度与位移成正比,因此应力与位移成正比。

节点处的相对应变为(根据 $\mathrm{d}z/\mathrm{d}x$ 计算):

$$\varepsilon=k_n z_{\mathrm{m}} \tag{3.62}$$

固有频率为

$$\omega_0=k_n c \tag{3.63}$$

ω_0 是响应的固有振动,假设与激励的振动频率相同,因此,由式(3.61)和式(3.62)可得

$$v_{\mathrm{m}}=c\varepsilon=\sqrt{\frac{E}{\rho}}\varepsilon \tag{3.64}$$

应用胡克定律,有

$$\sigma_{\mathrm{m}}=E\varepsilon=Ek_n z_{\mathrm{m}}$$

对一节模态,即 $n=1$,有

$$k_1=\frac{\pi}{2L} \tag{3.65}$$

$$\sigma_{\mathrm{m}}=\frac{\pi}{2}\ \frac{E}{L}z_{\mathrm{m}} \tag{3.66}$$

当几何尺寸和材料一定时,应力与相对位移成正比。

根据这种联系可得到应力和速度的关系,假设正弦激励信号频率为系统的固有频率 $\omega=\omega_{\mathrm{n}}$,则有

$$\sigma_{\mathrm{m}}=\frac{\pi}{2}\ \frac{E}{L}\ \frac{v_{\mathrm{m}}}{\omega_0} \tag{3.67}$$

式(3.61)和式(3.66)代入式(3.67),可得

$$\omega_0=\frac{\pi c}{2L}$$

因此,有

$$E=\rho c^2 \tag{3.68}$$

$$\sigma_{\mathrm{m}}=\frac{\pi}{2}\ \frac{E}{L}v_{\mathrm{m}}\ \frac{2L}{\pi c}$$

$$\sigma_{\mathrm{m}}=\rho c v_{\mathrm{m}} \tag{3.69}$$

更一般情况,Hunt 建立的应力与速度关系为

$$\sigma_{\mathrm{m}}=K\rho c v_{\mathrm{m}} \tag{3.70}$$

式中:K 为与系统几何尺寸有关的常数,K 取 1.2~3。

式(3.70)应力与频率无关。表 3.4 给出了几种类型的系统速度应力关系。

表 3.4 速度应力关系的例子

系统	应力和位移的关系	应力与速度的关系 ($v_{\mathrm{m}}=\omega_0 z_{\mathrm{m}}$)
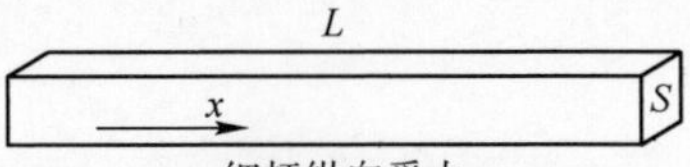 L; x; S 细杆纵向受力	$\sigma_{\mathrm{m}}=\frac{\pi}{2}\ \frac{E}{L}z_{\mathrm{m}}$	$\sigma_{\mathrm{m}}=\rho c v_{\mathrm{m}}$
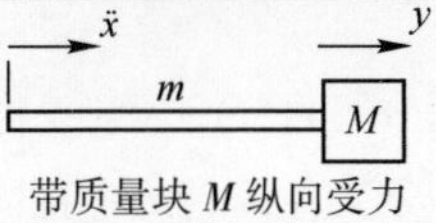 $\ddot{x}$; y; m; M 带质量块 M 纵向受力	$\sigma_{\mathrm{m}}=\frac{E}{L}z_{\mathrm{m}}$	$\sigma_{\mathrm{m}}\approx\sqrt{\frac{M}{m}}\rho c v_{\mathrm{m}}$ 式中:m 为杆的质量
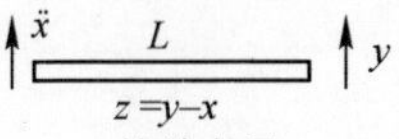 $\ddot{x}$; L; y; $z=y-x$ 简单弯梁	$\sigma_{\mathrm{m}}=2\frac{Ea}{L^2}z_{\mathrm{m}}$	$\sigma_{\mathrm{m}}=\frac{4\sqrt{3}}{\lambda_n^2}\rho c v_{\mathrm{m}}$ $\lambda_n=\kappa_n L$ $\lambda_n=1.875、4.694、7.855、\cdots$ 根据模型取值
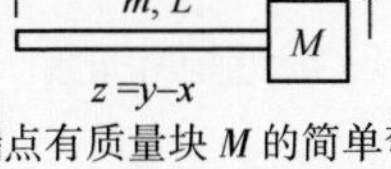 $\ddot{x}$; y; m, L; M; $z=y-x$ 在端点有质量块 M 的简单弯梁	$\sigma_{\mathrm{m}}=\frac{3}{2}\ \frac{Ea}{L^2}z_{\mathrm{m}}$	$\sigma_{\mathrm{m}}\approx 3\sqrt{\frac{M}{m}+0.23}\rho c v_{\mathrm{m}}$ 式中:m 为杆的质量

Hunt 关系直接从胡克定理推导得到。从式(3.66)~式(3.69)没有其他假设。

假设激励为正弦,因此能够得到速度位移的关系 $v_m=\omega_0 z_m$,对于任意的激励,特别是冲击,事实上式(3.69)的 $\omega_0 z_m$ 不再正确。

如果用速度近似伪速度,在某些频段上误差会非常大。此频段为低频,因为当 $f_0 \to 0$ 时,相对速度趋于最大速度,伪速度趋向冲击结束后的速度变化量(冲击 $\ddot{x}(t)$ 的积分)。图 3.53 给出了示例。伪速度和速度在 2000Hz 频率以下的 SRS 有很大不同。

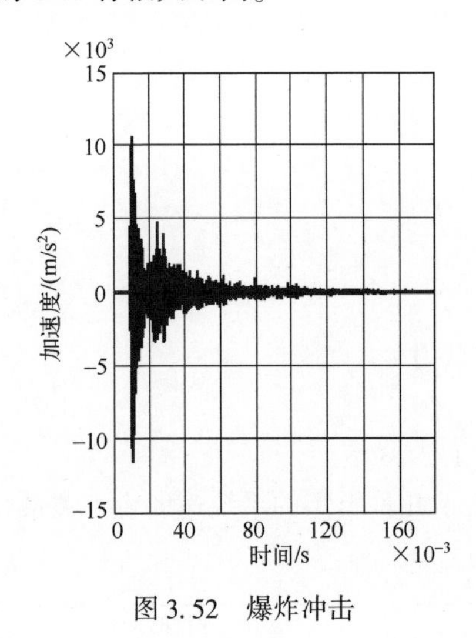

图 3.52 爆炸冲击

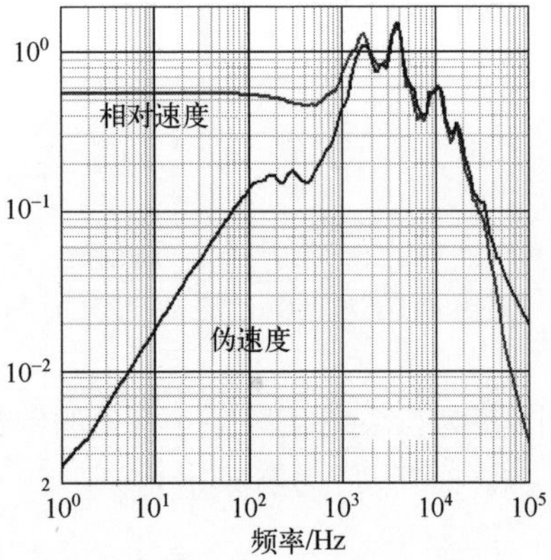

图 3.53 图 3.52 中冲击的相对速度和伪速度的 SRS

3.12.2 PVSS 的优点

3.12.2.1 几种冲击严酷度的比较

除低频段易读外,根据四对数坐标下的 SRS(图 3.54(b)),与线性或对数两坐标下的 SRS(图 3.54(a))对两种冲击严酷度比较没有任何不同,因为从伪加速度到伪速度的变换都是应用 $\omega_0^2 z_m$ 除以 ω_0。两种坐标下 SRS 的相对位置不变。

3.12.2.2 结构应力的评估

根据 Hunt 关系,PVSS 给出了固有频率与应力的函数关系(图 3.55,图 3.56):

——当冲击均值为零时,伪加速度 SRS 在中间频段接近恒定值;

——向上的左斜率渐进线趋向位移峰值;

——向下的右斜率渐近线趋向加速度峰值；

——SRS 的顶部值与冲击过程中的速度变化量有关。

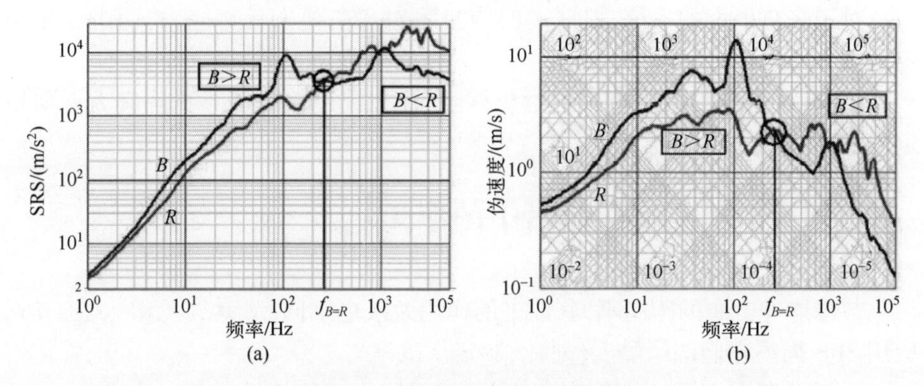

图 3.54 两种坐标轴下 SRS 对比

(a) 对数轴上两个 SRS 的对比图；(b) 四对数轴上相同 SRS 的对比图伪速度。

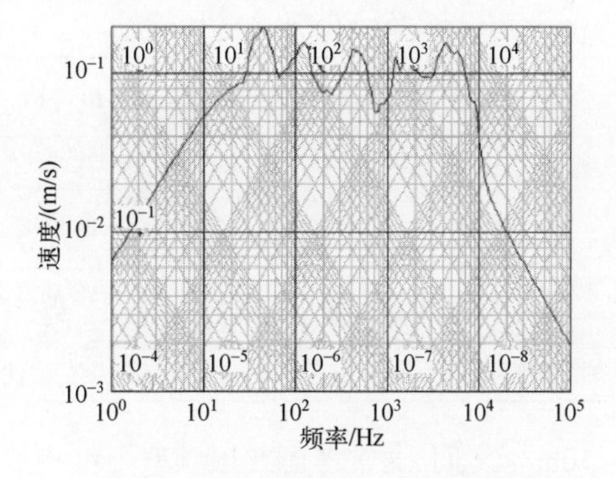

图 3.55 爆炸冲击的 SRS 的示例

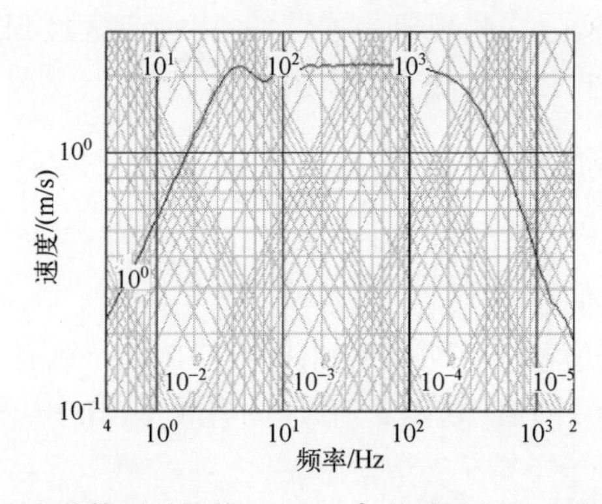

图 3.56 自由落体后的峰值 2000m/s^2，持续时间 2ms 的半正弦 SRS

中间段，伪速度接近恒定值，根据 Hunt 关系，应力也基本恒定。此区间应力最大。

对于多自由度的系统，根据式(3.70)可对每阶模态计算应力，困难在于确定常数 K。

Hunt 关系的优点是：在四对数坐标下，使得应用伪速度寻找使应力近似恒定的 SRS 区域更为容易。

3.13 SRS 在爆炸冲击中的应用

与爆炸冲击源的距离不同，冲击的作用效果也不同。远场(见 1.1.13 节)，应用 SRS 描述它们的严酷度(对比，制定规范等)。

根据动态应力下结构的应变速率，按不同固有的特性对其行为进行研究。第 1 卷的表 2.1(表 3.5)按不同应变速率的范围给出了观察到的主要现象。

表 3.5 应变速率区域

应变速率 /s^{-1}	$0 \sim 10^{-5}$	$10^{-5} \sim 10^{-1}$	$10^{-1} \sim 10^{1}$	$10^{1} \sim 10^{5}$	$>10^{5}$
现象	评估蠕变速率	恒定应变速率	结构响应，共振	弹塑性波的传播	冲击波的传播
试验类型	蠕变	静态	缓慢地动态	快速动态(冲击)	非常快的动态(极高速)
试验设备	恒定载荷或应力的机器	液压机器	液压缸激励器	金属-金属撞击的冲击	爆炸气枪
	可以忽略的惯性力		重要的惯性力		

速率介于 0.1~10m/s 之间，通常考虑共振频率下结构的响应，但对于 10~10^5m/s 之间，冲击的影响与弹塑性波的传播关系较大。这里给出这些区域界限仅仅作为一种示例，实际这些现象是连续的，由一个区域到另一个区域不是突然变化的(过渡区域)，之间存在交互作用。

两个区域的界限取决于材料的杨氏模量和密度$\left(c=\sqrt{\dfrac{E}{\rho}}\right)$，也与其他参数有关。

由此，导出下列准则：

如果 SRS 有一个值超过下列阈值，则认为该 SRS 是严酷的[ENV 89,GAB 69]：

$$\text{阈值}=0.8(g/\text{Hz})\times\text{固有频率}(\text{Hz}) \tag{3.71}$$

式中：$g=9.81\text{m/s}^2$。

依据未公开发表的文献，军用设备要求在伪速度 SRS 低于 100in/s (254cm/s)时不能有故障。该阈值实际为 49.1in/s(125cm/s)，实际上增加了

6dB 的裕度。

如果考虑[MOE 85,RUB 86]区分部分的阈值应变率为 50in/s(1.25m/s),为位于波传播区域之外,须

$$\omega_0 z_{sup} < 1.25 \tag{3.72}$$

因此

$$2\pi f_0 \omega_0 z_{sup} < 2\pi f_0 1.25$$

或

$$\frac{\omega_0^2 z_{sup}}{g} < 0.8 f_0 \tag{3.73}$$

此准则用于航空和军用设备[GRZ 08,GRZ 08a,GRZ 08b,HOR 97]。该准则基于应力与伪速度成正比这一假设[CRA 62],即

$$\sigma = K\sqrt{E\rho}\,V(=K\rho cPV) \tag{3.74}$$

式中:σ 为应力;K 为常数;E 为杨氏弹性模量;ρ 为密度;PV 为伪速度。

因为描述 SRS 的四坐标系的 y 轴是伪速度,所以应用此准则较为方便。

上述准则应限制在压缩变形的结构上,对其他变形,通常不能确定因子 K 的大小,影响了应力的计算。

注:结构响应与应变速率关系,有

$$\begin{aligned} &0.1 < \frac{\Delta l / l_0}{\Delta t} < 50 \\ &0.1 < \frac{1}{l_0}\dot{z} < 50 \\ &\dot{z} < 50 l_0 \end{aligned} \tag{3.75}$$

在低频段相对速度 $\dot{z}$ 的 SRS 较大,因此,对给定的冲击,忽略结构响应,重点关注弹塑性波传播模式。

通过相对速度的 SRS 和 $50l_0$ 的值对其评估,l_0 为结构灵敏部件的长度,阈值随部件长度而变化。

3.14 谱的其他方法

3.14.1 根据传递的能量计算伪速度

k. Ibayashi[IBA 01]为评价混凝土结构,提出了结构潜在损伤的评估方法,

应用两种方法计算伪速度：

——冲击结束后，结构吸收的能量；

——地震时，任意时间间隔下，计算的最大能量。

伪速度可根据能量得到

$$PV=\sqrt{\frac{2E}{M}} \tag{3.76}$$

这里不再应用 $PV=\omega_0 z$。

3.14.2 根据冲击结束后输入的能量计算伪速度

结构潜在损伤与进入结构的最终能量有关，假设 τ 为冲击持续时间，则能量为

$$E_{\mathrm{f}}=\int_0^{\tau} M\,\ddot{x}\dot{z}\mathrm{d}t \tag{3.77}$$

根据式(3.77)可得到伪速度。

这种方法的缺点是：

——冲击结束的能量不是最大能量；

——能量包含了单自由度系统阻尼的消耗，该参数一般不能确定。

例 3.20

图 3.57 给出单自由度系统固有频率 10000Hz、Q 取 10 时的冲击，计算的爆炸冲击随时间变化的能量(图 3.58)。冲击结束时的能量不是最大能量。

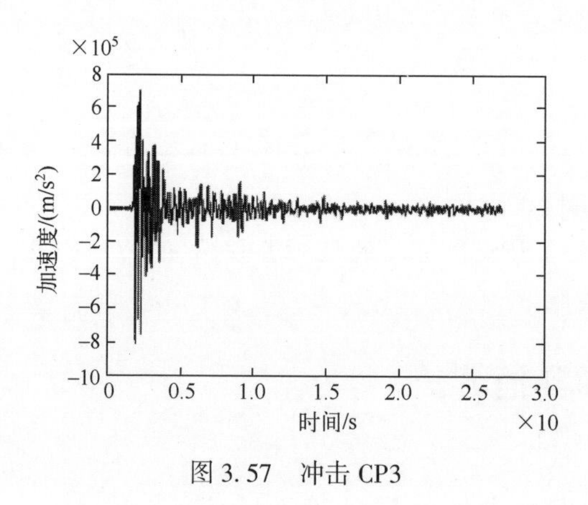

图 3.57 冲击 CP3

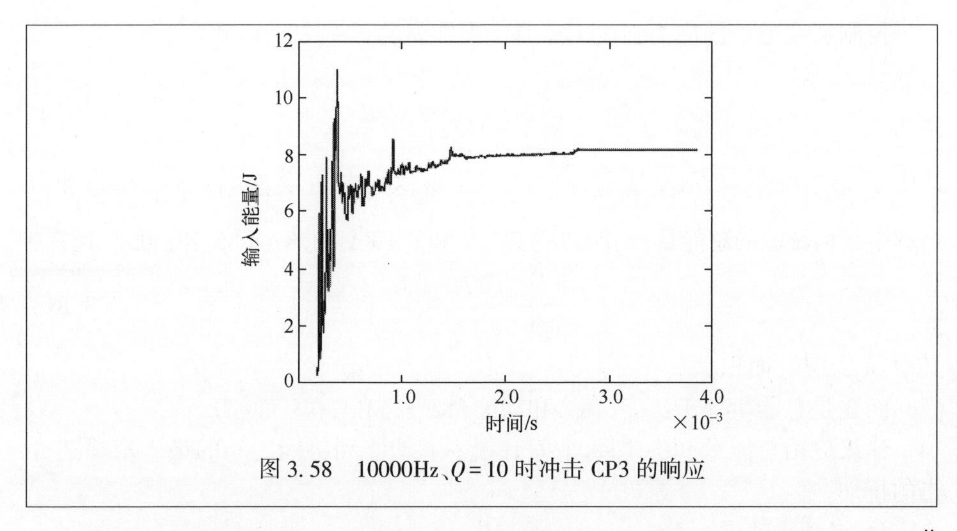

图3.58 10000Hz、$Q=10$ 时冲击CP3的响应

注:单自由度系统输入能量的计算可通过输入加速度 $\ddot{x}(t)$ 的傅里叶变换 $\ddot{X}(\Omega)$ 得到。能量可表示为

$$\frac{E_{\mathrm{T}}(\omega_0,\xi)}{m}=\frac{1}{\pi}\int_0^{\infty}\left|\ddot{X}(h)^2\frac{2\xi h^2}{(1-h^2)^2+(2\xi h)^2}\mathrm{d}h\right| \tag{3.78}$$

式中:$h=\dfrac{\Omega}{\omega_0}$。

3.14.3 根据单位能量计算伪速度

冲击的持续时间 δt 内,分成 n 个间隔。考虑进入结构最大能量(单自由度系统)的间隔段,根据式(3.77)得

$$E_{\mathrm{eu}}=\mathrm{Max}\int_{t_i}^{t_i+\delta t}M\ddot{x}\,\dot{z}\mathrm{d}t \tag{3.79}$$

δt 应与单自由度系统的固有周期成正比(如单自由度系统的固有周期的1/4)[HOU 59]。

可根据式(3.76)计算伪速度。

缺点是:

——计算的能量包括了消耗能;

——当任意选择 δt 时,计算的能量不是系统的最大能量。

3.14.4 总能量的SRS

通过脆性材料承受冲击(或爆炸冲击)时阻抗的关系确定的SRS。

对于冲击作用下导致的断裂,考虑裂纹扩展后冲击作用下的脆性断裂[IWA 08]。导致断裂的裂纹是分析结构损伤不能排除的重要因素。

控制裂纹阻抗的应力强度因子是动态能量释放率 G 的函数：

$$K=\sqrt{\frac{2\mu}{1-v_1}G} \tag{3.80}$$

式中：μ 为刚度系数；对于应变，$v_1=v$（泊松系数），对于应力，$v_1=\frac{v}{1-v}$；G 为冲击过程中结构获取的总能量（动能和应变能之和）[IWA 08,KAN 85,NIS 02]，且有

$$G=\frac{\partial E_e}{\partial A}-\left(\frac{\partial E_c}{\partial A}-\frac{\partial E_p}{\partial A}\right) \tag{3.81}$$

其中：A 为裂纹面积。

问题是总能量等于势能（PE）和动能（KE）之和（不只势能）。

建议应用总能量 SRS，即每个固有频率下动能和势能之和的最大值描述冲击的特性。

注：动能占主导地位。

对单自由度系统，有如下二阶微分方程：

$$\ddot{z}+2\xi\omega_0\dot{z}+\omega_0^2 z=-\ddot{x} \tag{3.82}$$

最大相对位移和最大相对速度分别为

$$z_{max}=\frac{\ddot{x}_{max}}{\omega_0^2(1-h^2+2j\xi h)} \tag{3.83}$$

$$\dot{z}_{max}=\frac{j\omega\ddot{x}_{max}}{\omega_0^2(1-h^2+2j\xi h)} \tag{3.84}$$

式中：$h=\frac{\omega}{\omega_0}$。

动能 $E_c=\frac{1}{2}m\dot{z}_{max}^2$，势能 $E_p=\frac{1}{2}kz_{max}^2$，动能势能之比 $\frac{E_c}{E_p}=h^2$。

当冲击的主要频率大于单自由度系统的固有频率时，动能大于势能，惯性的影响不能忽视。

低频段，SRS 主要能量是动能，相对位移趋向 $x_m(z_m\to x_m)$，能量趋于 $\frac{1}{2}\dot{x}_{max}^2$。

例 3.21

图 3.59 和图 3.60 分别给出了前述冲击 CP3 的正伪速度 SRS 和总能量 SRS。图 3.61 给出了根据总能量计算得到的 SRS。

图 3.62 给出了单自由度系统（固有频率为 10000Hz，$Q=10$）在 CP3 激励下随时间变化的总能量和动能。

图 3.63 给出了单自由度系统（固有频率为 10Hz，$Q=10$）随时间变化的能量。

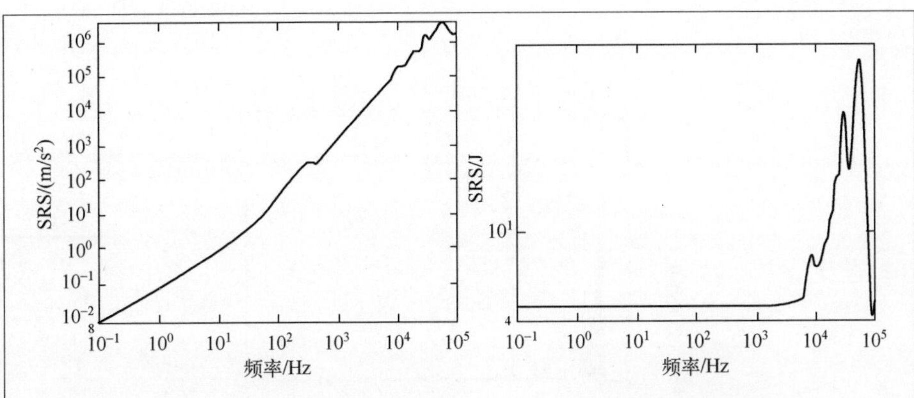

图 3.59 冲击 CP3 的相对位移的正 SRS　　图 3.60 总能量 SRS

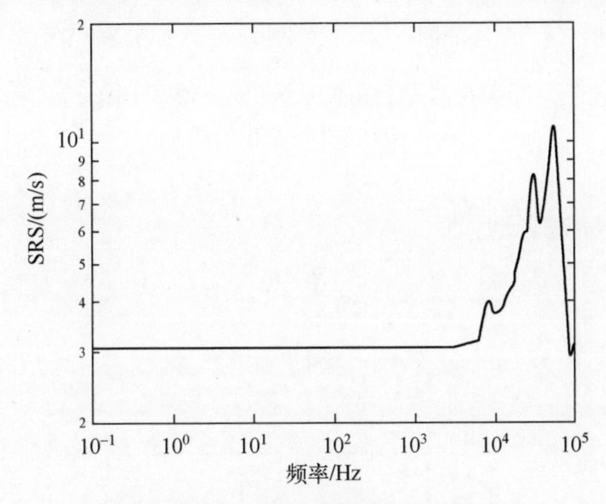

图 3.61 根据总能量计算得到的伪速度 SRS(冲击 CP3)

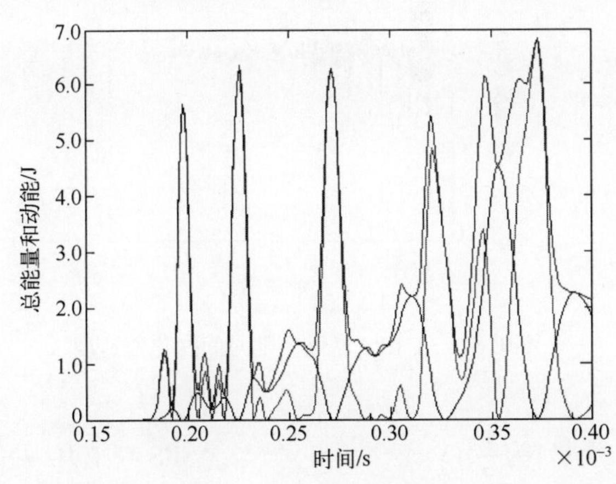

图 3.62 单自由度系统(10000Hz, $Q = 10$)在 CP3 激励下随时间变化的总能量和动能

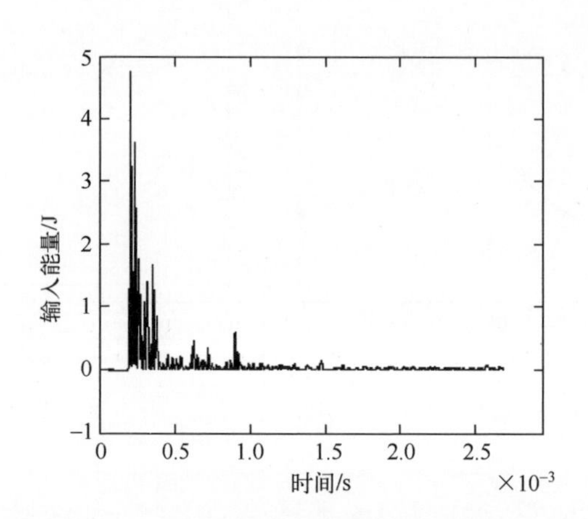

图 3.63 单自由度系统(固有频率 10Hz,$Q=10$)随时间变化的能量

对冲击信号的积分:

$$\dot{x}(t)=\int_0^t \ddot{x}(t)\,\mathrm{d}t$$

得最大速度为 3.1m/s。如图 3.64 所示。

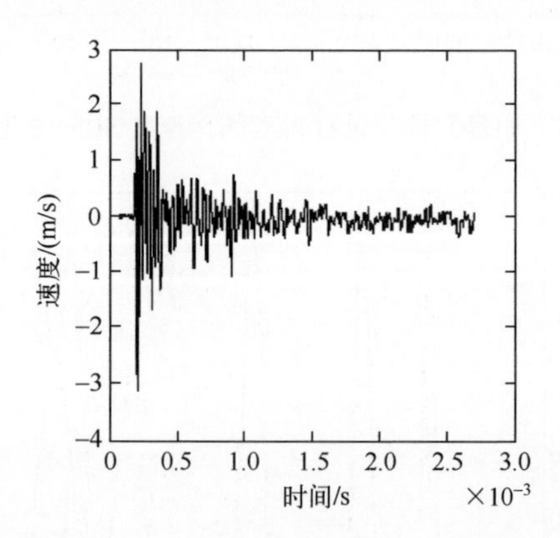

图 3.64 在 CP3 激励下随时间变化的速度

动能(单位质量)为$\frac{1}{2}\times 3.1^2=4.8$(J)。等于 SRS 在 10Hz 的值(图 3.65)。

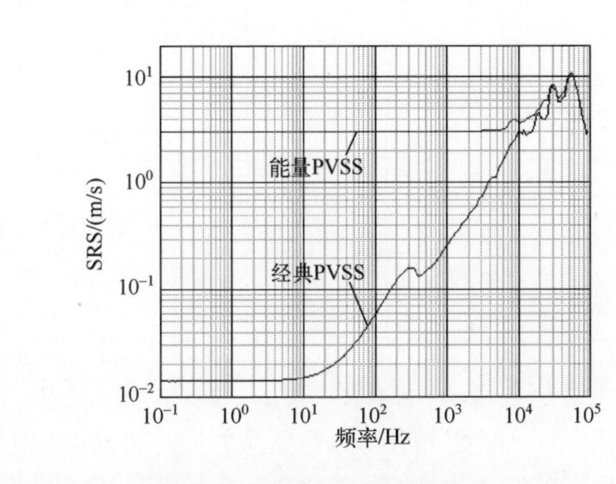

图 3.65 经典 PVSS 和能量 PVSS

例 3.22

依据传统 SRS 和总能量 SRS 制定规范。

冲击加速度波形如图 3.66 所示,为与 1mm 长的杆波传播的限制进行比较,须计算相对速度的 SRS(见式(3.75))。根据频域分析,SRS 大于此限制(图 3.67)。这是长 1m 的杆的情况。

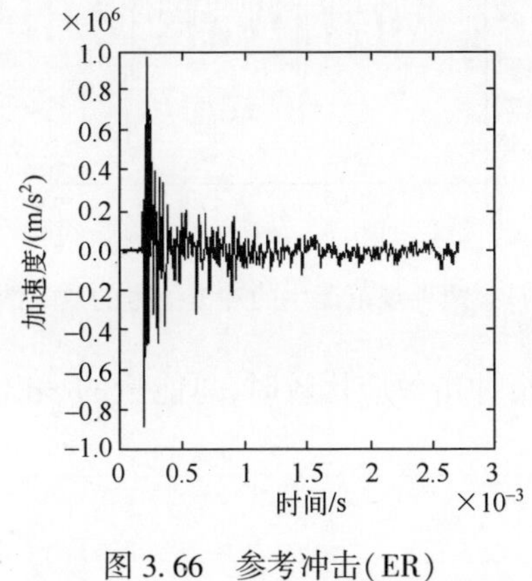

图 3.66 参考冲击(ER)

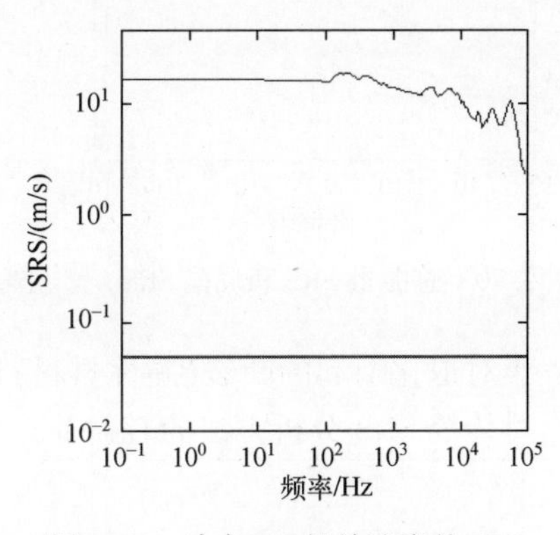

图 3.67 冲击 ER 相关速度的 SRS

图 3.68 和图 3.69 分别给出根据经典 SRS,或考虑伪速度的总能量 SRS 的规范 SRS。

图 3.70 给出了总能量 SRS 和规范的 SRS。

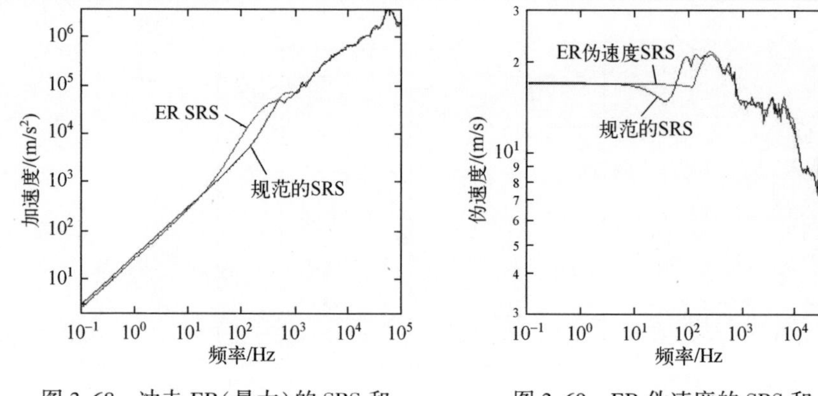

图 3.68　冲击 ER(最大)的 SRS 和规范的 SRS　　图 3.69　ER 伪速度的 SRS 和规范的 SRS

按两种规范产生的冲击信号非常接近,在低频段有所不同(图 3.71)。

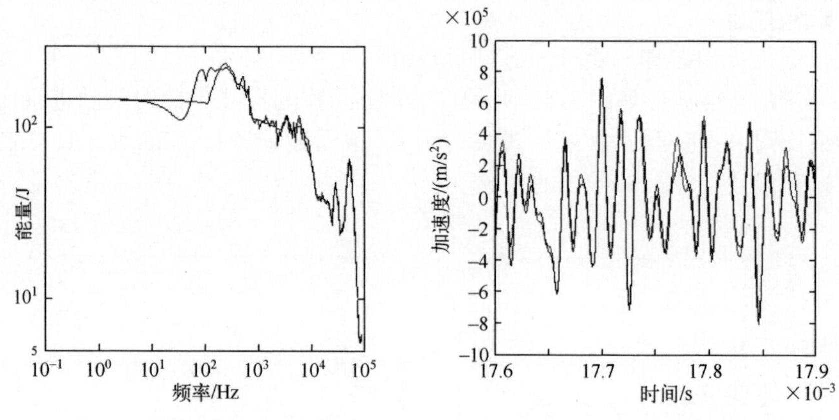

图 3.70　总能量 SRS 和规范 SRS　　图 3.71　两种规范产生的冲击信号的放大图

当对退化引起的断裂(脆性材料)进行冲击效应比较时,总能量的 SRS 分析是对传统 SRS 分析方法的有益补充。

第 4 章
冲击试验规范的发展

4.1 引言

1917 年,美国海军首次对装备进行了冲击试验[PUS 77,WEL 46]。冲击试验最重要的发展阶段是产生了自由跌落和摆锤等试验设备的第二次世界大战期间。

冲击规范与试验设备及调校方法(例如掉落高度,波形发生器的材料,摆锤的质量)有关。通过一些预防措施、规范能保证试验的一致性。只要模拟得好,基于能承受冲击试验的材料所制造的样件就能够承受真实环境的冲击。因此,须确保现实冲击的严酷度彼此之间没有太大变化。但令人担心的是,这样设计的材料能承受较强的冲击试验,而实际工作中却不一定。

最早的规范给出了冲击的加速度波形、幅值和持续时间。20 世纪 50 年代,随着用于振动试验的电动台发展,研究出了在振动台上进行冲击试验的方法(同时,模拟实际振动环境的随机振动试验也产生了)。在振动台上进行冲击试验有多个优点[COT 66],如在同一振动台上可进行振动和冲击试验,并使复杂冲击波形的试验成为可能。

另外,冲击响应谱成了比较多种冲击严酷度的工具和试验规范,具体的步骤如下:

——计算真实环境下瞬态信号的冲击谱;

——画出这些谱的包络线;

——找出与包络线接近的经典冲击,如半正弦,锯齿等。此步骤会造成某些频段过试验,某些频段欠试验。

1963 年到 1975 年,随着计算机技术的发展,可以直接在振动台上复现冲击谱。依据振动台(和试件)的传递函数,计算机软件可以自动生成具有特定冲击谱的时域信号(试件的输入)。因此,可以省略掉上述步骤的最后一步。

常用的冲击台只能生成简单形状的冲击波形,如矩形、半正弦、后峰锯齿脉冲等。但从真实环境中测量得到的冲击通常形状复杂,很难进行简化,也很难在常用的冲击台上进行复现。下面给出把真实冲击转换为试验规范的几种方法。

4.2 测量信号的简化

第一种方法,首先提取信号第一个峰值或最大峰值(持续时间为信号$\ddot{x}(t)$两次等于0的时间)。

冲击试验规范可描述为:与实测信号峰值相同的冲击峰值,持续时间等于实测信号的半个周期,与测量信号最大峰形状尽量接近的冲击波形,如图4.1所示。

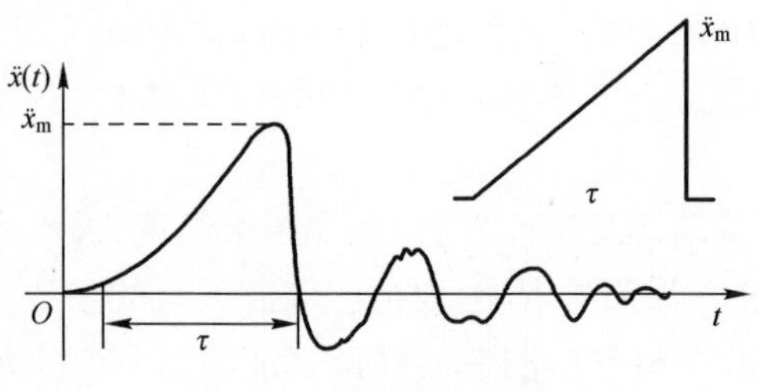

图4.1 考虑最大峰值

可根据有关经典波形的规范进行选择,使冲击波形在某种标准波形的容差范围内[KIR 69]。

第二种方法是在有峰值的信号半个周期内,对冲击波形$\ddot{x}(t)$进行积分得到速度变化量。可选取任意形状的冲击,速度变化量不变,根据速度变化量选择幅值和持续时间[KIR 69],如图4.2所示。

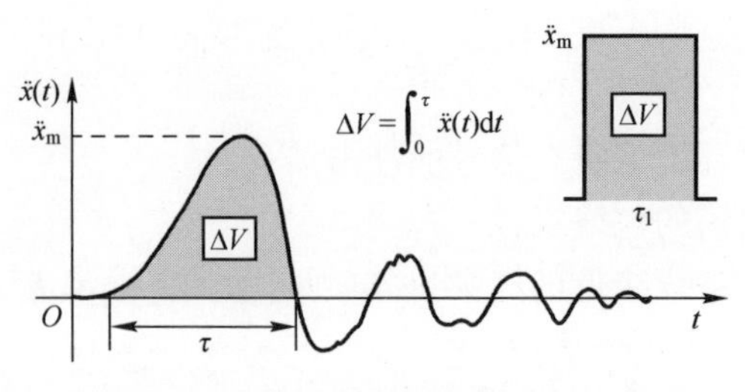

图4.2 具有相同速度变化量的规范

很多情况下,将实际环境的复杂冲击转换为可在实验室实现的经典冲击需要人工判断。实际环境中几乎没有简单的冲击,需避免陷入过于简单化的“陷阱”。

如图4.3(a)所示的半正弦信号可以近似模拟冲击。但真实的冲击(图4.3(b))包含了正波峰和负波谷,不能简单地用单方向正弦冲击模拟。

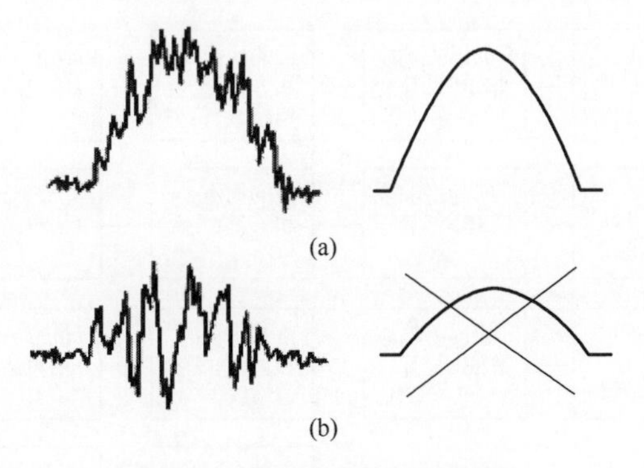

图4.3 真实脉冲转换的困难

很难给出一些通用的经验准则评价上述方法的简化效果,而且无法给出将复杂冲击转换为简单冲击的准则是否有效,这无疑是最严重的缺陷。

即使对一特定冲击进行了多次冲击测量,并进行统计分析,建立了以一定的概率覆盖真实环境的冲击波形,该方法也难以应用。同样,该方法也难以应用于根据装备寿命周期内的各种冲击建立的冲击包络。

4.3 冲击响应谱的应用

4.3.1 谱的综合

最复杂的情况是产品承受 p 种冲击事件(装卸冲击,卫星发射时级间分离等),每种冲击事件连续测量 r_i 次。

r_i 个测量值可给出每种冲击事件的统计描述,根据测量冲击制定规范具体步骤(图4.4)如下:

计算每个信号下的冲击响应谱,阻尼采用结构主模态的阻尼,如果阻尼未知,则使用默认值0.05。分析的频域范围须覆盖结构的主要共振频率(已知或者预计的频率)。

如果测量点足够多,则计算每个频率处谱的均值和方差,并按频率给出标准差和均值的比值。如果测量点不够,则画出谱的包络线。

应用均值或均值+3 倍标准差,导出不确定因子 k,计算容许的失效概率(第5卷)。

将所有冲击事件的谱综合到一个图上,画出包含所有谱的包络线,包络线覆盖了产品寿命剖面的所有冲击事件。在乘以试验因子后,这个谱将作为实际冲击试验规范的参考谱。

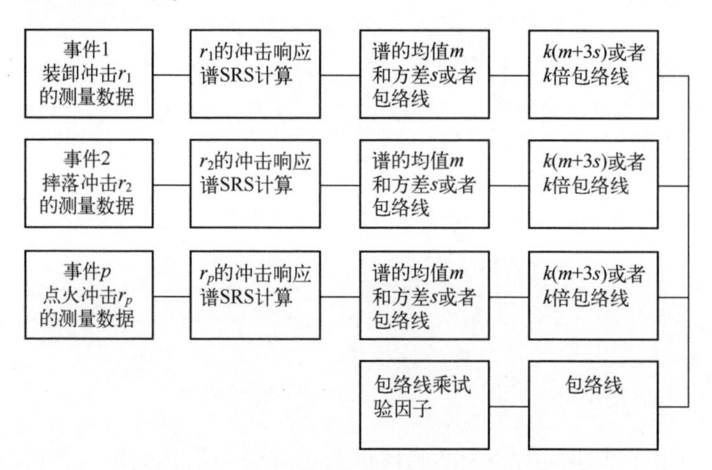

图 4.4 根据实测冲击制定规范的流程

参考谱可为正谱、负谱或其绝对值的包络(最大谱)。当采用最大谱时,需要根据试件轴的两个方向来实施。

注:应用测量的 SRS 的包络制定试验规范时通常会导致过试验。但当实际产生的冲击峰值为多自由度系统模态叠加后产生时,冲击峰值可能大于由 SRS 的包络制定试验规范产生的冲击峰值[SMA 06]。

在实验室中使用不同类型的冲击试验方法来模拟爆炸冲击,尤其使用经典冲击时,冲击的特性受到阻尼的影响较大。与经典冲击相比,爆炸冲击呈振荡形式。建议计算,如 0.05($Q=10$)和 0.01($Q=50$)两种阻尼下的 SRS,来验证模拟的有效性[HIM 95,PIE 92]。

4.3.2 规范的形式

根据谱的特性和方法,规范可用如下形式表示:

冲击机可以实现的经典冲击(半正弦、后峰锯齿和矩形脉冲)。根据时域信号计算 SRS 时,只保留了每个频率下响应的最大值,失掉了很多信息,因此,一冲击响应谱对应着无穷个时域冲击。可找到与响应谱相近的具有规定波形、幅值、持续时间的经典冲击。规范给出的正谱和负谱应覆盖外场真实环境的正谱和负谱。如果只用一个冲击无法满足(受谱型和设备限制),则需要规定两次冲击,每方向规定一次冲击。包络的谱必须尽可能接近真实环境,频率范围内的所有频率都要分析,如果条件不允许,则分析试件的共振频率。

——规范以参考 SRS 的形式给出。

4.3.3 波状的选择

根据实测冲击的正谱和负谱与经典冲击的正谱和负谱的比较,确定冲击的波形(图 4.5)。

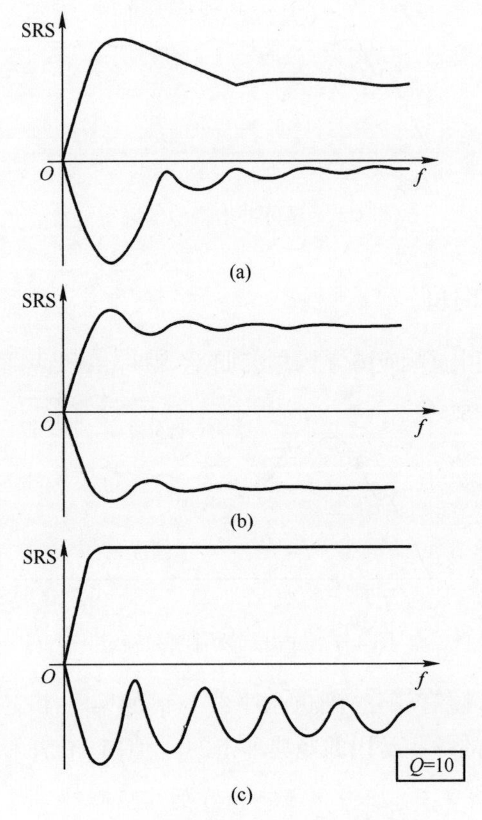

图 4.5 冲击机上可实现的 SRS 形状
(a) 半正弦;(b) 后峰锯齿;(c) 矩形脉冲。

如果实测冲击的正谱和负谱对称,采用后峰值锯齿。需要注意的是,由于冲击机产生的冲击有非零的延迟时间,因此在高频段的负谱趋于零。但如果试件的共振频率在包络的参考谱之内,此缺点可忽略。

如果正谱比较重要,则可以采用任何波形(根据试验设备),或者按第一个峰值的幅值和谱的高频段值的比值选取:半正弦为 1.65($Q=10$),后峰值锯齿脉冲为 1.18,矩形脉冲没有峰值。

4.3.4 幅值

通过对高频的正 SRS 画水平包络线获取冲击的幅值。

包络的水平线与 Y 轴的交点为冲击的最大幅值(在高频区域谱值趋向于信号的幅值),如图 4.6 所示。

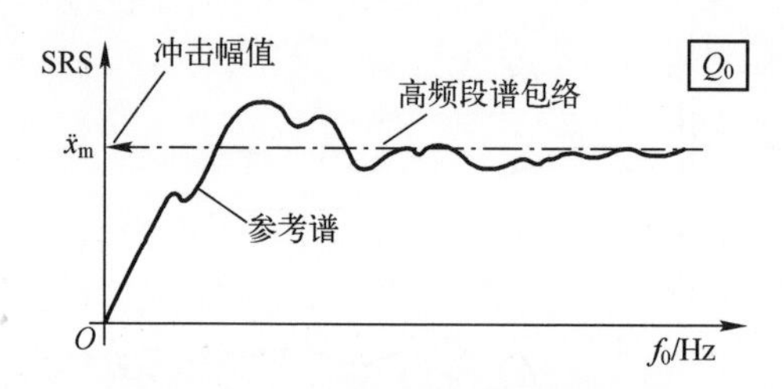

图 4.6 规范冲击幅值的确定

4.3.5 持续时间

冲击的持续时间根据响应谱与上述得到的经典冲击谱交点确定,如图 4.7 所示。

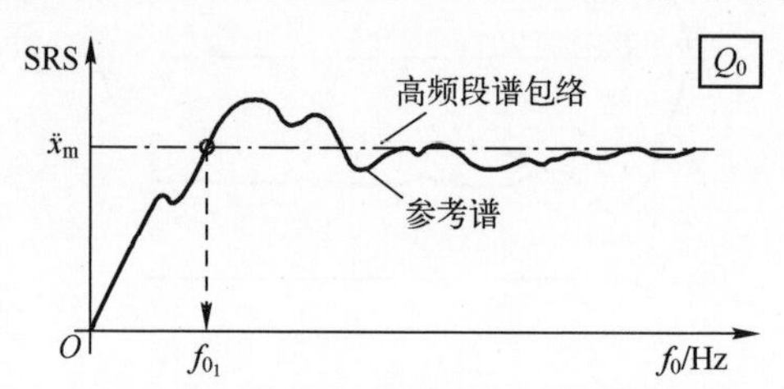

图 4.7 冲击持续时间的确定

f_{0_1}由谱的高频(幅值部分)渐进水平线与谱的第一个交汇点确定。表 4.1 给出了不同 Q 值下的一些常用的经典冲击的 f_{0_1} 值[LAL 78]。

表 4.1 归一化幅值 SRS 的响应与频率值

Q	ξ	f_{0_1}			
		半正弦	正矢正弦	后峰锯齿	矩形脉冲
2	0.2500	0.413	0.542	—	0.248
3	0.1667	0.358	0.465	0.564	0.219
4	0.1250	0.333	0.431	0.499	0.205
5	0.1000	0.319	0.412	0.468	0.197
6	0.0833	0.310	0.400	0.449	0.192
7	0.0714	0.304	0.392	0.437	0.188

(续)

Q	ξ	f_{0_1}			
		半正弦	正矢正弦	后峰锯齿	矩形脉冲
8	0.0625	0.293	0.385	0.427	0.185
9	0.0556	0.295	0.381	0.421	0.183
10	0.0500	0.293	0.377	0.415	0.181
15	0.0333	0.284	0.365	0.400	0.176
20	0.0250	0.280	0.360	0.392	0.174
25	0.0200	0.277	0.357	0.388	0.173
30	0.0167	0.276	0.354	0.385	0.172
35	0.0143	0.275	0.353	0.383	0.171
40	0.0125	0.274	0.352	0.382	0.170
45	0.0111	0.273	0.351	0.380	0.170
50	0.0100	0.272	0.350	0.379	0.170
∞	0.0000	0.267	0.344	0.371	0.167

注意:

(1) 如果计算的持续时间必须取整(在毫秒上),为使规范冲击谱高于或等于参考谱,应考虑采用更高的值。

(2) 常用的冲击台很难产生持续时间低于2ms的冲击,对于轻量级的设备,可在冲击机上通过有关组合来实现此类冲击(见6.2节)。

通过检查冲击的正谱和负谱,确定包络参考谱,验证规范谱。如果已知试件的共振频率,则需要确认共振频率上不出现过试验。

例4.1 某实测冲击的正谱和负谱(综合后的结果)如图4.8所示。

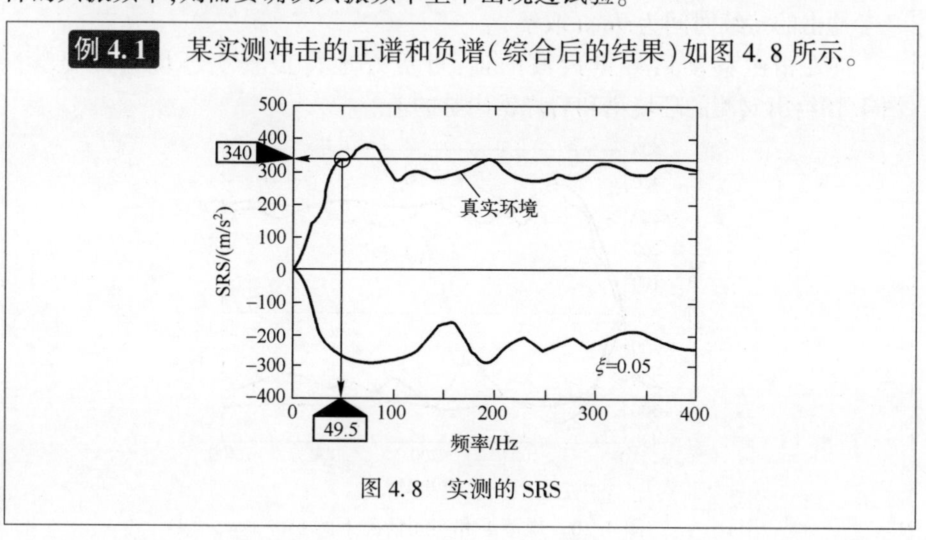

图4.8 实测的SRS

负谱在所有频段(除低频外)上基本为一个恒定值。与该谱最接近的经典冲击为后峰值锯齿。

根据图中的水平包络直线,得到高频处正谱的幅值为 340m/s²。根据水平包络直线与响应谱(低频段)的交点得到持续时间,横坐标为 49.5Hz(图 4.9)。也可根据水平包络直线与原点切线的交点得到持续时间。

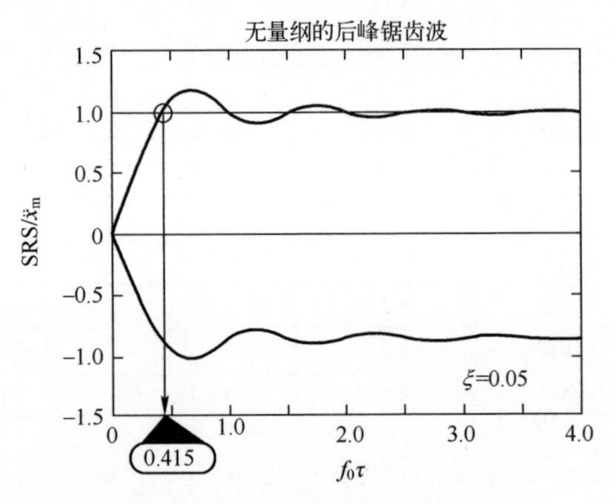

图 4.9 归一化幅值第一段的横轴线

根据后峰锯齿波的无量纲谱(相同阻尼比),这个点的横坐标为 $f_0\tau=0.415$,$f_0=49.5\text{Hz}$,所以

$$\tau=\frac{0.415}{49.5}=0.0084(\text{s})$$

冲击的持续时间为 9ms(取整)。

向左稍微移动后峰锯齿波的谱,可更好地覆盖真实环境谱的低频。图 4.10给出实测的环境谱和后峰锯齿脉的谱。

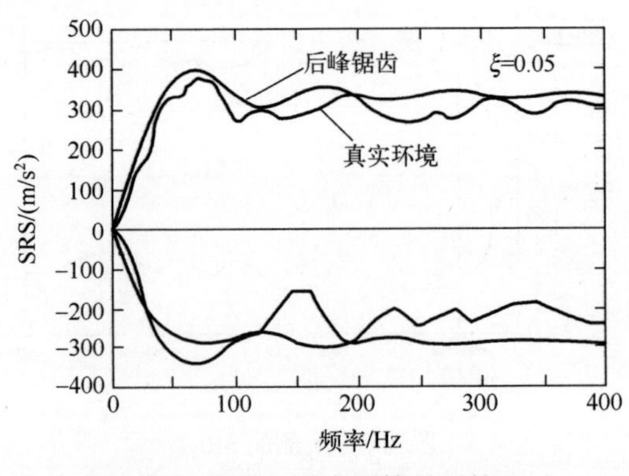

图 4.10 规范下和实测情况下的 SRS

注意:实际中,要增加试验因子。

4.3.6 难点

当正谱从低频增加到峰值,随后下降到一个近似恒定的值,并且不超过高频恒定值的 1.7 倍时,可利用经典冲击波形的谱进行包络。

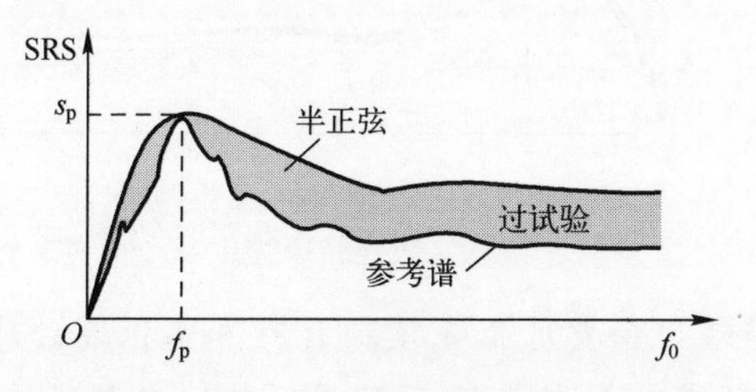

图 4.11　有一个显著峰值的 SRS 示例

有时实测的响应谱首峰较大,有几个峰值而且低频的峰近似正切于频率轴等。

在图 4.11 的例子中,采用保守的方法包络了整个参考谱。首先选好波形,然后注意特殊点的值,例如峰值 S_p 及其横坐标 f_p。

在相同阻尼的选定波形的无量纲正谱图上,如图 4.12 所示找到第一个峰值横坐标和纵坐标:ϕ_p^+,R^+。由此得到:

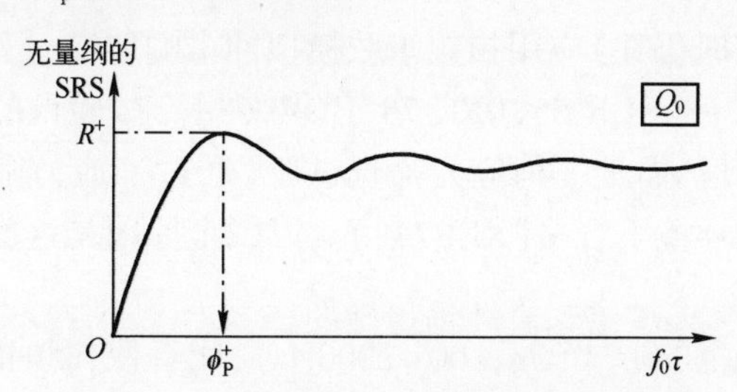

图 4.12　选定的冲击无量纲谱的峰值坐标

持续时间为

$$\tau=\frac{\phi_p^+}{f_p}$$

幅值为

$$\ddot{x}_m=\frac{S_p}{R^+}$$

此方法得到的经典冲击在高于和低于峰值的频带会出现过试验。如果实测冲击谱峰值附近的频带内不含有试件的共振频率,则经典冲击谱的高频段的值可与实测谱的高频段一致，而经典冲击谱的峰值降低，可避免过试验（图 4.13）。

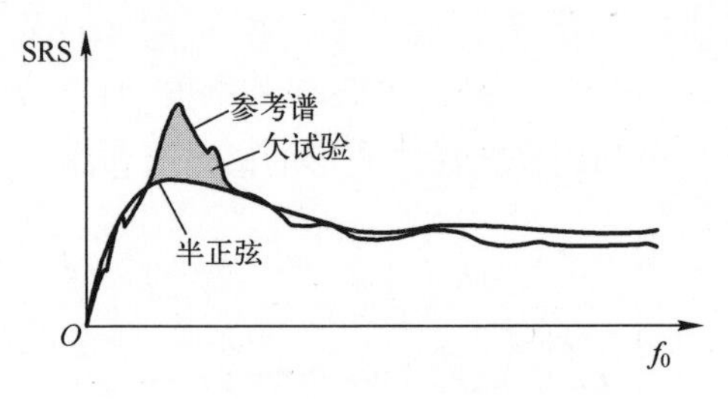

图 4.13　峰值附近无共振频率时欠试验

注意：一般不建议用经典冲击来模拟具有真实振荡的冲击。另外，用经典冲击来模拟低频段可能出现过试验，而且用经典冲击激励的谱中间频率段的响应受 Q 值的影响较大。但振荡冲击的没有此类缺点（假定可在振动台上实现）。

4.4 其他方法

下面的方法应用响应谱模拟冲击。

4.4.1 应用扫频正弦

过去（现在，有时仍在）应用扫频正弦模拟冲击响应谱（爆炸冲击，如卫星火箭级间分离）[CAL 98, CUR 55, DEC 76, HOW 68]。试验目的不是严格复现产品承受冲击时的响应，而是一种应力筛选试验（通过了应力筛选试验可保证装备在真实爆炸冲击环境下合格[KEE74]）。第二个原因是这类试验方法易于理解、使用、重现。

试验定义为规范的形式（$5g$，200~2000Hz），或者使扫频正弦的最大响应谱能包络冲击响应谱[CUR 55, DEC 76, HOW 68, KEE 74, KER 84]。实际上，扫频正弦的幅值可由响应谱除以品质因子 Q 得到。

该方法缺点是：

（1）受阻尼因子影响较大。因此需了解阻尼因子的影响，当存在多个共振频率时，Q 因子会随频率变化。

（2）一种短时的、几个周期的响应被长持续时间的振动代替，系统响应变为一种相对长的应力循环，可能损坏对此敏感的结构[KER 84]。

（3）最大响应一致，但加速度信号 $\ddot{x}(t)$ 不同。在正弦试验中，当达到共振时响应最大。此时，输入很小，共振使响应达到要求值。而冲击试验的最大响应频率点是冲击自身的特性决定的[CZE 67]。

(4) 正弦扫频会单独地激发产品的各阶共振,但冲击,由于其频带宽的特性会同时激发多阶共振频率。与多阶模态同时激发有关的失效机理在扫频正弦试验时无法复现。

4.4.2 应用快速扫频模拟 SRS

1967 年,J. R. Fagan 和 A. S. Baran[FAG 67]发现某些冲击波形,如后峰锯齿脉冲,会激发振动台的高阶模态,为避免此类问题,建议使用快速正弦扫频。该方法有两个优点:没有剩余速度和剩余位移;一次试验可同时进行两方向。

J. D. Crum 和 R. L Grant 首次开展了此项工作[CRU 70,SMA 74a,SMA 75]。D. H Trepess 和 R. G. White[TRE 90]使用如下形式的驱动信号:

$$\ddot{x}(t)=A(t)\sin E(t) \tag{4.1}$$

式中:$A(t)$和$E(t)$为两个时间函数;$\phi(t)$的微分是瞬态脉冲信号$\ddot{x}(t)$。

当输入的正弦频率等于单自由度线性系统的固有频率时,其无量纲响应形式为(第1卷,第6章):

$$q(\theta)=\frac{-1}{2\xi}\left\{\cos\theta-\mathrm{e}^{-\xi\theta}\left[\cos(\sqrt{1-\xi^2\theta})+\frac{\xi}{\sqrt{1-\xi^2}}\sin(\sqrt{1-\xi^2\theta})\right]\right\} \tag{4.2}$$

如果阻尼很小,则上式可变为

$$q(\theta)\approx\frac{-1}{2\xi}\cos[\theta(1-\mathrm{e}^{-\xi\theta})] \tag{4.3}$$

因为激励频率等于固有频率,所以时间 t 时的循环数为

$$2\pi N=2\pi f_0 t \tag{4.4}$$

对于用加速度定义的激励$\ddot{x}(t)=\ddot{x}_{\mathrm{m}}\sin(2\pi f_0 t)$,有

$$q(\theta)=\frac{\omega_0 z(t)}{x_{\mathrm{m}}}=\frac{1}{2\xi}(1-\mathrm{e}^{-2\pi N\xi})\cos(2\pi f_0 t) \tag{4.5}$$

$$\omega_0^2 z(t)=Q\,\ddot{x}_{\mathrm{m}}(1-\mathrm{e}^{\pi N/Q})\cos(2\pi f_0 t) \tag{4.6}$$

其中,当 $\cos(2\pi f_0 t)=1$ 时,相对位移响应 $z(t)$ 最大。

$$\omega_0^2 z_{\mathrm{m}}=Q\ddot{x}_{\mathrm{m}}(1-\mathrm{e}^{-\pi N/Q}) \tag{4.7}$$

当$\ddot{x}_{\mathrm{m}}$ 确定时,响应值只与 Q 和 N 有关。J. D. Crum 和 R. L. Grant[CRU 70]给出了实测冲击在 $Q=25$ 与 $Q=5$ 时,响应谱的比值随f_0 变化的曲线。冲击改变时,比值变化很小。因此,通过谱的水平线包络可得到试验规范。

对于正弦激励,Q 不变时,比值$\frac{\omega_0^2 z_{\mathrm{m}}}{\ddot{x}_{\mathrm{m}}}$只与 N 有关。扫频时,如果激励在半功率频率点之间的循环周期数 ΔN 与固有频率 f_0 无关,即可得到恒定幅值的谱。也就是扫频为双曲线。J. D. Crum 和 R. L. Grant 根据 $N'=Q\Delta N$ 得到这个结果。

如果扫频速率很低，比值的大小随 Q 变化，介于 5～25 之间（与扫频模式无关），为得到比值为 a（通常低于 5）的谱，需快速扫频。

双曲线扫频正弦定义如下：

不同阻尼 $Q=25$ 与 $Q=5$ 下响应随 N' 变化的曲线及 $\frac{\omega_0^2 z_m}{\ddot{x}_m}$ 随 N' 变化的曲线：

应用上述的两条曲线，根据要求的比值 a 可得到 $N'=N'_0$，根据 N'_0 得到 $\frac{\omega_0^2 z_m}{\ddot{x}_m}$；

确定在 $Q=5$ 时的包络谱 $\omega_0^2 z_m$，得到幅值 $\ddot{x}_m$；

根据经验，扫频开始频率 f_1 为低于特定冲击谱最小频率的 25%，结束频率高于冲击谱最高频率值的 25%。因此激励可定义为

$$\ddot{x}(t)=\ddot{x}_m \sin[E(t)]$$

当上扫时，有

$$E(t)=-2\pi N'_0 \ln\left(1-\frac{f_2 t}{N'_0}\right) \tag{4.8}$$

当下扫时，有

$$E(t)=2\pi N'_0 \ln\left(1+\frac{f_2 t}{N'_0}\right) \tag{4.9}$$

扫频持续时间为

$$t_s=N'_0\left(\frac{1}{f_1}-\frac{1}{f_2}\right) \tag{4.10}$$

持续时间可在几百毫秒到几秒之间。

为产生非平直的谱，可根据频率对幅值进行调整，为满足 $Q=25$ 和 $Q=5$ 时的谱比值 a，可调整 N'_0[CRU 70，ROU 74]。

Rountree 和 Freberg 给出了通用的公式：

$$\begin{cases}\dfrac{d[\ln A(t)]}{d[\ln f(t)]}=\beta, A(0)=a, f(0)=f_0 \\ \dfrac{df(t)}{dt}=Rf^{\gamma}(t) \\ \dfrac{dE(t)}{dt}=2\pi f(t), E(0)=0\end{cases} \tag{4.11}$$

可改变的参数为 a、β、f_0、R 和 γ：

a——$A(t)$ 的初始值（$t=0$）。

β——随时间或频率变化的 $A(t)$ 的幅值。

$f(t)$——瞬时频率,当 $t=0$ 时等于 f_0。

R 和 γ——随时间变化的变量。

$\gamma=0$,为线性扫频,速率等于 R;$\gamma=1$,为指数扫频,如 $f=e^{Rt}$;$\gamma=2$,为双曲线扫频(如 Crum 和 Grant 的假设)$\left(\frac{1}{f_0}-\frac{1}{f}=Rt\right)$。

优点:

(1) 产生的冲击脉冲易于在振动台上实现;

(2) 可对有两个不同 Q 值的一个谱进行模拟;

缺点:

(1) 产生的冲击与真实环境根本不同;

(2) 该技术可模拟数坐标上的直线谱,但很难模拟其他形状的谱。

4.4.3 通过调制随机噪声模拟

众所周知,地震冲击具有随机特性,因此,很多文献建议用一随机过程乘以窗函数来模拟此类冲击。

该方法的目标是找到一个与实测冲击有相同统计特性的冲击波形[SMA 74a,SMA 75]。这种冲击波形由非平稳的调制随机噪声组成,与地震冲击的响应谱相同;但这种方法仅是概率意义上的冲击响应谱复现。

L. L. Bucciarelli 和 J. Askinazi[BUC 73]提出了用一个指数窗函数的形式模拟爆炸冲击:

$$\ddot{x}(t)=g(t)n(t) \tag{4.12}$$

式中:$g(t)$为确定性函数。描述这种物理过程的短时特征,定义如下:

$$\begin{cases} g(t)=0 & (t<0) \\ g(t)=e^{-\beta t} & (t\geqslant 0) \end{cases} \tag{4.13}$$

其中:$n(t)$是均值为0的平稳宽带噪声,功率谱密度为 $S_n(\Omega)$。

通过改变 $S_n(\Omega)$ 和时间常数 β 来得到最佳模拟。$S_n(\Omega)$ 计算过程如下:

$$E[\ddot{X}(\Omega)\ddot{X}^*(\Omega)]\approx S_n(\Omega)/2\beta \tag{4.14}$$

式中:$E[\ddot{X}(\Omega)\ddot{X}^*(\Omega)]$为实测冲击的傅里叶谱的幅值平方的均值;常数 β 须小于冲击响应谱的最低频率。

N. C. Tsai[TSA 72]给出步骤如下:

(1) 选择信号的一个样本 $\ddot{x}(t)$;

(2) 计算此样本的冲击响应谱;

(3) 给出白噪声 $n(t)$,增大冲击谱较小频带的信号;

(4) 对于冲击谱较大的频带使用窄带滤波器减小该频带处的信号;

(5) 计算修正后的信号 $n(t)$ 的冲击谱,重复此过程直到其达到期望的冲击谱。

由于市场上没有该方法的软件,因此实验室中没有应用。

注:J. F. Unruth[UNR 82]建议通过按1/6倍频程间隔的多个伪随机噪声之和重构具有冲击响应谱的地震冲击波。每个窄带噪声由频率均匀分布、相位[0,π]随机分布的20个余弦函数总和得到。

4.4.4 使用随机振动模拟

在时间 T 内 $\omega_0^2 z(t)$ 的最大值小于 $\omega_0^2 z_m$ 的概率为 $1-P_P(\omega_0^2 z_m)$,其中 P_P 为响应峰值的分布函数。

在时间 T 内,循环数近似等于 $f_0 T$。如果峰值互相独立,则所有 $\omega_0^2 z(t)$ 最大值小于 $\omega_0^2 z_m$ 的概率 P_T 为 $[1-P_P(\omega_0^2 z_m)]^{f_0 T}$,大于 $\omega_0^2 z_m$ 的概率为 $1-[1-P_P(\omega_0^2 z_m)]^{f_0 T}$。

窄带随机振动的应用

对产品施加窄带随机振动可激励单一频率或同时多个频率。优点是[KER 84]:

(1) 超过一定水平的循环数可控制;

(2) 可以同时激励几个共振;

(3) 相比缓慢的扫频正弦,共振时的幅值降低(响应传递由 Q 变为 $\sqrt{Q}$)。

但是,振动的属性并不能确保试验的复现性。

4.4.5 最优响应技术

基本假设

傅里叶谱(幅值)等于无阻尼剩余冲击谱(3.9.2节),则试验中的响应与输入的传递函数可以表示为

$$H(\Omega)=|H(\Omega)|e^{-i\theta(\Omega)} \tag{4.15}$$

则结构的峰值响应的最大值由下式得到[SMA 74a,SMA 75]:

$$\ddot{X}(\Omega)=\ddot{X}_e(\Omega)e^{-i\theta(\Omega)} \tag{4.16}$$

式中:$\ddot{X}_e(\Omega)$ 为输入信号傅里叶谱的模,并且

$$\ddot{x}(t)=\frac{1}{2\pi}\int_{-\infty}^{+\infty}\ddot{X}_e(\Omega)e^{i\Omega t}d\Omega \tag{4.17}$$

计算上述方程相对简单。传递函数的相位 θ 通过试验可以得到。根据这个函数和信号的傅里叶谱的模 $\ddot{X}_e(\Omega)$,可以得到 $\ddot{x}(t)$。

该方法假设研究的是理想的线性系统,没有自由度和阻尼的假设,它能确保达到最大可能的响应峰值,为1~2.5倍实际峰值(确保试验保守)[SMA 72,WIT 74]。但冲击响应谱不适合多个自由度系统,此方法需要大量计算和数学方法。

另一种方法假设$H(\Omega)=1$,计算试件的输入:

$$\ddot{x}(t)=\frac{1}{2\pi}\int_{-\infty}^{+\infty}\ddot{X}_e(\Omega)\,e^{i\Omega t}d\Omega \tag{4.18}$$

式中:$\ddot{X}_e(\Omega)$为正的实函数;$\ddot{x}(t)$为实的偶函数;输入类似SHOC波形(第8章)。输入与试件无关,因此,不需要传递函数$H(\Omega)$。唯一需要定义的参数为傅里叶变换(或无阻尼剩余冲击谱)的模。一系列试验证实该方法合理[SMA 72]。

4.4.6 通过一系列调制正弦波重构SRS

此方法由D. L. Kern和C. D. Beam[KER 84]提出,由一系列调制正弦波组成,如图4.14所示。最后的波形类似于单自由度系统的基础受到指数衰减的正弦激励时的响应波形,近似公式:

$$\begin{cases}\ddot{x}(t)=Ate^{-\eta\Omega t}\sin(\Omega t) & (t\geqslant 0)\\ \ddot{x}(t)=0 & (\text{其他})\end{cases} \tag{4.19}$$

式中:$\Omega=2\pi f$;η为信号阻尼;$A=\Omega e\eta\,\ddot{x}_m$,$\ddot{x}_m$为$\ddot{x}(t)$幅值,$e$为奈培数。

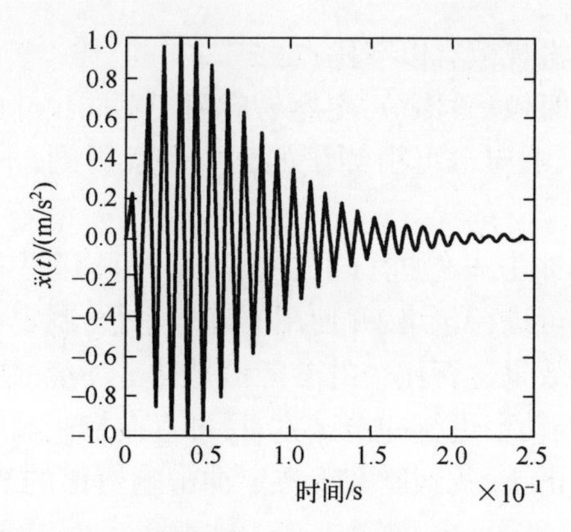

图4.14 冲击波形(D. L. Kern和C. D. Hayes)

注:$f=100$Hz,$\eta=0.05$,$\ddot{x}_m=1\text{m/s}^2$。

确定阻尼η时需要满足两点要求:

(1) 对于多数复杂结构,其值接近于0.05;

(2) 使$\ddot{x}(t)$的最大峰值发生时刻与包络峰值发生时刻相同,如图4.15所示。

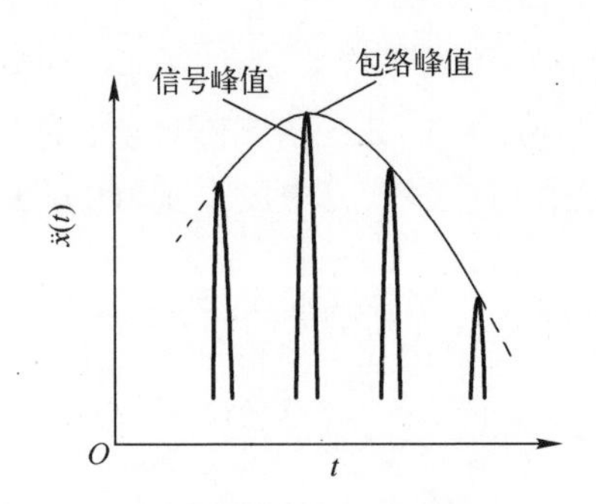

图 4.15 信号峰值与其包络峰值一致

此方法（又一次采用 J. T. Howlett 和 D. J. Martin［HOW68］包含纯正弦脉冲的建议）的优点在于可以方便地确定每个正弦的特性，因为对每个正弦可单独考虑，而不是控制每条谱线，易于控制和实现。

调整的参数为幅值和可能的循环次数。

选择适当的频率个数使两个相邻频率的交叉点频率处的幅值不低于谱峰值的 3dB（阻尼为 0.05 时）。该方法类似于慢速扫频正弦，无法激励所有共振。

第 8 章将介绍应用此波形构建覆盖整个谱的复杂信号。

4.5 在振动台上应用冲击谱模拟的优点

应用响应谱的冲击规范有以下优点：

（1）响应谱相比时域信号 $\ddot{x}(t)$ 更容易应用于不同尺寸的结构。

（2）在设计阶段，响应谱可由测量的真实环境得到，不需要用一个经典的冲击信号等价。

（3）如果对同一冲击事件进行了多次测量，可以采用统计的方法处理数据；对多个冲击事件，可进行包络，并使用不确定系数，制定规范。

（4）对冲击模拟效果进行比较的参考谱是冲击环境的响应谱。

通过补偿，使用振动台进行冲击试验时，可直接控制响应谱：

（1）根据实测冲击谱，找到能实现特定冲击响应谱的经典冲击波形的试验设备并不是简单的事。

（2）与冲击机上常用的经典冲击波形（半正弦、三角、矩形脉冲等）的谱相比，冲击谱的形状可变化。因此，可提高模拟的质量和重现冲击，这些冲击很难用常规方法模拟［GAL 73，ROT 72］。

（3）考虑冲击的振荡特性，其正谱和负谱非常相近，使得改变试件方向没有必要［PAI 64］。

（4）理论上来说，在冲击台上产生的经典冲击状冲击是可以复现的，因此，不同实验室试验的结果相同。但实际上,因为信号的失真是不可避免的,需要定义其容差范围。容差范围通常为15%~20%,它可能导致在容差限内的两种冲击波形效果不同(通过响应谱评估)[FAG 67]。

图4.16和图4.18给出了一个名义半正弦(100m/s²,10ms)及其容差范围,图4.18给出了名义冲击谱和它的上、下限。图4.17给出了一个由幅值为15m/s²、频率为250Hz的正弦与名义半正弦组成的冲击,图4.19给出了半正弦、上/下容差及此信号的谱。尽管此时域信号在容限范围内,但当阻尼ξ较小时,频率250Hz附近的谱与名义波形容差的正谱相差很大,与容差限的负谱相差也较大,因此,不是一个很好的定义域[LAL 72]。

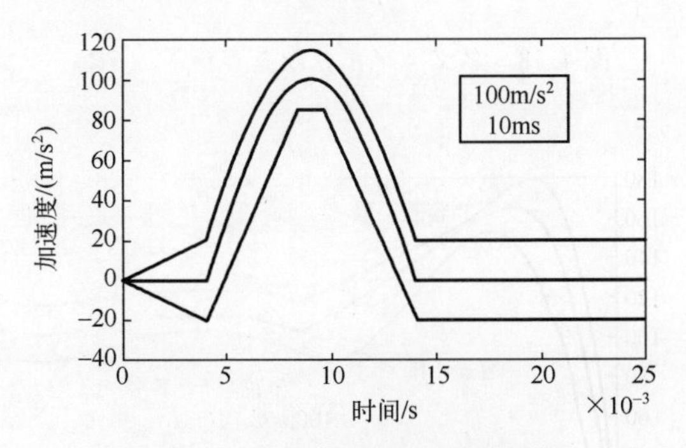

图4.16 理论上半正弦及其容错限

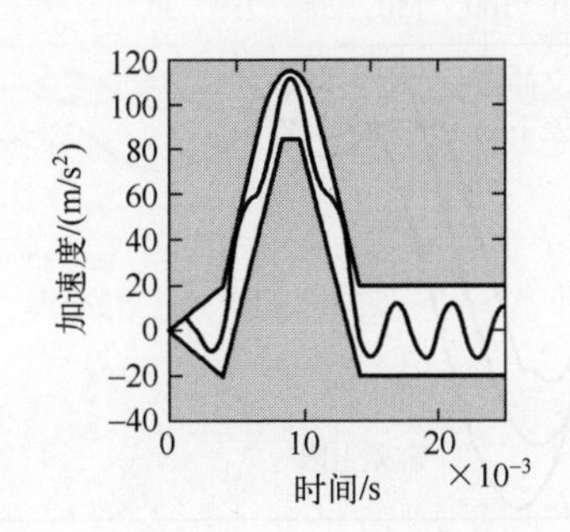

被频率为250Hz,幅值为12m/s²,正弦波调制的半正弦脉冲

图4.17 容错限内的冲击

注:幅值为12m/s²、频率为250Hz的正弦波调制的半正弦。

注:当前几种标准都规定SRS的容限值为±6dB[NAS 99]。

因此,其优点增加为:

(1) 可以连续进行振动和冲击试验而不需要更换夹具(省时,省钱);

(2) 在试验过程中试件可保持常用的方向。

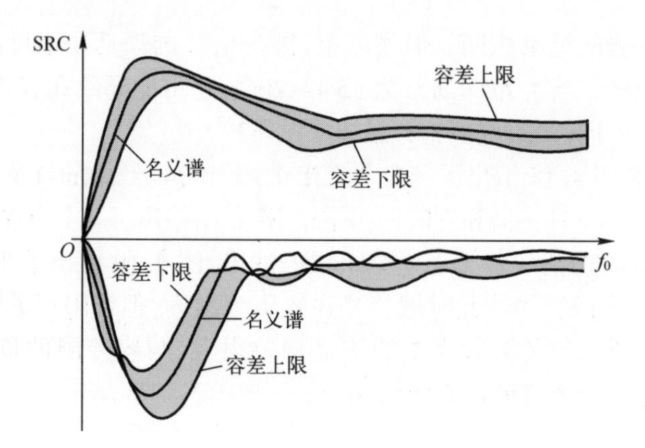

图 4.18　名义上半正弦及其容错限的 SRS

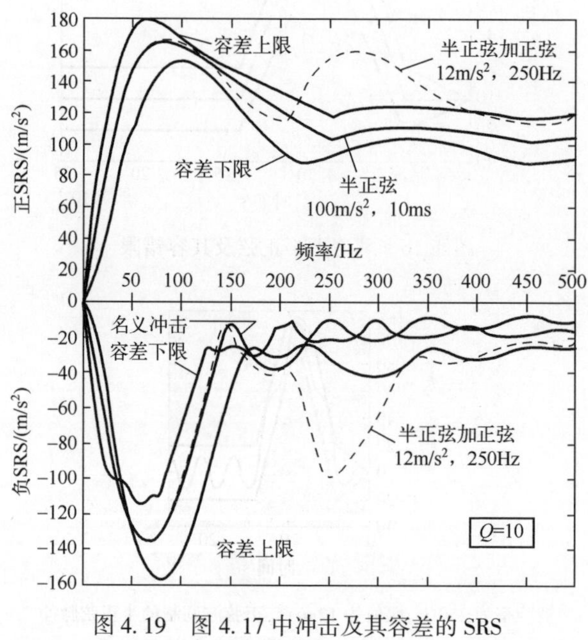

图 4.19　图 4.17 中冲击及其容差的 SRS

上述两优点没有提到，与谱控制有关，但更联系到振动台的使用。通过对谱的控制，可选择多种波形，提高了模拟能力。

第 8 章将介绍主要的控制方法。

第5章 经典冲击的运动

5.1 引言

通常由随时间变化的加速度定义冲击试验。加速度可通过速度和位移获得,速度和位移与支撑试件台面的初速度有关,因此产生了各种类型的冲击编程器。

所有的冲击试验设备都局限于力(加速度,考虑台面、夹具和振动台动圈和试件等可动部分的全部质量)、速度和位移。

因此,须研究施加到冲击机上主要冲击:半正弦(或正矢),后峰锯齿和矩形(或梯形)的运动规律。

5.2 半正弦脉冲冲击

5.2.1 冲击运动方程的一般表达式

研究冲击的运动有助于选取编程器和试验设备,执行试验规范。通常根据加速度定义冲击$\ddot{x}(t)$[LAL 75]。

由加速度信号(式(1.1))

$$\ddot{x}(t)=\ddot{x}_m\sin(\Omega t)\quad(0\leqslant t\leqslant\tau)$$

通过积分获得速度

$$x(t)=v(t)=-\frac{\ddot{x}_m}{\Omega}\cos(\Omega t)+C$$

初始时刻$t=0$,速度为

$$v_i=-\frac{\ddot{x}_m}{\Omega}+C \tag{5.1}$$

因此常数 C 等于 $v_i+\frac{\ddot{x}_m}{\Omega}$,速度为

$$v(t)=v_i+\frac{\ddot{x}_m}{\Omega}[1-\cos(\Omega t)] \tag{5.2}$$

冲击结束时,$t=\tau$,速度为

$$v_f \equiv v(t)=v_i+\frac{\ddot{x}_m}{\Omega}[1-\cos(\Omega t)]$$

因为 $\Omega\tau=\pi$,所以

$$v_f=v_i+\frac{2\ddot{x}_m}{\Omega} \tag{5.3}$$

经受冲击后物体的速度变化为

$$\Delta V \equiv |v_f-v_i|=\frac{2\ddot{x}_m}{\Omega}=\frac{2\ddot{x}_m\tau}{\pi} \tag{5.4}$$

速度变化量为曲线 $\ddot{x}(t)$ 下的面积(图 5.1),时间介于 $0\sim\tau$ 之间。

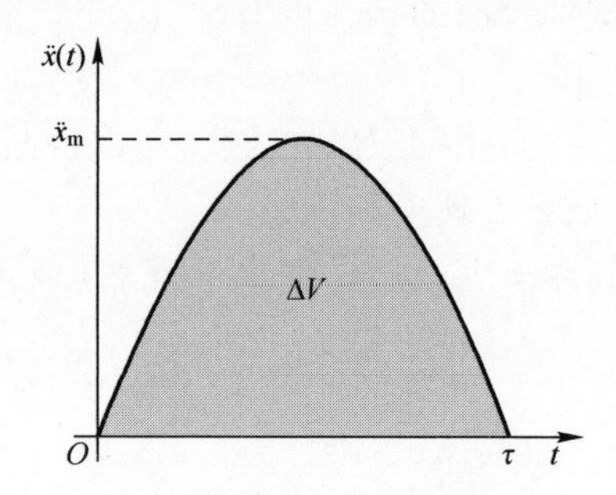

图 5.1 半正弦的速度变化

对速度进行积分获得位移。令初始时刻 $t=0$,位移 $x=0$,可得

$$x(t)=v_i t+\frac{\ddot{x}_m}{\Omega}\left[t-\frac{1}{\Omega}\sin(\Omega t)\right] \tag{5.5}$$

为了进一步研究 $x(t)$ 运动规律,最好明确试验条件。速度 v_i 可有两种情况:

(1) 在冲击开始前为零。试件初始在平衡位置,经受冲击,受冲击的作用后,速度 $v_f \equiv \Delta V$。

(2) 非零值。在冲击持续时间 τ 内试样的速度由 v_i 变为 v_f,即受到碰撞。

注:上述一般指在冲击台上进行冲击。该分类可能有点混乱,因为冲击也可在振动台产生,振动台上的冲击,在规范冲击波形之前有前置冲击和/或后置冲击以对试验台面(试验台、夹具和试件)产生一定的速度(第 7 章介绍增加前置冲击和/或后置冲击的目的是使冲击后的速度为零)。

5.2.2 冲击模式

因为 $v_{\mathrm{i}}=0$,所以

$$v(t)=\frac{\ddot{x}_{\mathrm{m}}}{\Omega}[1-\cos(\Omega t)] \tag{5.6}$$

$$x(t)=\frac{\ddot{x}_{\mathrm{m}}}{\Omega}\left[t-\frac{1}{\Omega}\sin(\Omega t)\right] \tag{5.7}$$

$$\Delta V=v_{\mathrm{f}}=\frac{2\ddot{x}_{\mathrm{m}}\tau}{\pi} \tag{5.8}$$

速度的方向一直不变,由零增大到 v_{f}。在区间$(0,\tau)$内,在 $t=\tau$ 时位移取最大值:

$$x_{\mathrm{m}}=x(t)=\frac{\ddot{x}_{\mathrm{m}}}{\Omega}\left(t-\frac{1}{\Omega}\sin\pi\right)$$

$$x_{\mathrm{m}}=\frac{\ddot{x}_{\mathrm{m}}\tau}{\Omega}=\frac{\ddot{x}_{\mathrm{m}}\tau^{2}}{\pi} \tag{5.9}$$

该值为曲线 $v(t)$ 在$(0,\tau)$下的面积。式(1.1)、式(5.6)和式(5.7)分别给出了$(0,\tau)$区间内的加速度 $\ddot{x}(t)$、速度 $v(t)$ 和位移 $x(t)$ 的时域表达式。

冲击模式下,半正弦脉冲冲击的运动方程如表 5.1 所列。

表 5.1 冲击模式产生的半正弦脉冲冲击运动方程

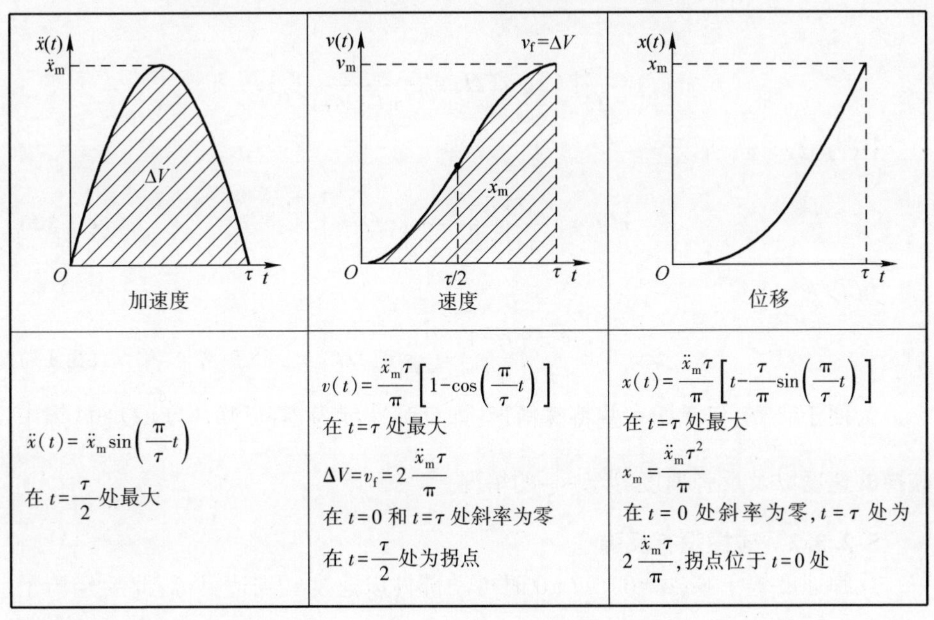

加速度	速度	位移
$\ddot{x}(t)=\ddot{x}_{\mathrm{m}}\sin\left(\frac{\pi}{\tau}t\right)$ 在 $t=\frac{\tau}{2}$ 处最大	$v(t)=\frac{\ddot{x}_{\mathrm{m}}\tau}{\pi}\left[1-\cos\left(\frac{\pi}{\tau}t\right)\right]$ 在 $t=\tau$ 处最大 $\Delta V=v_{\mathrm{f}}=2\frac{\ddot{x}_{\mathrm{m}}\tau}{\pi}$ 在 $t=0$ 和 $t=\tau$ 处斜率为零 在 $t=\frac{\tau}{2}$ 处为拐点	$x(t)=\frac{\ddot{x}_{\mathrm{m}}\tau}{\pi}\left[t-\frac{\tau}{\pi}\sin\left(\frac{\pi}{\tau}t\right)\right]$ 在 $t=\tau$ 处最大 $x_{\mathrm{m}}=\frac{\ddot{x}_{\mathrm{m}}\tau^{2}}{\pi}$ 在 $t=0$ 处斜率为零,$t=\tau$ 处为 $2\frac{\ddot{x}_{\mathrm{m}}\tau}{\pi}$,拐点位于 $t=0$ 处

5.2.3 碰撞模式

5.2.3.1 一般情况

初始速度 v_i 为任意值或零。受冲击对象以速度 v_i 在 $t=0$ 和 $t=\tau$ 之间接触到目标(目标具有编程器,可以产生半正弦的形状)。存在几种情形。冲击结束时 $t=\tau$,速度 v_f 可以是零(没有反弹)或者不是零的值,存在反弹,速度 $V_R\equiv v_f$。假设运动沿着一个轴向进行,反弹速度与碰撞的速度方向相反。

速度变化的绝对值 $\Delta V=|V_R-v_i|$。假设 V_R 为

$$v_R=-\alpha v_i \tag{5.10}$$

式中:α 为恢复系数,$\alpha\in(0,1)$。

速度变化 $\Delta V=2\dfrac{\ddot{x}_m\tau}{\pi}$,可以计算 v_i:

$$\Delta V\equiv|v_R-v_i|=\frac{2}{\pi}\ddot{x}_m\tau \tag{5.11}$$

即

$$v_R-v_i=\frac{2}{\pi}\ddot{x}_m\tau \tag{5.12}$$

$$v_i=-\frac{2}{\pi(1+\alpha)}\ddot{x}_m\tau \tag{5.13}$$

式(5.2)可以写成

$$v(t)=\frac{\ddot{x}_m}{\Omega}[1-\cos(\Omega t)]-\frac{2}{\pi(1+\alpha)}\ddot{x}_m\tau$$

因为 $\Omega\tau=\pi$,所以

$$v(t)=\frac{\ddot{x}_m\tau}{\pi}\left[\frac{\alpha-1}{\alpha+1}-\cos(\Omega t)\right] \tag{5.14}$$

位移为

$$x(t)=\frac{\ddot{x}_m\tau}{\pi}\left[\frac{\alpha-1}{\alpha+1}t-\frac{1}{\Omega}\sin(\Omega t)\right] \tag{5.15}$$

为便于研究,仅考虑一些特殊情形,即反弹速度为零、反弹速度(反向)等于碰撞的速度以及反弹速度等于 $-\dfrac{v_i}{2}$ 的情况。

5.2.3.2 碰撞没有反弹

反弹速度等于零($\alpha=0$)。$t=0$ 时可动部件以速度 v_i 到达目标,此后经历了

持续时间为 τ 的冲击 $\ddot{x}(t)$ 作用，$t=\tau$ 时停止。

$$\Delta V=\frac{2\ddot{x}_{\mathrm{m}}\tau}{\pi} \tag{5.16}$$

$$v_{\mathrm{i}}=-\Delta V=-\frac{2\ddot{x}_{\mathrm{m}}\tau}{\pi} \tag{5.17}$$

及

$$v(t)=-\frac{\ddot{x}_{\mathrm{m}}\tau}{\pi}\left[1+\cos\left(\frac{\pi}{\tau}t\right)\right] \tag{5.18}$$

$$x(t)=-\frac{\ddot{x}_{\mathrm{m}}\tau}{\pi}\left[t+\frac{\tau}{\pi}\sin\left(\frac{\pi}{\tau}t\right)\right] \tag{5.19}$$

冲击过程中 $v(t)$ 由 $-v_{\mathrm{i}}$ 慢慢变为 0，没有改变符号，因此，$t=\tau$ 时，冲击有最大位移 x_{m}。对于 $t\geqslant\tau$，因为 $V_{\mathrm{R}}=0$，所以位移 x 仍然保持在 x_{m}。

$$x_{\mathrm{m}}=-\frac{\ddot{x}_{\mathrm{m}}\tau}{\pi}\left[\tau+\frac{\tau}{\pi}\sin\left(\frac{\pi}{\tau}t\right)\right]=-\frac{\ddot{x}_{\mathrm{m}}\tau^2}{\pi} \tag{5.20}$$

$x(t)$ 的值为 $0\sim\tau$ 之间的曲线 $v(t)$ 与两个坐标轴包围的面积。

没有反弹时碰撞产生的半正弦脉冲冲击运动方程如表 5.2 所列。

表 5.2　没有反弹时碰撞产生的半正弦脉冲冲击运动方程

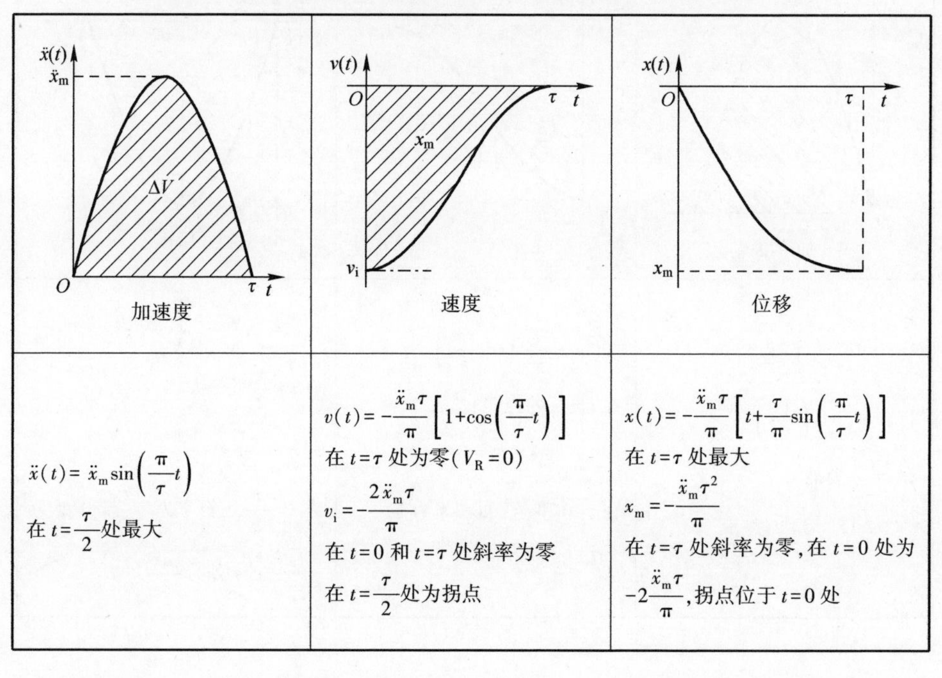

加速度	速度	位移
$\ddot{x}(t)=\ddot{x}_{\mathrm{m}}\sin\left(\frac{\pi}{\tau}t\right)$ 在 $t=\frac{\tau}{2}$ 处最大	$v(t)=-\frac{\ddot{x}_{\mathrm{m}}\tau}{\pi}\left[1+\cos\left(\frac{\pi}{\tau}t\right)\right]$ 在 $t=\tau$ 处为零（$V_{\mathrm{R}}=0$） $v_{\mathrm{i}}=-\frac{2\ddot{x}_{\mathrm{m}}\tau}{\pi}$ 在 $t=0$ 和 $t=\tau$ 处斜率为零 在 $t=\frac{\tau}{2}$ 处为拐点	$x(t)=-\frac{\ddot{x}_{\mathrm{m}}\tau}{\pi}\left[t+\frac{\tau}{\pi}\sin\left(\frac{\pi}{\tau}t\right)\right]$ 在 $t=\tau$ 处最大 $x_{\mathrm{m}}=-\frac{\ddot{x}_{\mathrm{m}}\tau^2}{\pi}$ 在 $t=\tau$ 处斜率为零，在 $t=0$ 处为 $-2\frac{\ddot{x}_{\mathrm{m}}\tau}{\pi}$，拐点位于 $t=0$ 处

5.2.3.3 反弹速度与碰撞速度幅值相等、方向相反时(理想反弹)

碰撞后,试样以与初始速度大小相等、方向相反的速度开始运动($\alpha=1$, $v_R=-v_i$),则变为

$$\Delta V=|v_R-v_i|=2|v_i|=\frac{2\ddot{x}_m\tau}{\pi} \tag{5.21}$$

及

$$v_i=-\frac{\ddot{x}_m\tau}{\pi} \tag{5.22}$$

当时间 t 由 $0\sim\tau$,速度由 v_i 变为 $v_R=-v_i$。仍按式(5.14)和式(5.15),令 $\alpha=1$:

$$v(t)=-\frac{\ddot{x}_m\tau}{\pi}\cos\left(\frac{\pi}{\tau}t\right) \tag{5.23}$$

因为 $x=0, t=0$,所以

$$x(t)=-\frac{\ddot{x}_m\tau^2}{\pi^2}\sin\left(\frac{\pi}{\tau}t\right) \tag{5.24}$$

理想反弹时,半正弦脉冲冲击的运动方程如表 5.3 所列。

表 5.3 理想反弹情况时半正弦脉冲冲击的运动方程

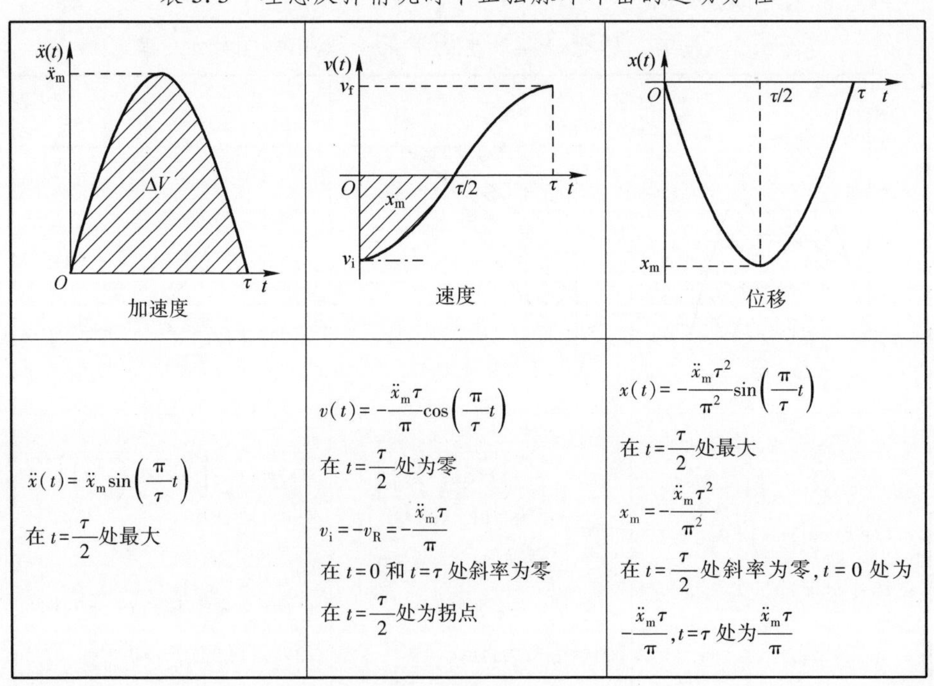

加速度	速度	位移
$\ddot{x}(t)=\ddot{x}_m\sin\left(\frac{\pi}{\tau}t\right)$ 在 $t=\frac{\tau}{2}$ 处最大	$v(t)=-\frac{\ddot{x}_m\tau}{\pi}\cos\left(\frac{\pi}{\tau}t\right)$ 在 $t=\frac{\tau}{2}$ 处为零 $v_i=-v_R=-\frac{\ddot{x}_m\tau}{\pi}$ 在 $t=0$ 和 $t=\tau$ 处斜率为零 在 $t=\frac{\tau}{2}$ 处为拐点	$x(t)=-\frac{\ddot{x}_m\tau^2}{\pi^2}\sin\left(\frac{\pi}{\tau}t\right)$ 在 $t=\frac{\tau}{2}$ 处最大 $x_m=-\frac{\ddot{x}_m\tau^2}{\pi^2}$ 在 $t=\frac{\tau}{2}$ 处斜率为零, $t=0$ 处为 $-\frac{\ddot{x}_m\tau}{\pi}$, $t=\tau$ 处为 $\frac{\ddot{x}_m\tau}{\pi}$

根据$\frac{dx}{dt}=0$,可得到位移最大值发生的时刻 $t=t_m$,即 $\cos\left(\frac{\pi}{\tau}t_m\right)=0$

$$t_m=\left(K+\frac{1}{2}\right)\tau \tag{5.25}$$

如果 $K=0, t_m=\frac{\tau}{2}$,则最大位移为

$$x_m=-\frac{\ddot{x}_m\tau^2}{\pi^2} \tag{5.26}$$

理想反弹时($v_R=-v_i$),位移的幅值 x_m 比 $v_R=0$ 时小 $1/\pi$。$\left(0,\frac{\tau}{2}\right)$区间 x_m 的幅值等于曲线 $v(t)$ 与两坐标轴的面积:

$$x_m=\int_0^{\tau/2}v(t)\,dt \tag{5.27}$$

5.2.3.4 反弹速度等于碰撞速度幅值的一半、方向相反时

此时,$\alpha=\frac{1}{2}$。$t=0$ 时运动部件以速度 v_i 接触编程器,碰撞持续时间为 τ,反弹后速度 $v_R=-\frac{v_i}{2}$:

$$v_R-v_i=-\frac{v_i}{2}-v_i=\frac{2\ddot{x}_m\tau}{\pi} \tag{5.28}$$

$$v_i=-\frac{4}{3}\frac{\ddot{x}_m\tau}{\pi} \tag{5.29}$$

$$\Delta V=\frac{3}{2}|v_i| \tag{5.30}$$

令式(5.14)和式(5.15)中的 $\alpha=\frac{1}{2}$,则

$$v(t)=-\frac{\ddot{x}_m\tau}{\pi}\left[\frac{1}{3}+\cos\left(\frac{\pi}{\tau}t\right)\right] \tag{5.31}$$

$$x(t)=-\frac{\ddot{x}_m\tau}{3\pi}\left[t+3\frac{\pi}{\tau}\sin\left(\frac{\pi}{\tau}t\right)\right] \tag{5.32}$$

当 $v(t)=0$ 时,即 $t=t_m$ 时有最大位移:

$$\cos\frac{\pi}{\tau}t_m=-\frac{1}{3}\approx\cos\frac{6\pi}{10}$$

$$t_{\mathrm{m}} \approx \pm\frac{6\tau}{10}+2K_1\tau \tag{5.33}$$

在$(0,\tau)$内，取$t_{\mathrm{m}} \approx \frac{6\tau}{10}$，可得

$$x_{\mathrm{m}} \approx -\frac{\ddot{x}_{\mathrm{m}}\tau^2}{2\pi} \tag{5.34}$$

$x_{\mathrm{m}\left(\alpha=\frac{1}{2}\right)}$的值介于$x_{\mathrm{m}(\alpha=0)}=-\frac{\ddot{x}_{\mathrm{m}}\tau^2}{\pi}$和$x_{\mathrm{m}(\alpha=1)}=-\frac{\ddot{x}_{\mathrm{m}}\tau^2}{\pi^2}$之间。$x_{\mathrm{m}}$等于曲线$v(t)$下阴影区域的面积。

50%反弹时，半正弦脉冲冲击的运动方程如表5.4所列。

表5.4 50%反弹的碰撞，半正弦脉冲冲击的运动方程

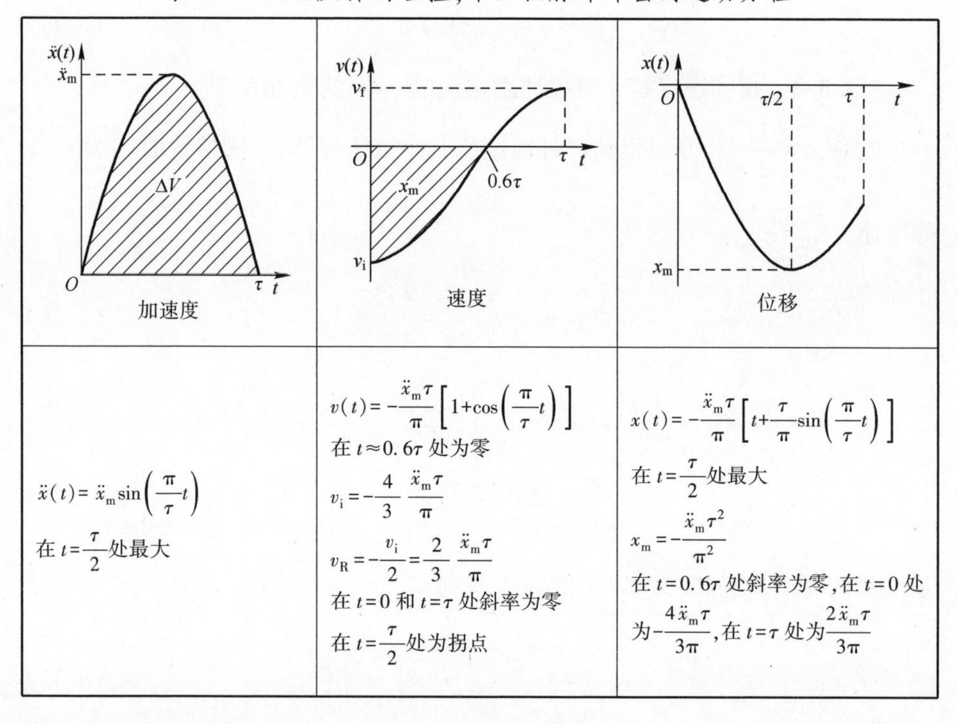

加速度	速度	位移
$\ddot{x}(t)=\ddot{x}_{\mathrm{m}}\sin\left(\frac{\pi}{\tau}t\right)$ 在$t=\frac{\tau}{2}$处最大	$v(t)=-\frac{\ddot{x}_{\mathrm{m}}\tau}{\pi}\left[1+\cos\left(\frac{\pi}{\tau}t\right)\right]$ 在$t\approx 0.6\tau$处为零 $v_{\mathrm{i}}=-\frac{4}{3}\frac{\ddot{x}_{\mathrm{m}}\tau}{\pi}$ $v_{\mathrm{R}}=-\frac{v_{\mathrm{i}}}{2}=\frac{2}{3}\frac{\ddot{x}_{\mathrm{m}}\tau}{\pi}$ 在$t=0$和$t=\tau$处斜率为零 在$t=\frac{\tau}{2}$处为拐点	$x(t)=-\frac{\ddot{x}_{\mathrm{m}}\tau}{\pi}\left[t+\frac{\tau}{\pi}\sin\left(\frac{\pi}{\tau}t\right)\right]$ 在$t=\frac{\tau}{2}$处最大 $x_{\mathrm{m}}=-\frac{\ddot{x}_{\mathrm{m}}\tau^2}{\pi^2}$ 在$t=0.6\tau$处斜率为零，在$t=0$处为$-\frac{4\ddot{x}_{\mathrm{m}}\tau}{3\pi}$，在$t=\tau$处为$\frac{2\ddot{x}_{\mathrm{m}}\tau}{3\pi}$

5.2.3.5 总结

表5.5中列出了所有情况下的结果。可发现：

没有反弹的碰撞和冲击，产生最大位移；

理想反弹时，最大位移缩小了$1/\pi$，因此由冲击台消耗的能量更少[WHI 61]。

表5.5 各种条件下实现半正弦脉冲冲击的总结

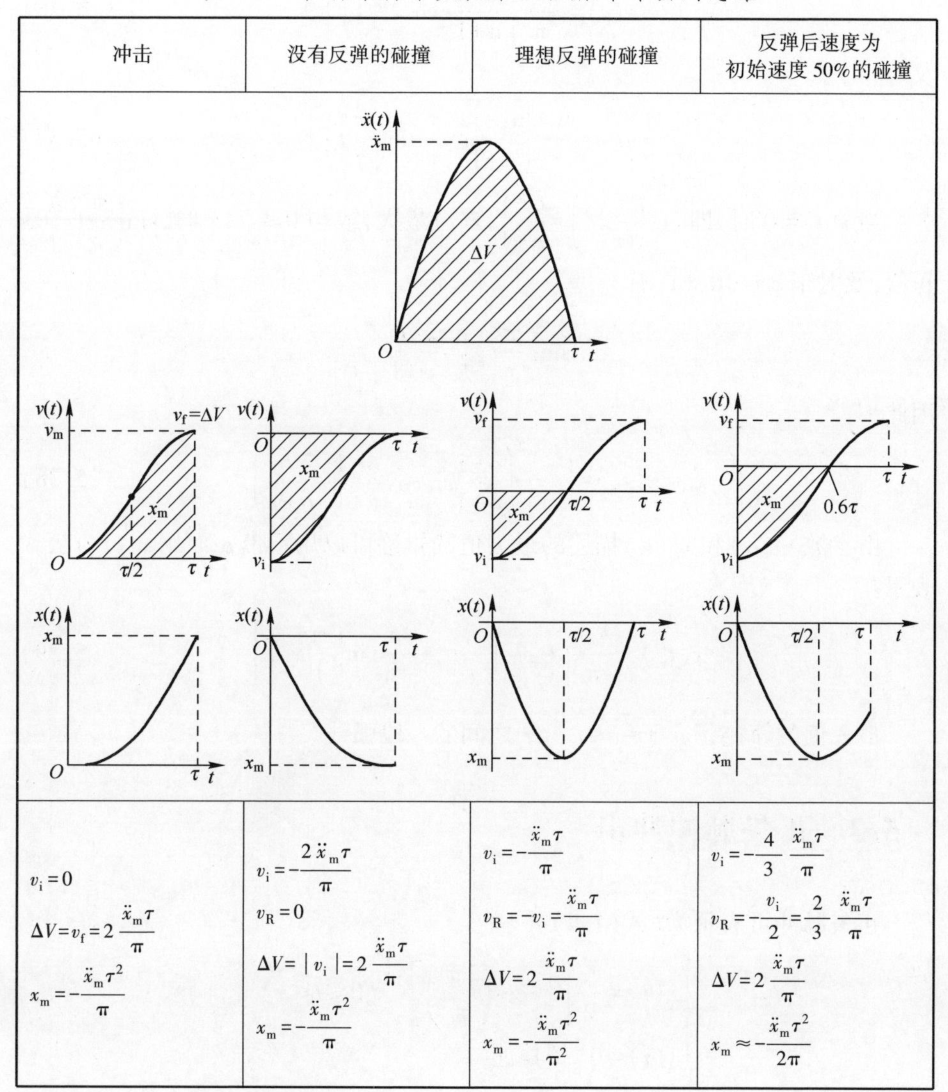

冲击	没有反弹的碰撞	理想反弹的碰撞	反弹后速度为初始速度50%的碰撞
$v_i=0$ $\Delta V=v_f=2\frac{\ddot{x}_m\tau}{\pi}$ $x_m=-\frac{\ddot{x}_m\tau^2}{\pi}$	$v_i=-\frac{2\ddot{x}_m\tau}{\pi}$ $v_R=0$ $\Delta V=\lvert v_i\rvert=2\frac{\ddot{x}_m\tau}{\pi}$ $x_m=-\frac{\ddot{x}_m\tau^2}{\pi}$	$v_i=-\frac{\ddot{x}_m\tau}{\pi}$ $v_R=-v_i=\frac{\ddot{x}_m\tau}{\pi}$ $\Delta V=2\frac{\ddot{x}_m\tau}{\pi}$ $x_m=-\frac{\ddot{x}_m\tau^2}{\pi^2}$	$v_i=-\frac{4}{3}\frac{\ddot{x}_m\tau}{\pi}$ $v_R=-\frac{v_i}{2}=\frac{2}{3}\frac{\ddot{x}_m\tau}{\pi}$ $\Delta V=2\frac{\ddot{x}_m\tau}{\pi}$ $x_m\approx-\frac{\ddot{x}_m\tau^2}{2\pi}$

5.2.3.6 最大值轨迹

反弹速度小于碰撞速度：

$$v_R=-\alpha v_i$$

然而

$$v(t)=v_i+\frac{\ddot{x}_m\tau}{\pi}\left[1-\cos\left(\frac{\pi}{\tau}t\right)\right] \tag{5.35}$$

或

$$v(t)=\frac{\ddot{x}_m\tau}{\pi}\left[\frac{\alpha-1}{\alpha+1}-\cos\left(\frac{\pi}{\tau}t\right)\right] \tag{5.36}$$

及

$$x(t)=\frac{\ddot{x}_m\tau}{\pi}\left[\frac{\alpha-1}{\alpha+1}t-\frac{\tau}{\pi}\sin\left(\frac{\pi}{\tau}t\right)\right] \tag{5.37}$$

当 $v(t)=0$ 时,即 $\cos\left(\frac{\pi}{\tau}t_m\right)=\frac{\alpha-1}{\alpha+1}$,$x(t)$ 最大,或当 $0\leqslant t\leqslant\tau$ 时,$\sin\left(\frac{\pi}{\tau}t_m\right)$ 是正值,及对于 $\alpha\in(0,1)$,有

$$\sin\left(\frac{\pi}{\tau}t_m\right)=\frac{2\sqrt{\alpha}}{\alpha+1}$$

因此

$$x_m=x(t_m)=\frac{\ddot{x}_m\tau^2}{\pi^2}\left(\frac{\alpha-1}{\alpha+1}\arccos\frac{\alpha-1}{\alpha+1}-\frac{2\sqrt{\alpha}}{\alpha+1}\right) \tag{5.38}$$

由参数 $t_m(\alpha)$ 和 $x_m(\alpha)$ 描述的最大值的轨迹可以用不带 α 而用 $x_m(t_m)$ 公式表示:

$$x(t_m)=\frac{\ddot{x}_m\tau}{\pi}\left[t_m\cos\left(\frac{\pi}{\tau}t_m\right)-\frac{\tau}{\pi}\sin\left(\frac{\pi}{\tau}t_m\right)\right] \tag{5.39}$$

最大值的轨迹是介于 $\frac{\tau}{2}\leqslant t_m\leqslant\tau$ 之间的一段弧线。

5.3 正矢脉冲冲击

正矢脉冲可表示为(式(1.4))

$$\begin{cases}\ddot{x}(t)=\dfrac{\ddot{x}_m}{2}\left[1-\cos\left(\dfrac{2\pi}{\tau}t\right)\right] & (0\leqslant t\leqslant\tau)\\ \ddot{x}(t)=0 & (\text{其他})\end{cases}$$

令 $\Omega=\frac{2\pi}{\tau}$。

冲击运动的一般表达式

对式(1.4)积分,可得

$$v(t)=\frac{\ddot{x}_m}{2}\left[t-\frac{\sin(\Omega t)}{\Omega}\right]+v_i \tag{5.40}$$

$$\Delta V=v_f-v_i=\frac{\ddot{x}_m\tau}{2} \tag{5.41}$$

$$x(t)=\frac{\ddot{x}_{\mathrm{m}}}{2}\left[\frac{t^2}{2}+\frac{\cos(\Omega t)-1}{\Omega^2}\right]+v_{\mathrm{i}}t \tag{5.42}$$

（假设 $x(0)=0$）。

冲击模式

$$v(t)=\frac{\ddot{x}_{\mathrm{m}}}{2}\left[t-\frac{\sin(\Omega t)}{\Omega}\right] \tag{5.43}$$

$$v_{\mathrm{f}}=\Delta V=\frac{\ddot{x}_{\mathrm{m}}\tau}{2} \tag{5.44}$$

$$x(t)=\frac{\ddot{x}_{\mathrm{m}}}{2}\left[\frac{t^2}{2}+\frac{\cos(\Omega t)-1}{\Omega^2}\right] \tag{5.45}$$

碰撞模式

$$v_{\mathrm{i}}=\frac{\ddot{x}_{\mathrm{m}}\tau}{2(1+\alpha)} \tag{5.46}$$

$$v(t)=\frac{\ddot{x}_{\mathrm{m}}}{2}\left[t-\frac{\sin(\Omega t)}{\Omega}-\frac{\tau}{1+\alpha}\right] \tag{5.47}$$

$$x(t)=\frac{\ddot{x}_{\mathrm{m}}}{2}\left[\frac{t^2}{2}+\frac{\cos(\Omega t)-1}{\Omega^2}-\frac{\tau t}{1+\alpha}\right] \tag{5.48}$$

（由式 $v_{\mathrm{R}}=-\alpha v_{\mathrm{i}}$）。与半正弦脉冲冲击类似，表5.6给出了正矢脉冲冲击的速度、位移表达式。

表5.6　正矢脉冲冲击后的速度和位移

	速　度	位　移
无反弹的碰撞	$v(t)=\frac{\ddot{x}_{\mathrm{m}}}{2}\left[t-\tau-\frac{\sin(\Omega t)}{\Omega}\right]$	$x(t)=\frac{\ddot{x}_{\mathrm{m}}}{2}\left[\frac{t^2}{2}-\tau t+\frac{\cos(\Omega t)-1}{\Omega^2}\right]$
理想反弹的碰撞	$v(t)=\frac{\ddot{x}_{\mathrm{m}}}{2}\left[t-\frac{\tau}{2}-\frac{\sin(\Omega t)}{\Omega}\right]$	$x(t)=\frac{\ddot{x}_{\mathrm{m}}}{2}\left[\frac{t^2}{2}-\frac{\tau t}{2}+\frac{\cos(\Omega t)-1}{\Omega^2}\right]$
50%反弹的碰撞	$v(t)=\frac{\ddot{x}_{\mathrm{m}}}{2}\left[t-\frac{2\tau}{3}-\frac{\sin(\Omega t)}{\Omega}\right]$	$x(t)=\frac{\ddot{x}_{\mathrm{m}}}{2}\left[\frac{t^2}{2}-\frac{2\tau t}{3}+\frac{\cos(\Omega t)-1}{\Omega^2}\right]$

表5.7列出了所有可能的结果。

表5.7　各种条件下实现的正矢脉冲冲击总结

冲击	无反弹的碰撞	理想反弹的碰撞	50%反弹的碰撞

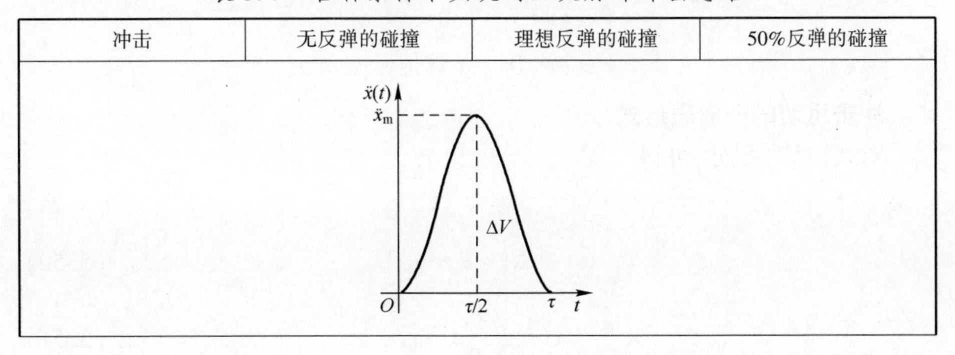

（续）

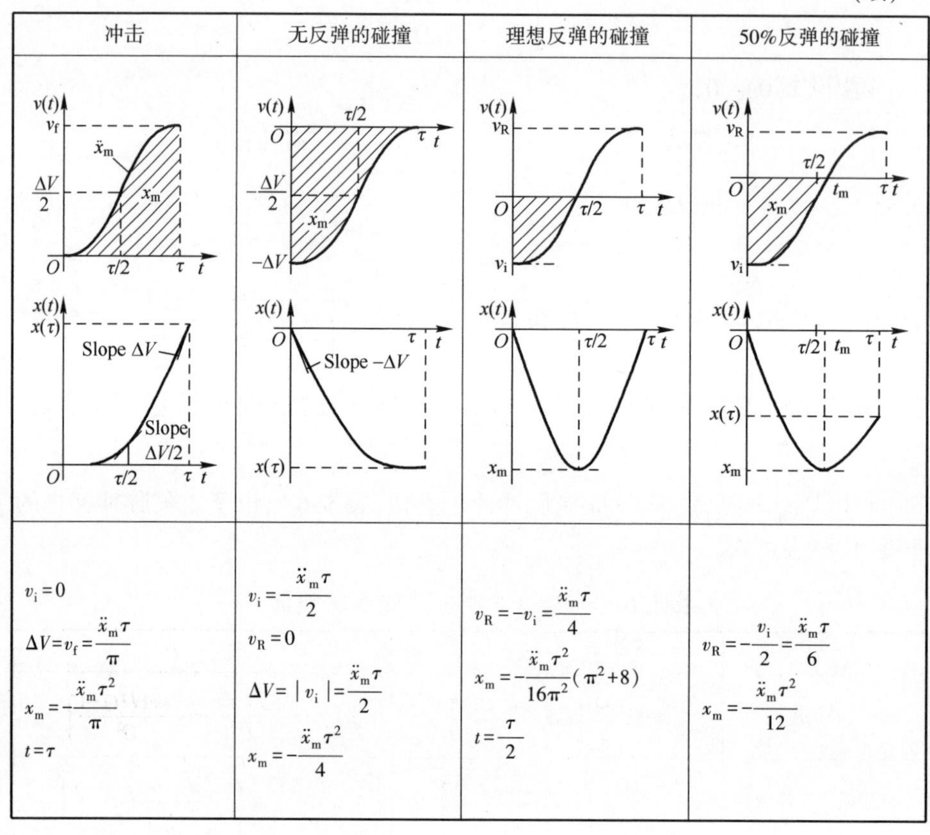

冲击	无反弹的碰撞	理想反弹的碰撞	50%反弹的碰撞
$v_i=0$ $\Delta V=v_f=\frac{\ddot{x}_m\tau}{\pi}$ $x_m=-\frac{\ddot{x}_m\tau^2}{\pi}$ $t=\tau$	$v_i=-\frac{\ddot{x}_m\tau}{2}$ $v_R=0$ $\Delta V=\mid v_i\mid=\frac{\ddot{x}_m\tau}{2}$ $x_m=-\frac{\ddot{x}_m\tau^2}{4}$	$v_R=-v_i=\frac{\ddot{x}_m\tau}{4}$ $x_m=-\frac{\ddot{x}_m\tau^2}{16\pi^2}(\pi^2+8)$ $t=\frac{\tau}{2}$	$v_R=-\frac{v_i}{2}=\frac{\ddot{x}_m\tau}{6}$ $x_m=-\frac{\ddot{x}_m\tau^2}{12}$

5.4 矩形脉冲冲击

按式(1.7)，矩形脉冲表示为

$$\begin{cases}\ddot{x}(t)=\ddot{x}_m & (0\leqslant t\leqslant\tau)\\ \ddot{x}(t)=0 & (\text{其他})\end{cases}$$

冲击运动的一般表达式

对式(1.7)积分，可得

$$v(t)=\ddot{x}_m t+v_i \tag{5.49}$$

$$\Delta V=\ddot{x}_m\tau \tag{5.50}$$

$$x(t)=\frac{\ddot{x}_m}{2}t^2+v_i t \tag{5.51}$$

冲击模式

$$v_{\mathrm{f}} = \ddot{x}_{\mathrm{m}}\tau \tag{5.52}$$

$$v(t) = \ddot{x}_{\mathrm{m}}t \tag{5.53}$$

$$x(t) = \frac{\ddot{x}_{\mathrm{m}}}{2}t^2 \tag{5.54}$$

碰撞模式

$$v_{\mathrm{i}} = -\frac{\ddot{x}_{\mathrm{m}}\tau}{1+\alpha} \tag{5.55}$$

$$v(t) = \ddot{x}_{\mathrm{m}}\left(t--\frac{\tau}{1+\alpha}\right) \tag{5.56}$$

$$x(t) = \ddot{x}_{\mathrm{m}}t\left(\frac{t}{2}-\frac{\tau}{1+\alpha}\right) \tag{5.57}$$

矩形脉冲冲击的速度和位移方程如表 5.8 所列,表 5.9 列出了所有可能的结果。

表 5.8 矩形脉冲冲击的速度和位移

	速 度	位 移
无反弹的碰撞	$v(t) = \ddot{x}_{\mathrm{m}}(t-\tau)$	$x(t) = \ddot{x}_{\mathrm{m}}t\left(\frac{t}{2}-\tau\right)$
理想反弹的碰撞	$v(t) = \ddot{x}_{\mathrm{m}}\left(t-\frac{\tau}{2}\right)$	$x(t) = \frac{\ddot{x}_{\mathrm{m}}t}{2}(t-\tau)$
50%反弹的碰撞	$v(t) = \ddot{x}_{\mathrm{m}}\left(t-\frac{2\tau}{3}\right)$	$x(t) = \ddot{x}_{\mathrm{m}}t\left(\frac{t}{2}-\frac{2\tau}{3}\right)$

表 5.9 各种条件实现的矩形脉冲冲击总结

冲击	无反弹的碰撞	理想反弹的碰撞	50%反弹的碰撞

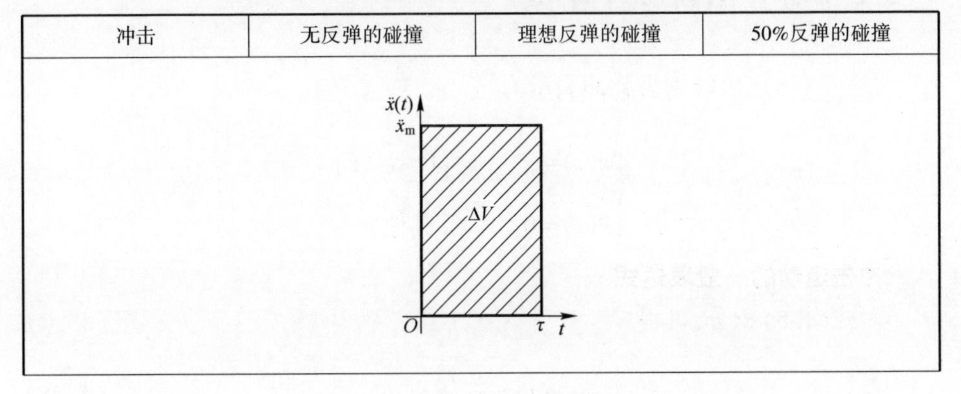

（续）

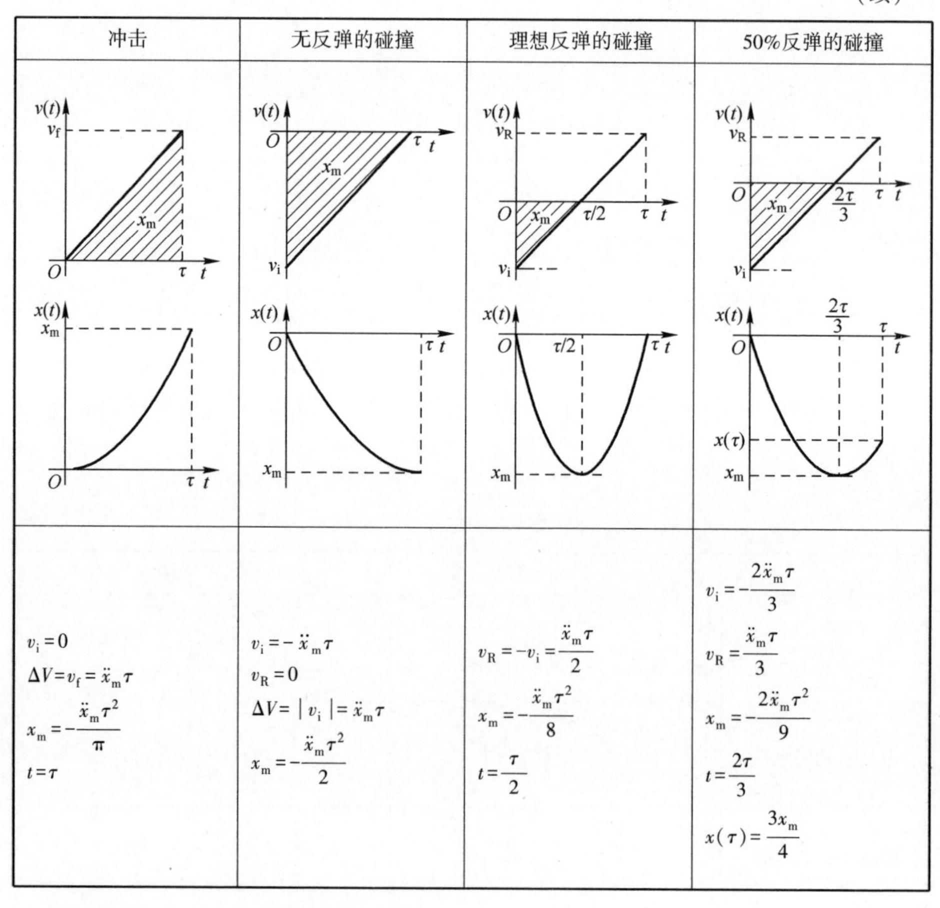

冲击	无反弹的碰撞	理想反弹的碰撞	50%反弹的碰撞
$v_i=0$ $\Delta V=v_f=\ddot{x}_m\tau$ $x_m=-\dfrac{\ddot{x}_m\tau^2}{\pi}$ $t=\tau$	$v_i=-\ddot{x}_m\tau$ $v_R=0$ $\Delta V=\lvert v_i\rvert=\ddot{x}_m\tau$ $x_m=-\dfrac{\ddot{x}_m\tau^2}{2}$	$v_R=-v_i=\dfrac{\ddot{x}_m\tau}{2}$ $x_m=-\dfrac{\ddot{x}_m\tau^2}{8}$ $t=\dfrac{\tau}{2}$	$v_i=-\dfrac{2\ddot{x}_m\tau}{3}$ $v_R=\dfrac{\ddot{x}_m\tau}{3}$ $x_m=-\dfrac{2\ddot{x}_m\tau^2}{9}$ $t=\dfrac{2\tau}{3}$ $x(\tau)=\dfrac{3x_m}{4}$

5.5 后峰锯齿脉冲冲击

按式(1.5)，后峰锯齿脉冲表示为

$$
\begin{cases}
\ddot{x}(t)=\ddot{x}_m\dfrac{t}{\tau} & (0\leqslant t\leqslant\tau)\\
\ddot{x}(t)=0 & (\text{其他})
\end{cases}
$$

冲击运动的一般表达式

对式(1.5)积分，可得

$$
v(t)=\ddot{x}_m\frac{t^2}{2\tau}+v_i \tag{5.58}
$$

$$\Delta V = v_{\mathrm{f}} - v_{\mathrm{i}} = \frac{\ddot{x}_{\mathrm{m}}\tau}{2} \tag{5.59}$$

$$x(t) = \ddot{x}_{\mathrm{m}}\frac{t^3}{6\tau} + v_{\mathrm{i}}t \tag{5.60}$$

冲击模式

$$v(t) = \ddot{x}_{\mathrm{m}}\frac{t^2}{2\tau} \tag{5.61}$$

$$v_{\mathrm{f}} = \Delta V = \frac{\ddot{x}_{\mathrm{m}}\tau}{2} \tag{5.62}$$

$$x(t) = \ddot{x}_{\mathrm{m}}\frac{t^3}{6\tau} \tag{5.63}$$

碰撞模式

$$v_{\mathrm{i}} = -\frac{\ddot{x}_{\mathrm{m}}\tau}{2(1+\alpha)} \tag{5.64}$$

$$v(t) = \frac{\ddot{x}_{\mathrm{m}}}{2}\left(\frac{t^2}{\tau} - \frac{\tau}{1+\alpha}\right) \tag{5.65}$$

$$x(t) = \frac{\ddot{x}_{\mathrm{m}}t}{2}\left(\frac{t^2}{3\tau} - \frac{\tau}{1+\alpha}\right) \tag{5.66}$$

后峰锯齿脉冲冲击的速度和位移运动方程如表5.10所列,表5.11列出了所有可能的结果。

表5.10 实施后峰锯齿脉冲冲击的速度和位移

	速　度	位　移
无反弹的碰撞	$v(t) = \frac{\ddot{x}_{\mathrm{m}}}{2\tau}(t^2 - \tau^2)$	$x(t) = \frac{\ddot{x}_{\mathrm{m}}t}{2\tau}\left(\frac{t^2}{3} - \tau^2\right)$
理想反弹的碰撞	$v(t) = \frac{\ddot{x}_{\mathrm{m}}}{2\tau}\left(t^2 - \frac{\tau^2}{2}\right)$	$x(t) = \frac{\ddot{x}_{\mathrm{m}}t}{2\tau}\left(\frac{t^2}{3} - \frac{\tau^2}{2}\right)$
50%反弹的碰撞	$v(t) = \frac{\ddot{x}_{\mathrm{m}}}{2\tau}\left(t^2 - \frac{2\tau^2}{3}\right)$	$x(t) = \frac{\ddot{x}_{\mathrm{m}}t}{6\tau}(t^2 - 2\tau^2)$

表5.11 各种条件实现的后峰锯齿脉冲冲击总结

冲击	无反弹的碰撞	理想反弹的碰撞	50%反弹的碰撞
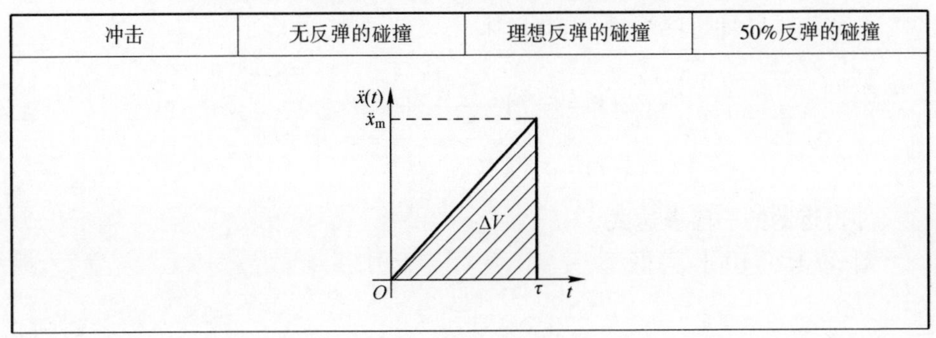			

（续）

冲击	无反弹的碰撞	理想反弹的碰撞	50%反弹的碰撞
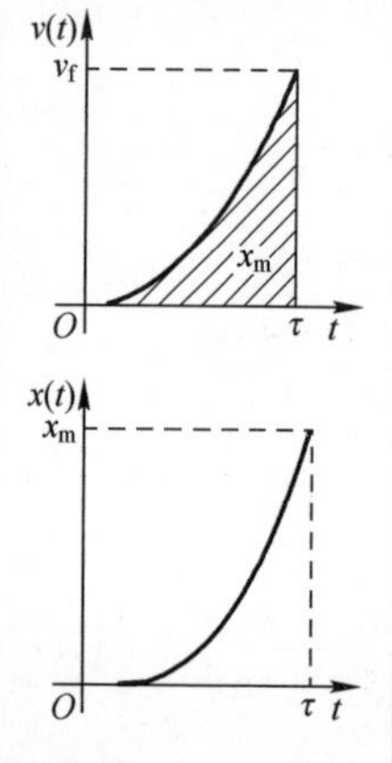 $v(t)$ v_f x_m O τ t $x(t)$ x_m O τ t	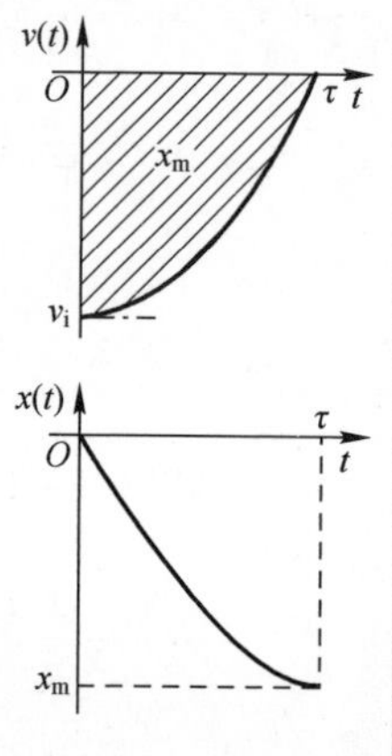 $v(t)$ O τ t x_m v_i $x(t)$ τ O t x_m	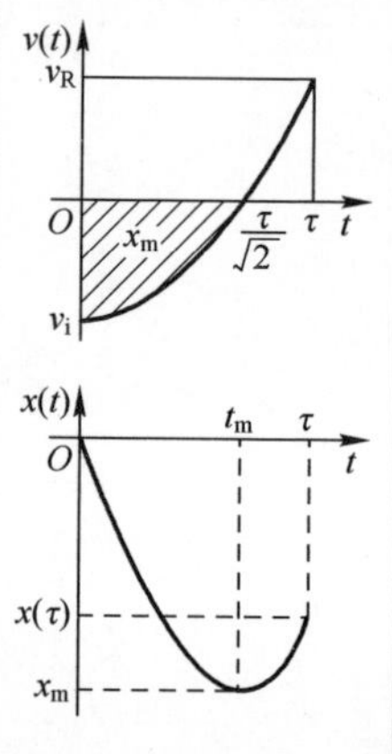 $v(t)$ v_R O x_m $\frac{\tau}{\sqrt{2}}$ τ t v_i $x(t)$ t_m τ O t $x(\tau)$ x_m	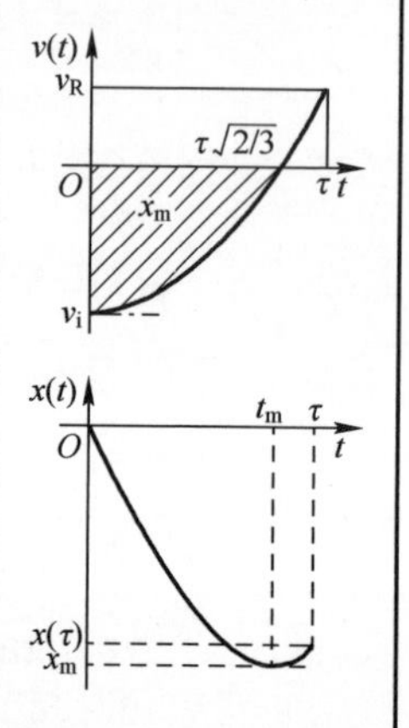 $v(t)$ v_R $\tau\sqrt{2/3}$ O τ t x_m v_i $x(t)$ t_m τ O t $x(\tau)$ x_m
$v_i=0$ $\Delta V=v_f=\dfrac{\ddot{x}_m\tau}{2}$ $x_m=\dfrac{\ddot{x}_m\tau^2}{6}$ $t=\tau$	$v_i=-\dfrac{\ddot{x}_m\tau}{2}$ $v_R=0$ $\Delta V=\mid v_i\mid=\dfrac{\ddot{x}_m\tau}{2}$ $x_m=-\dfrac{\ddot{x}_m\tau^2}{3}$	$v_R=-v_i=\dfrac{\ddot{x}_m\tau}{4}$ $x_m=-\dfrac{\ddot{x}_m\tau^2}{6\sqrt{2}}$ $t=\dfrac{\tau}{\sqrt{2}}$	$v_i=-\dfrac{\ddot{x}_m\tau}{3}$ $v_R=\dfrac{\ddot{x}_m\tau}{6}$ $x_m=-\dfrac{2}{9}\sqrt{\dfrac{2}{3}}\ddot{x}_m\tau^2$ $t=\tau\sqrt{\dfrac{2}{3}}$ $x(\tau)=-\dfrac{\ddot{x}_m\tau^2}{6}$

5.6 前峰锯齿脉冲冲击

前峰锯齿脉冲可以由式(1.6)描述：

$$\begin{cases}\ddot{x}(t)=\ddot{x}_m\left(1-\dfrac{t}{\tau}\right) & (0\leqslant t\leqslant\tau)\\ \ddot{x}(t)=0 & (\text{其他})\end{cases}$$

冲击运动的一般表达式

对式(1.6)积分，可得

$$v(t)=\ddot{x}_m t\left(1-\frac{t}{2\tau}\right)+v_i \tag{5.67}$$

$$x(t)=\frac{\ddot{x}_{\mathrm{m}}t^{2}}{2}\left(1-\frac{t}{3\tau}\right)+v_{\mathrm{i}}t \tag{5.68}$$

冲击模式

$$v(t)=\ddot{x}_{\mathrm{m}}t\left(1-\frac{t}{2\tau}\right) \tag{5.69}$$

$$v_{\mathrm{f}}=\Delta V=\frac{\ddot{x}_{\mathrm{m}}\tau}{2} \tag{5.70}$$

$$x(t)=\frac{\ddot{x}_{\mathrm{m}}t^{2}}{2}\left(1-\frac{t}{3\tau}\right) \tag{5.71}$$

碰撞模式

$$v_{\mathrm{i}}=-\frac{\ddot{x}_{\mathrm{m}}\tau}{2(1+\alpha)} \tag{5.72}$$

$$v(t)=\ddot{x}_{\mathrm{m}}\left(t-\frac{t^{2}}{2\tau}-\frac{\tau}{2(1+\alpha)}\right) \tag{5.73}$$

$$x(t)=\frac{\ddot{x}_{\mathrm{m}}t}{2}\left(t-\frac{t^{2}}{3\tau}-\frac{\tau}{1+\alpha}\right) \tag{5.74}$$

前峰锯齿脉冲冲击的运动方程如表5.12所列,表5.13列出了所有可能的结果。

表5.12　实施前峰锯齿脉冲冲击的速度和位移

	速　度	位　移
无反弹的碰撞	$v(t)=-\frac{\ddot{x}_{\mathrm{m}}}{2\tau}(t-\tau^{2})$	$x(t)=\frac{\ddot{x}_{\mathrm{m}}t}{2\tau}\left(\frac{t^{2}}{3}-\tau^{2}\right)$
理想反弹的碰撞	$v(t)=\frac{\ddot{x}_{\mathrm{m}}}{2\tau}\left(t^{2}-\frac{\tau^{2}}{2}\right)$	$x(t)=\frac{\ddot{x}_{\mathrm{m}}t}{2\tau}\left(\frac{t^{2}}{3}-\frac{\tau^{2}}{2}\right)$
50%反弹的碰撞	$v(t)=\frac{\ddot{x}_{\mathrm{m}}}{2\tau}\left(t^{2}-\frac{2\tau^{2}}{3}\right)$	$x(t)=\frac{\ddot{x}_{\mathrm{m}}t}{6\tau}(t^{2}-2\tau^{2})$

表5.13　各种条件下实现前峰锯齿脉冲冲击的总结

冲击	无反弹的碰撞	理想反弹的碰撞	50%反弹的碰撞

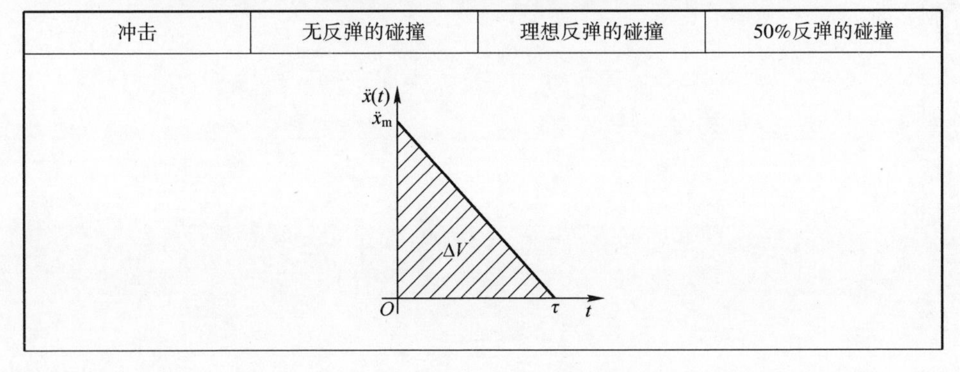

（续）

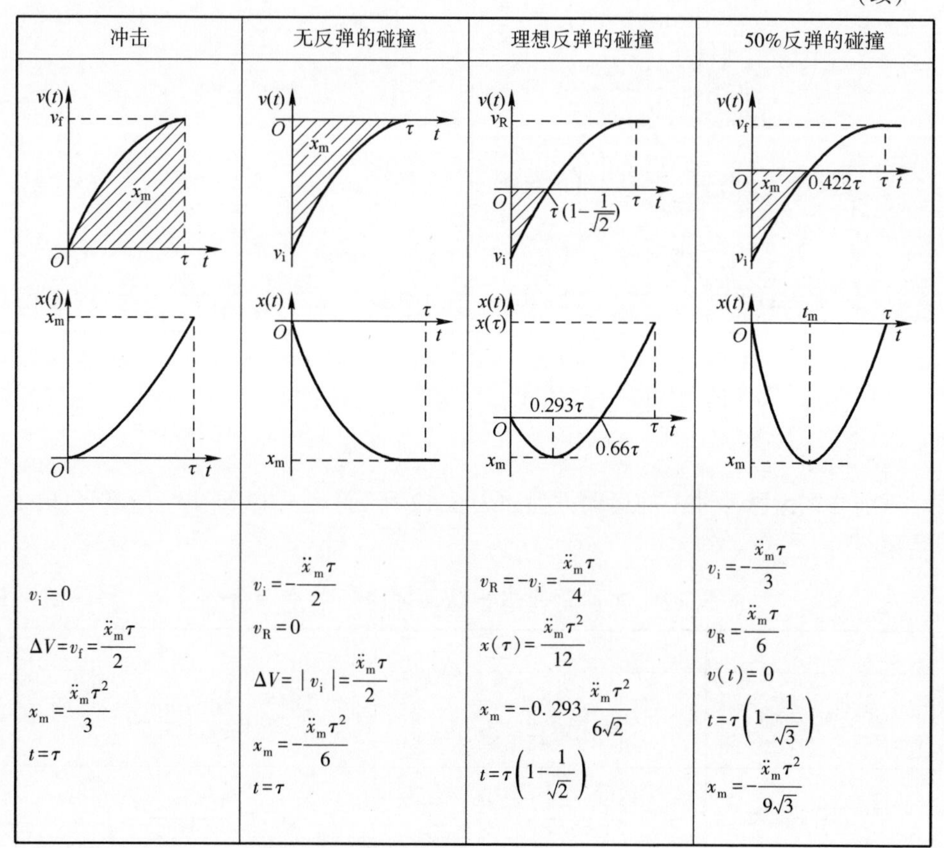

冲击	无反弹的碰撞	理想反弹的碰撞	50%反弹的碰撞
$v_i=0$ $\Delta V=v_f=\dfrac{\ddot{x}_m\tau}{2}$ $x_m=\dfrac{\ddot{x}_m\tau^2}{3}$ $t=\tau$	$v_i=-\dfrac{\ddot{x}_m\tau}{2}$ $v_R=0$ $\Delta V=\lvert v_i\rvert=\dfrac{\ddot{x}_m\tau}{2}$ $x_m=-\dfrac{\ddot{x}_m\tau^2}{6}$ $t=\tau$	$v_R=-v_i=\dfrac{\ddot{x}_m\tau}{4}$ $x(\tau)=\dfrac{\ddot{x}_m\tau^2}{12}$ $x_m=-0.293\,\dfrac{\ddot{x}_m\tau^2}{6\sqrt{2}}$ $t=\tau\left(1-\dfrac{1}{\sqrt{2}}\right)$	$v_i=-\dfrac{\ddot{x}_m\tau}{3}$ $v_R=\dfrac{\ddot{x}_m\tau}{6}$ $v(t)=0$ $t=\tau\left(1-\dfrac{1}{\sqrt{3}}\right)$ $x_m=-\dfrac{\ddot{x}_m\tau^2}{9\sqrt{3}}$

所有的波形中，理想反弹的位移最小（最低的跌落高度）。因为编程器不满足冲击运动规律，普通的冲击台不能实现。

第6章 标准冲击机

6.1 主要类型

冲击机的研制始于第二次世界大战时期，分为两类：

带有力锤的摆式冲击机，以圆形轨迹下落，撞击固定在试件上的钢板（强-冲击机）[CON 51，CON 52，VIG 61a]。第一批冲击机于1939年在英国制造的，用来对装在海军舰船上经受水下爆炸（水雷、鱼雷等）冲击的轻量级设备进行试验。美国和欧洲研制了几种用于对质量更大的设备产生冲击的冲击机，这些冲击机至今还在使用。图6.1为一种沙-沉式冲击试验机。

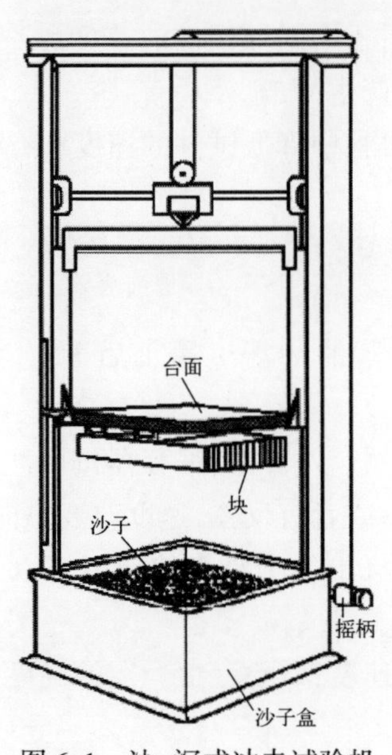

图6.1 沙-沉式冲击试验机

沙-沉式冲击机，台面沿着两个垂直导引槽滑动，自由跌落到一个沙盒里。冲击特性由固定在台子下面的木楔的形状和数量以及沙子的粒度确定[BRO 61，LAZ 67，VIG 61b]（图 6.2）。

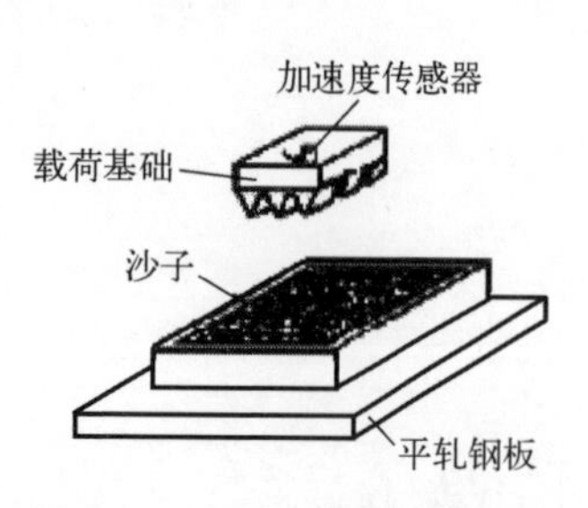

图 6.2　沙-沉式碰撞模拟器

注：也可以用木制台面支撑试件，台面下固定一些木楔。从一定的高度自由释放试验台，没有导引槽，直接与盒子里的沙子相撞。

目前使用的冲击设备分类如下：

（1）自由跌落机，由沙-沉式冲击机衍生而来。编程器（弹性圆盘、圆锥或圆柱形的铅弹、气动编程器等）上产生特定形状的冲击。受跌落高度的限制，为增大冲击的速度，可以用弹力绳加速。

（2）气动冲击机，由气压激励装置产生速度。

（3）电动台，可产生由时域信号的波形，幅值和持续时间定义的冲击或由冲击响应谱定义的冲击。

（4）特殊的冲击机，用来实现前面方法无法实现的冲击。因为这些冲击的幅值和持续时间不能用这些方法实现，冲击的波形较特殊，与通常的冲击不同，不可能用常用的冲击机实现。

无论何种类型的冲击机，都是一种可以在短时间内改变试件速度的装置。主要区分为两类：

（1）冲击机，在冲击过程中增加试件的速度。一般初始速度为零。例如气枪，在管子中设置好速度，产生冲击。

（2）碰撞机，在冲击过程中降低试件的速度和/或改变速度的方向。

6.2　碰撞式冲击机

大多数自由或加速跌落的冲击机属于后面一类。冲击机可改变试件的速度。

冲击机通过碰撞编程器产生冲击，编程器按照波形控制加速度。当冲击结束后速度为零时没有反弹；或者有反弹，速度改变方向。

实验室中的这类冲击机由两个竖直的导引槽以及支撑试验件滑动的台面构成（图 6.3）。

由重力产生冲击的初速度，试验台由一定的高度下落或使用弹性绳来获得一个更高的冲击速度。

无论什么情况，采用何种方式产生冲击，都要考虑试件从速度为零到获得

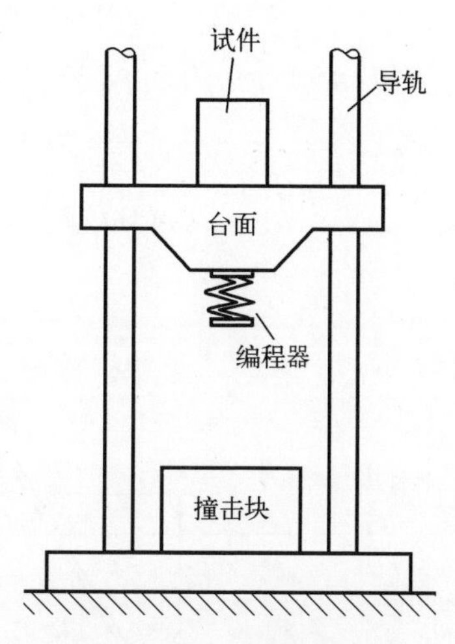

图 6.3　冲击试验机的构成

一个非零的速度再到速度变为零的整个运动过程。运动过程中,总会有前置冲击和/或后置冲击。

以自由跌落的冲击机为例,冲击台面与导引系统之间的摩擦忽略不计。初速度为 v_i 的冲击所需的跌落高度计算如下:

$$(M+m)gH=\frac{1}{2}(M+m)v_i^2 \tag{6.1}$$

式中:M 为冲击机全部运动部分的质量(台面、夹具和编程器);m 为试件的质量;g 为重力加速度,$g=9.81\text{m/s}^2$。

则有

$$H=\frac{v_i}{2g} \tag{6.2}$$

冲击机的跌落高度受限于导引支柱的高度和试件的高度。由于试件以及台面的导引问题,很难增加冲击机的高度。

但可以在试验前用拉伸的弹性绳产生额外的力提高冲击的速度,施加的力方向朝下。弹性绳产生的加速度通常比重力大,重力加速度可忽略。该方法用于设计水平的[LON 63]或垂直的[LAV 69,MAR 65]冲击机,前者的配置更麻烦一些。

Collins 冲击机就是依此原理设计的一个例子。图 6.4 给出了它的工作原理。为了保证试件的碰撞位置,台面由垂直的两列导引。当弹性绳加速后,施加在试验台上的力包括重力和弹性绳的力。设 T_h 为弹性绳在跌落瞬间的拉力,T_i 为碰撞时刻的拉力(图 6.5),则有

$$\left[(M+m)g+\frac{T_h+T_i}{2}\right]H=\frac{1}{2}(M+m)v_i^2$$

$$v_i=\sqrt{2gH\left[1+\frac{T_h+T_i}{2(M+m)g}\right]} \tag{6.3}$$

（忽略弹性绳的动能）。

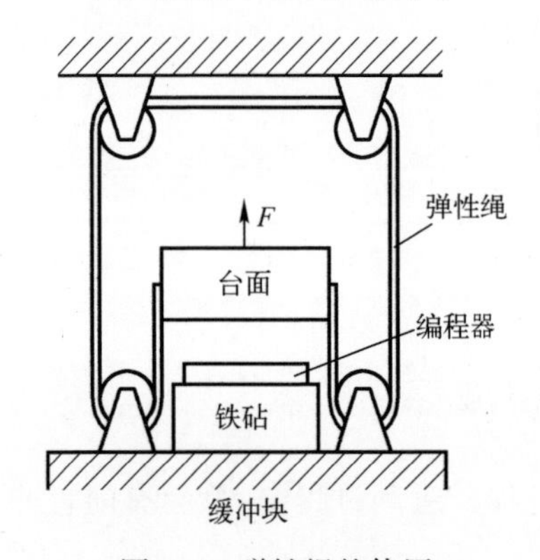

图 6.4　弹性绳的使用

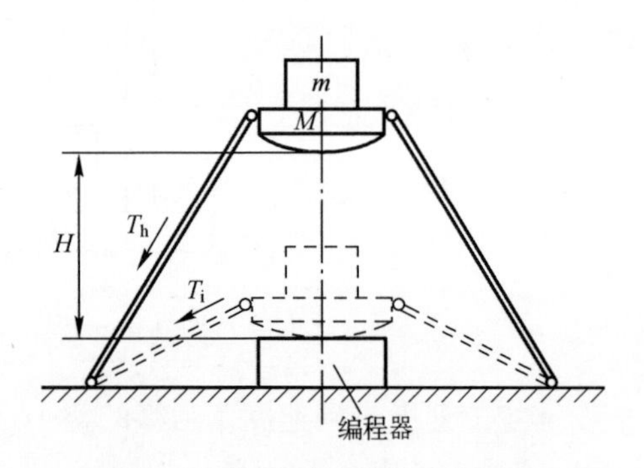

图 6.5　使用弹性绳的运作原理

如果是钟摆式冲击机(图 6.6)，则碰撞时的速度计算如下：

$$(M+m)gL(1-\cos\alpha)=\frac{1}{2}(M+m)v_i^2$$

即

$$v_i=\sqrt{2gL(1-\cos\alpha)} \tag{6.4}$$

式中：L 为摆臂的长度；α 为跌落的角度。

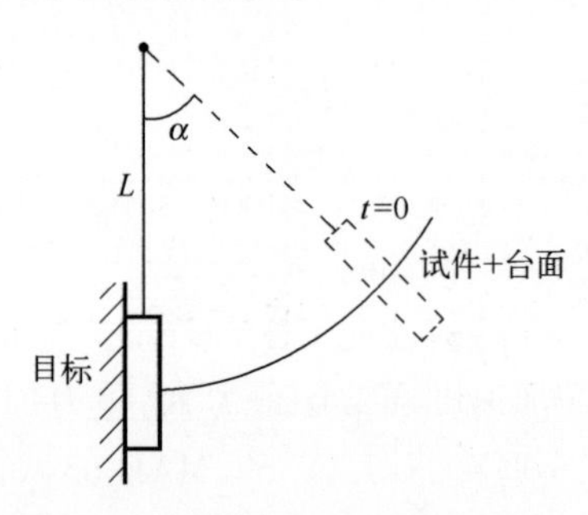

图 6.6　钟摆式冲击试验机的原理

在碰撞过程中，试验台面的速度快速变化，在试验台和机器基底之间产生幅值很大的力。为了产生给定波形的冲击，须在速度变化过程中，控制撞击过程中力的幅值，这些都由冲击编程器实现。

通用冲击试验机

MRL(蒙特利研究实验室)公司推出了一款有碰撞模式和冲击模式的冲击机[BRE 66]。在两种配置中,试件放在试验台的上面。试验台面由固定在竖直框架上的两个杆导引。

碰撞模式(通常情形)的试验,通过安装在支架顶端的起重机,利用能抬升和跌落的中间装置将试验台抬升到要求的高度(图6.7)。在一定高度打开联锁系统,试验台面在重力或弹性绳的作用下开始下落。与编程器发生反弹后,试验台被锁住,避免二次碰撞。

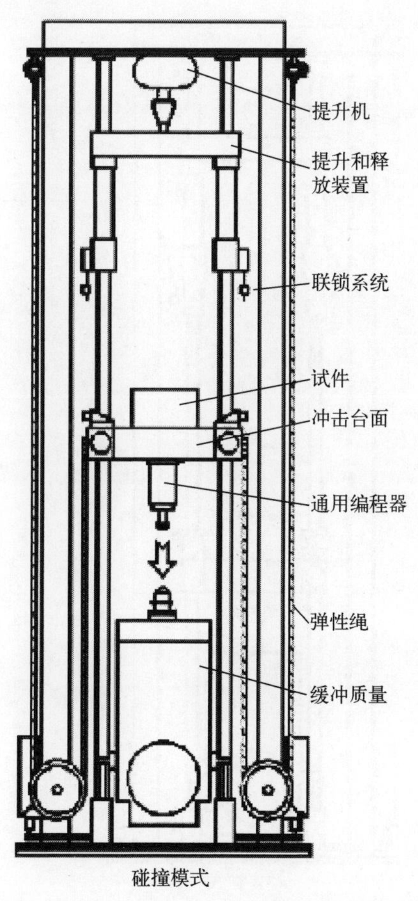

图6.7 MRL通用冲击试验机(碰撞模式)

注:已经研制出专门用于相对较小的试件,在非常短的时间内产生非常大的冲击波形的设备(达到100000g,0.05ms)。冲击放大器(由MRL生产的双质量冲击放大器)包括一个二级冲击台面(放置试样)和一个用螺栓固定在冲击机

框架顶部的大质量基底。

当主试验台面与试验机基底的编程器发生碰撞和反弹(冲击持续时间约为6ms)时,由冲击弹性绳约束在基底之上的二级冲击台面继续向下下落,拉伸冲击绳。二级冲击台与冲击放大器底部的高密度毛毡编程器发生碰撞,然后产生高加速度冲击。

冲击模式的冲击机台面放在编程器(用于前峰锯齿冲击脉冲的实现)的活塞上(图6.8)。通过控制液压编程器活塞输出的力使试验台面产生特定的加速信号。为防止台面二次下落与编程器相撞,应使台面停在行程内。

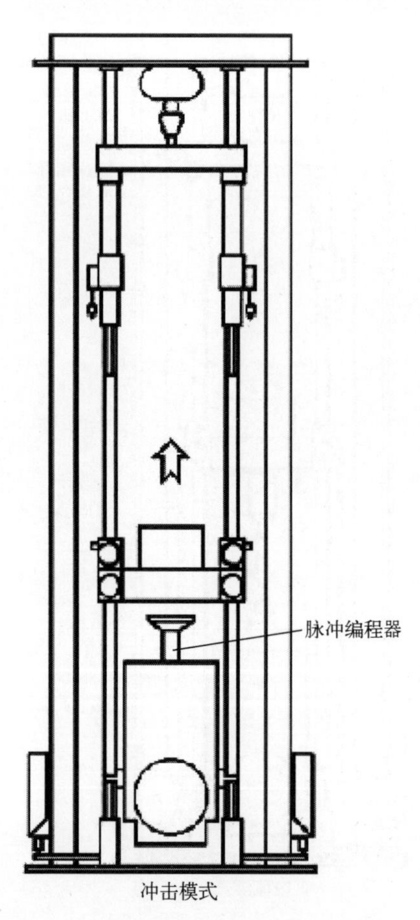

图6.8 MRL通用冲击试验机(冲击模式)

前置冲击和后置冲击

自由或加速下落的冲击机产生的冲击实际上利用的是前置冲击或后置冲击,很多人通常没有注意这点,但前置冲击或后置冲击改变了冲击低频段的严酷等级(7.6节)。冲击过程起始于台面从试验要求的高度下落,终止于台面与编程器碰撞反弹完成后。台面下落过程为前置冲击,反弹过程为后置冲击。

自由下落(图6.9)

令 α 为编程器的反弹率(回弹系数)。如果 ΔV 为冲击产生的速度变化量($\Delta V = \int_0^\tau \ddot{x}(t)\,\mathrm{d}t$),反弹速度和碰撞速度关系(式(5.10))为 $\Delta V = v_R - v_i$,$v_i = \dfrac{\Delta V}{1+\alpha}$。可推导出跌落高度:

$$H = \frac{v_i^2}{2g} \tag{6.5}$$

式中:g 为重力加速度。

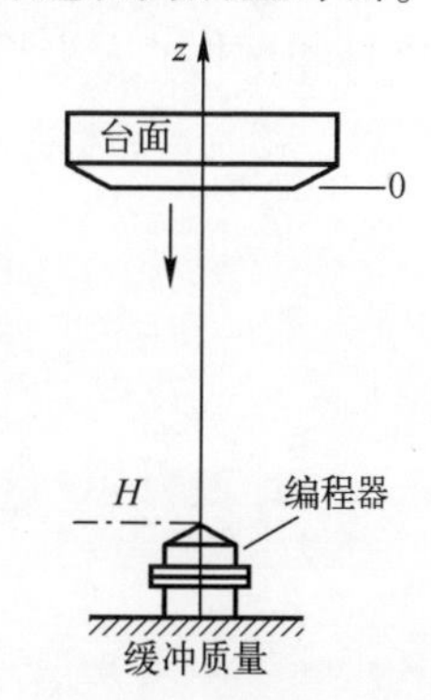

图6.9 试验台的运动

试验台由释放到碰撞过程的运动规律为

$$\ddot{z} = -g \tag{6.6}$$

$$\dot{z} = -gt \tag{6.7}$$

$$z = -\frac{1}{2}gt^2 \tag{6.8}$$

碰撞发生的时间为

$$t_i = \frac{v_i}{g} \tag{6.9}$$

式中:t_i为前置冲击的持续时间。因为反弹速度的绝对值等于 $v_R = \alpha v_i$,所以发生反弹的高度为

$$H_R = \frac{v_R^2}{2g} \tag{6.10}$$

持续时间为

$$t_R = \frac{v_R}{g} \tag{6.11}$$

图6.10给出整个运动过程的特征规律。

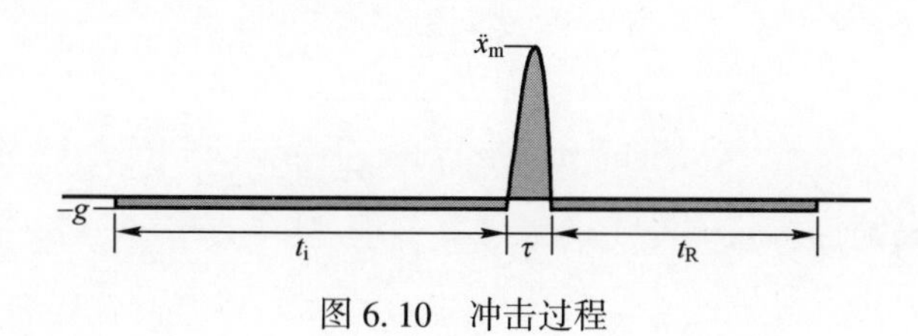

图6.10 冲击过程

加速下落

加速下落过程,试验台的运动如图 6.11 所示,假设总的碰撞质量为 m(台面、夹具和试件),k 为弹性绳的刚度。

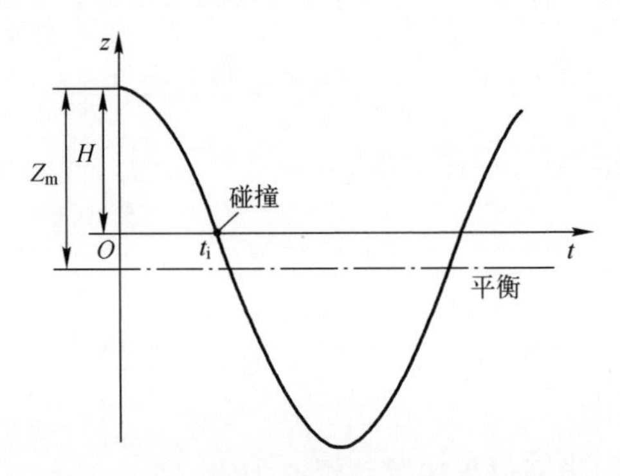

图 6.11 加速下落过程中试验台的运动

运动微分方程为

$$M\frac{d^2z}{dt^2}+mg+kz=0 \tag{6.12}$$

其解为

$$z=Z_m\cos(\omega t)-\frac{g}{\omega^2} \tag{6.13}$$

其中 $\omega=\sqrt{\frac{k}{m}}$,可得

$$\dot{z}=-Z_m\omega\sin(\omega t) \tag{6.14}$$

$$\ddot{z}=-Z_m\omega^2\cos(\omega t) \tag{6.15}$$

碰撞时,$z=0$,$t=t_i$,则

$$\cos(\omega t_i)=\frac{g}{\omega^2 Z_m} \tag{6.16}$$

此外

$$\ddot{z}_i=-g \tag{6.17}$$

$$\sin(\omega t_i)=\sqrt{1-\frac{g^2}{Z_m^2\omega^4}} \tag{6.18}$$

碰撞速度为

$$\dot{z}_i=v_i=-\omega Z_m\sqrt{1-\frac{g^2}{\omega^4 Z_m^2}} \tag{6.19}$$

可得

$$Z_m = \sqrt{\frac{v_i^2}{\omega^2} + \frac{g^2}{\omega^4}} \tag{6.20}$$

前置冲击的持续时间为

$$t_i = \frac{1}{\omega} \arccos \frac{g}{Z_m \omega^2} \tag{6.21}$$

冲击后,反弹速度 $v_R = \alpha |v_i|$。则有

$$Z_{mR} = \sqrt{\frac{v_R^2}{\omega^2} + \frac{g^2}{\omega^4}} \tag{6.22}$$

$$t_R = \frac{1}{\omega} \arccos \frac{g}{Z_{mR} \omega^2} \tag{6.23}$$

和

$$\ddot{z} = -Z_{mR} \omega^2 \cos[\omega(t_R - t)] \tag{6.24}$$

6.3 强冲击机

6.3.1 轻量级强冲击机

爆炸离舰船较远时,产生的冲击仍可传递到整个结构上,为模拟这种水下爆炸对舰载设备的影响,1939 年研制了轻量级强冲击机[MIL 89]。1940 年美国生产了第二套用于轻型设备试验的强冲击机,1942 年生产了用于质量在 100~2500kg 之间设备试验的强冲击机[VIG 61a](6.3.2 节)。

试验程序没有明确冲击响应谱或经典波形的冲击,但包括试验设备的使用方法以及设备的调试等。

冲击机包括用标准型钢焊接的框架,两个力锤,一个可垂直滑动,一个可在垂直面像摆一样弧线滑动,如图 6.12 所示。

装载试件的板可接受一个或另一个力锤的撞击。两种运动与试件两种放置位置的组合,在不拆卸试件的情况下可实现 3 个方向的冲击。

每个力锤重约 200kg,可从 1.5m 的高度下落[CON 52]。试验台面是一块 86cm×122cm×1.6cm 的钢板,在板子背面由工字梁加强加固。

为吸收有限位移(最大位移为 38mm)力锤的能量,试验板上的 3 个碰击位置都装配弹簧,可阻止力锤反弹。

使用不同的中间的标准板可模拟船载设备的不同条件。这些板子夹在试件和钢板之间,目的是在碰撞时实现隔离以及对实际冲击的模拟。

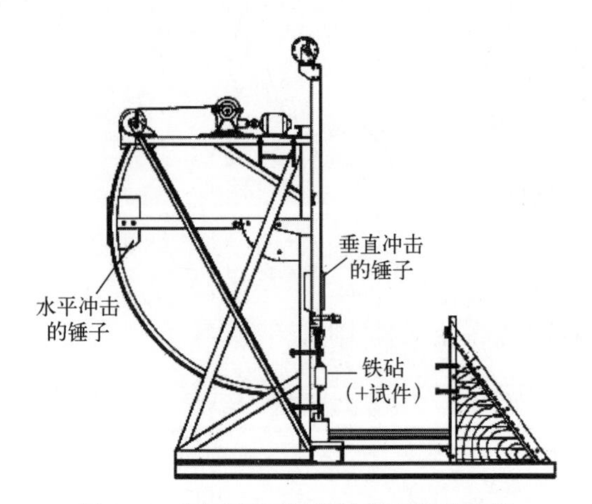

图 6.12 用于轻型装备的高碰撞冲击机

试件的质量不应超过 100kg，对于固定的试验条件（碰击方向，设备质量，中间板），产生的波形与跌落高度关系不大。产生的冲击持续时间大约为 1ms，幅值介于 5000~10000m/s^{2}之间。

6.3.2 中量级强冲击机

中量冲击机可对含夹具在内质量小于 2500kg 的设备进行试验（图 6.13）。质量为 1360kg 的力锤能以大于 180°的圆弧摆动，与砧台的底面碰撞产生冲击。砧台固定在装载试件的台面底部，受碰撞后可垂直向上运动 8cm、向下运动 4cm 运动，然后锁住[CON 51，LAZ 67，VIG 47，VIG 61b]。试件由一组槽钢梁固定在实验台上（没有直接固定在砧台结构上），支撑金属结构上的装置固有频率约为 60Hz。

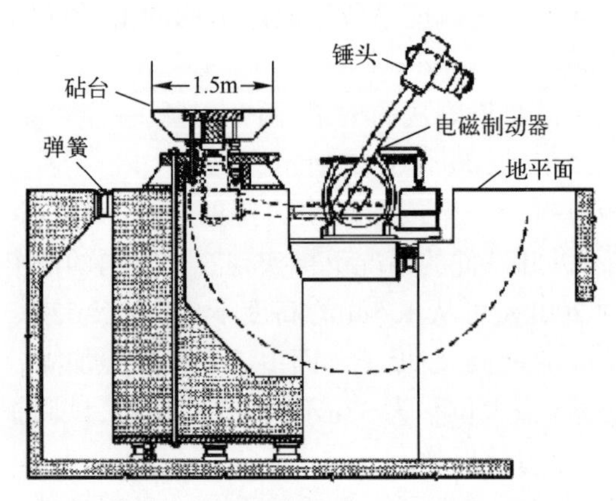

图 6.13 中量级设备的高碰撞冲击机

与轻量级强冲击机类似,很难进行具有最大的加速度等特定要求的冲击试验。更容易控制的是与速度改变量有关的力锤跌落高度以及移动装置的总质量(砧台、夹具和试件)[LAZ 67]。

此种设备产生的冲击很难复现,与冲击机的使用年限和调试有关(相同条件下分解和重装设备,可能就不一样,高频段结果差别更大)[VIG 61a]。

在试验砧台和力锤之间插入弹性或塑性材料,也可产生经典冲击,例如持续时间为 10~20ms 的半正弦和持续时间约为 10m 的后峰锯齿[VIG 63]。

6.4 气动冲击机

气动冲击机通常有被一块板子分隔成内、外两部分的气缸。活塞杆安装在板子上,(位于较低处的活塞杆)穿过气缸,伸出气缸的活塞杆支撑着试验台(图 6.14)。

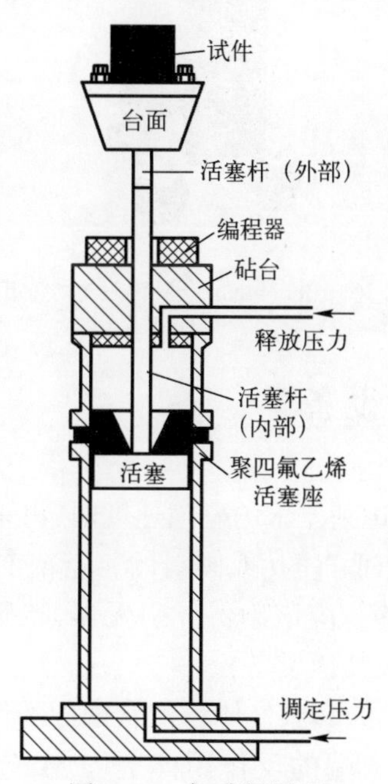

图 6.14 气动机原理

在活塞上面的特氟隆座支撑[THO 64]下,活塞上下面压力不同。

开始试验时,对下面的气缸充压(参考压力)使活塞(杆和试验台)升起来。较高处的气缸膛内膨胀到大约参考压力的 5 倍。当施加在活塞上表面的力超过了参考压力,活塞释放。上表面的有效面积快速增大,在非常短的时间内活塞经受了一个很大的向下的力。试验台压迫位于千斤顶上的编程器(高弹体、铝锥等)。

为避免冲击的台体与建筑地面发生耦合,气动冲击机下面装有4个充气的橡胶气囊。气动冲击机可看作作用的固有质量。

气动冲击机的商业价值取决于其性能和大小。图6.15为Benchmark SM105气动冲击机。

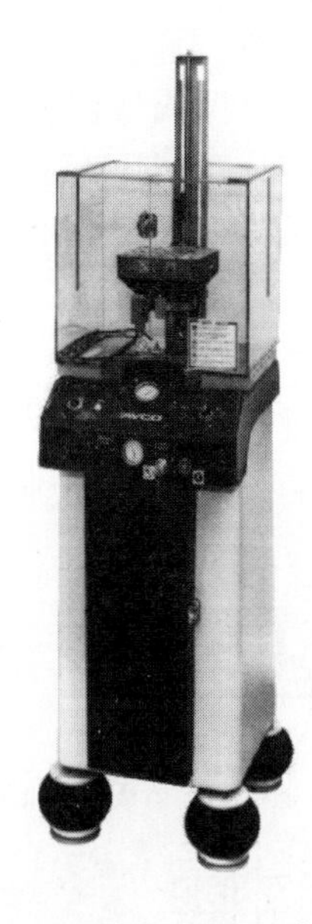

图6.15 Benchmark SM105气动冲击机

6.5 特殊的试验设备

当普通的冲击机无法达到要求的碰撞速度时,可采用下述方法。

跌落试验装置,用两个垂直的(或倾斜的)缆绳[LAL 75,WHI 61,WHI 63]导引,可从几十米高度跌落。应该确保导引无误,特别是摩擦要足够小。要求测量碰撞速度(光电装置或其他设备)。

气枪,最初依靠容器里的膨胀气体将带有试件的气炮抛射到带有编程器的靶子上,编程器固定在枪末端的反作用体上[LAL 75,WHI 61,WHI 63,YAR 65]。碰撞模式与上述类似。由设置的枪速度产生的冲击幅值应比碰撞时产生的冲击的幅值小。另一种模式是在设置速度阶段产生特定的冲击,用比主冲击加速度小的气动装置停住炮弹。气枪的主要缺点是,为追踪炮弹的运动,很难操控气枪内可能受损断开的电缆、仪表等。

倾斜碰撞试验装置[LAZ 67,VIG 61b],主要用来模拟在很严酷的操作冲击或火车上经历的冲击。试验装置主要由固定试件的车厢构成,车厢在具有一定斜度的轨道上运行,冲向一块木头屏障。

可以使用高弹性的缓冲器或弹簧来修正冲击的波形,这种试验常称为CONBUR试验,如图6.16所示。

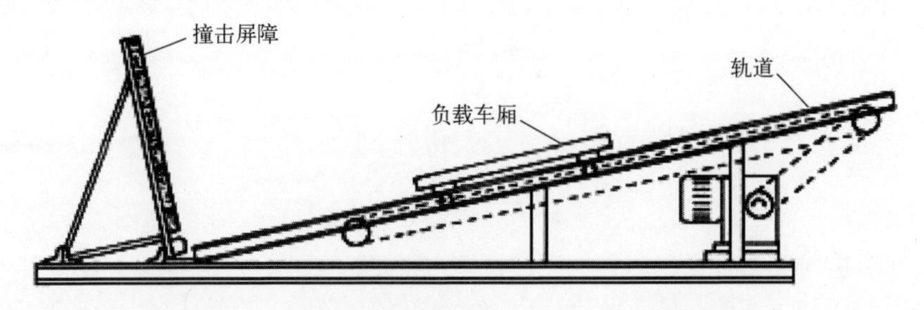

图6.16 倾斜的碰撞试验设备(CONBUR试验设备)

6.6 编程器

本节只介绍常用的产生半正弦脉冲、后峰锯齿脉冲和梯形冲击脉冲的编程器。

6.6.1 半正弦脉冲

在试验台面和反应器之间插入弹性材料可产生半正弦脉冲。

冲击持续时间

冲击持续时间可通过台面和编程器的力学模型计算。假设试验台面和编程器是线性单自由度质量-弹簧系统,则运动的微分方程为

$$M\frac{\mathrm{d}^2x}{\mathrm{d}t^2}+kx=0 \tag{6.25}$$

式中:m为总质量(试验台面、夹具、试件);k为编程器的刚度。

$$\ddot{x}+\omega_0^2x=0 \tag{6.26}$$

该方程的解为周期$T=\frac{2\pi}{\omega_0}$的正弦。只要台面和编程器之间有接触,即在半个周期内,弹性材料压缩和伸长时此解都有效。设τ为冲击持续时间,则有

$$\tau=\pi\sqrt{\frac{m}{k}} \tag{6.27}$$

上式表明,持续时间是质量和刚度的函数,与碰撞速度无关。已知质量m、持续时间τ,可以得到刚度:

$$k=m\sqrt{\frac{\pi^2}{\tau^2}} \tag{6.28}$$

编程器的最大变形

设 v_i 为试验台面的碰撞速度，x_m 为冲击过程中编程器的最大变形，编程器在压缩过程中的势能与动能相等，则有

$$\frac{1}{2}mv_i^2=\frac{1}{2}kx_m^2 \tag{6.29}$$

可得

$$x_m=v_i\sqrt{\frac{m}{k}} \tag{6.30}$$

冲击的幅值

由式(6.25)可得，$m\ddot{x}_m=kx_m$，$\ddot{x}_m=\frac{kx_m}{m}$。由式(6.30)可得

$$\ddot{x}_m=v_i\sqrt{\frac{k}{m}} \tag{6.31}$$

式中

$$v_i=\sqrt{2gH} \tag{6.32}$$

其中：g 为重力加速度，$1g=9.81\text{m/s}^2$；H 为跌落高度。

上式基于理想反弹，但若反弹速度大于碰撞速度的 50%，也可应用此式。

根据 m 和 τ 可得到 k，可确定碰撞速度，根据跌落高度可获得要求的冲击幅值。

编程器的特性

对于圆柱形的编程器，有

$$k=\frac{ES}{L}$$

式中：S、L 分别为编程器的横断面积和高度；E 为受压材料的弹性模量。

根据材料的特性，即弹性模量 E，选择合适的 L 和 S 值设计编程器（为保持稳定，避免高度与直径的比过大）。当试验台面较大时，可放置四个编程器分散载荷，每个编程器的横断面积为原来的 1/4。

杨氏模量是动态模量，通常比静态模量大。弹性模量的分散性主要与材料有关，但也受配置、变形以及载荷等因子等影响。动态模量 E_d 与静态模量 E_s 的比值通常介于 1~2 之间。某些情况下超过 2[LAZ 67]。阻尼材料的比值都比较大，橡胶这类材料的比值接近于 1。

如果碰撞的表面是平面，碰撞时产生的波在圆柱内传播，出现几次上下的振荡（图 6.17）。这种现象会使得信号的起始阶段出现高频振荡，产生半正弦脉冲失真。

为避免失真，编程器的前表面设计成小的圆锥形（图 6.18），目的是缓慢地与负载材料接触（打开模式）。因此，产生的冲击形状类似半正弦和正矢脉冲。

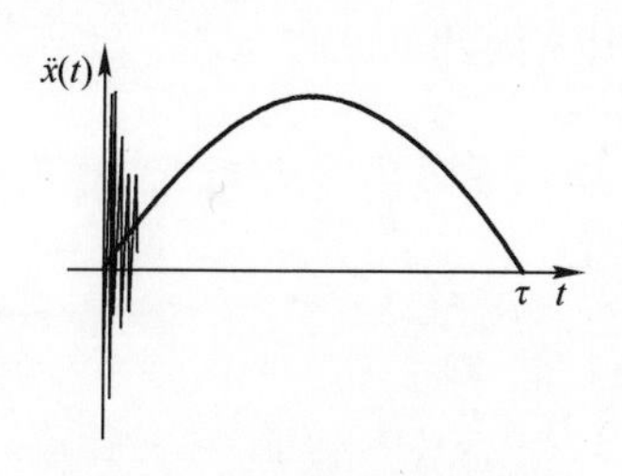

图 6.17 高频段的碰撞图

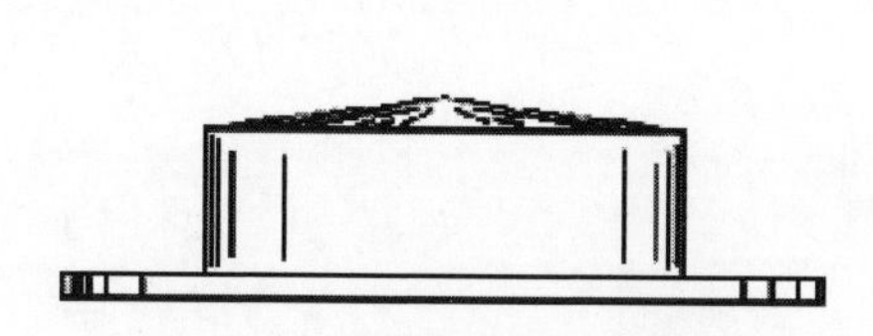

图 6.18 圆锥碰撞面的碰撞模块

这种圆锥表面会带来非线性。A. Girard 对 18×18 的 IMPAC 编程器的研究表明，幅值变化为 $H^{0.68}$（H 为跌落的高度，单位为 m），持续时间变化为 $H^{-0.18}$。式（6.31）和式（6.27）做如下修正：

$$\ddot{x}_m = v_i^{1.36}\sqrt{\frac{\lambda}{m}} \tag{6.33}$$

式中：$k = \lambda x_m^{1.1}$：

$$\tau = \frac{\pi}{v_i^{1.36}}\left(\frac{m}{\lambda}\right)^{0.32} \tag{6.34}$$

$$\lambda = \frac{m}{\ddot{x}_m^{1.1}}\left(\frac{\pi}{\tau}\right)^{4.25} \tag{6.35}$$

理论跌落高度 $H = \frac{(\tau\ddot{x}_m)^2}{2\pi^2 g}$，必须考虑损失的能量。

$$v_i = \sqrt{2gH} = \beta\frac{2}{\pi}\ddot{x}_m\tau \tag{6.36}$$

$$H = \frac{\beta^2}{2g}\left(\frac{2}{\pi}\ddot{x}_m\tau\right)^2 \tag{6.37}$$

式中：$\beta^2 \approx 1.25$。

冲击波的传播时间

试验台可看作是简单的弹性系统，而不是分布连续系统。冲击波在试验台传播时间应小于冲击的持续时间 τ。设 a 为声音在试验台中的传播速度，h 为高度，则这个条件可以写成

$$\frac{2h}{a} << \tau$$

即因为 $a = \sqrt{\frac{E}{\rho}}$（$E$ 为杨氏模量，ρ 为密度）和 $\tau = \pi\sqrt{\frac{k}{m}}$：

$$2h\sqrt{\frac{\rho}{E}} << \pi\sqrt{\frac{m}{k}}$$

如果试验台的质量 $M_C = hS\rho$（S 为横断面积），因此

$$2h\sqrt{\frac{\rho}{E}} = 2\sqrt{\frac{h^2\rho S}{ES}} = 2\sqrt{\frac{M_C}{k}} << \pi\sqrt{\frac{m}{k}}$$

即

$$\frac{m}{M_C} >> \frac{4}{\pi^2} \approx 0.4$$

反弹

反弹率是材料的函数。阻尼越大的弹性材料，对应的反弹率越小。

金属弹簧的阻尼比较小，因此反弹率比较大，约为 75%。而人造橡胶变化很大，反弹率在跌落高度的 0~75%之间。

反弹率也与配置、弹性材料的变形有关。由软性材料构成的变形更大，反弹也更大；反之，非常坚硬和薄弹性体材料，变形只有几百分之一毫米，反弹特别小[LAZ 67]。

反弹不明显表明，编程器的材料在碰撞过程中的表现与黏弹性材料类似，台面的反弹速度高于材料的松弛速度[BRO 63]。

为用编程器产生比较好的半正弦冲击脉冲，需要理想的反弹，即反弹速度等于碰撞速度，阻尼为零。此时冲击脉冲是对称的。当反弹率减小，加速度变为零所需的时间比加速度从零到峰值的时间短（图 6.19）。

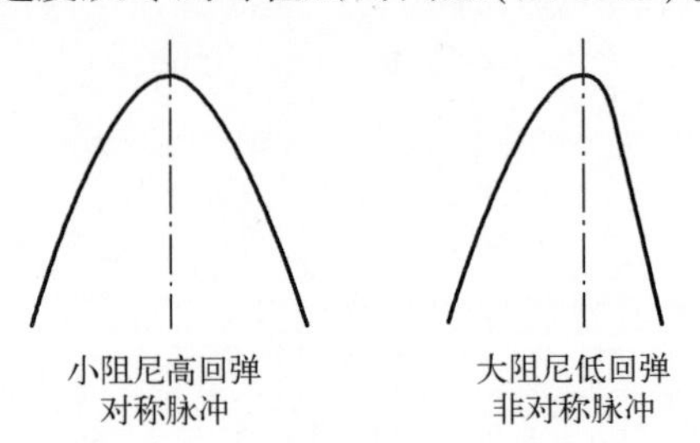

图 6.19　与材料的阻尼有关的半正弦脉冲的失真

经验是把编程器的最大动态变形控制在初始厚度的 10%~15%之内。如果超出此范围，则获得的冲击波形将呈现非线性趋势。

例 6.1　300m/s²、10ms 的半正弦冲击。假设总质量（试验台面、夹具、试件）为 600kg。

弹性编程器的回弹系数约为 50%（$v_R = -\alpha v_i$）。考虑 $\alpha = 1$ 的情形。由式(6.28)可得

$$k=m\frac{\pi^2}{\tau^2}=600\times\frac{\pi^2}{(10^{-2})^2}\approx 5.92\times 10^7(\mathrm{N/m})$$

由式(6.31)计算的碰撞速度为

$$v_\mathrm{i}=\ddot{x}_\mathrm{m}\sqrt{\frac{m}{k}}=\ddot{x}_\mathrm{m}\frac{\tau}{\pi}=300\times\frac{10^{-2}}{\pi}\approx 0.955(\mathrm{m/s})$$

跌落高度为

$$H=\frac{v_\mathrm{i}^2}{2g}\approx 47\times 10^{-3}(\mathrm{m})$$

在碰撞过程中,变形高度(式(6.30))为

$$x_\mathrm{m}=v_\mathrm{i}\sqrt{\frac{m}{k}}=\ddot{x}_\mathrm{m}\left(\frac{\tau}{\pi}\right)^2=300\left(\frac{10^{-2}}{\pi}\right)^2\approx 3\times 10^{-3}(\mathrm{m})$$

冲击过程中,速度的变化为

$$\Delta V=\frac{2}{\pi}\ddot{x}_\mathrm{m}\tau=\frac{2}{\pi}\times 3\times 10^{-2}\approx 1.91(\mathrm{m/s}),\quad \Delta V=2v_\mathrm{i}$$

L 为高度,D 为直径,由 $K=\frac{ES}{L}$得

$$D^2=\frac{4}{\pi}\frac{k}{E}L$$

如果弹性体的弹性模量 $E\approx 5\times 10^7\mathrm{N/m^2}$,$L=0.02\mathrm{m}$,则可得 $D\approx 0.174\mathrm{m}$。仍要检查材料中的应力不要超过可接受值。

注:

(1) 假设目标的材料是理想的弹性体,反弹也是理想的,可建立式(6.27)和式(6.31)。非理想情况,这些公式只能给出近似的 $\ddot{x}_\mathrm{m}$ 和 τ(或 k 和 v_i)。因此,需进行试验来获得 $\ddot{x}_\mathrm{m}$ 和 τ,再用下式修正 k 和 v_i:

$$\frac{\ddot{x}_\mathrm{m1}}{\ddot{x}_\mathrm{m2}}=\frac{v_\mathrm{i2}}{v_\mathrm{i1}}\sqrt{\frac{k_2}{k_1}\frac{m_1}{m_2}} \tag{6.38}$$

即根据跌落高度可得

$$\frac{\ddot{x}_\mathrm{m1}}{\ddot{x}_\mathrm{m2}}=\sqrt{\frac{H_2}{H_1}\frac{k_2}{k_1}\frac{m_1}{m_2}} \tag{6.39}$$

$$\frac{\tau_2}{\tau_1}=\sqrt{\frac{m_2}{m_1}\frac{k_1}{k_2}} \tag{6.40}$$

式中:下标 1 对应第一次的冲击;下标 2 对应要求的冲击。

当存在一定的反弹以及冲击波形保持对称,可根据这些公式修正得到要求

的幅值和持续时间。但当修正幅值和持续时间时,冲击的形状很难保持。橡胶目标的变形达到其长度的30%时,力与位移的关系就是非线性的,可导致冲击失真[BRO 63,WHI 61,WHI 63]。

(2) 对于一些有限制的材料(如液体),有 $k=\frac{E_{dv}S_p}{V}$(E_{dv}为体积动态弹性模量;V为溶液的体积;S_p为压缩液体的活塞的有效面积)。

制造商提供插入两块金属板之间的弹性圆柱模块。这些模块的刚度用颜色标识(绿色刚度最小,红色最大)[GAR 93]。编程器由各种刚度的模块组合构成(图6.20)。

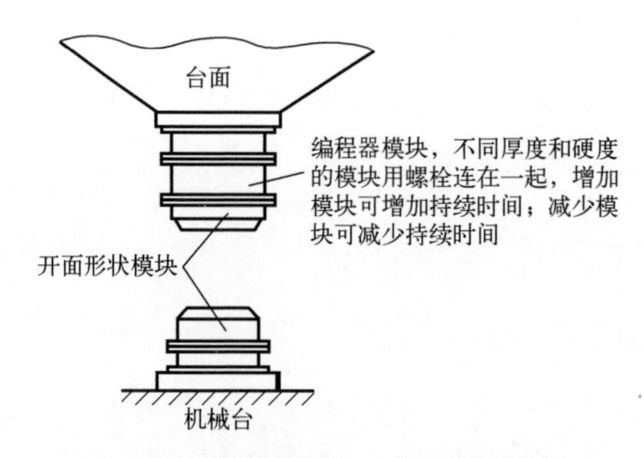

图6.20 模块的分布(半正弦冲击脉冲)

通过这些模块组合,可用相对较少的模块就覆盖比较宽的冲击持续时间[BRE 67,BRO 66a,BRO 66b,GRA 66]。

模块通常放在台面底部和撞击质量面的顶部,使台面底部均匀承受冲击载荷。因此能避免激励出低频段的弯曲模态,并能放大台面振动。

高强度和高弹性模量的热塑性材料构成的编程器可产生冲击持续时间非常短的冲击。选择的塑性材料弹性大,硬度也大。在屈服应力内可以无限使用,复现性也非常好。

编程器由粘贴在平面圆形金属板上的圆柱形材料构成,金属板用螺丝固定在冲击机试验台较低的部位。

6.6.2 后峰锯齿脉冲

编程器使用脆性材料

碰撞时的冲击时间内没有反弹时,随时间变化的变形:

$$x(t)=\frac{\ddot{x}_m t}{2\tau}\left(\frac{t^2}{3}-\tau^2\right)$$

因为$\ddot{x}(t)=\ddot{x}_m\frac{t}{\tau}$,$F(t)=-m\ddot{x}(t)$,上式也可以写成

$$x=\frac{F\tau^2}{2m}\left(1-\frac{F^2}{3m^2\ddot{x}_m^2}\right) \tag{6.41}$$

为产生后峰锯齿脉冲,应使非弹性材料(易碎材料)构成的目标器动态变形-载荷关系服从立方定律[WHI 61]。为获得理想的后峰锯齿脉冲:

$$\ddot{x}(t)=\ddot{x}_m\frac{t}{\tau}$$

通过积分:

$$v(t)=\frac{t^2}{2\tau}\ddot{x}_m+v_i$$

$$x(t)=\frac{t^3\ddot{x}_m}{6\tau}+v_i t$$

已知$|F|=m\ddot{x}(t)=\sigma_{cr}S(t)$,则变为

$$\begin{cases} S(t)=\dfrac{m}{\sigma_{cr}}\ddot{x}(t)=\dfrac{m\ddot{x}_m}{\tau\sigma_{cr}}t \\ x(t)=\dfrac{\ddot{x}_m}{6\tau}t^3+v_i t \end{cases} \tag{6.42}$$

式中:$S(t)$为t时刻编程器与台面接触的表面积;σ_{cr}为构成目标器的材料压应力。

$S(t)$准则相对比较复杂,如果令$S_0=\frac{m\ddot{x}_m}{\sigma_{cr}}$,则可以写成:

$$S(t)=S_0\frac{t}{\tau}$$

$$x(t)=\tau\frac{S(t)}{S_0}\left[\frac{\ddot{x}(t)S^2(t)}{6S_0^2}\tau+v_i\right] \tag{6.43}$$

例 6.2 台面+夹具+试件质量:400kg。

最大加速度:500m/s^2。

冲击持续时间:10ms。

$$\sigma_{cr}=760\text{kg/m}^2=760\times10^4\text{kg/m}^2$$

$$\Delta V=v_i=\frac{\tau\ddot{x}_m}{2}=\frac{500\times10^{-2}}{2}=2.5(\text{m/s})$$

$$S(t)=\frac{400\times500}{10^{-2}\times760\times10^4}t=2.63t$$

$$x(t)=8.3\times10^{-3}t^3+2.5t$$

图 6.21 给出了随 x 变化的 $S(x)$。

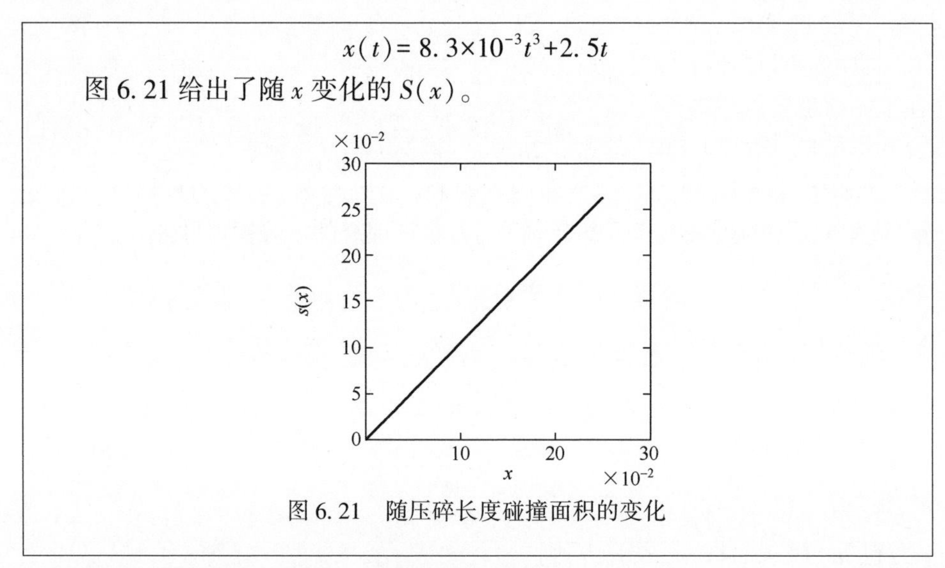

图 6.21 随压碎长度碰撞面积的变化

设 $S=\lambda x$（λ 为常数），则 t 时刻有

$$\sigma_{cr}S=\sigma_{cr}\lambda x=m\ddot{x}(t) \tag{6.44}$$

可得

$$\ddot{x}(t)-\frac{\sigma_{cr}\lambda}{m}x=0$$

令 $\Omega^2=\frac{\sigma_{cr}\lambda}{m}$，则

$$\ddot{x}(t)-\Omega^2x=0$$

其解为 $x(t)=x_m\sinh(\Omega t)$。二次求导，有 $\dot{x}(t)=\Omega x_m\cosh(\Omega t)$ 和 $\ddot{x}(t)=\Omega^2x_m\sinh(\Omega t)$。此种假设情况下，上升的曲线并不是理想的直线，但是已经满足要求。对于 $F(t)$ 或 $\ddot{x}(t)$ 的斜率为常数，因此编程器的横断面积随着离顶部距离增大（碰撞点）线性增大，即定义的圆锥形。

对于 $t=0,x=0$，以及 $x=v_i=\Delta V$。对于 $t=\tau,\ddot{x}(\tau)=x_m$，可得

$$\begin{cases}\Omega x_m\sinh(\Omega t)=\ddot{x}_m\\ x_m\Omega=v_i\end{cases}$$

即

$$\begin{cases}\lambda=\dfrac{m\ddot{x}_m^2}{\sigma_{cr}v_i^2\sinh(\Omega t)}\\ x_m=\dfrac{v_i^2}{\ddot{x}_m}\sqrt{\sinh(\Omega t)}\end{cases} \tag{6.45}$$

理论上,上式可确定目标器的特性。但,Ω 与 λ 有关,计算复杂。

虽然通过加速度准则,可计算载荷变形特性,但是实际上很难实现。难点在于如何确定编程器的形式以及如何确定产生给定冲击的动态压力特性。每台冲击机、每次冲击试验,都需要进行预试验来检查编程器是否合适。每次试验后编程器都会损坏,费用较高。因此需要一种通用的编程器(见6.6.4节)。

通常使用的材料是铅或蜂窝状的。按下列公式计算圆锥体:

压碎长度为

$$x_m = \frac{\ddot{x}_m \tau^3}{3} \tag{6.46}$$

得到圆锥体的长度 $h>1.2x_m$(材料变形的必要高度)。

最大力为

$$F_m = S_m \sigma_{cr} = m\ddot{x}_m \tag{6.47}$$

高度为 x_m 的圆锥体的横断面积为

$$S_m = \frac{m\ddot{x}_m}{\sigma_{cr}} \tag{6.48}$$

当试验台面的能量因铅的破碎而消耗时,加速度降低为零。衰减到零的时间与反应器的质量和台面质量有关。为使衰减到零的时间不会很长,满足规范要求,冲击机须有刚度非常大的固体质量块。由于编程器本身的固有特性,因此时间不能为零。此外,如果固体质量块的弹性不可忽略,则时间就会变得很长而不可接受。

对于铅材料,σ_{cr}=760kg/cm^2(76MPa)。可能的持续时间介于2~20ms之间。

铅块的钢冲压

另一种产生后峰锯齿脉冲的方法是对易变形的材料如铅冲压。冲压机固定在台面下面,铅块位于反应的固体质量块上(图6.22)。设置台面的速度,如通过自由跌落[BOC 70,BRO 66a,RÖS 70]。冲击的持续时间和幅值是碰撞速度和圆锥的锥角的函数(图6.23)。

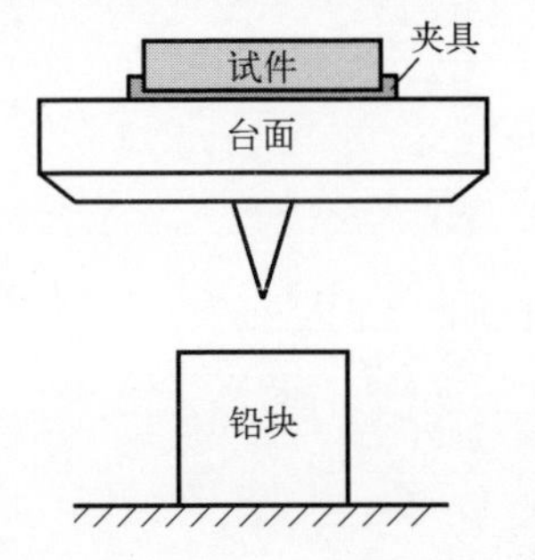

图6.22 由冲压铅块实现后峰锯齿脉冲

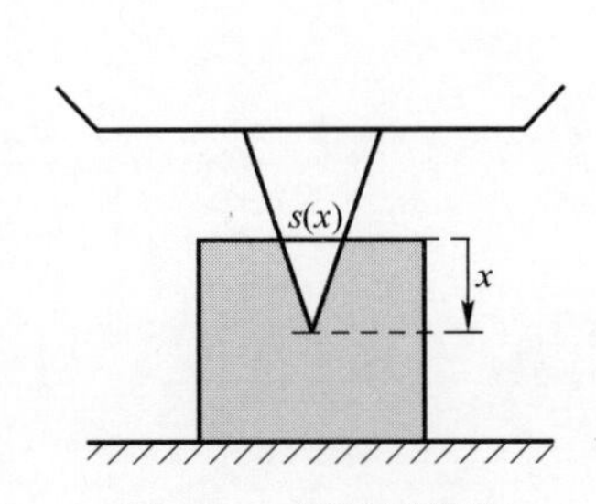

图6.23 钢冲压铅块

在锥形冲压机冲压铅块的过程中,减缓台面的力与冲压的最大面积 $S(x)$ 有关,设 $S(x)$ 距离顶点的距离为 x,圆锥的锥角为 φ,则有

$$S(x)=\pi x^2\tan^2\frac{\varphi}{2}$$

假设 m 为运动部件的总质量,令惯性力和铅中的制动力相等,则有

$$m\frac{\mathrm{d}^2x}{\mathrm{d}t^2}=-\alpha\pi x^2\tan^2\frac{\varphi}{2}$$

式中:α 为铅压应力的常函数(假设只与这个参数有关,其他因素如钢铅摩擦可忽略)。令

$$a=\frac{\alpha\pi\tan^2\varphi/2}{m}$$

则有

$$\frac{\mathrm{d}^2x}{\mathrm{d}t^2}=-ax^2 \tag{6.49}$$

如果 v 为时刻 t 的速度,v_{i} 为碰撞速度,这个关系式可以写为

$$\frac{\mathrm{d}v}{\mathrm{d}t}=-ax^2$$

可得

$$\frac{v^2}{2}=-a\frac{x^3}{3}+b$$

积分常数 b 由初始条件计算得到:对于 $x=0,v=v_{\mathrm{i}}$,可得

$$v^2=v_{\mathrm{i}}^2-\frac{2}{3}ax^3 \tag{6.50}$$

式(6.50)可以写为

$$\frac{\mathrm{d}t}{\mathrm{d}x}=\frac{1}{v}=\frac{1}{\sqrt{v_{\mathrm{i}}^2-\frac{2}{3}ax^3}}$$

对上式积分,可得

$$t=\frac{1}{v_{\mathrm{i}}}\int_0^x\frac{\mathrm{d}x}{\sqrt{1-\frac{2}{3}\frac{ax^3}{v_{\mathrm{i}}^2}}}$$

令

$$y=\sqrt[3]{\frac{2a}{3v_{\mathrm{i}}^2}}x,\quad \theta=\int_0^y\frac{\mathrm{d}y}{\sqrt{1-y^3}}$$

则有

$$t=\sqrt[3]{\frac{3}{2av_{\mathrm{i}}}}\theta$$

由式(6.49)得到加速度为

$$\ddot{x}(t)=-\sqrt[3]{\frac{9}{4}av_{\mathrm{i}}^{4}y^{2}}$$

此外,有 $v=v_{\mathrm{i}}\sqrt{1-y^{3}}$。当所有的动能都被铅的塑性变形消耗时,台面的速度为零。则,$y=1$ 及

$$x_{\mathrm{m}}=\sqrt[3]{\frac{3v_{\mathrm{i}}^{2}}{2a}} \tag{6.51}$$

$$t_{\max}=\tau=\theta_{\max}\sqrt[3]{\frac{3}{2av_{\mathrm{i}}}} \tag{6.52}$$

$$x_{\mathrm{m}}=-\sqrt[3]{\frac{9av_{\mathrm{i}}^{2}}{4}} \tag{6.53}$$

已知 $v_{\mathrm{i}}=\sqrt{2gH}$($H$ 为跌落高度),及

$$\tau=\theta_{\max}\sqrt[3]{\frac{3}{2a\sqrt{2gH}}}$$

冲击的持续时间与跌落的高度关系不大。根据上述公式,可建立下列关系式:

$$\frac{x_{\mathrm{m}}}{\tau}=\frac{\sqrt{2gH}}{\theta_{\max}} \tag{6.54}$$

和

$$x_{\mathrm{m}}\ddot{x}_{\mathrm{m}}=-3gH \tag{6.55}$$

此外

$$\Delta V=\frac{\ddot{x}_{\mathrm{m}}\tau}{2}=-\frac{3\theta_{\max}}{2}\sqrt{\frac{gH}{2}} \tag{6.56}$$

此方法可以产生几百 g 到几千 g 的冲击,持续时间为 4~10ms(对于质量 25kg 的)。

6.6.3 矩形脉冲–梯形脉冲

该冲击试验由碰撞产生。圆柱形编程器由恒定力压碎的材料(铅、蜂窝状)构成,或者使用通用的编程器。对于第一种方式,按照下述方法计算编程器的特性:

用下列关系式,根据要实现的冲击幅值给出接触的横截面积:

$$F_{\mathrm{m}}=m\ddot{x}_{\mathrm{m}}=S\sigma_{\mathrm{cr}} \tag{6.57}$$

可得

$$S=\frac{m\ddot{x}_{\mathrm{m}}}{\sigma_{\mathrm{cr}}} \tag{6.58}$$

由无反弹的碰撞特性,压碎的长度为

$$x_m = \frac{\ddot{x}_m \tau^2}{2} \tag{6.59}$$

为使恒定的力产生合适的破裂,编程器必须至少等于 1.4x_m。

编程器的接触区域的横截面、材料的压力和运动部分的总质量影响冲击的幅值。

对易碎的材料(如铅),一定的冲压也可产生此类冲击波形。由于碰撞介于两块板子之间,因此这两种方法产生的冲击信号存在干扰。因为受变形的限制,只能产生较短持续时间的冲击。长的持续时间要求较大的塑性变形,但大的变形很难使阻力为定值。蜂窝状的结构可以产生较长的持续时间冲击[GRA 66]。也可以用剪切的铅板。

6.6.4 通用冲击编程器

MTS 蒙特利通用编程器调校后可产生半正弦、TPS 和梯形冲击波形。

编程器由固定在试验台下填充一定压力气体的圆柱体,下面的活塞和一个头组成(图 6.24)。

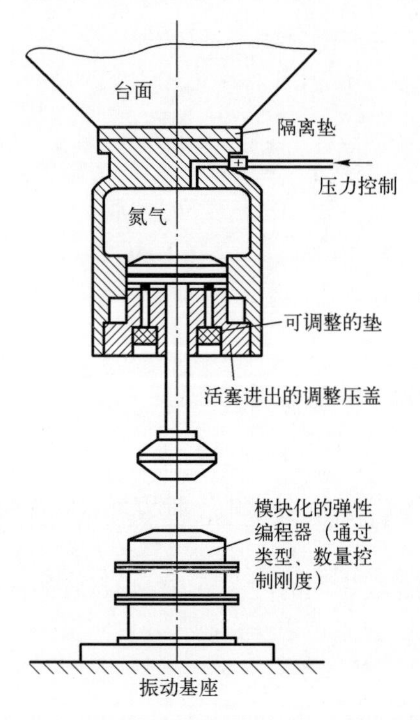

图 6.24 MTS 通用编程器(半正弦和矩形脉冲的配置)

6.6.4.1 半正弦冲击波形的产生

冲击过程中,由于腔内的压强很大,使活塞保持不动(图6.24)。冲击波形通过放在活塞头上的弹性圆柱(编程模块)的压缩控制(见6.6.1节)。

6.6.4.2 后峰锯齿脉冲的产生

圆柱体的腔内用气体(氮气)冲压,活塞在冲击的持续时间 τ 内弹性压缩,如图6.25所示。当活塞受到产生最大加速度 $\ddot{x}_m$ 相关的力时,气体突然释放。

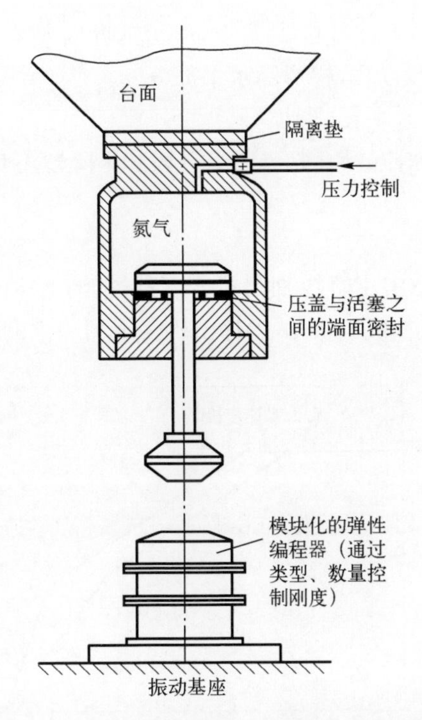

图6.25 MTS通用编程器(后峰锯齿脉冲的配置)

分离之前作用在活塞整个区域的力,分离后仅仅作用在杆上,此时阻力可忽略。

因此加速度由 $\ddot{x}_m$ 快速地变为零。从0增加 $\ddot{x}_m$ 并不是理想线性的,但可用正矢的一段弧线代替(因为如果压力足够大,可以通过压缩弹性体获得正矢冲击)。产生的后峰锯齿脉冲如图6.26所示。

6.6.4.3 梯形冲击波形

所用的装置与半正弦脉冲一样(图6.24)。碰撞时:

(1) 施加到活塞的力与氮气产生的压力平衡之前为弹性压缩。此阶段产生梯形的第一个部分上升段。

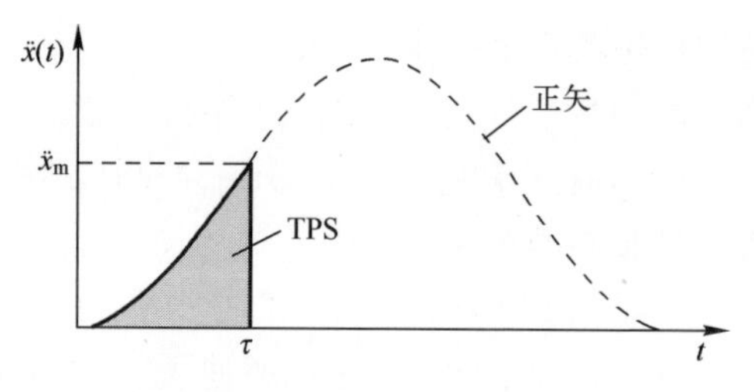

图 6.26　后峰锯齿脉冲的实现

(2) 活塞在小直径的圆柱体内的上下位移,此时基本为恒定力(因为体积变化非常小)。该阶段对应着梯形的水平部分。

(3) 气体释放,加速度衰减到零。

与产生后峰锯齿脉冲的原因一样,上升段和下降段不是理想线性的。

6.6.4.4　限制

冲击机的限制

通常在对数坐标系中用直线划出可实现的冲击(幅值,持续时间)区域,以此来描述极限限制,如图 6.27 所示。冲击机受下列因素的限制[IMP]:

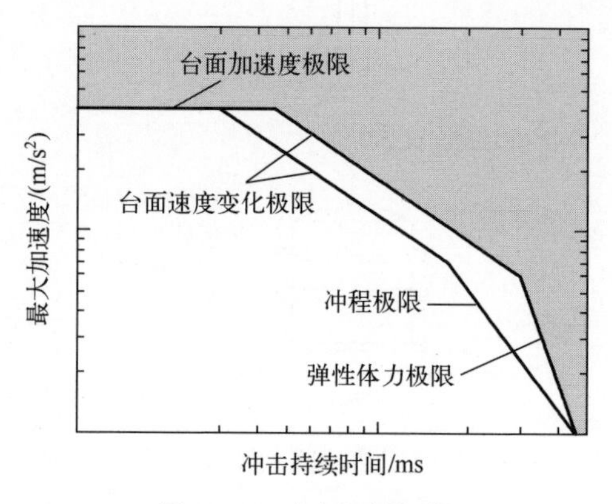

图 6.27　冲击机的极限

试验台面所承受的最大力。为了产生幅值为 $\ddot{x}_m$ 的冲击,试验台上的力:

$$F_m = [m_{table} + m_{programmer} + m_{fixture} + m_{test\ item}]\ddot{x}_m \tag{6.60}$$

这个力必须小于或等于最大的可接受力 F_{max}。根据移动部件的总质量,由式(6.60)可计算产生的最大加速度:

$$(\ddot{x}_m)_{max} = F_{max} / [m_{table} + m_{programmer} + m_{fixture} + m_{test\ item}] \tag{6.61}$$

在极限图上用水平线 $\ddot{x}_m$ 为常数来描述极限。

最大自由下落高度 H 或最大碰撞速度,即冲击脉冲的速度变化 ΔV。如果

反弹速度 v_R 等于碰撞速度的百分之 α,则有

$$\Delta V = v_R - v_i = -(1+\alpha)v_i = -(1+\alpha)\sqrt{2gH} = \int_0^\tau \ddot{x}(t)\,dt$$

可得

$$H = \frac{\Delta V^2}{2g(1+\alpha)^2} \tag{6.62}$$

式中:α 与冲击波形及使用的编程器有关。

实际上,下落时因摩擦会消耗一定的能量,尤其是编程器在冲击的实现过程也会消耗能量。很难计算这些损失,因此,令

$$H = \beta\frac{\Delta V^2}{2g} \tag{6.63}$$

式中:β 为考虑了反弹的耗损系数。

表6.1给出了IMPAC冲击机60×60(MRL)各种编程器[IMP]的 β 值。

表6.1　耗损系数 β

编　程　器	β
弹性体(半正弦脉冲)	0.556
铅(方形脉冲)	0.2338
铅(TPS脉冲)	1.544

可在对数坐标中用平行直线描述速度变化 ΔV 与跌落高度之间的关系,如图6.28所示。

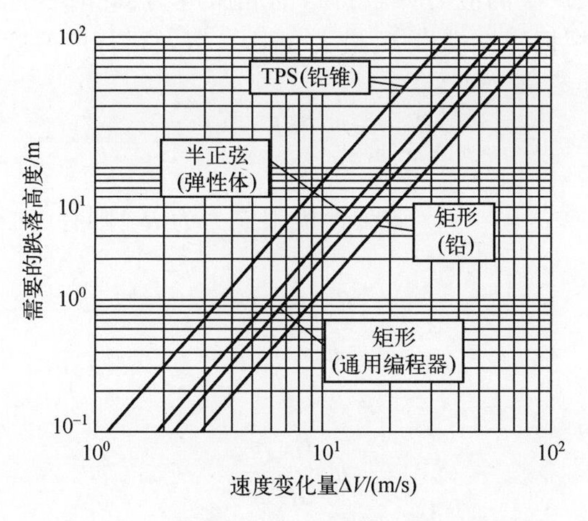

图6.28　获得给定速度变化的必要跌落高度

对于经典冲击,速度变化与$\ddot{x}_m\tau$成比例,有

$$\Delta V=\lambda\ddot{x}_m\tau=\sqrt{2gH/\beta}$$

令$\alpha=\dfrac{\beta\lambda^2}{2g}$,可得

$$H=\alpha(\ddot{x}_m\tau)^2 \tag{6.64}$$

各种编程器幅值乘以持续时间的极限值如表6.2所列。

表6.2　幅值乘以持续时间的极限值

波　形	编　程　器	$(\ddot{x}_m\tau)_{max}/(m/s)$
半正弦	弹性体	17.7
后峰锯齿	铅圆锥体	10.8
	通用编程器	7.0
方形	通用编程器	9.2

在对数坐标系中$(\ddot{x}_m,\tau)$,与速度变化有关的极限用具有一定斜率的平行线表示(图6.27)。

编程器的限制

弹性材料用于产生下列冲击:

(1) 半正弦形(或正矢冲击,为避免高频成分前端用圆锥模块);

(2) 后峰锯齿和矩形脉冲,用通用编程器。

弹性体编程器能承受的最大力与杨氏模量和尺寸有关(图6.27)[JOU 79]。此种限制使产生的应力低于材料的屈服应力,此时目标可看作是纯刚性的。最大应力可根据弹性模量E,最大变形x_m以及目标的厚度来确定:

$$\sigma_{max}=E\frac{x_m}{h}$$

对于理想反弹$x_m=\dfrac{\ddot{x}_m\tau^2}{\pi^2}$。若弹性极限应力为$R_e$,则有

$$\frac{E\ddot{x}_m\tau^2}{h\pi^2}<R_e$$

即

$$h>\frac{E\ddot{x}_m\tau^2}{R_e\pi^2}$$

例 6.3 MRL IMPAC60×60 冲击机的半正弦编程器特性如表 6.3 所列。

表 6.3 半正弦编程器的特性示例

类型	颜色	最大力/kN	
		直径 150.5mm	直径 295mm
硬的	红	667	2224
中型	蓝	445	1201
软的	绿	111	333

根据移动部件的质量，该极限可以转换为加速度（$F_m = m\ddot{x}_m$）。因此，空载时，直径为 295mm 的硬弹性编程器，当试验台质量为 3000g，有 $\ddot{x}_m \approx 740\text{m/s}^2$。同时使用四个编程器，产生的最大加速度为原来的 4 倍。图 6.27 中斜率最大的直线描述了这一极限。

通用编程器受下列因素的限制[MRL]：

(1) 可接受的最大力；

(2) 活塞的行程，冲击过程中的位移与 $\ddot{x}_m\tau^2$ 成比例（图 6.29）。

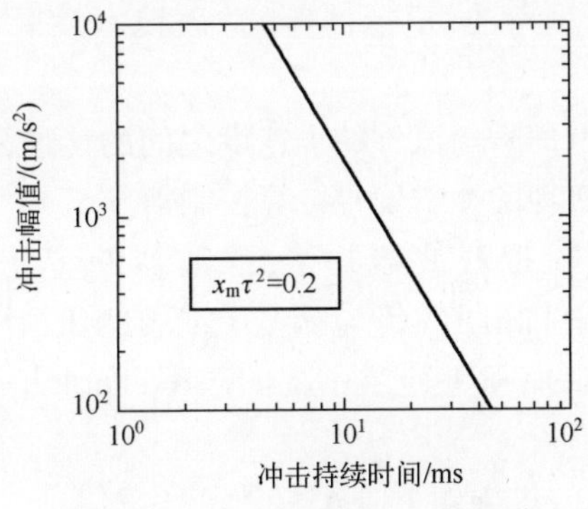

图 6.29 通用编程器的冲程限制

这些信息由制造商提供。

简而言之，可实现的冲击受表 6.4 所列条件约束。

表 6.4 可实现冲击脉冲的限制总结

$\ddot{x}_m$ = 常数	试验台或通用编程器的可接受力
$\ddot{x}_m\tau$ = 常数	跌落高度（ΔV）
$\ddot{x}_m\tau^2$ = 常数	通用编程器的活塞冲程
$\ddot{x}_m\tau^4$ = 常数	弹性体可接受的力

第 7 章 利用振动台产生冲击

20 世纪 50 年代中期,随着用于振动试验的电动振动台的产生,人们很快意识到可以用振动台来产生冲击。用振动台模拟冲击时有许多优点[COT 66]。

7.1 经典冲击时域信号生成的原理

与普通冲击机类似,利用振动台也能产生给定幅值和持续时间的各种经典冲击波形(半正弦波、三角波、矩形波等)。该技术发展于 1955 年至 1965 年[WEL 61]。

振动台线圈上的电信号与试件的加速度之间的传递函数不是常数,因此有必要根据传递函数和实现的冲击信号计算控制信号。

第一种方法是用模拟滤波器补偿,滤波器的传递函数为 $H^{-1}(\Omega)$(如果$H(\Omega)$为振动台与试件之间的传递函数),必须同时补偿幅值和相位[SMA 74a]。该方法的一个难点在于补偿系统的效率,此外并不总能获得较理想的结果。

数字方法效果更好,过程如下[FAV 69,MAG 71]:

(1) 用一个标准信号测量装置的传递函数(包括夹具和试件);

(2) 计算参考波形的傅里叶变换;

(3) 除以传递函数,计算控制信号的傅里叶变换;

(4) 通过傅里叶逆变换,计算控制信号的时域信号。

传递函数

可用冲击、随机或快速正弦扫频类型信号测量装置的传递函数[FAV 74]。

该过程包括测量和计算$-n$dB(-12dB、-9dB、-6dB 和/或-3dB)的控制信号。传递函数对信号(非线性的)的幅值比较敏感,只有对较低的量级进行校准后才施加指定的高量级。传递函数的测量可以用代表试件质量的模拟物代替,如果试样比较重(就移动单元而言),使用真实的试样或用类比动态特性的模拟件效果较好。

如果用随机振动进行信号校准,需要计算其RMS值,其幅值应比冲击的幅值小(但是不要小太多,避免非线性的影响)。与冲击相比,该类型的信号可以对试件施加多个加速度峰值。

7.2 由振动台产生冲击的主要优点

用振动台实现冲击有以下优点:

(1) 获得各种不同的冲击波形;

(2) 使用与振动试验相同的方法,相同的夹具,无需组装(减少费用)[HAY 63,WEL 61];

(3) 能够更好地模拟真实环境,特别是能直接复现测量的加速度信号(或给定的冲击谱);

(4) 再现性比传统冲击机要好;

(5) 很容易实现两个方向的试验;

(6) 不用冲击机。

然而,受振动台的限制,不可能全面推广使用。

7.3 电动振动台的限制

7.3.1 机械限制

电动振动台受限于[MIL 64,MAG 72]:

(1) 试验台面的最大行程(与振动台型号有关,通常为25.4mm或50.8mm(峰-峰值))。常见的经典冲击(半正弦、前峰锯齿、矩形),位移总是朝同一方向,而台面的平衡位置在运动的中心。因此,可以通过将台面的平衡位置由中心变到一边的极限处(图7.1(b)),可提高性能[CLA 66,MIL 64,SMA 73]。

(2) 最大速度[YOU 64]:正弦时为1.5~2m/s。冲击时,可用非晶体管放大器(电子管)获得一个更大的速度,因为这些放大器能够承受非常短的过电压。移动部件在电磁线圈空隙间运动时,产生反电动势。为使反电动势小于放大器最大可接受电压,必须限制一定的速度。冲击结束时速度也应为零[GAL 73,SMA 73]。

(3) 与最大力有关的最大加速度。

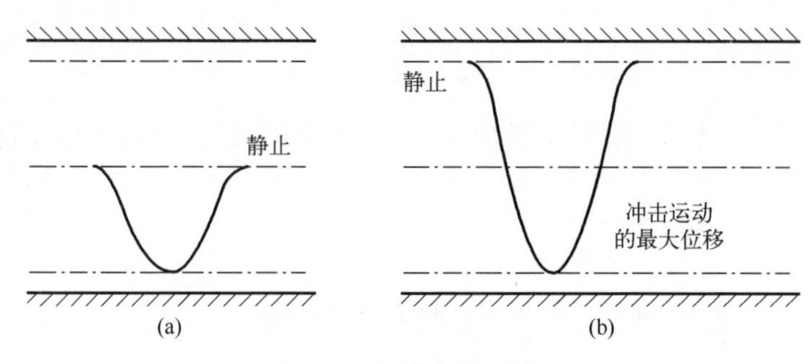

图 7.1 力锤线圈的位移

速度、位移和力的极值与试样质量无关。

J. M. McClanahan 和 J. R. Fagan[CLA 65]认为振动台可实现的最大冲击,其速度、位移比振动的最大极限水平低 20%左右。大多数学者认为,冲击的最大推力比制造商给的(正弦模式)大。最大力和最大速度的计算是基于对振动台机械装置的振动疲劳损伤。因为振动台的寿命周期内,其承受冲击的次数比振动试验的循环次数小得多,因此可增加冲击的最大推力。

另一种方法是通过制造商给的随机振动的以 RMS 值表示的最大推力给出。随机振动的峰值能达到 RMS 值的 4.5 倍(控制系统的限制),冲击的极限推力可与此相等。一些文献也推荐了其他的值,例如:

(1) 活动部件不超过 300*g* 时,小于或等于 4 倍的正弦下的最大推力[HUG 72]。

(2) 在某些情况下大于 8 倍的正弦最大推力(非常短的冲击,如 0.4ms)[GAL 66]。W. B. Keegan[KEE 73]和 D. J. Dinicola[DIN 64]建议当持续时间低于 5ms,因子为 10。

限制也可能是因为:

(1) 活动部件的共振(几千赫)。尽管设计值很大,但是移动部件的共振频率也有可能在非常短的上升时间内被激发出来。

(2) 材料的强度。非常大的加速度可能导致动圈的线圈分离。

7.3.2 电限制

放大器输出电压的限制[SMA 74a],限制了线圈的速度。

放大器可接受的最大电流的限制,与最大可接受力(即加速度)有关。

放大器带宽的限制。

功率的限制,给定的质量,功率与冲击持续时间(以及最大位移)有关。

目前的晶体管放大器可以提高低频的带宽,但是不能承受即使非常短的过电压,因此限制了冲击模式[MIL 64]。

7.4 使用液压台的注意事项

可用液压台实现冲击[MOR 06],需注意:

(1) 与电动台相反,无法获得比稳态模式更大的加速度幅值。

(2) 液压台存在严重的非线性[FAV 74]。

7.5 前置冲击和后置冲击

7.5.1 要求

与冲击波形(半正弦、方形、后峰锯齿等)有关的速度变化量 $\Delta V = \int_0^\tau \ddot{x}(t)\,\mathrm{d}t$ (τ 为冲击持续时间)不为零。在冲击结束后,振动台的速度必须为零。因此有必要提出一种满足要求的方法。

一种方法是对冲击信号加入负加速度部分,使冲击的速度变化量为零,即使曲线下正加速度的那边与时间轴的面积和负加速度的面积相等。可能的方法是:

(1) 单独前置冲击(图7.2(a));

(2) 单独后置冲击(图7.3(c));

(3) 前置冲击和后置冲击,相等的持续时间(图7.2(b))。

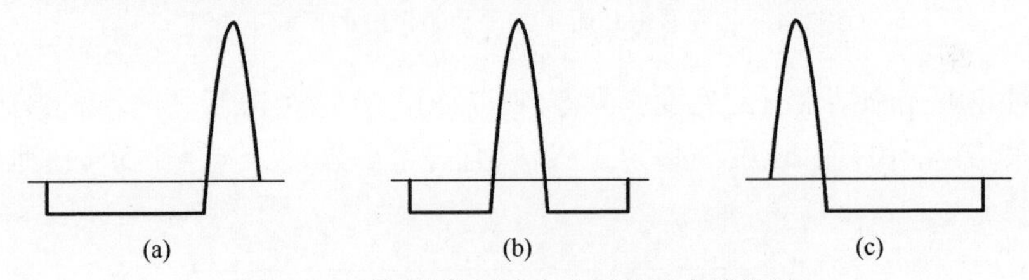

图7.2 可能的前置冲击和后置冲击的位置

另一个参数是前置冲击和后置冲击的形状,最常用的是三角形、半正弦和矩形(图7.3)。

由于方波结尾处的不连续性,很少用于补偿[SMA 85]。通常对整个信号增加正矢脉冲(汉宁窗),其优点是在结尾处为零并且光滑,保持前置冲击和后置冲击的对称性。

为了不使时域信号与冲击响应谱过度失真,前置冲击和后置冲击的幅值应比主冲击的幅值小(理想情况下小于10%)。只要给定了前置冲击和后置冲击形状,就确定了持续时间。

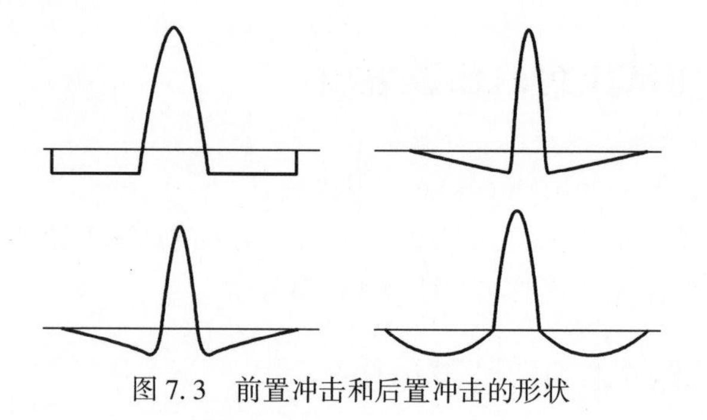

图 7.3 前置冲击和后置冲击的形状

7.5.2 前置冲击或后置冲击

以带有方波前置冲击和后置冲击(幅值为原冲击信号幅值的 0.1)的后峰锯齿冲击脉冲(单位幅值,单位持续时间)为例。

图 7.4 给出信号的时域图。要确定的参数是前置冲击的持续时间 τ_1。

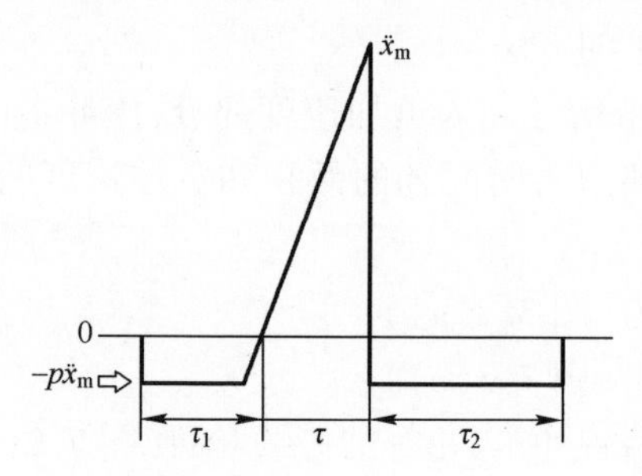

图 7.4 前置冲击和后置冲击为矩形波的后峰锯齿波

冲击开始和结束时的速度应为零(图 7.5)。在这个限制之内,当只有一个后置冲击($\tau_1=0$)时,速度一直为正,当只有一个前置冲击 $\tau_1=5.5$s 时,速度一直为负。

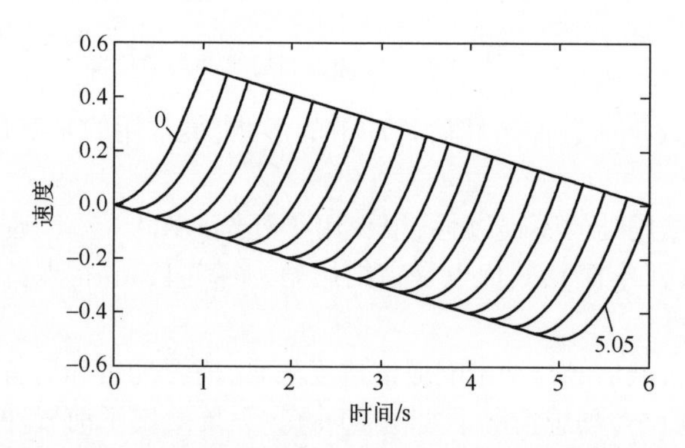

图 7.5 TPS 冲击过程中前置冲击持续时间对速度的影响

图 7.6 给出了前置冲击时间介于 0~5.05s 之间对应的位移。图 7.7 表明，$\tau_1 \approx 2.4$，冲击结束时剩余位移为零。图 7.8 给出了给定持续时间 τ_1 对应的冲击过程中的最大位移和剩余位移(绝对值)的包络。在 $\tau_1 \approx 2$s 时位移最小。

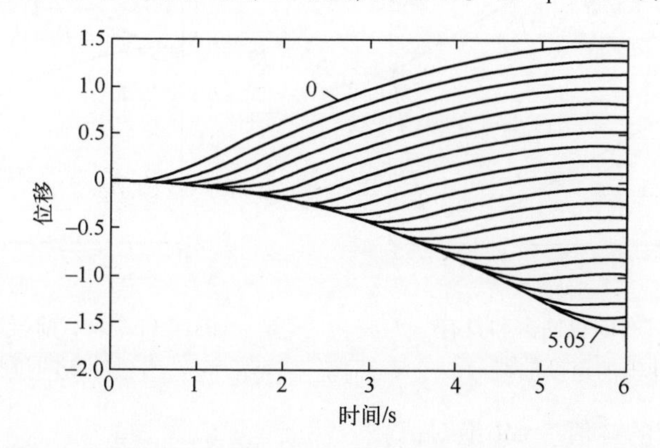

图 7.6　TPS 冲击过程中前置冲击持续时间对位移的影响

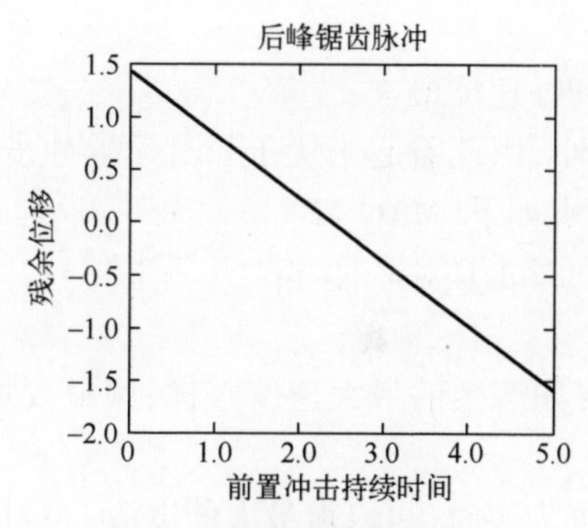

图 7.7　前置冲击持续时间对剩余位移影响

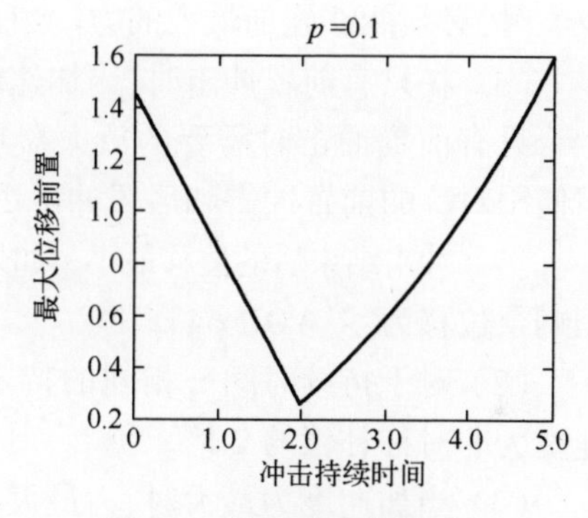

图 7.8　前置冲击持续时间对最大位移影响

如果比较只有前置冲击和只有后置冲击的后峰锯齿脉冲的运动特性，根据图 7.9~图 7.11[YOU 64]：

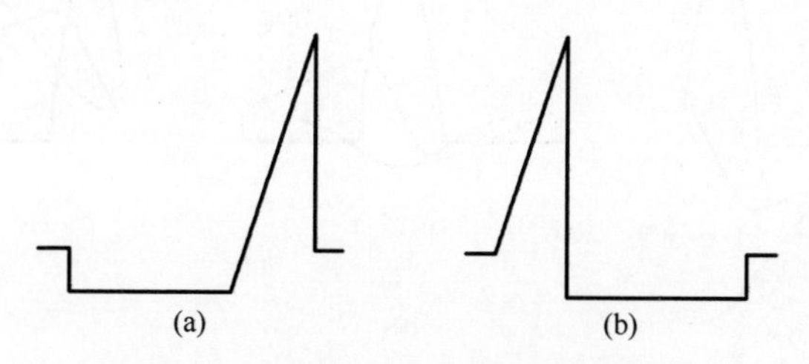

图 7.9　后峰锯齿脉冲单独施加的冲击

(a) 只有前置冲击；(b) 只有后置冲击。

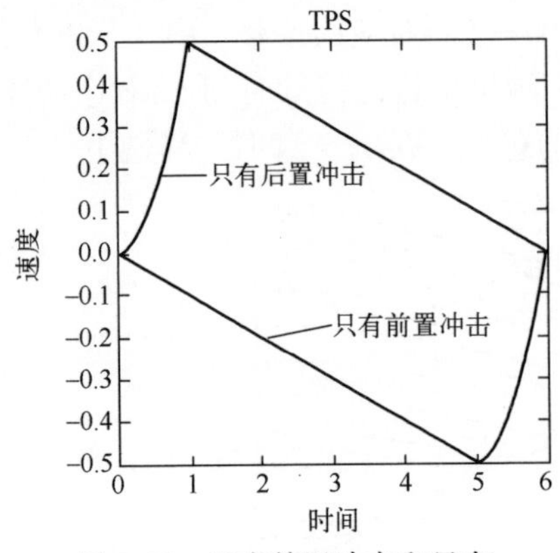

图 7.10 只有前置冲击和只有后置冲击的速度曲线

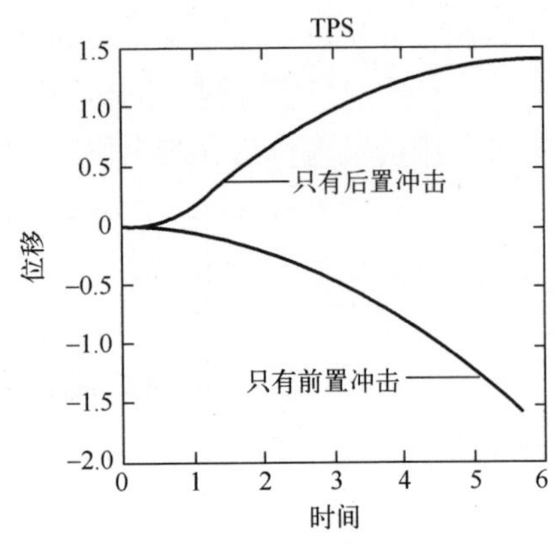

图 7.11 只有前置冲击和只有后置冲击的位移曲线

(1) 速度的峰值一致(绝对值)。

(2) 在只有后置冲击时,当速度非常大时,加速度出现峰值。因此,当速度较大时,必须能够施加最大的力[MIL 64]。

(3) 在只有前置冲击时,当加速度为零时,速度最大。

只有前置冲击时需要的放大器功率更小,因此看起来优于只有后置冲击。但使用对称的前置冲击和后置冲击更好,优点如下[MAG 72]:

(1) 冲击结束后的位移最小。如果特定的冲击是对称的(相对于垂直线 $\tau/2$),则剩余位移为零[YOU 64]。

(2) 对于持续时间 τ 相同的特定冲击,如产生的最大速度一样,则最大加速度为非对称补偿的 2 倍。

(3) 当加速度为最大时,力最大,即速度为零时(可以得最大的电流),对称的前置冲击和后置冲击要求的电功率最小。

3 种补偿方式的运动学特性如图 7.12 所示。

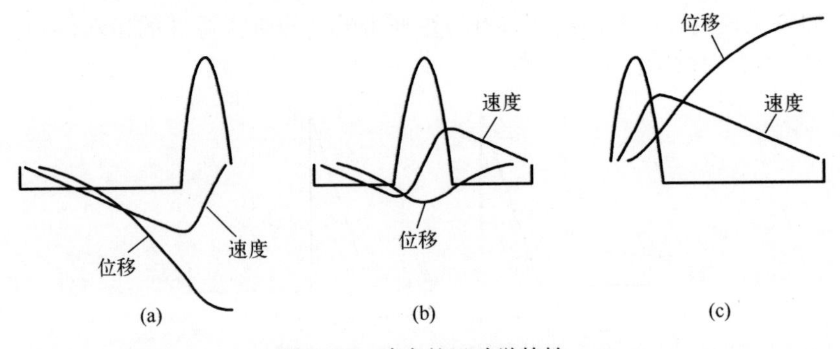

图 7.12 冲击的运动学特性

(a) 单独前置冲击;(b) 对称前置冲击和后置冲击;(c) 单独后置冲击。

7.5.3 对称前置冲击和后置冲击的运动

7.5.3.1 半正弦脉冲

半正弦前置冲击和后置冲击的半正弦脉冲(图 7.13)

前置冲击和后置冲击的持续时间[LAL 83]:

$$\tau_1 = \frac{\tau}{2p} \tag{7.1}$$

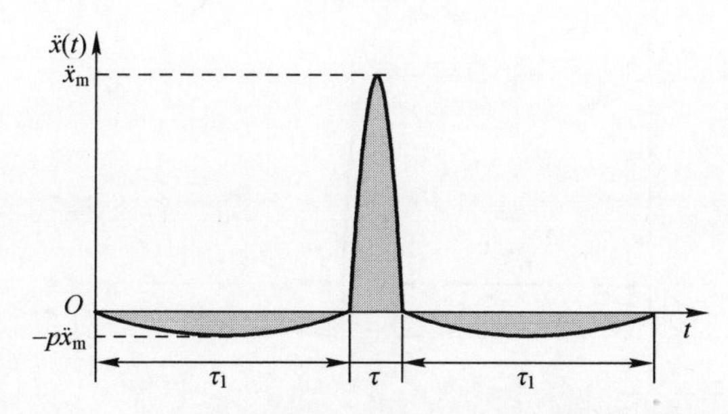

图 7.13 带有半正弦前置冲击和后置冲击的半正弦脉冲

下面按时间段给出了加速度、速度和位移的时域表达式:

对于 $0 \leqslant t \leqslant \tau_1$,有

$$\ddot{x} = -p\ddot{x}_m \sin\left(\frac{\pi}{\tau_1}t\right) \tag{7.2}$$

速度为

$$v(t) = \frac{\ddot{x}_m \tau}{2\pi}\left[\cos\left(\frac{\pi}{\tau_1}t\right) - 1\right] \tag{7.3}$$

位移为

$$x(t) = \frac{\ddot{x}_m \tau}{2\pi}\left[\frac{\tau}{2p\pi}\sin\left(\frac{\pi}{\tau_1}t\right) - t\right] \tag{7.4}$$

对于 $\tau_1 \leqslant t \leqslant \tau_1 + \tau$,有

$$\ddot{x}(t) = \ddot{x}_m \sin\left[\frac{\pi}{\tau}(t - \tau_1)\right] \tag{7.5}$$

$$v(t) = -\frac{\ddot{x}_m \tau}{\pi}\cos\left[\frac{\pi}{\tau}(t - \tau_1)\right] \tag{7.6}$$

$$x(t) = -\frac{\ddot{x}_m \tau^2}{\pi}\left\{\frac{1}{\pi}\sin\left[\frac{\pi}{\tau}(t - \tau_1)\right] + \frac{1}{4p}\right\} \tag{7.7}$$

对于 $\tau_1 + \tau \leqslant t \leqslant 2\tau_1 + \tau$,有

$$\ddot{x}(t)=-p\ddot{x}_m\sin\left[\frac{\pi}{\tau_1}(t-\tau-\tau_1)\right] \tag{7.8}$$

$$v(t)=\frac{\ddot{x}_m\tau}{2\pi}\left\{1+\cos\left[\frac{\pi}{\tau}(t-\tau-\tau_1)\right]\right\} \tag{7.9}$$

$$x(t)=\frac{\ddot{x}_m\tau^2}{2\pi}\left\{\frac{1}{2p\pi}\sin\left[\frac{\pi}{\tau_1}(t-\tau-\tau_1)\right]+\frac{t}{\tau}-1-\frac{1}{p}\right\} \tag{7.10}$$

三角形前置冲击和后置冲击的半正弦脉冲(图 7.14)

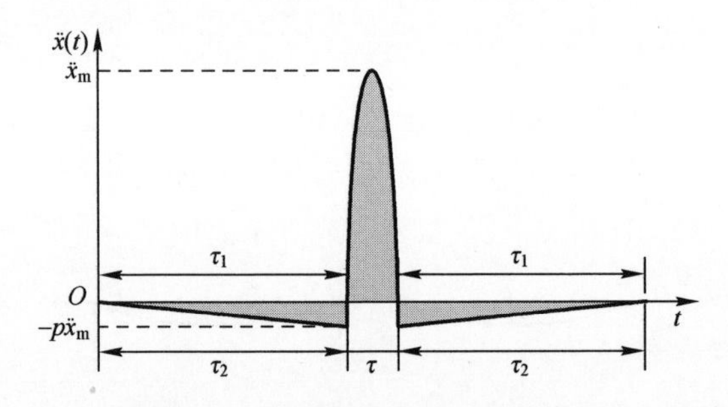

图 7.14 对称的三角形前置冲击和后置冲击的半正弦脉冲

前置冲击和后置冲击的持续时间为

$$\tau_1=\frac{2\tau}{p\pi} \tag{7.11}$$

前置冲击的上升时间为

$$\tau_2=\frac{\tau}{\pi}\left(\frac{2}{p}-p\right) \tag{7.12}$$

假设连接三角形顶点和半正弦根部结合处的斜率等于半正弦原点处的斜率。

对于 $0\leqslant t\leqslant\tau_2$,有

$$\ddot{x}(t)=-p\ddot{x}_m\frac{t}{\tau_2} \tag{7.13}$$

$$v(t)=-\frac{p\ddot{x}_m}{\tau_2}\frac{t^2}{2} \tag{7.14}$$

$$x(t)=-\frac{p\ddot{x}_m}{6\tau_2}t^3 \tag{7.15}$$

对于 $\tau_2\leqslant t\leqslant\tau_1$,若 $\theta=t-\tau_2$,则有

$$\ddot{x}(\theta)=\frac{\pi\ddot{x}_m}{\tau}(\theta-\tau_1+\tau_2) \tag{7.16}$$

$$v(\theta)=\frac{\pi\ddot{x}_m\theta}{\tau}\left(\frac{\theta}{2}+\tau_2-\tau_1\right)-\frac{p\ddot{x}_m\tau}{2\pi}\left(\frac{2}{p}-p\right) \tag{7.17}$$

$$x(\theta)=\frac{\pi\ddot{x}_m\theta^2}{2\tau}\left(\frac{\theta}{3}+\tau_2-\tau_1\right)-\frac{p\ddot{x}_m\tau}{2\pi}\theta\left(\frac{2}{p}-p\right)-\frac{p\ddot{x}_m\tau_2^2}{6} \tag{7.18}$$

对于 $\tau_1\leqslant t\leqslant\tau_1+\tau$,若 $\theta=t-\tau_1$,则有

$$\ddot{x}(\theta)=\ddot{x}_m\sin\left(\frac{\pi}{\tau}\theta\right) \tag{7.19}$$

$$v(\theta)=-\frac{\ddot{x}_m\tau}{\pi}\cos\left(\frac{\pi}{\tau}\theta\right) \tag{7.20}$$

$$x(\theta)=-\frac{\ddot{x}_m\tau^2}{\pi^2}\sin\left(\frac{\pi}{\tau}\theta\right)-\frac{\ddot{x}_m\tau^2}{3\pi^2}\left(p+\frac{2}{p}\right) \tag{7.21}$$

对于 $\tau_1+\tau\leqslant t\leqslant 2\tau_1+\tau-\tau_2$,有

$$\ddot{x}(\theta)=-\pi\ddot{x}_m\frac{\theta}{\tau} \tag{7.22}$$

$$v(\theta)=-\frac{\pi\ddot{x}_m\theta^2}{2\tau}+\frac{\ddot{x}_m\tau}{\pi} \tag{7.23}$$

$$x(\theta)=-\frac{\pi\ddot{x}_m\theta^3}{6\tau}+\frac{\ddot{x}_m\tau\theta}{\pi}-\frac{\ddot{x}_m\tau^2}{3\pi^2}\left(p+\frac{2}{p}\right) \tag{7.24}$$

对于 $2\tau_1+\tau-\tau_2\leqslant t\leqslant 2\tau_1+\tau$,有

$$\ddot{x}(\theta)=-p\ddot{x}_m\frac{\tau_2-\theta}{\tau_2} \tag{7.25}$$

$$v(\theta)=-\frac{p\ddot{x}_m\theta}{\tau_2}\left(\tau_2-\frac{\theta}{2}\right)+\frac{\ddot{x}_m\tau}{\pi}\left(1-\frac{p^2}{2}\right) \tag{7.26}$$

$$x(\theta)=-\frac{p\ddot{x}_m\theta^2}{2\tau_2}\left(\tau_2-\frac{\theta}{3}\right)+\frac{\ddot{x}_m\tau\theta}{\pi}\left(1-\frac{p^2}{2}\right)+\frac{\ddot{x}_m\tau^2}{3\pi^2}\left(2p-\frac{p^3}{2}-\frac{2}{p}\right) \tag{7.27}$$

矩形前置冲击和后置冲击的半正弦脉冲(图 7.15)

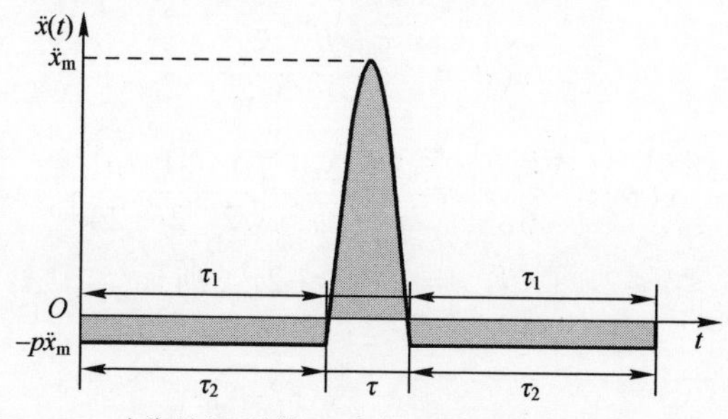

图 7.15 对称的矩形前置冲击和后置冲击的半正弦脉冲

前置冲击和后置冲击的持续时间为

$$\tau_1=\frac{\tau}{2\pi}\left(p+\frac{2}{p}\right) \tag{7.28}$$

$$\tau_2=\frac{\tau}{2\pi}\left(\frac{2}{p}-p\right) \tag{7.29}$$

对于 $0\leqslant t\leqslant\tau_2$，有

$$\ddot{x}(t)=-p\ddot{x}_m \tag{7.30}$$

$$v(t)=-p\ddot{x}_m t \tag{7.31}$$

$$x(t)=-\frac{p\ddot{x}_m t^2}{2} \tag{7.32}$$

对于 $\tau_2\leqslant t\leqslant\tau_1$，若 $\theta=t-\tau_2$，则有

$$\ddot{x}(\theta)=\frac{\pi\ddot{x}_m}{\tau}(\theta-\tau_1+\tau_2) \tag{7.33}$$

$$v(\theta)=\frac{\pi\ddot{x}_m\theta}{\tau}\left(\frac{\theta}{2}-\frac{\tau p}{\pi}\right)-p\ddot{x}_m\tau_2 \tag{7.34}$$

$$x(\theta)=\frac{\pi\ddot{x}_m\theta^2}{2\tau}\left(\frac{\theta}{3}-\frac{p\tau}{\pi}\right)-p\ddot{x}_m\tau_2\theta-\frac{p\ddot{x}_m\tau_2^2}{2} \tag{7.35}$$

对于 $\tau_1\leqslant t\leqslant\tau_1+\tau$，若 $\theta=t-\tau_1$，则有

$$\ddot{x}(\theta)=\ddot{x}_m\sin\left(\frac{\pi\theta}{\tau}\right) \tag{7.36}$$

$$v(\theta)=-\frac{\ddot{x}_m\tau}{\pi}\cos\left(\frac{\pi\theta}{\tau}\right) \tag{7.37}$$

$$x(\theta)=-\frac{\ddot{x}_m\tau^2}{\pi^2}\left[\sin\left(\frac{\pi\theta}{\tau}\right)+\frac{p}{2}+\frac{1}{2p}-\frac{p^3}{24}\right] \tag{7.38}$$

对于 $\tau_1+\tau\leqslant t\leqslant2\tau_1+\tau-\tau_2$，若 $\theta=t-\tau-\tau_1$，则有

$$\ddot{x}(\theta)=\frac{\pi\ddot{x}_m}{\tau}\theta \tag{7.39}$$

$$v(\theta)=-\frac{\pi\ddot{x}_m\theta^2}{\tau}+\frac{\ddot{x}_m\tau}{\pi} \tag{7.40}$$

$$x(\theta)=\frac{\pi\ddot{x}_m\theta^3}{6\tau}+\frac{\ddot{x}_m\tau\theta}{\pi}-\frac{\ddot{x}_m\tau^2}{\pi^2}\left(\frac{p}{2}+\frac{1}{2p}-\frac{p^3}{24}\right) \tag{7.41}$$

对于 $2\tau_1+\tau-\tau_2\leqslant t\leqslant2\tau_1+\tau$ 若 $\theta=t+\tau_2-\tau-2\tau_1$，则有

$$\ddot{x}(\theta)=-p\ddot{x}_m \tag{7.42}$$

$$v(\theta)=-p\ddot{x}_m\theta+\frac{\ddot{x}_m\tau}{\pi}\left(1-\frac{p^2}{2}\right) \tag{7.43}$$

$$x(\theta)=-\frac{p\ddot{x}_m\theta^2}{2}+\frac{\ddot{x}_m\tau}{\pi}\theta\left(1-\frac{p^2}{2}\right)+\frac{\ddot{x}_m\tau_2^2}{\pi^2}\left(\frac{p}{2}-\frac{1}{2p}-\frac{p^3}{8}\right) \tag{7.44}$$

表7.1给出了半正弦增加3种前置后置脉冲后运动的最大速度的公式以及最大位移和剩余位移的公式。

表7.1 半正弦—最大速度和最大位移—剩余位移

前置冲击和后置冲击的形状	最大速度	最大位移	剩余位移
半正弦	$v_m=\pm\frac{\ddot{x}_m\tau}{\pi}$	$x_m=-\frac{\ddot{x}_m\tau^2}{\pi}\left(\frac{1}{\pi}+\frac{1}{4p}\right)$	$x_R=0$
三角形		$x_m=-\frac{\ddot{x}_m\tau^2}{\pi^2}\left(3+p+\frac{2}{p}\right)$	$x_R=0$
矩形		$x_m=-\frac{\ddot{x}_m\tau^2}{\pi^2}\left(1+\frac{p}{2}+\frac{1}{2p}-\frac{p^3}{24}\right)$	$x_R=0$

其他形状（后峰锯齿、矩形、前峰锯齿脉冲）的冲击运动公式也类似。表7.2~表7.4给出了这些结果。

7.5.3.2 后峰锯齿脉冲

表7.2给出了后峰锯波增加3种前置后置冲击后运动的最大位移、最大速度和剩余位移的公式。

表7.2 后峰锯齿脉冲—最大速度和最大位移—剩余位移

前置冲击和后置冲击的脉冲形状	半正弦	三角形	矩形
前置冲击和后置冲击的持续时间	$\tau_1=\frac{\pi\tau}{8p}$	$\tau_1=\frac{\tau}{2p}$ $\tau_2=\tau\left(\frac{1}{2p}-p\right)$	$\tau_1=\frac{\tau}{2p}\left(\frac{1}{2}+p^2\right)$ $\tau_2=\frac{\tau}{2p}\left(\frac{1}{2}-p^2\right)$ $\tau_3=\frac{\tau}{4p}$
最大速度	$v_m=\pm\frac{\ddot{x}_m\tau}{4}$		

（续）

最大位移	$x_{\mathrm{m}}=-\frac{\ddot{x}_{\mathrm{m}}\tau^2}{2}\left(\frac{1}{3\sqrt{2}}+\frac{\pi}{32p}\right)$	$x_{\mathrm{m}}=-\frac{\ddot{x}_{\mathrm{m}}\tau^2}{12}\left(\sqrt{2}+p+\frac{1}{2p}\right)$	$x_{\mathrm{m}}=-\frac{\ddot{x}_{\mathrm{m}}\tau^2}{4}\left(-\frac{p^3}{6}+\frac{p}{2}+\frac{\sqrt{2}}{3}+\frac{1}{8p}\right)$
剩余位移	$x_{\mathrm{R}}=-\frac{\ddot{x}_{\mathrm{m}}\tau^2}{12}$	$x_{\mathrm{R}}=-\frac{\ddot{x}_{\mathrm{m}}\tau^2}{12}(1+p)$	$x_{\mathrm{R}}=-\frac{\ddot{x}_{\mathrm{m}}\tau^2}{4}\left(-\frac{p^3}{6}+\frac{p}{2}+\frac{1}{3}\right)$
注：τ_1 为前置冲击的持续时间（或后置冲击，如果二者相等）。当前置冲击由两条直线段构成时，τ_2 为前置冲击的第一部分的持续时间（或后置冲击的最后部分）。当后置冲击持续时间不为 τ_1 时，τ_3 为后置冲击的总持续时间			

7.5.3.3 矩形脉冲

表 7.3 给出了矩形波脉冲增加 3 种前置、后置冲击后的最大速度、最大位移和剩余位移的公式。

表 7.3 矩形脉冲—最大速度和位移—剩余位移

前置冲击和后置冲击的脉冲形状	半正弦	三角形	矩形
前置冲击和后置冲击的持续时间	$\tau_1=\frac{\pi}{4p}\tau$	$\tau_1=\frac{\tau}{p}$	$\tau_1=\frac{\tau}{2p}$
最大速度	$v_{\mathrm{m}}=\pm\frac{\ddot{x}_{\mathrm{m}}\tau}{2}$		
最大位移	$x_{\mathrm{m}}=-\frac{\ddot{x}_{\mathrm{m}}\tau^2}{8}\left(1+\frac{\pi}{2p}\right)$	$x_{\mathrm{m}}=-\frac{\ddot{x}_{\mathrm{m}}\tau^2}{2p}\left(\frac{1}{3}+\frac{p}{4}\right)$	$x_{\mathrm{m}}=-\frac{\ddot{x}_{\mathrm{m}}\tau^2}{8}\left(1+\frac{1}{p}\right)$
剩余位移	$x_{\mathrm{R}}=0$	$x_{\mathrm{R}}=0$	$x_{\mathrm{R}}=0$

7.5.3.4 前峰锯齿脉冲

表 7.4 给出了前峰锯齿脉冲增加 3 种前置、后置冲击后最大速度、最大位移、剩余位移公式。

表 7.4 前峰锯齿脉冲—最大速度和位移—剩余位移

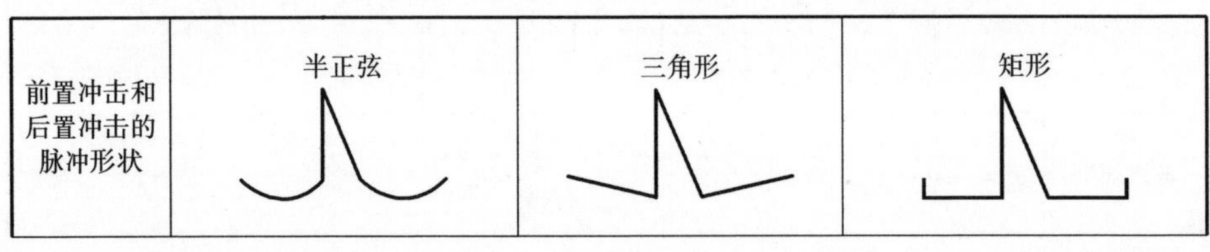

前置冲击和后置冲击的脉冲形状	半正弦	三角形	矩形

（续）

前置冲击和后置冲击的持续时间	$\tau_1=\frac{\pi\tau}{8p}$	$\tau_1=\frac{\tau}{2p}$ $\tau_2=\tau\left(\frac{1}{2p}-p\right)$	$\tau_1=\frac{\tau}{4p}$ $\tau_2=\frac{\tau}{2p}\left(\frac{1}{2}-p^2\right)$ $\tau_3=\frac{\tau}{2p}\left(\frac{1}{2}+p^2\right)$
最大速度	$v_m=\pm\frac{\ddot{x}_m\tau}{4}$		
最大位移	$x_m=\frac{\ddot{x}_m\tau^2}{4}\left(\frac{1}{6}-\frac{1}{3\sqrt{2}}-\frac{\pi}{32p}\right)$	$x_m=\frac{\ddot{x}_m\tau^2}{12}\left(1-\sqrt{2}-\frac{1}{2p}\right)$	$x_m=-\frac{\ddot{x}_m\tau^2}{4}\left(-\frac{1}{3}+\frac{\sqrt{2}}{3}+\frac{1}{8p}\right)$
剩余位移	$x_R=\frac{\ddot{x}_m\tau^2}{12}$	$x_R=\frac{\ddot{x}_m\tau^2}{12}(p+1)$	$x_R=\frac{\ddot{x}_m\tau^2}{4}\left(-\frac{p^3}{6}+\frac{p}{2}+\frac{1}{3}\right)$

7.5.4 只有前置冲击或只有后置冲击的运动

在只有前置冲击或只有后置冲击补偿时，最大速度出现在补偿信号与冲击波形过渡的时刻，并等于冲击波形的速度变化量 ΔV。位移由零开始，在运动结束时达到最大值（符号不发生改变）。位移的方向与速度的方向一致且保持不变，前置冲击为负，后置冲击为正。表 7.5~表 7.8 给出了不同主冲击波形和补偿冲击波形位移的表达式。

表 7.5 只有前置冲击或后置冲击的半正弦冲击—最大速度和位移—剩余位移

前置冲击或后置冲击的脉冲形状	半正弦	三角形	矩形
前置冲击或后置冲击的持续时间	$\tau_1=\frac{\pi\tau}{8p}$	$\tau_1=\frac{4\tau}{\pi p}$ $\tau_2=\frac{\tau}{\pi}\left(\frac{4}{p}-p\right)$	$\tau_1=\frac{\tau}{\pi}\left(\frac{p}{2}+\frac{2}{p}\right)$ $\tau_2=\frac{\tau}{\pi}\left(\frac{2}{p}-\frac{p}{2}\right)$
最大速度	前置冲击：$v_m=-\frac{2\ddot{x}_m\tau}{\pi}$ 后置冲击：$v_m=\frac{2\ddot{x}_m\tau}{\pi}$		
剩余位移	$\lvert x_R\rvert=-\frac{\ddot{x}_m\tau^2}{\pi}\left(1+\frac{1}{p}\right)$	$\lvert x_R\rvert=\frac{\ddot{x}_m\tau^2}{\pi}\left(\frac{2p}{3\pi}+1+\frac{8}{3\pi p}\right)$	$\lvert x_R\rvert=\frac{\ddot{x}_m\tau^2}{\pi^2}\left(\pi-\frac{p^3}{24}+p+\frac{2}{p}\right)$

表 7.6 只有前置冲击或后置冲击的 TPS 脉冲—最大速度和位移—剩余位移

前置冲击或后置冲击的脉冲形状	半正弦	三角形	矩形
前置冲击或后置冲击的持续时间	$\tau_1=\frac{\pi\tau}{4p}$	前置冲击：$\tau_1=\frac{\tau}{p}$，$\tau_2=\tau\left(\frac{1}{p}-p\right)$ 后置冲击：$\tau_1=\frac{\tau}{p}$	前置冲击：$\tau_1=\frac{\tau}{2}\left(p+\frac{1}{2p}\right)$，$\tau_2=\frac{\tau}{2}\left(\frac{1}{p}-p\right)$ 后置冲击：$\tau_1=\frac{\tau}{2p}$
最大速度	前置冲击：$v_{\mathrm{m}}=-\frac{\ddot{x}_{\mathrm{m}}\tau}{2}$ 后置冲击：$v_{\mathrm{m}}=\frac{\ddot{x}_{\mathrm{m}}\tau}{2}$		
剩余位移	前置冲击：$x_{\mathrm{R}}=-\frac{\ddot{x}_{\mathrm{m}}\tau^2}{2}\left(\frac{2}{3}+\frac{\pi}{8p}\right)$ 后置冲击：$x_{\mathrm{R}}=\frac{\ddot{x}_{\mathrm{m}}\tau^2}{2}\left(\frac{1}{3}+\frac{\pi}{8p}\right)$	前置冲击：$x_{\mathrm{R}}=-\frac{\ddot{x}_{\mathrm{m}}\tau^2}{6}\left(p+2+\frac{1}{p}\right)^p$ 后置冲击：$x_{\mathrm{R}}=\frac{\ddot{x}_{\mathrm{m}}\tau^2}{6}\left(1+\frac{1}{p}\right)$	前置冲击：$x_{\mathrm{R}}=-\frac{\ddot{x}_{\mathrm{m}}\tau^2}{24}\left(p^3-6p-8-\frac{3}{p}\right)^p$ 后置冲击：$x_{\mathrm{R}}=\frac{\ddot{x}_{\mathrm{m}}\tau^2}{2}\left(\frac{1}{3}+\frac{1}{4p}\right)$

表 7.7 只有前置冲击或后置冲击的矩形脉冲—最大速度和位移—剩余位移

前置冲击或后置冲击的脉冲形状	半正弦	三角形	矩形
前置冲击或后置冲击的持续时间	$\tau_1=\frac{\pi\tau}{2p}$	$\tau_1=\frac{2\tau}{p}$	$\tau_1=\frac{\tau}{p}$
最大速度	前置冲击：$v_{\mathrm{m}}=-\ddot{x}_{\mathrm{m}}\tau$ 后置冲击：$v_{\mathrm{m}}=\frac{\ddot{x}_{\mathrm{m}}\tau}{2}$		
剩余位移	$\lvert x_{\mathrm{R}}\rvert=\frac{\ddot{x}_{\mathrm{m}}\tau^2}{2}\left(1+\frac{\pi}{2p}\right)$	$\lvert x_{\mathrm{R}}\rvert=\ddot{x}_{\mathrm{m}}\tau^2\left(\frac{1}{2}+\frac{2}{3p}\right)$	$\lvert x_{\mathrm{R}}\rvert=\frac{\ddot{x}_{\mathrm{m}}\tau^2}{2}\left(1+\frac{1}{p}\right)$

表 7.8 只有前置冲击或后置冲击的 IPS 脉冲—最大速度和位移—剩余位移

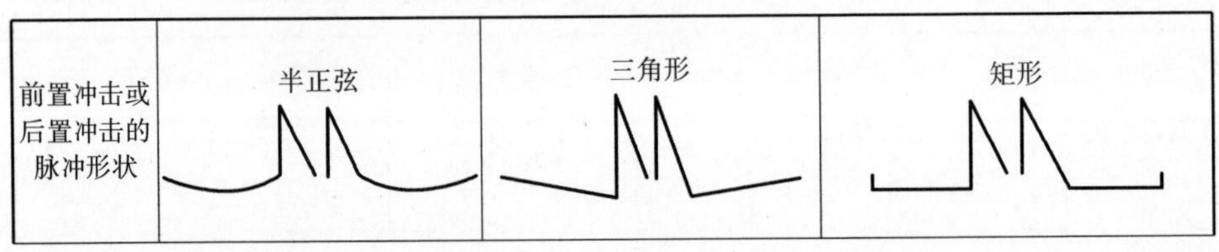

前置冲击或后置冲击的脉冲形状	半正弦	三角形	矩形

（续）

前置冲击或后置冲击的持续时间	$\tau_1=\dfrac{\pi\tau}{4p}$	前置冲击：$\tau_1=\dfrac{\tau}{p}$ 后置冲击：$\tau_1=\dfrac{\tau}{p}$，$\tau_2=\tau\left(\dfrac{1}{p}-p\right)$	前置冲击：$\tau_1=\dfrac{\tau}{2p}$ 后置冲击：$\tau_1=\dfrac{\tau}{2p}(1+p^2)$，$\tau_2=\tau\left(\dfrac{1}{p}-p\right)$
最大速度	前置冲击：$v_{\mathrm{m}}=-\dfrac{\ddot{x}_{\mathrm{m}}\tau}{2}$ 后置冲击：$v_{\mathrm{m}}=\dfrac{\ddot{x}_{\mathrm{m}}\tau}{2}$		
剩余位移	前置冲击：$x_{\mathrm{R}}=-\ddot{x}_{\mathrm{m}}\tau^2\left(\dfrac{1}{6}+\dfrac{\pi}{16p}\right)$ 后置冲击：$x_{\mathrm{R}}=-\ddot{x}_{\mathrm{m}}\tau^2\left(\dfrac{1}{3}+\dfrac{\pi}{16p}\right)$	前置冲击：$x_{\mathrm{R}}=-\dfrac{\ddot{x}_{\mathrm{m}}\tau^2}{6}\left(1+\dfrac{1}{p}\right)$ 后置冲击：$x_{\mathrm{R}}=\dfrac{\ddot{x}_{\mathrm{m}}\tau^2}{3}\left(\dfrac{p}{2}+1+\dfrac{1}{2p}\right)$	前置冲击：$x_{\mathrm{R}}=-\dfrac{\ddot{x}_{\mathrm{m}}\tau^2}{2}\left(\dfrac{1}{3}+\dfrac{1}{4p}\right)$ 后置冲击：$x_{\mathrm{R}}=\ddot{x}_{\mathrm{m}}\tau^2\left(-\dfrac{p^3}{6}+\dfrac{3p}{8}+\dfrac{1}{3}+\dfrac{1}{8p}\right)$

7.5.5 综合考虑

为与试验设备可实现的最大速度、最大位移比较，须对给定主冲击及前置冲击和后置冲击波形的加速度积分，根据速度及位移随时间变化的函数，得到最大速度、最大位移。

有关文献分别对半正弦、三角形和矩形脉冲的前置冲击和后置冲击进行了研究[LAL 83]。目的是快速判断给定的冲击波形能否由试验设备（由最大速度和最大位移来表征其特性）实现。判据由对数坐标中的直线段构成（图 7.16）：

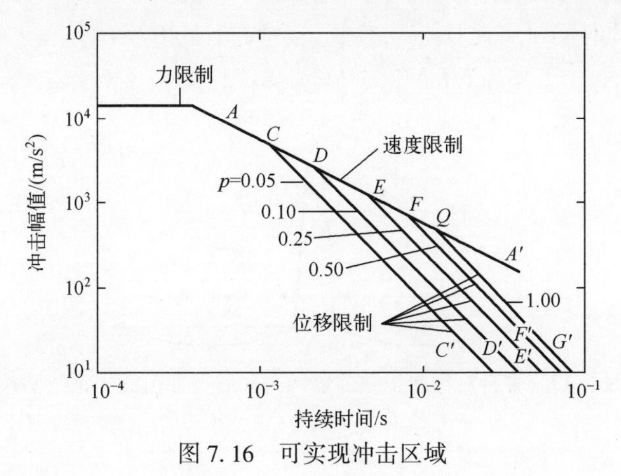

图 7.16 可实现冲击区域

(1) AA',表示速度限制:$v_m<v_L$(v_L 为试验设备的最大速度),$x_m\tau\leqslant$常数(与 p 无关)。

(2) CC、DD 等,斜率表示不同的 p(p 为 0.05、0.10、0.25、0.50 和 1.00)值所对应的位移极限。

只有 τ、x_m(冲击的持续时间和幅值)位于这些直线下,才能用振动台实现特定的冲击;当 p 增大时,这个区域也变大。

7.5.6 前置冲击和后置冲击波形的影响

根据几种经典冲击的速度和位移随时间的变化情况研究表明[LAL 83]:

(1) 关于某条垂直轴对称的所有冲击,剩余位移都为零。

(2) 对于给定幅值,持续时间和形状的冲击,用半正弦补偿的前置冲击和后置冲击的对应的最大位移最大。三角形的更小,最小的是矩形波。

(3) 三角形前置冲击和后置冲击补偿后的冲击持续时间最长,矩形波最小。在位移和持续时间限定下,用矩形波的或三角形的前置冲击和后置冲击波形补偿效果好。但矩形波有斜率不连续的缺点,导致复现较难,矩形波还可能激发出高频段的共振频率。这种方法也有优点 [MIL 64]。

(4) 当 p 增大时,最大位移减小。但 p 值高于 0.10 之上不可取(尽管有些控制系统可以实现),因为,此时传递给试件的冲击与规范相比失真比较严重,并导致响应谱与原冲击明显不同[FRA 77]。

例 7.1 **带有对称半正弦前置冲击和后置冲击的半正弦脉冲**如图 7.17 所示,其加速度、速度位移时间历程如图 7.18 所示,具有前置和后置半正弦脉冲的半正弦冲击,p 值不同时,冲击持续时间与幅关系如图 7.19 所示。有前置和后置脉冲的半正弦、三角形、矩形脉冲的半正弦冲击,最大位移除以最大加速度与持续时间平方之比与 p 参数关系如图 7.20 所示。

电动台($|v|_{max}\leqslant 1.778$m/s, $|d|_{max}\leqslant 1.27$cm)。

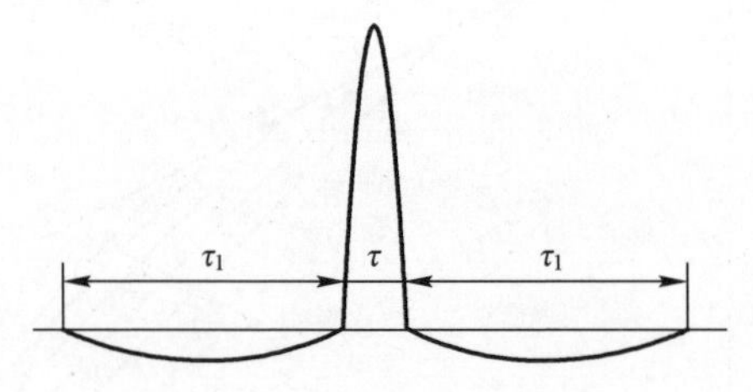

图 7.17 带有对称半正弦前置冲击和后置冲击的半正弦脉冲

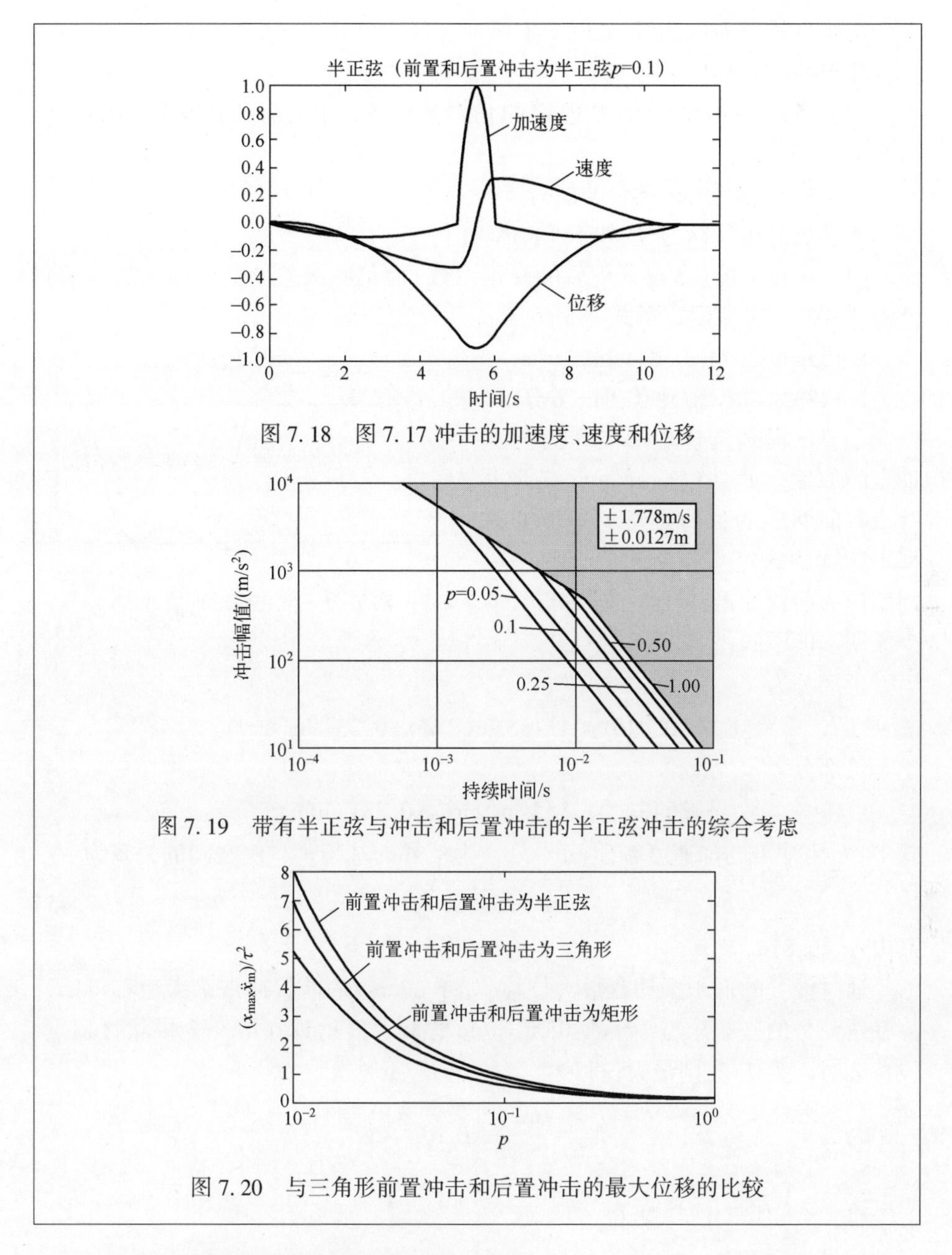

图 7.18　图 7.17 冲击的加速度、速度和位移

图 7.19　带有半正弦与冲击和后置冲击的半正弦冲击的综合考虑

图 7.20　与三角形前置冲击和后置冲击的最大位移的比较

7.5.7　前置冲击和后置冲击优化

用振动台产生冲击，位移由平衡位置开始经过最大位置然后回到初始位置。实际上只用了振动台一半的有效行程。为利用振动台的最大行程，可将振

动台初始位置设为最低值,如图 7.1 所示。

冲击补偿目标如下:

(1) 考虑冲击试验标准规定的信号容差(R. T. Fandrich 参考 MIL-STD-810C);

(2) 尽可能利用振动台的能力。

为满足上述目标,方法如下[FAN 81]:

(1) 由矩形波(参数分析后的修正系数)傅里叶级数的前两项构成的前置冲击,如图 7.21 所示。形式:

$1.155\sin(2\pi f)+0.231\sin(6\pi f)$

$1.148342\sin(2\pi f)+0.2\sin(6\pi f)$

上节已提到选择矩形波作为前置冲击的原因。此处仅选择矩形波傅里叶级数前两项的目的是避免矩形波斜率不连续的缺点。选择此信号的一个周期作为前置冲击,前半个周期与后半个周期幅值不同:

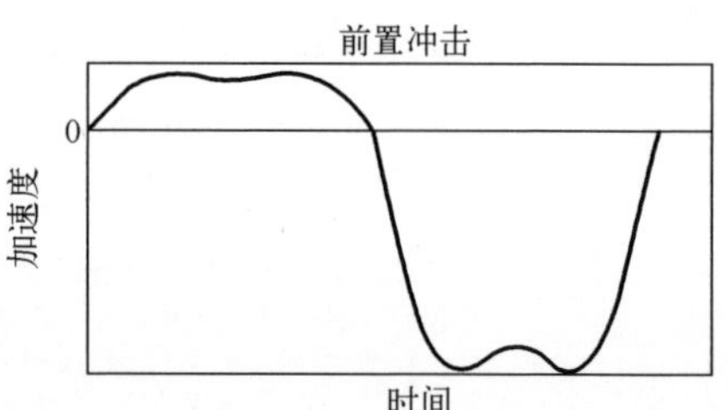

图 7.21 优化后的前置冲击

正部分为

$$0.24\times0.046\ddot{x}_m[1.155\sin(2\pi f)+0.231\sin(6\pi f)]$$

负部分为

$$-0.046\ddot{x}_m[1.155\sin(2\pi f)+0.231\sin(6\pi f)]$$

式中:$\ddot{x}_m$为冲击的加速度幅值(m/s^2);f为信号的基频。它们之间的关系为

$$f=\sqrt{250.05\ddot{x}_m/g} \tag{7.45}$$

其中:$g=9.81\text{m/s}^2$。

通过设置的低于振动台最大位移(如 1.27cm)的前置冲击最大位移可以计算补偿信号的基频。与矩形波相比,位移的最大值出现在第一个拱状弧顶点。设持续时间为 $T/2$,则最大位移为

$$d_{max}=\frac{0.24g}{8}\left(0.05\frac{\ddot{x}_m}{g}\right)T^2$$

将 $T=\frac{1}{f}$代入上式,可得

$$f^2=\frac{0.24g}{8d_{max}}\left(0.05\frac{\ddot{x}_m}{g}\right)=25\frac{0.05\ddot{x}_m}{g}$$

若 $d_{max}=0.012\text{m}<(0.0127\text{m})$,则前置冲击的持续时间 $\tau_1=\frac{1}{f}$。0.05 的因子

与先前标准给出的主冲击之前的容差限(5%)相同。第一弧段的幅值减小24%,补偿冲击的最大值等于0.24(0.046 $\ddot{x}_m$)。第二弧段为单位幅值。

试验之前,台面的平衡位置在中心,前置冲击有两部分:

① 在主冲击之前,使振动台的速度达到正或负的最大速度,以便冲击能利用振动台的全部速度范围(图7.22)。

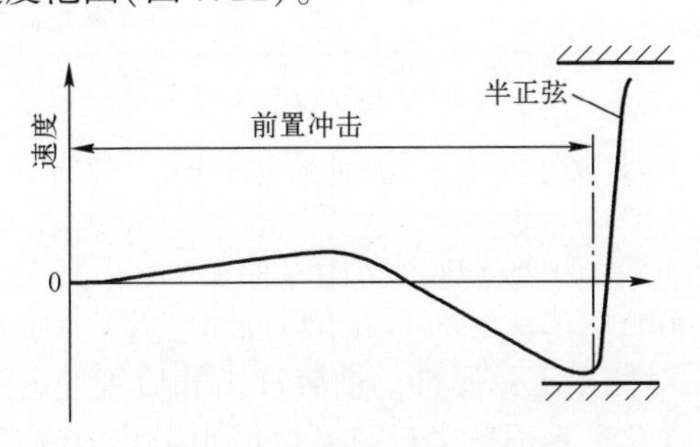

图7.22 优化后的前置冲击以及冲击时的速度

② 同样,使振动台的位移达到正或负的最大位移,以便冲击时能利用振动台的全部位移范围(图7.23),前置和后置冲击为半正弦脉冲的加速度、速度位移如图7.24所示。

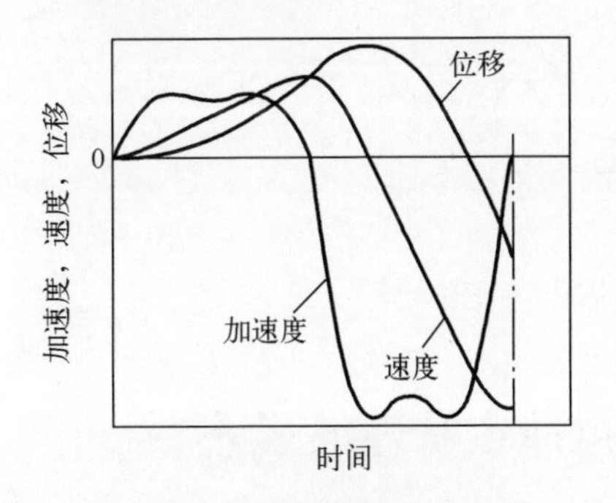

图7.23 前置冲击的加速度、速度和位移

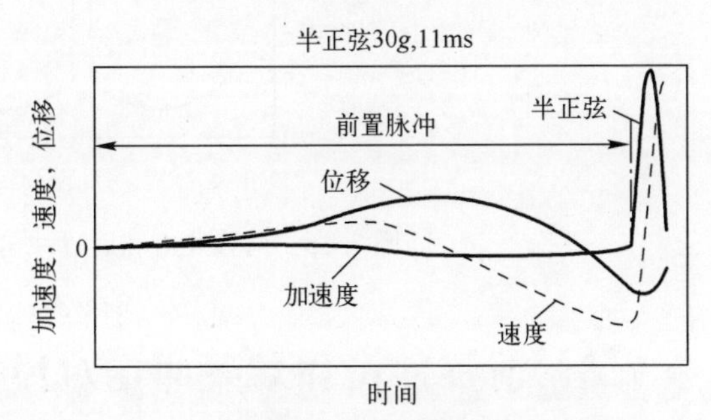

图7.24 前置冲击和主冲击(半正弦)的加速度、速度、位移

(2) 由一个周期的正弦信号构成的后置冲击,形式:

$$Kt^{y}\sin(2\pi f_1 t)$$

根据冲击结束后的末位移、末速度、末加速度为零,计算常数K、y、f_1。

主冲击结束后速度与位移的比值决定了后置冲击的频率和指数项。根据要求的速度变化量调整后置冲击的幅值。

图7.25给出了主冲击为30g,11ms的半正弦脉冲补偿后的位移、速度、加速度曲线。

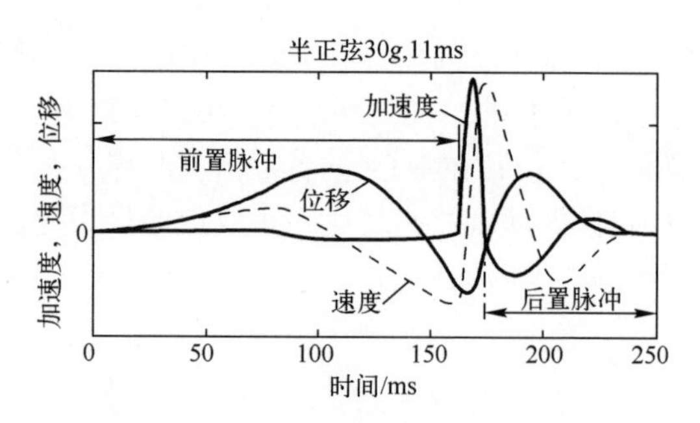

图 7.25　半正弦脉冲的全部运动规律

[LAX 00,LAX 01]给出了改进的通用方法。

A. Girard[GIR 06b]给出了一种修正的方法。为减小最大位移及缩小与主冲击的 SRS 差别,在对称半正弦脉冲的前置冲击和后置冲击的结尾处增加一正的半正弦图 7.26。该方法除用于半正弦波也可用于其他波形。

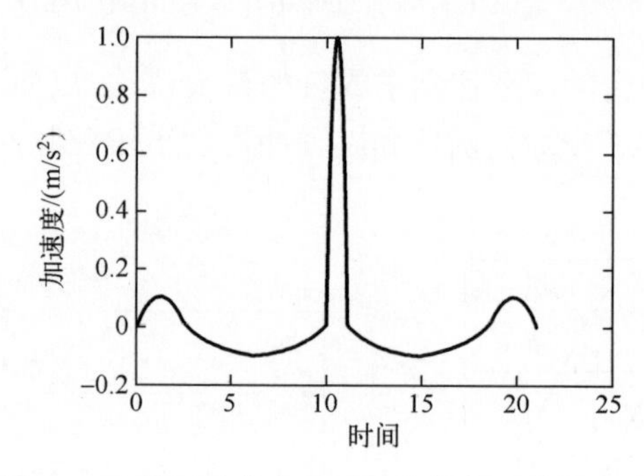

图 7.26　前置冲击和后置冲击优化后的半正弦

7.6　前置冲击和后置冲击对模拟冲击特性的影响

7.6.1　引言

通常用随时间变化的信号(半正弦、梯形等)描述冲击规范。为使振动台实现的冲击末速度为零,需增加前置脉冲和/或后置脉冲。

跌落或加速跌落后通过碰撞由冲击台实现的冲击与振动台实现的冲击没有任何不同。碰撞类型的冲击机,试验开始时台面和时间的速度为零,自由跌落相当于前置冲击,如果存在反弹,则反弹相当于后置冲击。

两种方法的不同在于产生的冲击波形、持续时间和幅值不同。通过碰撞由冲击台实现的冲击持续时间通常大于振动台实现的冲击,响应的影响主要在低频段。

7.6.2 前置脉冲和后置冲击对单自由度系统时域响应影响

讨论能用振动台实现的跌落冲击。假设悬挂的产品固有频率为5Hz,品质因数$Q=10$。

名义冲击

半正弦脉冲$\ddot{x}_m=500\text{m/s}^2$,$\tau=10\text{ms}$。

振动台实现的冲击

前置脉冲和后置脉冲相同;

半正弦脉冲:

$$\ddot{x}_p=50\text{m/s}^2(p=0.1)$$

持续时间内:

$$\Delta V=\frac{2}{\pi}\tau\ddot{x}_m=2\times\frac{2}{\pi}\tau_p\ \ddot{x}_p$$

$$\tau_p=\frac{2\ddot{x}_m}{2\mid x_p\mid}=\frac{\tau}{2p}$$

$$\tau_p=50\text{ms}$$

冲击台实现的冲击

自由跌落:

$$\Delta V=\frac{2}{\pi}\ddot{x}_m\tau$$

50%的反弹($k=1/2$);

碰撞速度v_i;

反弹速度:

$$v_R=-kv_i$$

$$\Delta V=v_i-v_R=v_i-(-kv_i)=v_i(1+k)$$

$$v_i=\frac{\Delta V}{1+k}$$

跌落高度:

$$H=\frac{v_i^2}{2g}=\frac{1}{2}gt_i^2$$

自由落体时间:

$$t_i=\frac{v_i^2}{g}=0.216\text{s}$$

反弹时间:

$$t_{\mathrm{R}}=\frac{v_{\mathrm{R}}}{g}$$

$$v_{\mathrm{R}}=-\frac{k\Delta V}{1+k}$$

$$t_{\mathrm{R}}=0.108\mathrm{s}$$

图 7.27 分别给出了单自由系统($f_0=5\mathrm{Hz}$,$\xi=0.05$)初位移、初速度为零时,对名义冲击、振动台实现的冲击、冲击机实现的冲击的响应。

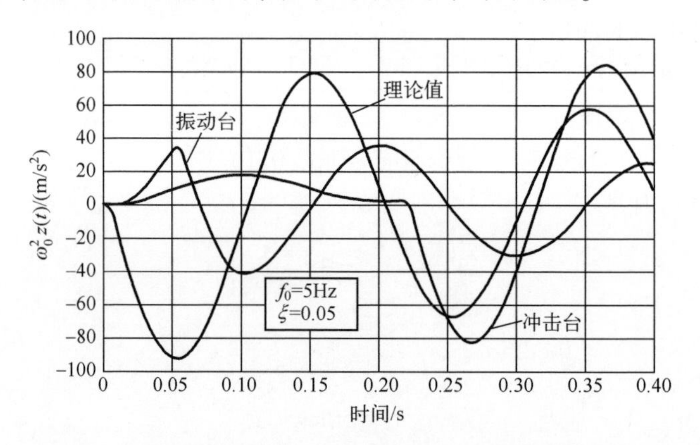

图 7.27 实现的模式对单自由度系统半正弦脉冲响应的影响

图 7.27 表明,振动台实现的冲击、冲击机实现的冲击在频率为 5Hz 时的响应与理想冲击的响应不同。振动台实现的冲击欠试验,冲击机实现的冲击过试验。因此,为评估冲击的严酷度需考虑信号的整个频带。

7.6.3 对冲击响应谱的影响

图 7.28 给出 $\xi=0.05$ 时,持续时间 10ms 峰值 $500\mathrm{m/s^2}$ 的半正弦脉冲响应谱:

(1) 初位移、初速度为零时,名义冲击响应谱;

(2) 振动台产生的有前置冲击和后置冲击补偿的冲击响应谱;

(3) 冲击机产生的有跌落和反弹阶段的冲击响应谱。

图 7.28 表明:

(1) $-f_0\leqslant 10\mathrm{Hz}$ 时,冲击机产生的响应谱低于理想冲击的响应谱,但高于振动台产生的冲击的响应谱。

(2) $-10\mathrm{Hz}\leqslant f_0\leqslant 30\mathrm{Hz}$ 时,振动台产生冲击的响应谱过大。

(3) $-f_0>30\mathrm{Hz}$ 时,所有冲击响应谱一致。

因为零阻尼的冲击响应谱在原点处的斜率与冲击的速度变化量成正比,增加的补偿脉冲使速度变化量为零,所以使响应谱在原点处的斜率为零。另外,在补偿信号持续时间的倒数的频段内,补偿后信号的响应谱比理想信号的响应谱大。因此,建议上述响应谱变化的频率不应落在试件的固有频率范围内。

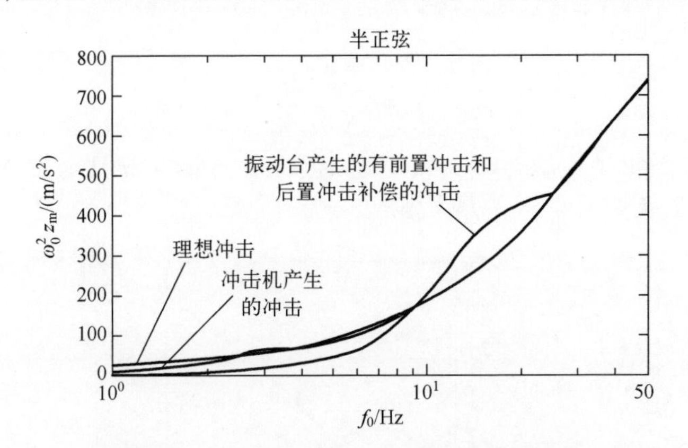

图 7.28 半正弦脉冲的 SRS 模型建立的影响

上例,振动台冲击的补偿采用了对称的前置冲击和后置冲击。当仅用前置冲击或后置冲击时,图 7.29 给出了下述响应谱:

(1) 名义冲击:半正弦脉冲 $\ddot{x}_m = 500m/s^2$, $\tau = 10ms$。

(2) 振动台实现的冲击:仅有后置冲击,半正弦脉冲($p=0.1$)。

(3) 振动台实现的冲击:仅有前置冲击。

(4) 振动台实现的冲击:前置冲击与后置冲击相同。

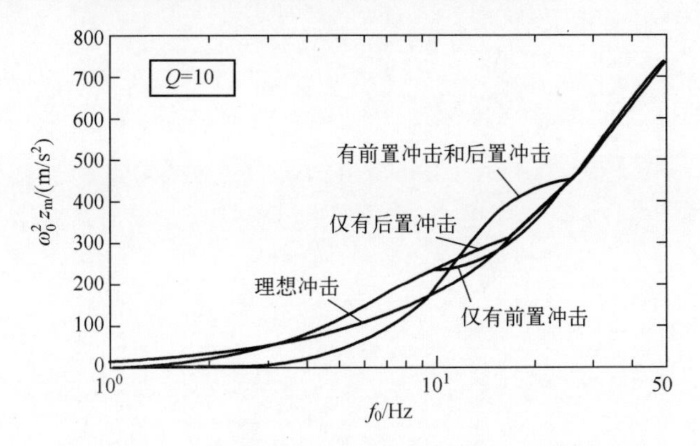

图 7.29 半正弦脉冲的 SRS 前后冲击影响因素的分配

图 7.29 表明:

(1) 前置脉冲或后置脉冲单独使用时,谱的变化减小。补偿信号的持续时间增加,与对称的前置脉冲和后置脉冲相比,谱变形的频率点下降。

(2) 单独用前置冲击补偿与优于用后置冲击,但差别不大。

前面已详述了对称的前置冲击和后置冲击补偿优点。

注:对于重的试件,当装到振动台时,其质量 m 与动圈夹具质量 M 耦合,导致固有频率变化:

$$f_0' = f_0\sqrt{1+\frac{m}{M}} \tag{7.46}$$

图 7.30 给出了按质量比 m/M 计算的频率 f'/f。当 m 接近 M 时,频率比为 1.4。因此,系统所承受的应力不满足要求。

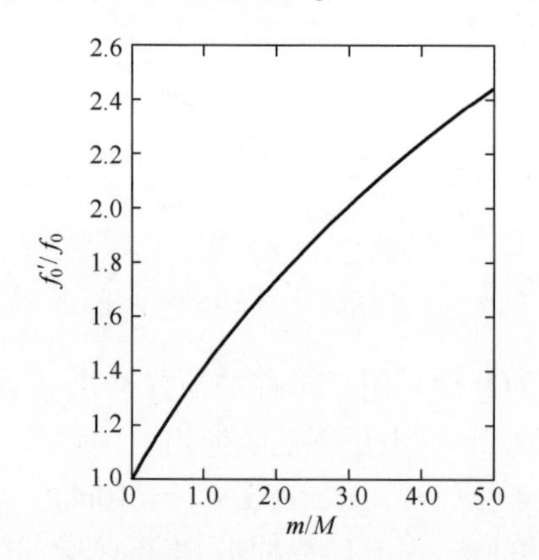

图 7.30 耦合时质量比随频率的变化关系

第8章 冲击响应谱的振动台控制

8.1 冲击响应谱控制原理

8.1.1 问题

通常真实环境的冲击响应谱形状非常复杂，尤其对于有明显峰值的谱[SMA 73]，很难用跌落式冲击机产生的经典冲击波形的谱包络。

（1）或者是峰值的包络线，将导致其他频段过试验，如图8.1(b)中曲线2。

（2）或者是剔除峰值的包络线，峰值段处的频段将欠试验，如图8.1(b)中曲线1。

爆炸冲击的模拟时常会出现这种结果。

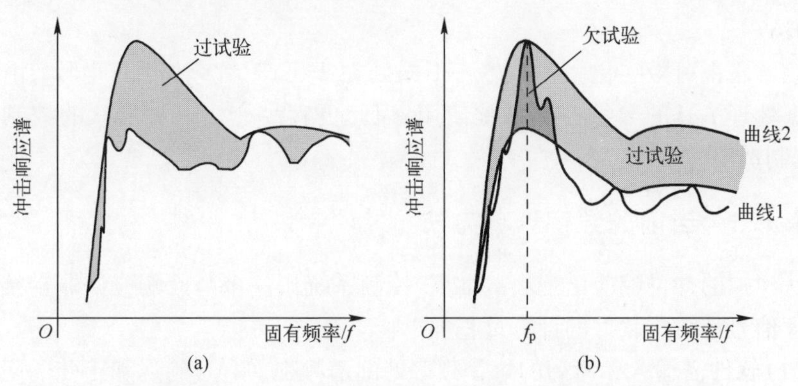

图8.1 用SRS对一个简单波形的冲击谱进行包络很困难的例子

经典冲击（半正弦、后峰锯齿波）的低频段在对数坐标上具有6dB/oct的斜率。而爆炸冲击谱低频段的斜率（>9dB/oct）。当加速度的量值没有超过振动台的允许值时，冲击谱模拟具有很多优点。

振动台由一个输出随时间变化的信号控制,一个加速度时域信号只有一个冲击响应谱。但对于一个给定的谱,可对应无穷多个加速度信号。因此,控制的原理是找到一个给定冲击谱的时域信号 $\ddot{x}(t)$。

以往,最初是应用模拟法实现冲击谱,近来则应用数字的方法[SAM 74a, SAM 75]。

8.1.2 并联滤波法

模拟法于 1964 年由 G. W. Painter 和 H. J. Parry[PAI 64,ROB 67,SMA 74a,SMA 75,VAN 72]等推荐使用,在脉冲发生(矩形)的输出端放置一系列的滤波器进行滤波。滤波器在所需的频率范围内按三分之一倍频程的带宽选取。每个滤波器都会输出一个响应的脉冲,如果滤波器是窄带,则输出的每个冲击脉冲都与窄带信号类似。如果滤波器与单自由度系统一致,那么响应类似于衰减的正弦波形。每个滤波器后有放大器,以控制响应信号的大小。

经过所有滤波器的输出信号,叠加在一起作为振动台控制放大器的输入。可通过修改每个滤波器输出放大器的增益获得要求的冲击响应谱。一个窄带滤波器仅影响与滤波器中心频率具有相同频率的冲击谱,冲击响应谱对滤波器与振动台引起的相位变化不敏感。信号类似于一个正弦扫频的平直谱,起始频率为最高阶滤波器的中心频率,滤波器的中心频率按对数规律减小[BAR 74, HUG 72,MET 67]。

该方法的缺点是没有控制信号的全部特征(形状、振幅、持续时间)。根据收敛规定谱的速度,对信号的控制需多次反馈,导致试件上经受多次冲击[MET 67]。

该方法也可数字化[SAM 75],不同处在于可产生多种冲击波形。由于基于数据处理工具的数字控制系统使用,因此更容易产生各种形状的控制信号(根据制造商)[BAR74]。

8.1.3 当前的数字计算方法

从模拟的冲击响应谱选出离散点,控制系统用一个与此响应谱非常接近的加速度信号计算。软件的计算过程如下:

(1)软件需输入参考谱的每个频率处的谱频率、幅值、延迟和正弦的阻尼或者信号振荡次数等其他特征参数。

在离散参考谱的每一个频率 f_0 处,软件生成一个初始的加速度信号,如一个衰减的正弦波形,这样的信号产生的冲击响应谱,它的频率峰值是正弦波形阻尼的函数。

对同一个冲击响应谱,这种特性使得可在振动台上实现,而同样谱的经典冲击波形不能实现(图 8.2)。高频正弦信号的响应谱会趋向于该信号的幅值。

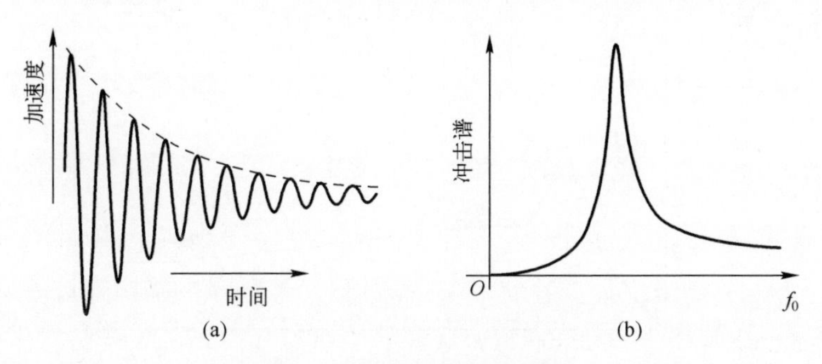

图 8.2 基本冲击和它的 SRS

由 SRS 的第 1 个点生成的衰减正弦的 SRS 如图 8.3 所示,由 SRS 的第 2 个点生成的衰减正弦的 SRS 如图 8.4 所示。生成的所有衰减正弦的 SRS 如图 8.5 所示。

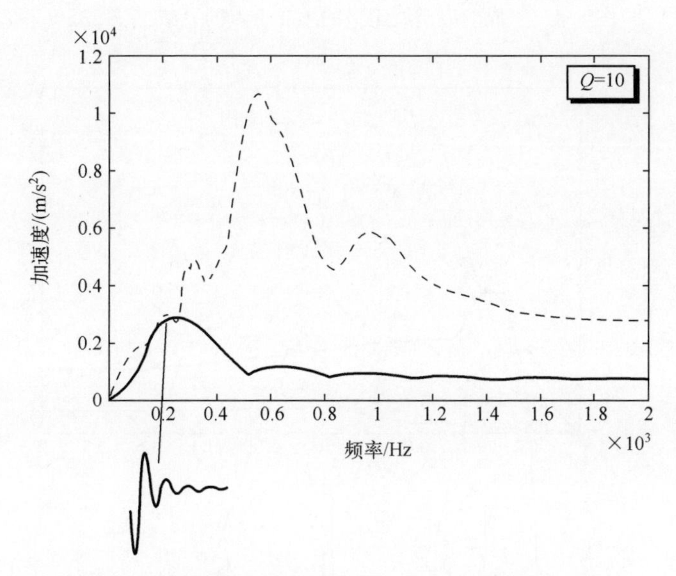

图 8.3 生成响应谱所定义的第 1 个点的衰减正弦 SRS

(2) 为控制冲击波形的总持续时间(主要是由于较低的频率成分),对所有的初始信号进行一定的延迟(时间不同,如图 8.6 所示。),然后叠加在一起。没有延迟的所有基本信号叠加在一起,如图 8.7 所示。

(3) 对叠加一起的全部信号,计算 SRS。每一个频点的信号都对临近点的 SRS 产生影响,因此,计算得到的 SRS 与参考的 SRS 不同,如图 8.8 所示。

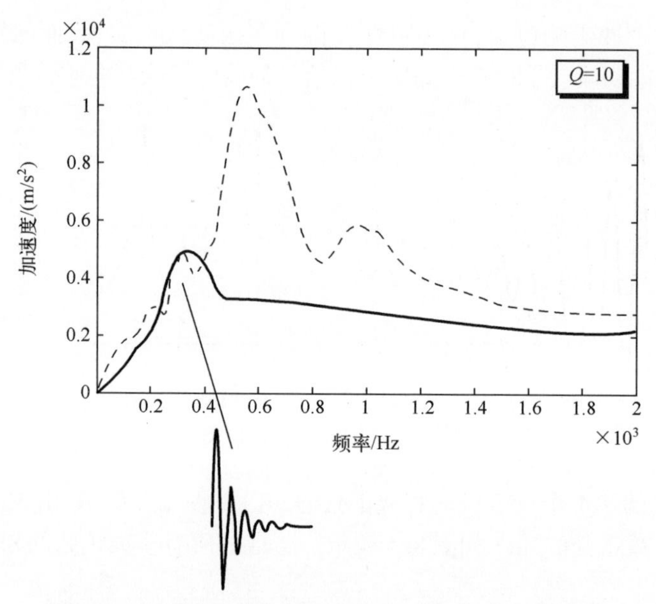

图 8.4 生成响应谱所定义的第 2 个点的衰减正弦 SRS

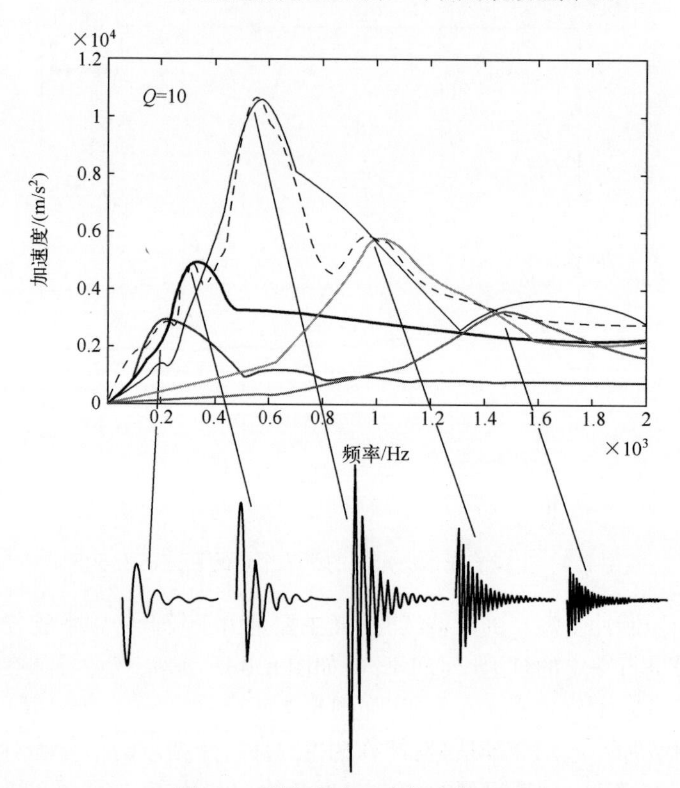

图 8.5 所有衰减正弦点及其 SRS

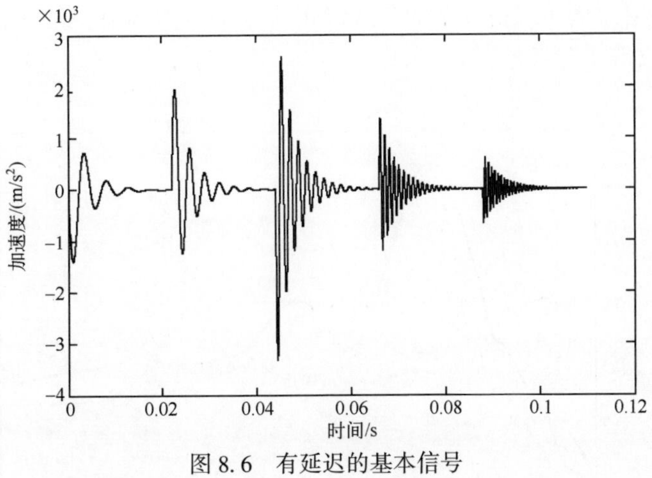

图 8.6 有延迟的基本信号

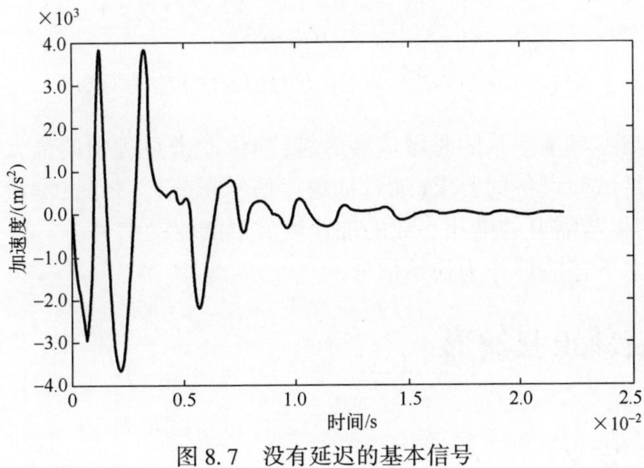

图 8.7 没有延迟的基本信号

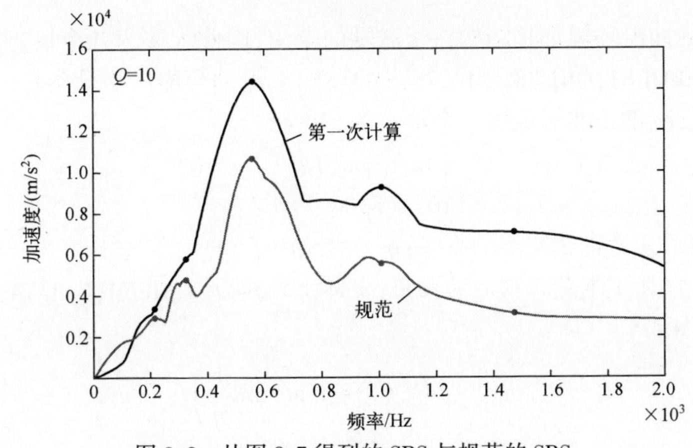

图 8.8 从图 8.7 得到的 SRS 与规范的 SRS

软件应用比例法或更复杂的公式修正初始信号的幅值(8.2.6 节),经过多次迭代后,收敛于参考谱,如图 8.9 所示。

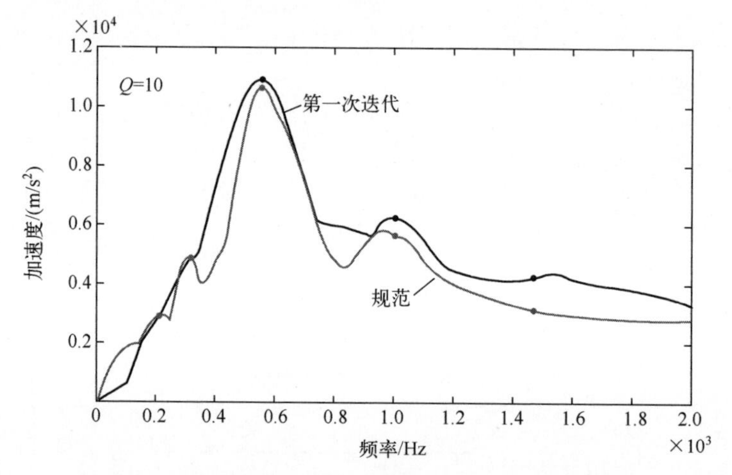

图 8.9 经过迭代运算后的信号的 SRS 和参考的 SRS

当得到与参考谱一致的时域信号后,要确认冲击过程中的最大速度和最大位移是否满足试验设备的要求(通过加速度信号积分)。最后,测量试验设备的传递函数,产生与需要的谱相一致的加速度波形的驱动信号。

建议考虑下述波形作为初始信号。

8.2 衰减正弦波形

8.2.1 定义

实测的冲击环境都是结构对于激励的响应,因此大多为几个模态的衰减正弦的叠加[BOI 81,CRI 78,SMA 75,SMA 85]。电动台能产生此类信号。因此,能够根据衰减正弦波形重构一个给定的 SRS:

$$a(t)=\begin{cases}Ae^{-\eta\Omega\tau}\sin(\Omega t) & (t\geqslant 0)\\ 0 & (t<0)\end{cases} \tag{8.1}$$

式中:$\Omega=2\pi f$,f 为正弦波形的频率;η 为衰减因子。

注意:常数 A 不是正弦波的幅值,实际上应该为[CAR 74,NEL 74,SMA 73,AMA 74,SMA75]

$$a_{\max}=Ae^{-\eta\arctan\frac{1}{\eta}}\sin\left(\arctan\frac{1}{\eta}\right) \tag{8.2}$$

8.2.2 响应谱

基本信号 $a(t)$ 的冲击响应谱或多或少代表频率 $f_0=f$ 处，衰减因子为 η 的幅值，当衰减因子减小时，峰值增大。如图 8.10 所示，对于很小的衰减因子 η（约为 0.001），响应的时域幅值可超过冲击信号幅值的 10 倍[SMA 73]。这是此类信号的优点，因为对于相同的 SRS，通过这个重要的因子，可以减小加速度信号的幅值，从而可在振动台上实现，而经典波形不能。

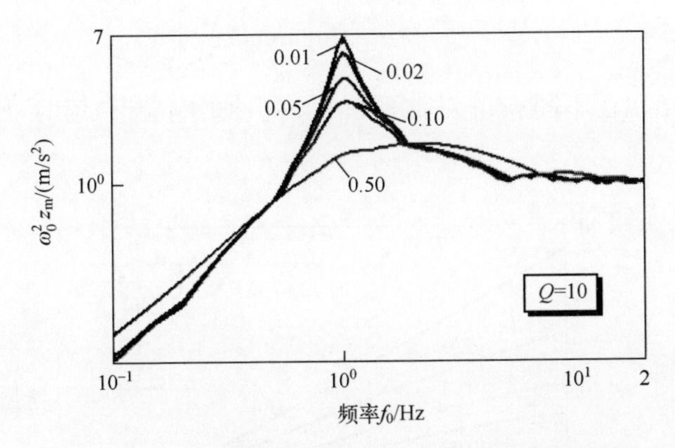

图 8.10 对于不同的衰减因子 η，衰减正弦波形的 SRS

当 η 趋近于 0.5 时，SRS 趋向于半正弦波形的 SRS。不要混淆衰减因子 η 和阻尼因数 ξ，衰减因子 η 是用来描述时域加速度信号的衰减，而阻尼因数 ξ 是系统响应的衰减，用来计算 SRS。对于给定的 η，衰减正弦波形的 SRS 幅值按 ξ 或 $Q=\frac{1}{2\xi}$ 变化（图 8.11）。

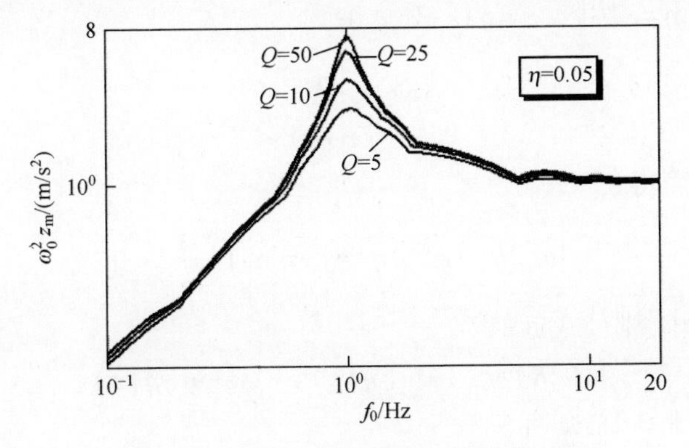

图 8.11 不同 Q 值的衰减正弦波的 SRS

可以用下面的表达式近似表示常数 A 与谱的峰值之间的比率 R 之间的关系，当 $7\times10^{-3}\leqslant\eta\leqslant0.5$，$0\leqslant\xi\leqslant0.1$ 时[GAL 73，SMA 75]：

$$R=\frac{1}{2}\times\frac{\eta^{\frac{\eta}{\xi-\eta}}}{\xi^{\frac{\xi}{\xi-\eta}}} \tag{8.3}$$

本章更关注高频段谱峰值的比率，根据式(8.2)与式(8.3)，可得

$$R=\frac{1}{2}\times\frac{\eta^{\frac{\eta}{\xi-\eta}}}{\xi^{\frac{\xi}{\xi-\eta}}}\times\frac{e^{\eta\arctan\frac{1}{\eta}}}{\sin\left(\arctan\frac{1}{\eta}\right)} \tag{8.4}$$

图 8.12 给出了不同 η(正弦波形)值与 ξ(冲击响应谱)值时，比率 R 的变化规律。

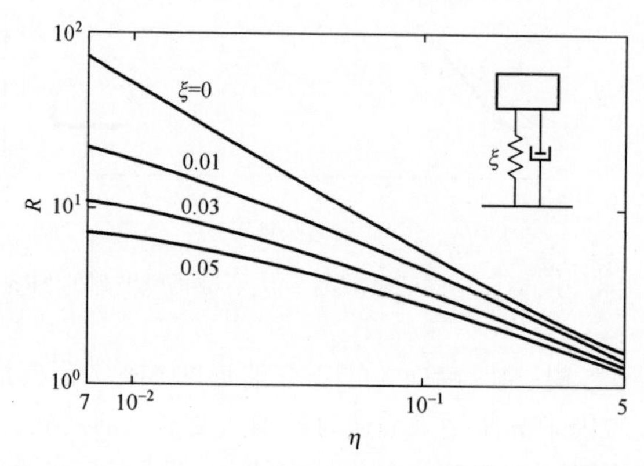

图 8.12　在高频率，不同的 η 值与 ξ 值，衰减正弦波形的 SRS 的峰值振幅比率 R 的变化

特殊情况：

(1) 如果 $\eta=\xi$，引入 $\xi=\eta+\varepsilon$，公式变为

$$2R=\frac{\eta^{\frac{\eta}{\varepsilon}}}{(\eta+\varepsilon)^{\frac{\eta+\varepsilon}{\varepsilon}}}$$

进一步化简得

$$\varepsilon\ln(2R)+\varepsilon\ln(\eta+\varepsilon)+\eta\ln\left(1+\frac{\varepsilon}{\eta}\right)=0$$

如果 ε 很小，则公式近似于

$$\ln(2R)\approx-1-\ln(\eta+\varepsilon)=-\ln e-\ln(\eta+\varepsilon)$$

当 ε 趋近于 0 时，则有

$$R = \frac{1}{2\mathrm{e}\eta} \tag{8.5}$$

由式(8.4)可得

$$R \to \frac{1}{2\mathrm{e}\eta} \frac{\mathrm{e}^{\eta \arctan \frac{1}{\eta}}}{\sin\left(\arctan \frac{1}{\eta}\right)} \tag{8.6}$$

(2) 如果ξ趋近于0,由式(8.3)可得

$$R \to \frac{1}{2\eta} \tag{8.7}$$

由式(8.6)可得

$$R \to \frac{1}{2\eta} \frac{\mathrm{e}^{\eta \arctan \frac{1}{\eta}}}{\sin\left(\arctan \frac{1}{\eta}\right)} \tag{8.8}$$

注意:一个衰减正弦的SRS可近似表示为

$$\mathrm{SRS} = \frac{a_{\max}}{\sqrt{(1-h^2)^2 + h^2/R^2}} \tag{8.9}$$

式中:$h = \Omega/\omega$[GAL 73]。

8.2.3 速度和位移

这种类型的冲击信号,冲击结束后速度和位移不是零,速度可根据加速度信号$a(t) = A\mathrm{e}^{-\eta\Omega t}\sin(\Omega t)$积分得到,即

$$v(t) = -A \frac{\mathrm{e}^{-\eta\Omega t}}{\Omega(1+\eta^2)}[\eta\sin(\Omega t) + \cos(\Omega t)] + \frac{A}{\Omega(1+\eta^2)} \tag{8.10}$$

当t趋于∞时,则有

$$v(t) \to \frac{A}{\Omega(1+\eta^2)} \tag{8.11}$$

位移为

$$x(t) = \frac{A\mathrm{e}^{-\Omega\eta t}}{\Omega^2(1+\eta^2)^2}[\eta^2\sin(\Omega t) + 2\eta\cos(\Omega t) - \sin(\Omega t)] + \frac{At}{\Omega(1+\eta^2)} - \frac{2\eta A}{\Omega^2(1+\eta^2)^2} \tag{8.12}$$

如果t趋于∞,则$X(t)$也趋于∞(图8.13)。

信号末速度与末位移不是零的冲击很难在振动台上试验。

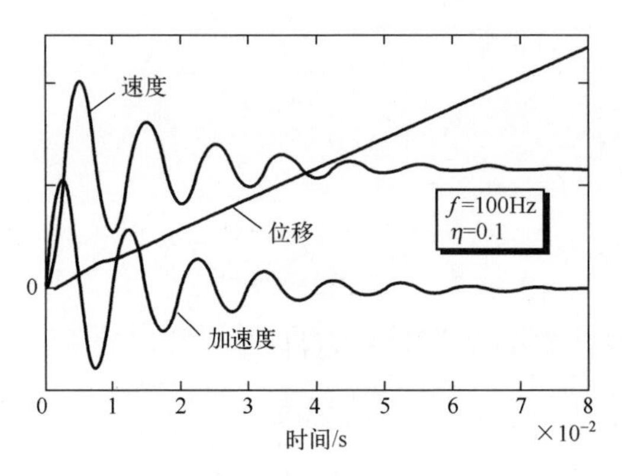

图 8.13　在有阻尼的正弦波末尾,速度与位移不是零

8.2.4　信号重构

对参考 SRS 上的每个频率点上定义的初始信号(有或无延迟相)叠加,并加上速度与位移补偿后信号构成控制信号。

第一阶段确定初始信号—衰减正弦波的常数 A_i 与 η_i,步骤如下[SMA 74b]:

(1) 在规定的冲击谱上选取能够充分描述谱的一系列频率点(频率,对应的谱)。

(2) 选取尽可能接近真实环境的正弦波的衰减因子 η_i 值。选取办法是根据不同 η 值的衰减正弦的 SRS 曲线(即使用相同的 Q 值绘制规定的响应谱,如图 8.10 所示)。这些曲线给出了 η 值对谱的峰值和宽度的影响程度。也可以根据图 8.12 所示的曲线。但实际中,常用软件实现。当 $\eta_i \approx 0.1$ 时,效果较好[CRI 78]。但通常根据正弦波的频率选择一个变化的衰减因子,高频率时衰减因子大,低频率时则相反。例如,从低频率到高频率,可将衰减因子从 0.3 线性变化到 0.01。

注意:如果有规定谱的加速度信号,则可用 Prony 方法来估测频率与衰减因子[GAR 86]。

(3) 当选定 η 时,对于给定的阻尼 $Q=1/2\xi$(衰减因子根据参考谱选择)可根据式(8.3)计算谱峰值与衰减正弦峰值的比 R,因此,可得到衰减正弦波的最大峰值 a_{max}。

衰减正弦第一个峰值 a_{max} 与常数 A 的关系(式(8.2))为

$$a_{max}=Ae^{-\eta\arctan\frac{1}{\eta}}\sin\left(\arctan\frac{1}{\eta}\right)$$

因此,确定了每个初始正弦波的常数 A,当 η 值很小时(小于 0.08),有

$$a_{\max} \approx A(1-1.57\eta) \tag{8.13}$$

8.2.5 信号补偿方法

用下述几种方法进行信号补偿：

(1) 通过截断信号直到在振动台上可实现为止，但会导致响应谱产生明显的下降[SMA 73]。

(2) 对信号增加一个高衰减因子的衰减正弦波，作为速度与位移的补偿[SMA 74b,SMA 75,SMA 85]。

(3) 通过每个频率处的初始信号增加两个指数补偿函数[NEL 74,SMA 75]，即

$$a_i(t)=A_i\Omega_i\{k_1\mathrm{e}^{-at}-k_2\mathrm{e}^{-bt}\}+A_ik_3\mathrm{e}^{-ct}\sin(\Omega_it+\theta) \tag{8.14}$$

用一个衰减正弦波补偿

为计算补偿脉冲的特性，用于模拟规定谱的全部加速度信号可以为

$$\begin{aligned}\dot{x}(t) = \sum_{i=1}^{n}\{U(t-\theta_i)A_i\mathrm{e}^{-\eta_i\Omega_i(t-\theta_i)}\sin[\Omega_i(t-\theta_i)]\} + \\ U(t+\theta)A_\mathrm{c}\mathrm{e}^{-\eta_\mathrm{c}\Omega_\mathrm{c}(t+\theta)}\sin[\Omega_\mathrm{c}(t+\theta)]\end{aligned} \tag{8.15}$$

式中

$$U(t-\theta_i)=\begin{cases}0 & (t<\theta_i)\\1 & (t>\theta_i)\end{cases} \tag{8.16}$$

θ_i 标志第 i 个初始信号的延迟，A_c、η_c、ω_c、θ 描述补偿信号(衰减正弦)的特性，这些常量的计算通过补偿速度和位移得到：

$$\begin{aligned}\dot{x}(t)=&\sum_{i=1}^{n}U(t-\theta_i)\frac{A_i}{\Omega_i(1+\eta_i^2)}\{-\mathrm{e}^{-\eta_i\Omega_i(t-\theta_i)}\{\eta_i\sin[\Omega_i(t-\theta_i)]+\cos[\Omega_i(t-\theta)]\}+1\} + \\ &U(t+\theta)\frac{A_\mathrm{c}}{\Omega_\mathrm{c}(1+\eta_\mathrm{c}^2)}\{\mathrm{e}^{-\eta_\mathrm{c}\Omega_\mathrm{c}(t+\theta)}\{\eta_\mathrm{c}\sin[\Omega_\mathrm{c}(t+\theta)]+\cos[\Omega_\mathrm{c}(t+\theta)]\}+1\}\end{aligned} \tag{8.17}$$

$$\begin{aligned}x(t) = &\sum_{i=1}^{n}\left\{U(t-\theta_i)\frac{A_i\mathrm{e}^{-\eta_i\Omega_i(t-\theta_i)}}{\Omega_i^2(1+\eta_i^2)^2}\{(\eta_i^2-1)\sin[\Omega_i(t-\theta_i)]+2\eta_i\cos[\Omega_i(t-\theta_i)]\}+\right.\\ &\left.\frac{A_i(t-\theta_i)}{\Omega_i(1+\eta_i^2)}-\frac{2\eta_iA_i}{\Omega_i^2(1+\eta_i^2)^2}\right\}+\\ &U(t+\theta)\left\{\frac{A_\mathrm{c}\mathrm{e}^{-\eta_\mathrm{c}\Omega_\mathrm{c}(t+\theta)}}{\Omega_\mathrm{c}^2(1+\eta_\mathrm{c}^2)^2}\{(\eta_\mathrm{c}^2-1)\sin[\Omega_\mathrm{c}(t+\theta)]+2\eta_\mathrm{c}\cos[\Omega_\mathrm{c}(t+\theta)]\}+\right.\\ &\left.\frac{A_\mathrm{c}(t+\theta)}{\Omega_\mathrm{c}(1+\eta_\mathrm{c}^2)}-\frac{2\eta_\mathrm{c}A_\mathrm{c}}{\Omega_\mathrm{c}^2(1+\eta_\mathrm{c}^2)^2}\right\}\end{aligned} \tag{8.18}$$

当时间 t 趋于∞时，若末速度、末位移为零，可得

$$\frac{A_c}{\Omega_c(1+\eta_c^2)}=-\sum_{i=1}^{n}\frac{A_i}{\Omega_i(1+\eta_i^2)} \tag{8.19}$$

$$\frac{A_c\theta}{\Omega_c(1+\eta_c^2)^2}=\frac{2\eta_c A_c}{\Omega_c^2(1+\eta_c^2)^2}+\sum_{i=1}^{n}\left[\frac{2\eta_i A_i}{\Omega_i^2(1+\eta_i^2)^2}+\frac{A_i\theta_i}{\Omega_i(1+\eta_i^2)}\right] \tag{8.20}$$

进一步化简，可得

$$A_c=-\Omega_c(1+\eta_c^2)\sum_{i=1}^{n}\frac{A_i}{\Omega_i(1+\eta_i^2)} \tag{8.21}$$

$$\theta=\frac{\Omega_c(1+\eta_c^2)}{A_c}\left\{\frac{2\eta_c A_c}{\Omega_c^2(1+\eta_c^2)^2}+\sum_{i=1}^{n}\left[\frac{A_i\theta_i}{\Omega_i(1+\eta_i^2)}+\frac{2\eta_i A_i}{\Omega_i^2(1+\eta_i^2)^2}\right]\right\} \tag{8.22}$$

$$\theta=\frac{2\eta_c}{\Omega_c(1+\eta_c^2)}+\frac{(1+\eta_c^2)\Omega_c}{A_c}\sum_{i=1}^{n}\frac{A_i}{(1+\eta_i^2)\Omega_i}\left[\theta_i+\frac{2\eta_i}{\Omega_i(1+\eta_i^2)}\right] \tag{8.23}$$

用于补偿的衰减正弦其加速度时间历程如图 8.14 所示。补偿后的信号其速度、位移时间历程如图 8.15～图 8.16 所示。

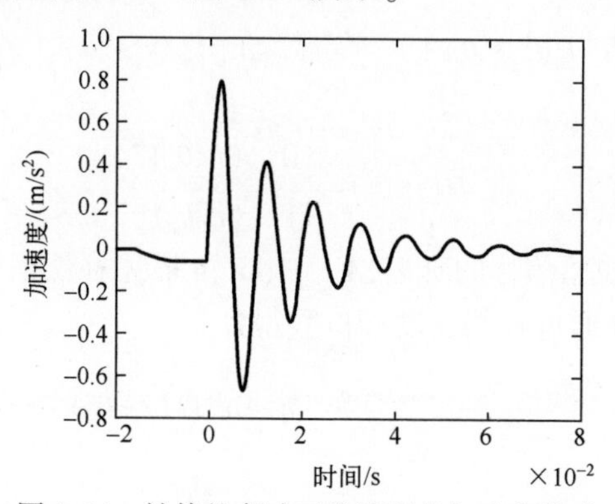

图 8.14　补偿的衰减正弦波形的加速度脉冲

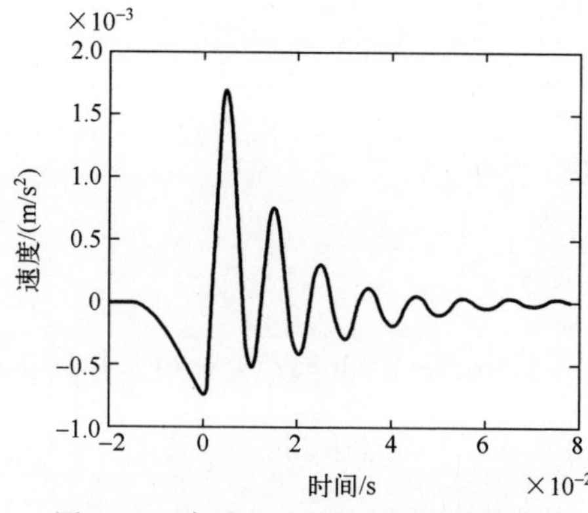

图 8.15　衰减正弦波补偿后的速度图

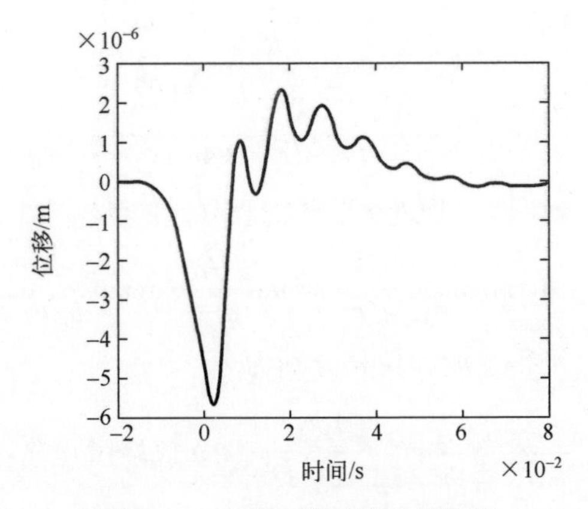

图 8.16　衰减正弦补偿后的位移

描述补偿信号特征的常数 A_c 与 θ 是参数(Ω_c,η_c)的函数。补偿信号的频率 $f_c=\dfrac{\Omega_c}{2\eta}$ 应是规定谱最小频率的 1/2 或 1/3。η_c 在 0.5~1 选取[SMA 74b],然后确定 A_c 与 θ。

用两个指数信号进行补偿

该方法由 Nelson 和 Prasthofer 提出[NEL 74,SMA 85]。对每个衰减的正弦波增加两个指数信号和相位移 θ,每个初始波形表示如下:

$$a_i(t)=A_i\Omega_i\{k_1\mathrm{e}^{-at}-k_2\mathrm{e}^{-bt}\}+A_ik_3\mathrm{e}^{ct}\sin(\Omega_it+\theta) \tag{8.24}$$

指数项是为了补偿速度与位移(冲击开始与结束时必须是零),相位 θ 是为了消除在 $t=0$ 时的加速度。用这种方法可以补偿每个独立的初始信号。参数 a、b、c 可任意选择。该方法建立一个类似于带阻尼的衰减正弦波形的信号:

$$c=\eta_i\Omega_n \tag{8.25}$$

式中

$$\Omega_n=\frac{\Omega_i}{\sqrt{1-\eta_i^2}} \tag{8.26}$$

$$a=\frac{\Omega_n}{2\pi} \tag{8.27}$$

$$b=2\eta_i\Omega_n \tag{8.28}$$

如果以下等式成立,那么冲击信号开始与结束时的加速度、速度与位移都为0:

$$k_1=\frac{a^2}{(b-a)[(c-a)^2+\Omega_i^2]} \tag{8.29}$$

$$k_2=\frac{b^2}{(a-b)[(c-b)^2+\Omega_i^2]} \tag{8.30}$$

$$k_3=\sqrt{\frac{(c^2-\Omega_i^2)^2+4c^2\Omega_i^2}{[(b-c)^2+\Omega_i^2][(a-c)^2+\Omega_i^2]}} \tag{8.31}$$

$$\theta=\arctan\frac{-2c\Omega_i}{c^2-\Omega_i^2}-\arctan\frac{\Omega_i}{a-c}-\arctan\frac{\Omega_i}{b-c} \tag{8.32}$$

根据上述公式,可得速度和位移分别为

$$v(t)=A_i\Omega_i\left[-\frac{k_1}{a}\mathrm{e}^{-at}+\frac{k_2}{b}\mathrm{e}^{-bt}\right]-\frac{A_ik_3\mathrm{e}^{-ct}}{c^2+\Omega_\mathrm{i}^2}[c\sin(\Omega_it+\theta)+\Omega_i\sin(\Omega_it+\theta)] \tag{8.33}$$

$$d(t)=A_i\Omega_i\left[\frac{k_1}{a^2}\mathrm{e}^{-at}-\frac{k_2}{b^2}\mathrm{e}^{-bt}\right]+\frac{A_ik_3}{(c^2+\Omega_i^2)^2}\mathrm{e}^{-ct} \times[(c^2-\Omega_i^2)\sin(\Omega_it+\theta)+2c\Omega_i\cos(\Omega_it+\theta)] \tag{8.34}$$

图 8.17 给出了按此方法进行补偿的例子。需要注意的是第一个负峰值要比第一个正峰值大,类似于一个衰减的正弦曲线。

$\Omega_i=2\pi f_i$	$k_1=0.06743$	$a=1.00125$
$f_i=1$	$k_2=0.02684$	$b=0.6291$
$\eta_i=0.05$	$k_3=0.9953$	$c=0.31455$
$A_i=1$		$\theta=-2.88267$

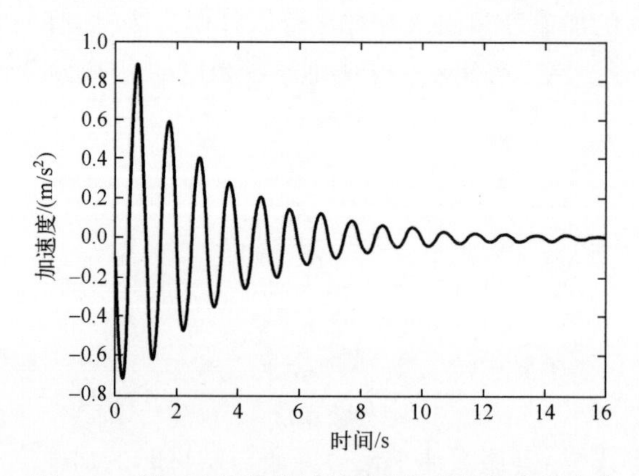

图 8.17　被两个指数信号补偿后得到的加速度波形

图 8.18 和图 8.19 给出了相对应的速度与位移时间历程。

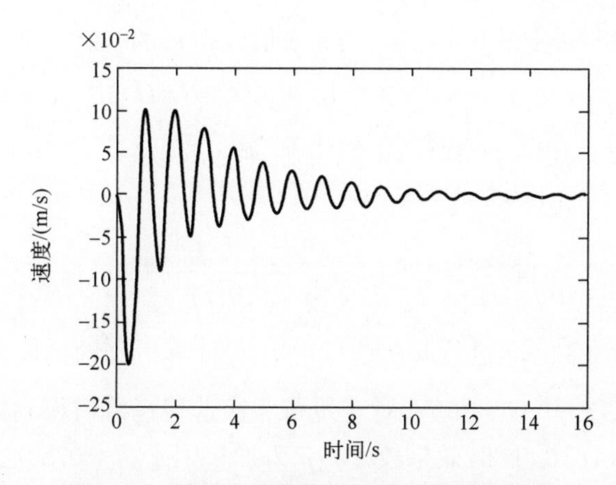

图 8.18 被两个指数信号补偿后得到的速度

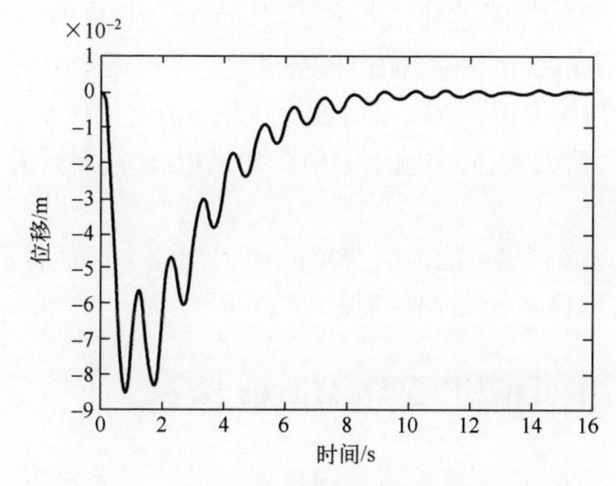

图 8.19 被两个指数信号补偿后得到的位移

注意:根据等价形式

$$a_i(t)=A\Omega_i\{k_1\mathrm{e}^{-at}+k_2\mathrm{e}^{-bt}+\mathrm{e}^{-ct}[k_3\cos(\Omega_i t)+k_4\sin(\Omega_i t)]\}$$

且

$$k_3=-k_1-k_2$$

$$k_4=\frac{abc(k_1+k_2)-(c^2+\Omega_i^2)(k_1b+k_2a)}{ab\Omega_i}$$

式中:k_1与k_2与之前一样,有相同的定义

8.2.6 迭代

一旦确定了初始波形的系数,就可计算时域信号的响应谱。确定初始波形时,假定每个衰减正弦波的频率点不影响谱的其他频点。但此假设过分简单,因

此得到的响应谱与规定谱并不一致,需改变信号 $\ddot{x}(t)$ 的峰值 A_i,反复迭代计算:

$$\ddot{x}(t) = \sum_i (-1)^i A_i e^{-\eta_i \Omega_i t} \sin(\Omega_i t) \tag{8.35}$$

该迭代法是应用一个简单的比例法则,通过修改每个初始波形的峰值进行的(参见[BIO 81,CRI 78]):

$$A_i^{(n+1)} = A_i^{(n)} + p \frac{S(f_i) - S_c^{(n)}(f_i)}{\hat{S}_c(f_i) - S_c^{(n)}(f_i)} \cdot \Delta A_i \tag{8.36}$$

式中:$S_c^{(n)}(f_i)$ 为在频率 f_i 进行 n 次迭代后用 A_i 计算得到的谱值;$S(f_i)$ 为频率 f_i 处的参考谱值;$\hat{S}_c(f_i)$ 为在频率 f_i 对 A_i 进行 n 次迭代运算后得到的谱幅值,A_i 增加了增量 ΔA($\Delta A_i = 0.05$ 时效果较好);p 为加权因子($p = 0.5$,会得到一个可接受的收敛的速度)。

如果该过程收敛(通常这样),则在选定的频率 f_i 得到的响应谱与规定谱将非常接近。但是在 f_i 之间的值可能会相差很大。不过这些中间值可以通过改变常数 A_i 的正、负(初始为正)[NEL 74]进行修改。需要记住改变正、负的经验。

如果 f_i 之间的值太大,必须减小 η_i 值。如果相反,需要增大 η_i 值或在 f_i 之间增加信号成分。

计算得到的谱必须尽可能地与规定的谱相符合。有时需要根据 f_c 来把剩余速度 V_R 和剩余位移 d_R 重新调整到零(实际上,增大 f_c,V_R 和 d_R 都会减小)。

8.3 D. L. Kern 和 C. D. Hayes 函数

8.3.1 定义

对给定的谱按频率一个接一个的重现(不是同时整个谱重现),D. L. Kern 和 C. D. Hayes [KER 84]定义了如下冲击波形:

$$a(t) = \begin{cases} A t e^{-\eta \Omega t} \sin(\Omega t) & (t \geq 0) \\ 0 & (t < 0) \end{cases} \tag{8.37}$$

式中:f 为频率;η 为衰减因子;A 为冲击振幅;e 为奈培数(衰减单位)。

该信号类似于单自由度系统对狄拉克冲击脉冲的响应,它对于谱的综合具有很大的优势。第一个要考虑的参数就是剩余速度与位移。

8.3.2 速度与位移

速度

对式(8.37),积分可得

$$
v(t)=-A\frac{te^{-\eta\Omega t}}{\Omega(1+\eta^2)}[\eta\sin(\Omega t)+\cos(\Omega t)]+
A\frac{e^{-\eta\Omega t}}{\Omega^2(1+\eta^2)^2}[(1-\eta^2)\sin(\Omega t)-2\eta\cos(\Omega t)] \tag{8.38}
$$

因为初始速度在时间 t 为零时并不为零,所以增加$\frac{2\eta A}{\Omega^2(1+\eta^2)^2}$可使初速度为零,但剩余速度就不是零了。

位移

对式(8.38)积分,可得

$$
d(t)=\frac{Ate^{-\eta\Omega t}}{\Omega^2(1+\eta^2)^2}[(\eta^2-1)\sin(\Omega t)+2\eta\cos(\Omega t)]+
\frac{Ae^{-\eta\Omega t}}{\Omega^3(1+\eta^2)^3}[2\eta(\eta^2-3)\sin(\Omega t)+2(3\eta^2-1)\cos(\Omega t)] \tag{8.39}
$$

在 $t=0$ 和 t 较大时,不能同时使速度与位移为零。

图 8.20~图 8.22 给出了加速度、速度与位移曲线的例子。

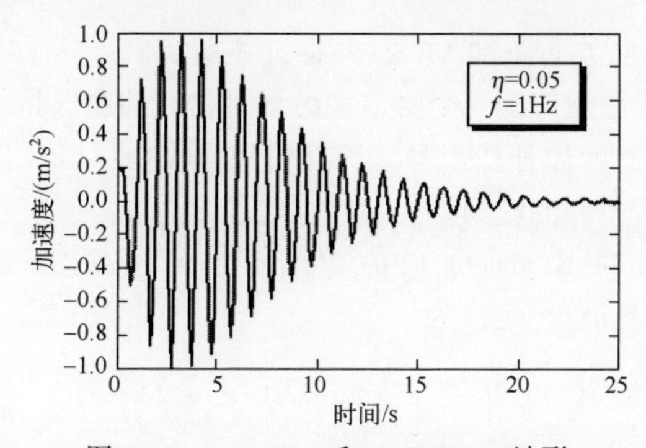

图 8.20　D. L. Kern 和 C. D. Hayes 波形

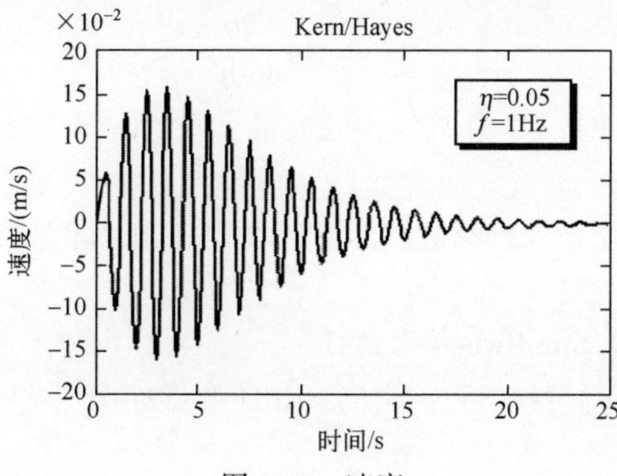

图 8.21　速度

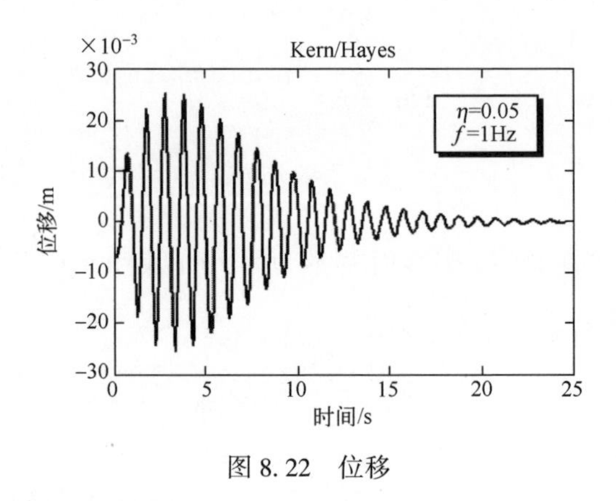

图 8.22　位移

8.4　ZERD 函数

8.4.1　定义

8.4.1.1　D. K. Fisher 和 M. R. Posehn 表达式

利用衰减的正弦波匹配一个给定 SRS 的冲击波的缺点是,为使冲击末速度与末位移都为零,需增加补偿信号。该补偿信号改变了低频段的 SRS,且有些情况会对模拟造成不利的影响。

D. K. Fisher 和 M. R. Posehn [FIS 77]给出了名为 ZERD(ZEro Residual Displacement)的一种新波形,定义为

$$a(t)=Ate^{-\eta\Omega t}\left[\frac{1}{\Omega}\sin(\Omega t)-t\cos(\Omega t+\phi)\right] \tag{8.40}$$

式中

$$\phi=\arctan\frac{2\eta}{1-\eta^2}$$

ZERD 函数类似于一个衰减的正弦波形,但在冲击结束时速度与位移都会减为零。

如图 8.23 所示,最大振幅的波形逐渐收敛,且正峰值与负峰值几乎是对称的,所以它能很好地在振动台复现。

8.4.1.2　D. O. Smallwood 表达式

D. O. Smallwood [SMA 85]给出的 ZERD 波形如图 8.24 所示,通过下式定义 ZERD 函数:

$$a(t)=Ae\eta e^{-\eta\Omega t}[\sin(\Omega t)+\Omega t\cos(\Omega t+\Psi)] \tag{8.41}$$

式中

$$\Psi = \arctan \frac{2\eta}{1-\eta^2} \tag{8.42}$$

该公式会在后面用到。

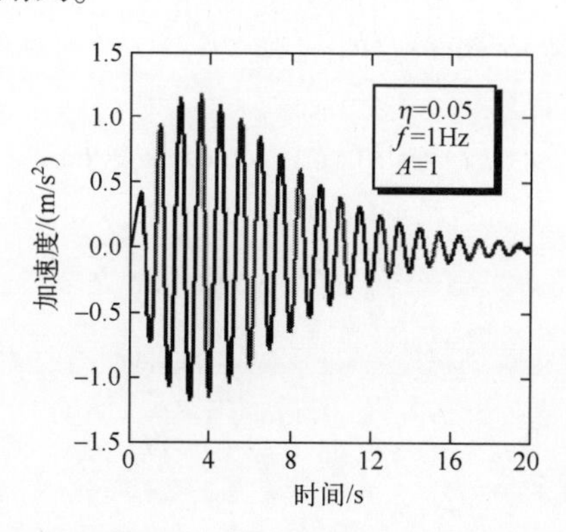

图 8.23 D. K. Fisher 和 M. R. Posehn 的 ZERD 波形

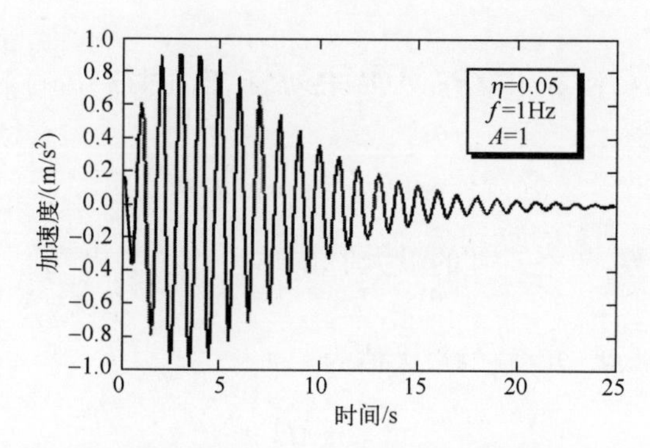

图 8.24 D. O. Smallwood 的 ZERD 曲线

8.4.2 速度与位移

通过积分可得到速度：

$$\begin{aligned} v(t) = A\eta e\left\{\frac{te^{-\eta\Omega t}}{1+\eta^2}[-\eta\cos(\Omega t+\Psi)+\sin(\Omega t+\Psi)]\right\} - \\ \frac{e^{-\eta\Omega t}}{\Omega(1+\eta^2)}[\eta\sin(\Omega t)+\cos(\Omega t)] + \\ \frac{e^{-\eta\Omega t}}{\Omega(1+\eta^2)^2}[(1+\eta^2)\cos(\Omega t+\Psi)+2\eta\sin(\Omega t+\Psi)] \end{aligned} \tag{8.43}$$

位移：

$$d(t)=-\frac{A\eta et}{\Omega(1+\eta^2)^2}e^{-\eta\Omega t}[(1+\eta^2)\cos(\Omega t+\Psi)+2\eta\sin(\Omega t+\Psi)]+$$
$$\frac{A\eta ee^{-\eta\Omega t}}{\Omega^2(1+\eta^2)^3}[2\eta(\eta^2-3)\cos(\Omega t+\Psi)+2(1-3\eta^2)\sin(\Omega t+\Psi)+ \tag{8.44}$$
$$(\eta^2-1)\sin(\Omega t)+2\eta\cos(\Omega t)]$$

同时,考虑信号的包络线:

$$\varphi(t)=\sin(\Omega t)+\Omega t\cos(\Omega t+\Psi) \tag{8.45}$$

$$\varphi(t)=C(t)\cos[\Omega t+\theta(t)] \tag{8.46}$$

$$C(t)=t\sqrt{\Omega^2\cos^2\Psi+\sin^2\Psi} \tag{8.47}$$

$$\theta(t)=\arctan\frac{\frac{1}{\Omega t}+\sin\Psi}{-\cos\Psi} \tag{8.48}$$

如果 η 与 Ψ 都很小,那么

$$C(t)\approx\Omega t,\varphi(t)=\Omega t\cos[\Omega t+\theta(t)]$$

加速度变为

$$a(t)=\eta eA\sqrt{\Omega^2\cos^2\Psi+\sin^2\Psi}\,te^{-\eta\Omega t}\cos[\Omega t+\theta(t)] \tag{8.49}$$

当 η 很小时,有

$$a(t)\approx\eta eA\Omega te^{-\eta\Omega t}\cos[\Omega t+\theta(t)] \tag{8.50}$$

$\frac{1}{\eta\Omega}$是时间常数,包络 $te^{-\eta\Omega}$的最大值在时间 t 为$\frac{1}{\eta\Omega}$出现。当 $t=\frac{1}{\eta\Omega}$时,函数最大值取$\frac{1}{\eta\Omega e}$,$\cos[\Omega t+\theta(t)]$的最大值为 1。

$$a_{\max}=\frac{\eta eA\Omega}{\Omega\eta e}=A \tag{8.51}$$

式中:A 为 $a(t)$的幅值。

8.4.3 ZERD 波形与衰减正弦波的比较

可以利用包络线进行比较,例如 $e\alpha te^{-\alpha t}$与 $e^{-\alpha t}$,其中 $\alpha=\eta\Omega$。

ZERD 波与衰减正弦波的包络线如图 8.25 所示。

图 8.25 中两条曲线说明,它们有:相同的幅值 A;半对数坐标轴上,当 αt 很大时,有相同的斜率;$e\alpha te^{-\alpha t}$曲线下降稍微比 $e^{-\alpha t}$慢。

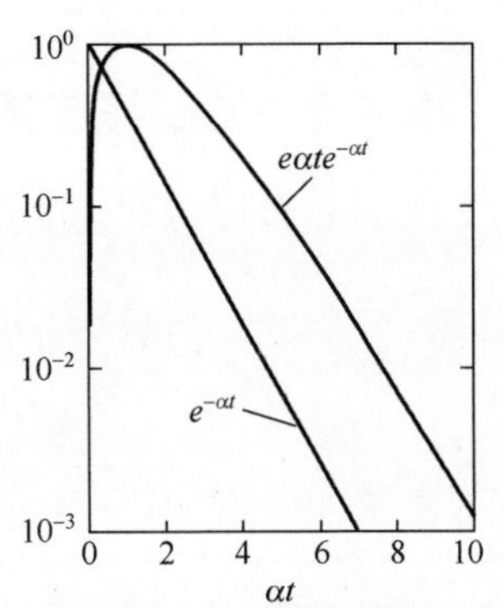

图 8.25 ZERD 波形与标准衰减正弦波的比较

8.4.4 简化的冲击谱

8.4.4.1 信号衰减因子 η 的影响

图 8.26 给出品质因数 $Q=10$ 时的 SRS。3 条曲线的 η 分别取 0.01、0.05 和 0.1。从图 8.26 中可以看到，随着 η 值减小，谱的峰值越来越窄。

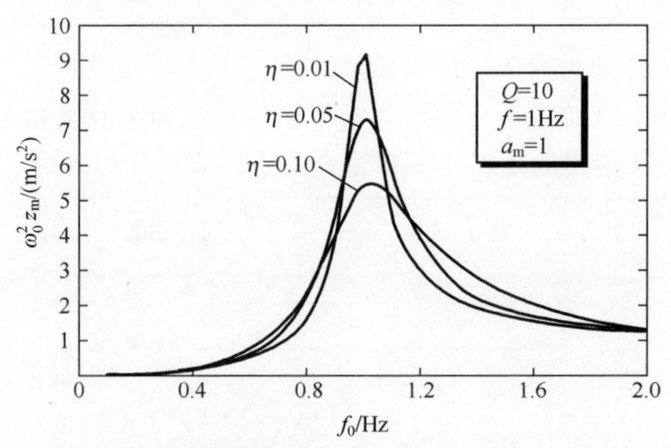

图 8.26 ZERD 波形——阻尼 η 对 SRS 的影响

8.4.4.2 品质因数 Q 对 SRS 的影响

图 8.27 给出的是当 $\eta=0.5$ 时，Q 分别为 50、10 和 5 时的 ZERD 波形的响应谱。

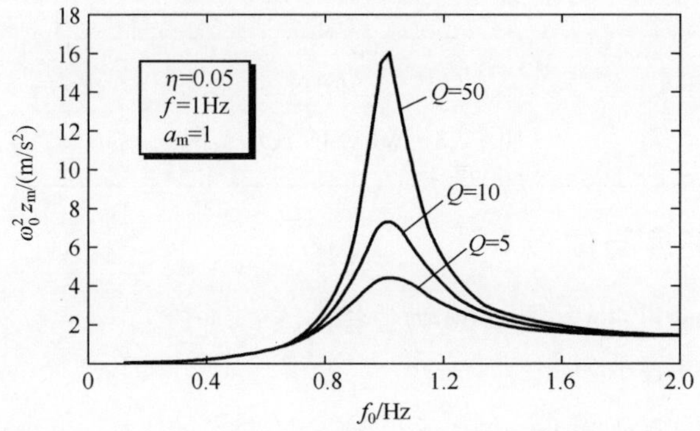

图 8.27 ZERD 波形——品质因数 Q 对 SRS 的影响频率

8.5 WAVSIN 波形

8.5.1 定义

R. C. Yang [SMA 74a, SMA 75, SMA 85, YAN 70, YAN 72] 提出了一种信号的形式（最初是用来模拟地震波）：

$$a(t)=\begin{cases}a_{\mathrm{m}}\sin(2\pi bt)\sin(2\pi ft) & (0\leqslant t\leqslant\tau)\\ 0 & (其他)\end{cases} \tag{8.52}$$

式中

$$f=Nb \tag{8.53}$$

$$\tau=\frac{1}{2b} \tag{8.54}$$

其中:N 为整数(必须为大于 1 的奇数)。

式(8.52)中 $a(t)$ 的第一项是半周期为 τ、形状为半正弦波的窗,第二项是频率(f)较高的、N 个半周期的正弦被窗调制。

例 8.1 图 8.28 给出了一个 WAVSIN 形式的加速度信号,其中 $f=1\text{Hz}$,$N=5$,$a_{\mathrm{m}}=1$。

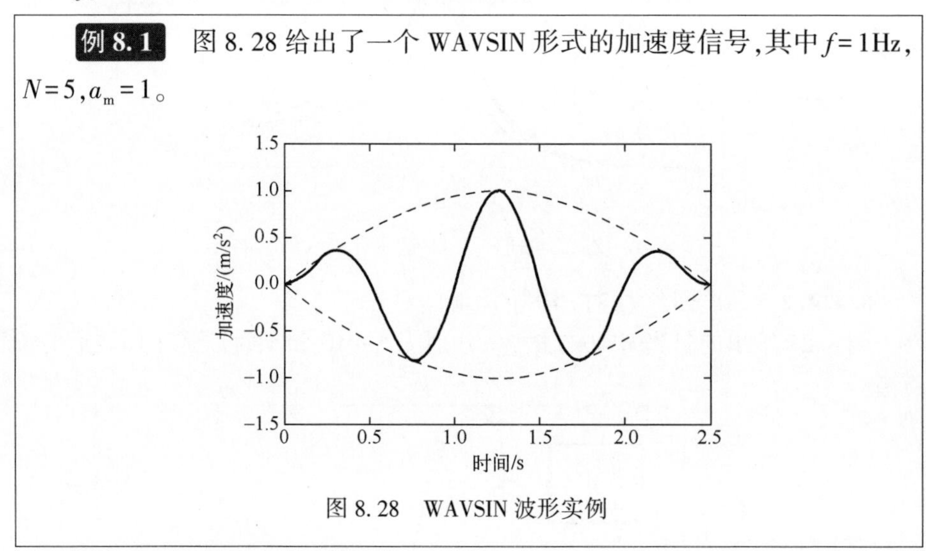

图 8.28 WAVSIN 波形实例

8.5.2 速度与位移

图 8.29 为速度曲线,图 8.30 为位移曲线。

函数 $a(t)$ 可表示为

$$a(t)=\frac{a_{\mathrm{m}}}{2}\{\cos[2\pi(1-N)t]-\cos[2\pi b(1+N)t]\} \tag{8.55}$$

速度

$$v(t)=\frac{a_{\mathrm{m}}}{4\pi b(1-N^2)}\{(1+N)\sin[2\pi bt(1-N)]-(1-N)\sin[2\pi bt(1+N)]\} \tag{8.56}$$

($N\neq1$),在冲击结束时,有

$$t=\tau=\frac{1}{2b}$$

$$v(\tau)=\frac{a_{\mathrm{m}}}{4\pi b(1-N^2)}\{(1+N)\sin[\pi(1-N)]-(1-N)\sin[\pi(1+N)]\}$$

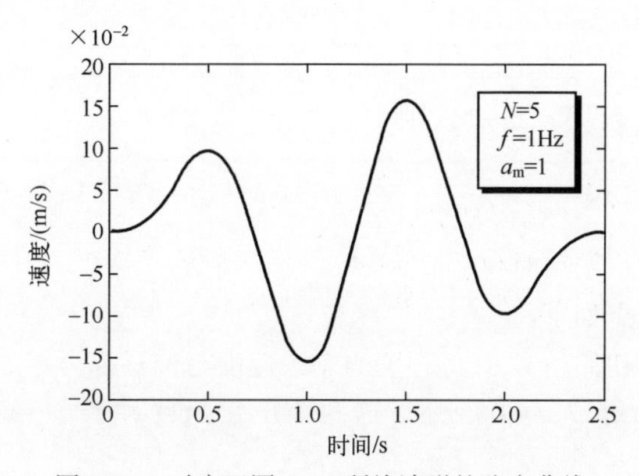

图 8.29　对应于图 8.28 所绘波形的速度曲线

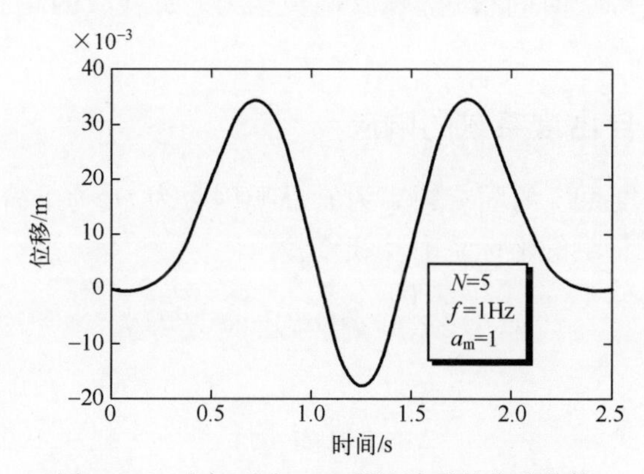

图 8.30　对应于图 8.28 所绘波形的位移曲线

无论 N 取何值,有

$$v(\tau)=0$$

位移

$$d(t)=\frac{a_{\mathrm{m}}}{8\pi^2b^2(1-N^2)^2}\{(1-N)^2\cos[2\pi bt(1+N)]\}-\quad(8.57)$$

$$(1+N)^2\cos[2\pi bt(1-N)]+4N$$

当 $t=\tau$ 时,有

$$d(\tau)=\frac{a_{\mathrm{m}}}{8\pi^2b^2(1-N^2)}\{(1-N)^2\cos[\pi(1+N)]-(1+N)^2\cos[\pi(1-N)]+4N\}$$

$$d(\tau)=\frac{a_{\mathrm{m}}}{8(1-N^2)^2\pi^2b^2}\{(1-N)^2\cos[\pi(1+N)]-(1+N)^2\cos[\pi(1-N)]+4N\}$$

如果 N 是偶数($N=2n$),则

$$\cos[(1+2n)\pi]=\cos[(1-2n)\pi]=-1$$

$$d(\tau)=\frac{N}{8(1-N^2)^2\pi^2b^2}$$

如果 N 是奇数($N=2n+1$),则

$$d(\tau)=\frac{a_m}{8(1-N^2)^2b^2\pi^2}[(1-N)^2-(1+N)^2+4N]=0$$

为使冲击过程结束时位移变为零,N 应为奇数。

该波形的优点如下:

(1) 与每个初始信号 $a(t)$ 相关的剩余速度与位移都为零。

(2) 当 N 为奇数,$t=0.5\tau$ 时,这两个正弦函数对于 $a(t)$ 的影响最大,且 $a(t)$ 的最大值是 a_m。

(3) 波形的持续时间很短,可以避免信号(如衰减的正弦波形)截断的问题。

8.5.3 单自由度系统的响应

假设单自由度系统的固有频率为 f,品质因数为 Q,为了简化书写运算,令表达式 $a(t)$ 在无量纲的坐标系中,该形式为

$$\lambda(\theta)=\frac{1}{2}[\cos(\alpha\theta)-\cos(\beta\theta)] \tag{8.58}$$

式中

$$\alpha=2\pi b(1-N)$$

$$\theta=2\pi f_0=\omega_0 t$$

$$\beta=\frac{\pi(1+N)}{\tau}=\frac{\pi(1+N)}{\theta_0}\omega_0$$

$$\theta_0=\omega_0\tau$$

进一步计算得到

$$\alpha=\frac{\pi(1-N)}{\omega_0\tau}\omega_0=\frac{\pi(1-N)}{\theta_0}\omega_0$$

$$\alpha t=\frac{\pi(1-N)}{\theta_0}\theta$$

$$\beta t=\frac{\pi(1+N)}{\theta_0}\theta$$

$$\lambda=\frac{a(t)}{a_m}$$

8.5.3.1 相对位移响应

当$0\leqslant\theta\leqslant\theta_0$时，有

$$q(\theta)=\frac{1}{2}\Bigg\{2\xi[\beta P\sin(\beta\theta)-\alpha M\sin(\alpha\theta)]+(\alpha^2-1)M\cos(\alpha\theta)-(\beta^2-1)P\cos(\beta\theta)+$$
$$e^{-\xi\theta}(M-P)\left[\frac{\xi}{\sqrt{1-\xi^2}}\sin(\sqrt{1-\xi^2}\,\theta)+\cos(\sqrt{1-\xi^2}\,\theta)\right]+ \tag{8.59}$$
$$(\beta^2P-\alpha^2M)e^{-\xi\theta}\left[\cos(\sqrt{1-\xi^2}\,\theta)-\frac{\xi}{\sqrt{1-\xi^2}}\sin(\sqrt{1-\xi^2}\,\theta)\right]\Bigg\}$$

式中

$$M=\frac{-1}{(1-\alpha^2)^2+4\xi^2\alpha^2},\quad P=\frac{-1}{(1-\beta^2)^2+4\xi^2\beta^2}$$

特殊情况：

$$\xi=0,\beta=1$$

$$q(\theta)=\frac{1}{2}\left\{M(\alpha^2-1)[\cos(\alpha\theta)-\cos\theta]-\frac{\theta\sin\theta}{2}\right\} \tag{8.60}$$

$$M=\frac{-1}{(1-\alpha^2)^2}$$

$$\xi=1$$

$$q(\theta)=\frac{1}{2}\Bigg\{2[\beta P\sin(\beta\theta)-\alpha M\sin(\alpha\theta)]+(\alpha^2-1)M\cos(\alpha\theta)- \tag{8.61}$$
$$(\beta^2-1)P\cos(\beta\theta)+(M-P)(\theta+1)e^{-\theta}+e^{-\theta}(1-\theta)(P\beta^2-M\alpha^2)\Bigg\}$$

式中

$$M=-\frac{1}{(1+\alpha^2)^2},\quad P=\frac{1}{(1+\beta^2)^2}$$

当$0\leqslant\theta\leqslant\theta_0$时，有

$$A(\theta)=q(\theta) \tag{8.62}$$

当$\theta\geqslant\theta_0$时，有

$$q(\theta)=A(\theta)-A(\theta-\theta_0) \tag{8.63}$$

8.5.3.2 绝对加速度响应谱

当$0\leqslant\theta\leqslant\theta_0$时，有

$$q(\theta)=A(\theta)-\xi\Big\{\alpha M(\alpha^2-1)\sin(\alpha\theta)-\beta P(\beta^2-1)\sin(\beta\theta)+$$
$$2\xi[\alpha^2M\cos(\alpha\theta)-\beta^2P\cos(\beta\theta)]+2\xi e^{-\xi\theta}\cos(\sqrt{1-\xi^2}\,\theta)(\beta^2P-\alpha^2M)+ \tag{8.64}$$

$$\frac{e^{-\xi\theta}}{\sqrt{1-\xi^2}}\sin(\sqrt{1-\xi^2}\,\theta)\left[(1-2\xi^2)(\alpha^2M-\beta^2P)+\beta^4P-\alpha^4M\right]\Big\}$$

特殊情况：

$\xi=0$ 且 $\beta=1$ 时，对于相对位移有相同的关系表达式。

当 $\xi=1$ 时，有

$$q(\theta)=A(\theta)-\Big\{2M\alpha^2\cos(\alpha\theta)-2P\beta^2\cos(\beta\theta)+M\alpha(\alpha^2-1)\sin(\alpha\theta)-P\beta(\beta^2-1)\sin(\beta\theta)+e^{-\theta}\left[(2+\theta)(P\beta^2-M\alpha^2)+\theta(P\beta^4-M\alpha^4)\right]\Big\} \tag{8.65}$$

当 $0\leqslant\theta\leqslant\theta_0$ 时，对于所有的情况，令

$$q(\theta)=A(\theta)-B(\theta)=a(\theta) \tag{8.66}$$

即当 $\theta>\theta_0$ 时，表达式变为

$$q(\theta)=a(\theta)-a(\theta-\theta_0) \tag{8.67}$$

8.5.4 响应谱

此类波形的冲击响应谱随着 N 值不同，峰值的幅值也不同，并且它的频率也接近 f。

图 8.31 给出了 N 分别为 3、5、7、9 时，响应谱的曲线（$Q=10$）。

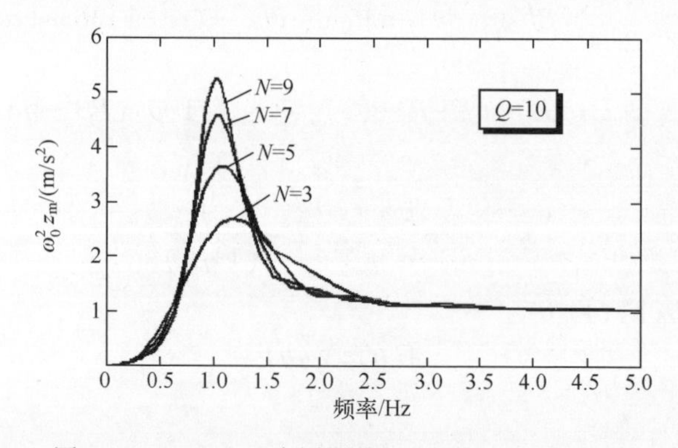

图 8.31 WAVSIN 半周期数量 N 对于 SRS 的影响

图 8.32 给出了根据 $R(10,N)$ 标准化的冲击谱 $R(Q,N)$ 的峰值。对于不同的 Q 值，按照半周期的数量 N 可以把冲击响应谱 $R(Q,N)$ 的峰值进行标准化处理，转化为 $R(10,N)$ 的形式[PET 81]。

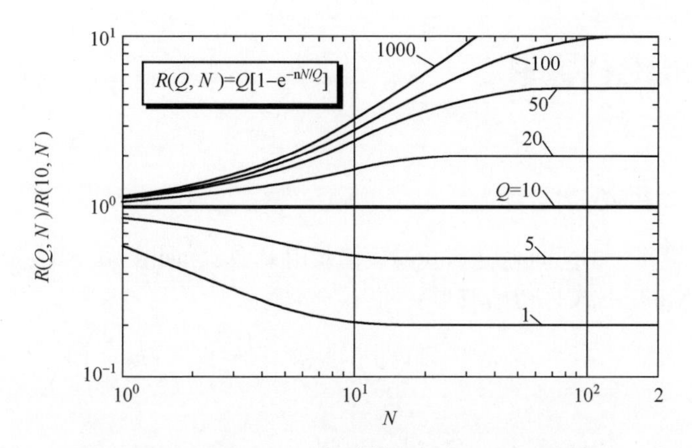

图 8.32　WAVSIN-SRS 的峰值振幅与 N 和 Q 的关系

8.5.5　根据冲击谱产生时间历程

首先选择参考谱上的 n 个点，根据每个频率点的谱值，选择初始波的参数 b、N 和 a_{m}。因此，可得到初始的波形：

$$\ddot{x}(t)=\sum_{i=1}^{n}a_i(t+\theta_i) \tag{8.68}$$

式中：θ_i 为延迟，目的是使重构的信号 $\ddot{x}(t)$ 尽可能与外场信号相同（尽可能的保留幅值与持续时间）。延迟对信号 $\ddot{x}(t)$ 的冲击响应谱几乎没有影响。

频率点的选择

选择的频率应与定义的冲击谱一致（1/3 倍频程或 1/2 倍频程）。如果选择 1/2 倍频程，那么收敛速度会很快。选择 1/12 倍频程时，谱会变得很平滑，几乎没有波峰与波谷。

每个频率处的初始幅值可通过该频率处规定冲击谱的幅值与所选定的信号的半周期的数目得到［BAR74］。$a_{\mathrm{m}i}$ 可改变所有频点的谱幅值。

N_i 可改变频率 f_i 处初始信号谱幅值与谱的形状。

参考谱与匹配谱之间的误差可通过对每个点误差进行平均来得到。如果误差太大，则继续迭代。通常进行四次迭代就可使平均误差减小到 11%以下，与 ZERD 相比，WAVSIN 脉冲效果更好。

在试验之前，检查最大速度和最大位移是否在振动台的范围内。

8.6 SHOC 波形

8.6.1 定义

SHOC(SHaker Optimized Cosines)方法是由 D. O. Smallwood[SMA 73,SMA 74b,SMA 75]提出的,下式为初始波形:

$$\begin{cases} a(t)=a_{\mathrm{m}}e^{-\eta\Omega t}\cos(\Omega t)-\delta\cos^2\dfrac{\pi t}{\tau} & \left(0\leqslant t\leqslant\dfrac{\tau}{2}\right) \\ a(t)=0 & \left(t>\dfrac{\tau}{2}\right) \\ a(-t)=a(t) & (t<0) \end{cases} \tag{8.69}$$

SHOC 波形如图 8.33 所示。信号是振荡的,开始随着时间增大,到中点后随着时间减小(围绕坐标轴对称)。

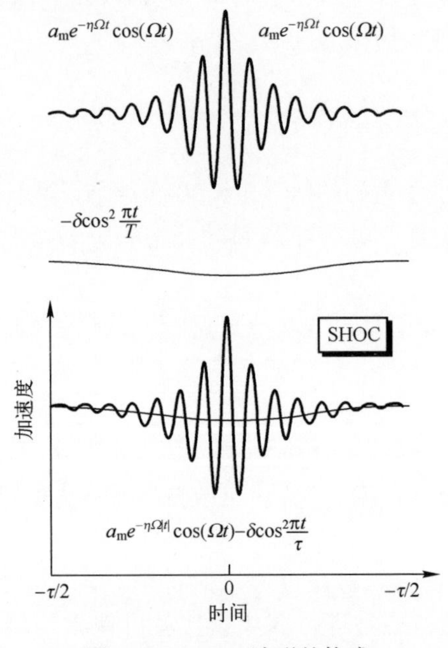

图 8.33 SHOC 波形的构成

当信号的持续时间 τ 足够长时,$t>0.5\tau$ 和 $t<-0.5\tau$ 时,信号近似为零。该波形由一个衰减的余弦曲线与半正矢的函数组成的,增加后者(半正矢)的目的是使冲击的末速度与末位移为零。理论上讲,增加的信号应尽可能不改变初始信号。

除符号外,衰减余弦曲线下的面积与半正矢曲线下的面积相同时,可确定补偿信号的特征。

D. O. Smallwood 给出的半正矢曲线的表达式:

$$s(t)=\begin{cases}\delta\cos^2\dfrac{\pi t}{\tau} & \left(-\dfrac{\tau}{2}\leqslant t\leqslant\dfrac{\tau}{2}\right)\\ 0 & (其他)\end{cases} \tag{8.70}$$

这个关系式中,有两个与剩余条件有关的独立的变量[SMA 73]。

如果 ΔV 为在冲击过程中($t>0$)时速度的变化,那么在冲击结束时速度为 $2\Delta V$,

$$\Delta V=\int_0^{\tau/2}a_m e^{-\eta\Omega t}\cos(\Omega\tau)\,dt-\delta\int_0^{\tau/2}\cos^2\frac{\pi t}{\tau}dt$$

$$\Delta V=\left\{\frac{a_m e^{-\eta\Omega t}}{\Omega(1+\eta^2)}[-\eta\cos(\Omega t)+\sin(\Omega t)]-\delta\left[\frac{t}{2}+\frac{\tau}{4\pi}\sin\frac{2\pi t}{\tau}\right]\right\}_0^{\frac{\tau}{2}}$$

进一步近似得到

$$\Delta V=\frac{a_m\eta}{\Omega(1+\eta^2)}-\delta\frac{\tau}{4}$$

如果在冲击结束时 $\Delta V=0$,则有

$$\delta=\frac{4\eta a_m}{\Omega\tau(1+\eta^2)} \tag{8.71}$$

当 $t=0$ 时,$a(t)$ 有最大的值为

$$\begin{aligned}a(0)&=a_m-\delta\\ a(0)&=a_m\left[1-\frac{4\eta}{\Omega\tau(1+\eta^2)}\right]\end{aligned} \tag{8.72}$$

8.6.2 速度与位移

对加速度积分:

$$a(t)=a_m e^{-\eta\Omega|t|}\cos(\Omega t)-\delta\cos^2\frac{\pi t}{\tau}$$

得到速度表达式:

$$v(t)=a_m\frac{e^{-\eta\Omega|t|}}{\Omega(1+\eta^2)}[-\eta\cos(\Omega t)+\sin(\Omega t)] \tag{8.73}$$

位移表达式:

$$d(t)=a_m\frac{\eta^2-1}{\Omega^2(1+\eta^2)^2}e^{-\eta\Omega|t|}\cos(\Omega t) \tag{8.74}$$

例 8.2

图 8.34 的 SHOC 波形，其中 $f=0.8\text{Hz}$，$\eta=0.065$。

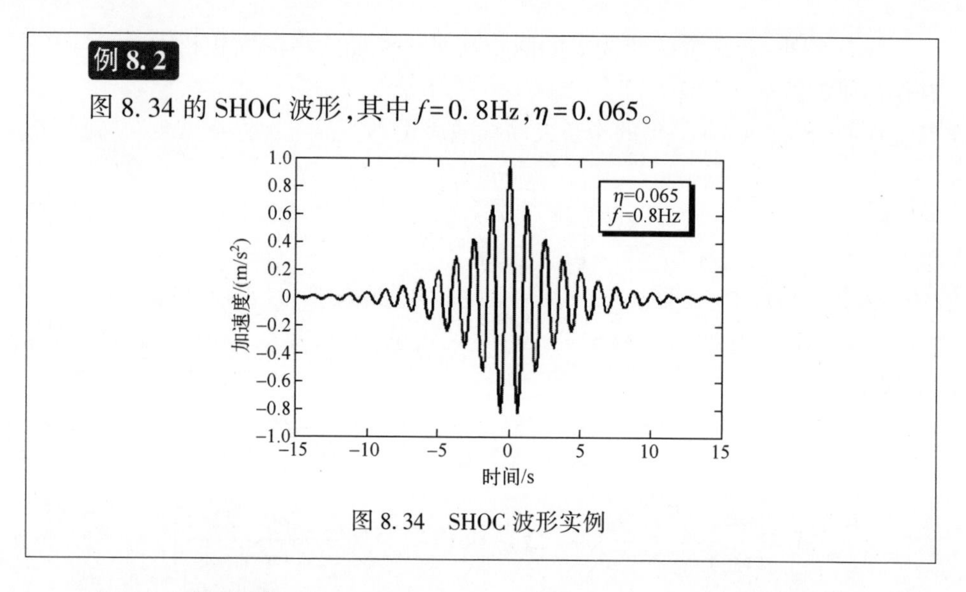

图 8.34 SHOC 波形实例

8.6.3 响应谱

8.6.3.1 信号衰减因子 η 的影响

图 8.35 给出了频率为 1Hz，衰减因子 η 分别取 0.01、0.02 和 0.05 时的 SHOC 波形的响应谱。计算时，品质因数 Q 取 10，从图中可观察到频率 $f=\Omega/2\pi$ 左右的最大峰值随衰减因子 η 的变化。

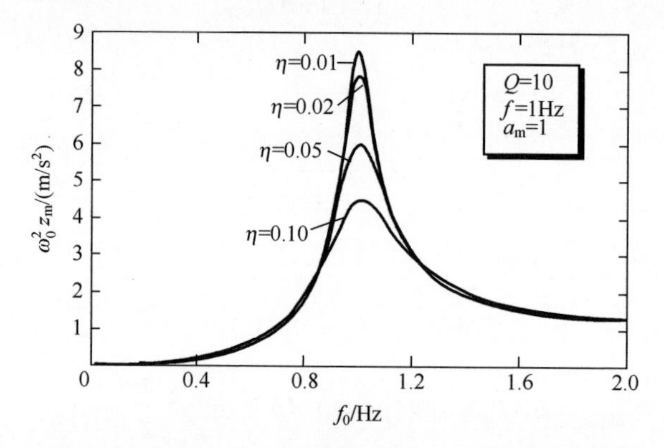

图 8.35 SHOC 波——衰减因子 η 对响应谱的影响

8.6.3.2 品质因数 Q 对响应谱的影响

通常品质因数 Q 对信号中心频率附近的波形会产生很明显的影响。Q 越大，谱的峰值就会越明显，如图 8.36 所示。

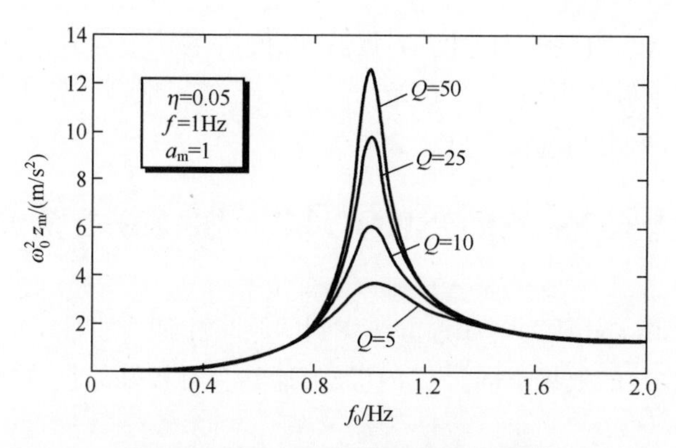

图 8.36 SHOC——Q 对响应谱的影响

8.6.4 根据冲击谱产生时间历程

为模拟冲击谱的一频率处的值,需如下参数:

(1) 曲线的衰减因子 η。

(2) 冲击谱某点的频率 f。

(3) 与谱的幅值有关的幅值 a_m(全部曲线的尺度因子)。

(4) 持续时间 τ,根据试验设备的最大位移限制选取。实际上,τ 和 η 不是互相独立的,因为需要在时刻 0.5τ 处,衰减的余弦波幅值近似为零。可设定在 0.5τ 处,信号的幅值比在 t 等于零时刻的幅值小 $p\%$,即

$$e^{-\eta\Omega\frac{\tau}{2}}<\frac{p}{100}$$

对于频率 f,有

$$\eta\tau\geqslant\frac{\ln\dfrac{100}{p}}{\pi f} \tag{8.75}$$

对图 8.33 中所示的曲线,若 $p=100/e^{2\pi}\approx0.187$,则 $\tau\geqslant2/\eta$。

无量纲的 SRS 保留了衰减正弦波形优点。如果 τ 减小,则位移和低频率能量也会减小,低于$\dfrac{2}{\tau}$频率的谱值会改变。每次修正时冲击响应谱重现的最低频率必须与振动台的位移折中考虑。如果 $1/\tau$ 与系统的最低共振频率相比较小,则修正对结构响应的影响很小。

由于波形关于 y 对称,频域(响应谱)内增加幅值与时域效果相同,因此简化了复杂谱的结构。但规定谱与实际的响应谱之间存在差异,这是由于非线性、噪声等原因,差异通常不超过 30%。

从 SHOC 函数得到的加速度信号的正峰值占主导。对某些试验,要求正峰值和负峰值数量近似相同,改变初始信号的符号可实现这些要求。但改变符号在某些情况下,为得到规定谱可能会减少位移。

8.7 WAVSIN 波形、SHOC 波形和衰减正弦波的比较

D. O. Smallwood 认为这 3 种方法得到的结果相似。实际上,不同的参考谱形状,匹配时收敛的效果不同。ZERD 波形通常会有较好的收敛效果。

8.8 基于 $\cos^m(x)$ 窗的波形

前述介绍的冲击波形的加速度和位移的正峰值和负峰值差别较大。在振动台上重现冲击时,通常要求幅值相似。

D. O. Smallwood[SMA 02b]认为,很难考虑这些波形的时域矩,建议定义位移波形形式的函数:

$$d(t)=\begin{cases}Ay(t)\cos^m z(t) & \left(-\dfrac{\pi}{2}\leqslant z\leqslant\dfrac{\pi}{2}\right)\\ 0 & (\text{其他})\end{cases}\tag{8.76}$$

因此,速度为

$$v(t)=\dot{d}(t)=A[\dot{y}\cos^m(z)-my\dot{z}\sin(z)\cos^{m-1}(z)]\tag{8.77}$$

加速度为

$$\begin{aligned}a(t)=\ddot{d}(t)=A[&(\ddot{y}-my\dot{z}^2)\cos^m(z)-m(2\dot{y}\dot{z}+y\ddot{z})\sin(z)\cos^{m-1}(z)+\\&m(m-1)y\dot{z}^2\sin^2(z)\cos^{m-2}(z)]\end{aligned}\tag{8.78}$$

函数 WAVSIN 是一种特例,D. O. Smallwood 定义了其一般形式的 WAVSIN 函数:

$$a(t)\begin{cases}-3b^2\cos^3(bt)+6b^2\sin^2(bt)\cos(bt) & (n=0)\\ -3b^2t\cos^3(bt)-6b\sin(bt)\cos^2(bt)+6b^2\sin^2(bt)\\ \cos(bt)-\cos^3(bt) & (n=1)\\ -b^2(1+n^2)\sin(nbt)\cos^2(bt)-4nb^2\cos(nbt)\sin(bt)\\ \cos(bt)+2b^2\sin(nbt)\sin^2(bt) & (n\text{ 为大于 0 的偶数})\\ \cos(nbr)\cos(bt) & (n\text{ 为大于 1 的奇数})\end{cases}\tag{8.79}$$

式中

$$b=\frac{2\pi f}{n}et-\frac{n}{4f}\leqslant t\leqslant\frac{n}{4f}$$

函数归一化为

$$a(t)=\frac{a(t)}{\max|a(t)|}$$

在 $m=3$ 的特殊情况下,有

$$y(t)=\sin\left(\frac{2\pi f}{T}t\right)\quad(0\leqslant t\leqslant 1)\tag{8.80}$$

$$z(t)=\pi\left[\left(\frac{t}{T}\right)^{p}-\frac{1}{2}\right]\quad(0\leqslant t\leqslant 1)\tag{8.81}$$

应用参数 p、T 和 f,可定义具有特定时域矩(中心、均方值和持续时间)的波形。

8.9 快速扫频正弦的应用

规定的响应谱可通过一次快速扫频正弦实现。扫频正弦可用下式描述(第 1 卷,第 8 章):

$$\ddot{x}(t)=\ddot{x}_{m}\sin E(t)$$

对于线性扫频($f=bt+f_1$),有

$$E(t)=2\pi t\left(\frac{bt}{2}+f_1\right)\tag{8.82}$$

式中:f_1 为初始的扫频频率;b 为扫频速度。

在整个时间 T 内,从 f_1 扫频到 f_2 循环次数 N_b 的计算公式为

$$N_b=\frac{f_1+f_2}{2}T$$

扫频信号表示为扫频频带内傅里叶变换后近似恒值的性质[REE60]:

$$\ddot{X}=\frac{\ddot{x}_m}{\sqrt{b}}\tag{8.83}$$

该类响应谱的第一部分是由剩余谱(低频率)组成的。因为对于零阻尼,剩余的响应谱 S_R 与傅里叶变换后的幅值关系为

$$S_R=2\pi f_0\ddot{X}\tag{8.84}$$

根据式(8.83)和式(8.84),可得

$$\text{SRS}=2\pi f_0\frac{\ddot{x}_m}{\sqrt{b}}\tag{8.85}$$

据此结果,可根据响应谱确定扫频正弦的特性:

确定扫频正弦信号定义的点的数目 N。

根据经验确定扫频循环的次数(如 $N_b=12$),进而进一步推导出扫频持续时间,即

$$T=\frac{2N_b}{f_1+f_2}$$

同时扫频速度为

$$b=\frac{f_2-f_1}{T}$$

利用冲击谱上两个连续的点(f_i, SRS_i)和(f_{i+1}, SRS_{i+1}),根据扫频公式 $f=bt+f_1$ 得到信号的频率。

在 t 时刻,通过线性插值计算频率 f_i 与 f_{i+1} 之间的频率正弦幅值,计算公式为

$$\mathrm{amp}=1.3\frac{\sqrt{b}}{\pi}\frac{SRS_{i+1}/f_{i+1}-SRS_i/f_i}{f_{i+1}-f_i}(f-f_i)+\frac{SRS_i}{\pi f_i} \tag{8.86}$$

(因为使用式(8.84)时,阻尼为零,但大多数响应谱使用的阻尼等于0.05,所以公式中增加了常数1.3。该常数并不是必要的,但可使初次计算时就可得到较好的结果。)

根据式(8.82),可得出信号的表达式,即

$$\ddot{x}(t)=\mathrm{amp}\sin\left[2\pi t\left(\frac{bt}{2}+f_1\right)\right]$$

对加速度进行积分,可得到速度的变化量 ΔV(通常假定初速度为零)。通过 ΔV 与规定谱(根据谱初始的斜率,该斜率是通过谱最初的两个点除以 2π 来得到的)速度变化量 ΔV_0 进行比较,确定信号的持续时间和循环次数 N_b(目前为止,根据经验),保证速度变化量相同,即

$$b'=\frac{b}{1.2}\frac{\Delta V_0}{\Delta V}$$

$$T'=\frac{f_2-f_1}{b'}$$

$$N'_b=\frac{f_1+f_2}{2}T'$$

与之前步骤相同的,获得新信号 $\ddot{x}(t)$。

计算该波形的 SRS,与规定的 SRS 进行比较,根据每次 N 点的变化,按比例法,重新调整幅值。

1~2 次迭代就可满足:

得到的谱非常接近于规定的谱。

这些信号的幅值、速度变化量与用来计算规定谱的信号有相同的数量级。

该信号在振动台上使用(实现)时,必须在信号前增加一个冲击或者信号之后增加一个冲击,以使整个过程中速度的变化为零。

例 8.3

假设规定谱是半正弦波冲击得到的冲击响应谱,半正弦波幅值为 500m/s^2,冲击持续时间为 10ms(速度变化为 3.18m/s)。

图 8.37 给出的是进行 3 次迭代后获得的冲击信号(没有在之前或之后增加冲击)。图 8.38 给出了规定谱与扫频正弦的冲击响应谱。

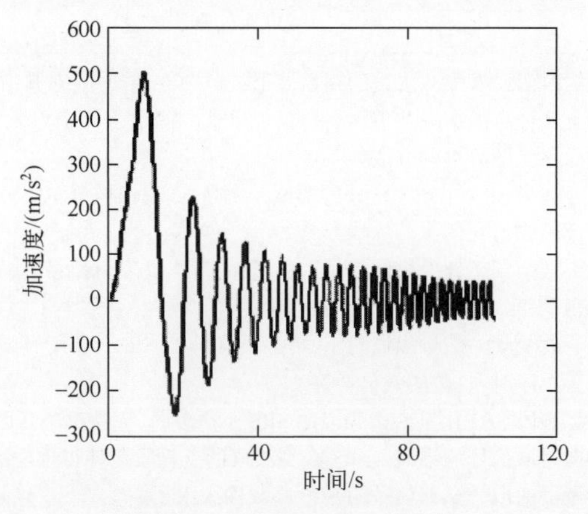

图 8.37 快速扫频正弦实例

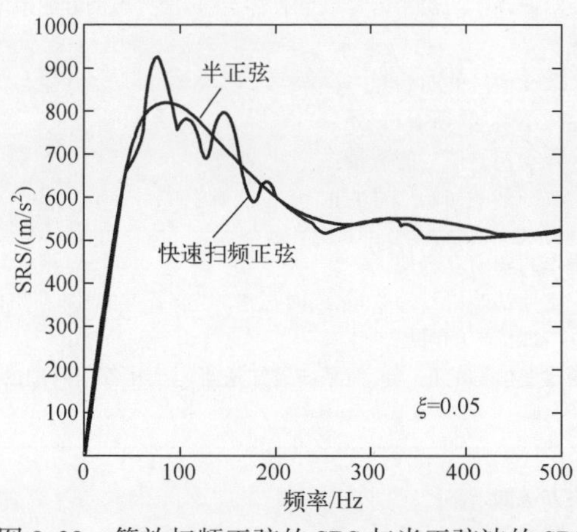

图 8.38 等效扫频正弦的 SRS 与半正弦波的 SRS

速度变化约为 3m/s，幅值接近 500m/s^2，信号第一个峰值的持续时间约为 10ms。

该方法大致给出了规定谱的幅值、持续时间和速度变化特性。该方法的不足之处是对某些形状的规定谱并不收敛。

8.10 波形合成时的问题

遇到的主要问题如下[SMA85]：

问　　题	可能的解决方法
迭代不收敛	合成时假设匹配冲击谱的初始波形彼此独立起作用，对其中一个幅值进行修改时，对谱上其他点的影响并不大。但是如果选择的谱上两个点太密或阻尼太大，则很难收敛。该问题解决的方法如下： ——如果 SRS 在某频率处的幅值 S 太高，则该幅值是不能减小的，因此限制了相邻的频率的幅值补偿。 ——某个频率处的幅值有时稍稍增加，可能是因为相邻频率的影响，会使该频率处的 SRS 降低。 ——改变某一信号幅值的正、负并不会降低 SRS。需要注意的是：当幅值的正、负按交替次序时，收敛的效果会好。 当高频段 SRS 比某些中频段的 SRS 小很多时，无法解决。因为任何 SRS 在高频段都趋向时域信号的幅值。SRS 在高频段的这种限制使得重现谱高频段的值有时会大于参考谱的值。全部信号的 SRS 高频段太大了。 解决收敛问题的方法如下： ——给低频率的初始信号一个非常大的阻尼，当信号频率增加时，阻尼以连续的方式递减。 ——改变信号的初始频率； ——减小阻尼（所有信号）； ——减少初始信号的数量； ——改变某些初始信号的正、负。
在所选择的频率内模拟出的 SRS 很好，但是在这些频率之间 SRS 太小	解决该问题的方法如下： ——增加初始信号的数量，同时在谱的“波谷处“增加初始信号； ——增加信号的阻尼； ——改变信号的正、负，但是应该知道当两个相邻信号中的一个正、负改变时，信号之间的影响。
在所选择的频率内模拟得到的 SRS 很好，但是在某些频率之间 SRS 太大	解决方法如下： ——减少一个初始信号； ——减小相邻初始信号的阻尼； ——改变一个相邻信号的正、负。

（续）

问　　题	可能的解决方法
$\ddot{x}(t)$信号无法实现(超出了振动台的最大性能)	如果加速度太大,则采取方法如下： ——降低阻尼以增加信号的谱峰值与信号峰值的比率； ——两个初始信号之间增加延迟； ——改变某些初始信号的正、负； ——应用其他形式的初始波形； ——减小已定义的谱的频带范围； 如果速度太大,则采取方法如下： ——由于低频率段的初始信号,因此需要对频率加以修改,可能需要去掉参考谱开始的一些点(这些信号同样也会产生很大的位移)。这也意味着减小规范规定的持续时间。这种调整的前提是在频段内,试件没有任何共振频率。 ——如果可能,则改变初始波形,以产生不同的速度与位移。一般选择 ZERD 波形,它的效果较好。 ——如果不能得到满意的结果,则须更换试验设备。

8.11 SRS 控制的缺点

无论采用何种方法,在冲击试验设备上模拟外场冲击需要计算它们的冲击响应谱,并找到一个等效的冲击。

如果试验规范用时域冲击脉冲描述,则应定义信号的波形、持续时间和幅值特性。

如果试验规范用 SRS 描述,则控制系统输入给定的冲击谱,振动台按前面章节描述的方法控制时域信号。冲击响应谱匹配的方法很多,且不同的时域信号会有完全相同的响应谱。原因是在响应谱计算时,丢失了信号$\ddot{x}(t)$的很多信息[MET 67]。

振荡冲击脉冲在信号主要频率处有一个很大的峰值。根据选择的振荡冲击参数,该信号谱的峰值可能会超过信号本身峰值的 5 倍。所以当参考谱某频率点幅值为 S 时,此频率处信号的时域幅值为 $S/5$。

对于经典冲击波形,在大多数情况下,响应幅值一般都不超过时域峰值的 2 倍。根据这些分析,相同 SRS 可产生不同的信号,可引起不同的结果。

通过分析可以注意到:如果不采取任何措施,通过这些方法得到的时域信号与测量参考谱 SRS(两种情况因子都取 10)所用到的时域信号相比,不但持续时间长很多,而且幅值小很多。

根据第 4 章,也可用缓慢扫频正弦得到与规定谱非常接近的 SRS。

正是由于这些激励方法的不同,使得 SRS 是否是冲击试验的充要条件很值得怀疑[CUR 55,DEC 76,HOW 68]。同时,冲击等效是在线性系统的基础上,并根据经验选择品质因数 Q。因此,应注意:

(1) 实际上,结构的响应并非线性的,并且谱的等效并不能保证产生相同幅值的应力。同时,当系统不能按传递函数改善驱动波形时,非线性的其他影响可能会出现。

(2) 当进行多次冲击时,即使加速度峰值和试件结构共振部分的最大应力完全相同,由应力循环造成的疲劳损伤也不同。

(3) 不同实验室进行的试验没有相同的严酷度。

R. T. Fandrich [FAN 69] 和 K. J. Metzgar [MET 67]基于图 8. 39 中的信号提出了这个问题。虽然信号 A 和 B 本身的特性差异很大,但有相似的 SRS(图 8. 40),它们真的等效吗? 仅靠 SRS 能够组成一个充分的试验规范吗[SMA 74a,SMA 75]?

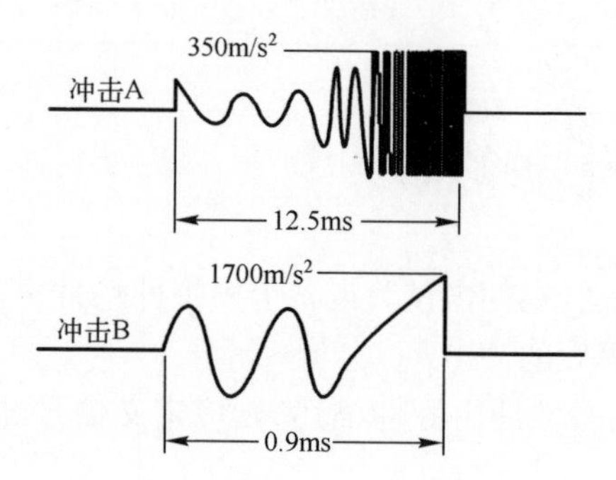

图 8. 39　拥有与 SRS 很接近的谱的冲击实例

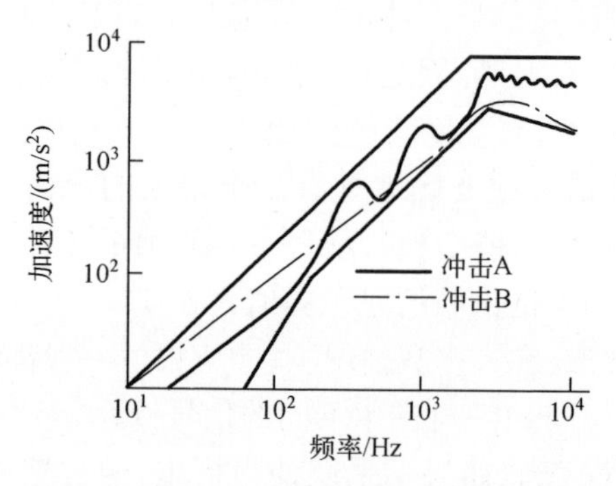

图 8. 40　图 8. 39 中冲击的 SRS 与容差带

这个问题至今没有非常满意的回答。通过谨慎而不是严格的推导,很多人认为应当对响应谱增加一些补充条件(如冲击持续时间、ΔV)。

例 8.4

图 8.41 为持续时间、幅值均不同的冲击 A 和冲击 B,但它们的冲击谱相似(图 8.42)。

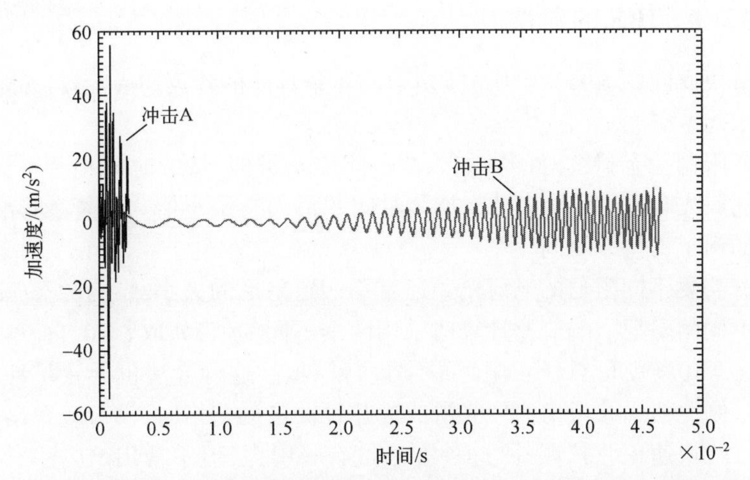

图 8.41 冲击 A 和冲击 B 持续时间与幅值均不同,但它们的 SRS 相似

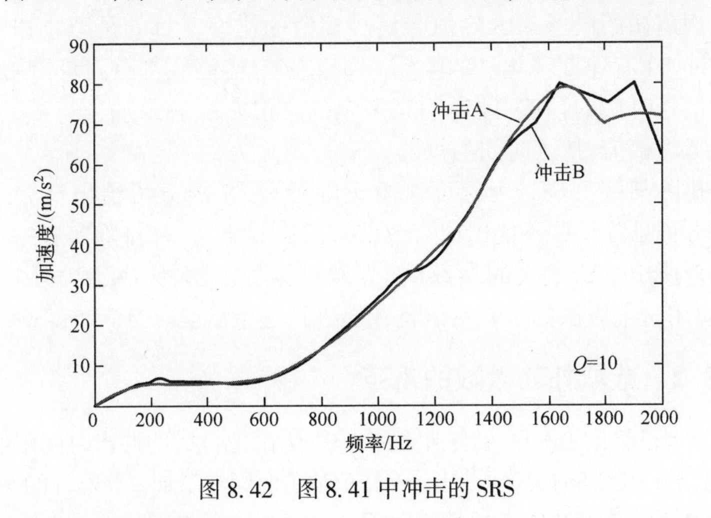

图 8.42 图 8.41 中冲击的 SRS

8.12 可能的改进

为得到一个更好的试验规范可采用:

(1) 考虑规定谱的原始加速度信号,并且明确冲击的速度变化量或是否振荡。如果信息量足够,则给出响应谱在低频率段的斜率,根据斜率信息选择模

拟的类型。

（2）除响应谱之外，其他补充数据，如信号的持续时间或循环次数或前置参数，目的是同时处理信号的幅值/持续时间和响应谱。

8.12.1 IES 的建议

为解决此问题，1973 年 IES 委员提出 4 条具体的建议[FAV 674，SMA 74a，SMA 75，SMA 85]：

（1）限制瞬态持续时间。如果冲击响应谱类似，持续时间相差不大，损伤大致相同[FAN 69]，应给出冲击持续时间的最大与最小值。对复杂形状，要特别注意如何定义持续时间。

（2）需要不同阻尼的响应谱。通常不知道阻尼的大小，结构的每个固有频率处有不同的阻尼。响应谱计算时采用两个不同的值，如取 $\xi=0.1(Q=5)$ 和 $\xi=0.02(Q=10)$，就可对任意阻尼的谱进行模拟。这种方法也导致了冲击持续时间的限制。但当参考谱比较光滑或为几种冲击的包络时，没有一个确定的方法可行。除快速正弦扫频外，这种方法虽有吸引力，但不常用。应注意定义的冲击波形形状如 WAVESIN、SHOC、衰减正弦定义波的持续时间对结果的影响。

（3）规范初始波形 SRS 峰值与信号幅值的比率。目的是防止振荡类型冲击和经典冲击（有速度变化）的滥用。如果响应谱高频部分足够，响应谱的幅值反映了信号时域的幅值，此说明是多余的。但它在有效冲击持续时间内，将能更好地考虑幅值/持续时间的耦合。

（4）排除某些方法。为保证试验正确合理，需求方可给出试验过程的意见。需求方可排除一些不能给出有效结果的试验方法，并排除实验室选择的方法以及规范所用方法定义的参数（如衰减正弦的类型、频率、衰减因子和幅值等）。仅应用这个方法的实验室设备才能进行这个试验[SMA 75，SMA 85]。

8.12.2 选取补充参数的规范

前面章节已给出了一些方法，最简单的方法是把合成的冲击时间限制到 20ms（等于冲击谱）[RUB 86]，其他方法是在幅值冲击时间外增加一些额外的参数。

8.12.2.1 冲击的均方根持续时间

假设 $\ddot{x}(t)$ 是 $\ddot{X}(\Omega)$ 的傅里叶变换，冲击均方根值持续时间[SMA 75]为

$$\tau_{\mathrm{rms}}^{2}=\frac{1}{E}\int_{-\infty}^{\infty}t^{2}\,|\,\ddot{x}(t)\,|^{2}\mathrm{d}t \tag{8.87}$$

式中：E 为冲击的能量，且是有限值，且有

$$E=\int_{-\infty}^{\infty}[\ddot{x}(t)^{2}]\mathrm{d}t \tag{8.88}$$

当时间 t 趋于无穷时，$\ddot{x}(t)$ 趋于 0 的时间要快于 $1/t^2$。

通常，一个瞬态过程均方根持续时间与被选择的时域信号起点有关。为了避免此困难，选择起点使瞬态过程均方根持续时间值最小，如果考虑另一起点，则需要引入时间常量 T 来进行等效转化[SMA 75]：

$$T = \frac{1}{E}\int_{-\infty}^{\infty} t\,|\ddot{x}(t)|^2 \mathrm{d}t \tag{8.89}$$

均方根持续时间是对冲击中心趋势的一个描述。例如，一个具有有限能量的瞬态过程，均方根值包含了所有频率上的能量。用一个脉冲（函数 δ）来表示该冲击具有最小持续时间。一个长时间的低量级的随机信号表示它具有最长的持续时间。

表 8.1 中给出了大多数瞬态冲击过程均方根值持续时间计算公式，这些计算公式来源于[PAP 62]

$$\tau_{\mathrm{rms}}^2 = \frac{1}{2\pi E}\int_{-\infty}^{\infty}\left[\left(\frac{\mathrm{d}X_{\mathrm{m}}}{\mathrm{d}\Omega}\right)^2 + A^2\left(\frac{\mathrm{d}\varphi}{\mathrm{d}\Omega}\right)^2\right]\mathrm{d}\Omega \tag{8.90}$$

式中

$$X(\Omega) = X_{\mathrm{m}}(\Omega)\,e^{i\varphi(\Omega)} \tag{8.91}$$

如果确定了傅里叶变换后的幅值 $\ddot{X}_{\mathrm{m}}(\Omega)$，信号的最小均方根持续时间可根据 $\mathrm{d}\varphi/\mathrm{d}\Omega=0$ 计算，其中 $\varphi(\Omega)$ 是常数。该常数可以是零。式(8.90)表明，均方根持续时间与傅里叶谱的平滑度有关，谱越平滑，均方根持续时间越小。

表 8.1 常见的冲击波均方根值持续时间

函数	公式	均方根持续时间
矩形波	$\ddot{x}(t)=\begin{cases}1 & (0<t<\tau)\\ 0 & (其他)\end{cases}$	0.29τ
半正弦波	$\ddot{x}(t)=\begin{cases}\sin\dfrac{\pi t}{\tau} & (0<t<\tau)\\ 0 & (其他)\end{cases}$	0.23τ
后峰锯齿波	$\ddot{x}(t)=\begin{cases}t/\tau & (0<t<\tau)\\ 0 & (其他)\end{cases}$	0.19τ
三角波	$\ddot{x}(t)=\begin{cases}1-\dfrac{2\lvert t\rvert}{\tau} & \left(-\dfrac{\tau}{2}<t<\dfrac{\tau}{2}\right)\\ 0 & (其他)\end{cases}$	0.14τ
半正矢波	$\ddot{x}(t)=\begin{cases}\dfrac{1}{2}\left(1+\cos\dfrac{2\pi t}{\tau}\right) & (0<t<\tau)\\ 0 & (其他)\end{cases}$	0.14τ
衰减的正弦波	$\ddot{x}(t)=\begin{cases}e^{-a\Omega t}\sin(\Omega t) & (t>0)\\ 0 & (其他)\end{cases}$ $a\ll 1$	$1/2a\Omega$

8.12.2.2 时域矩

为使 SRS 产生的时域波形可更加接近产生 SRS 规范的时域信号，S. S. Cap 和 D. O. Smallwood[CAP 97]提出用时域距修正。除峭度外时域距第 1 章均已介绍。能量幅值的方根是信号峰值的度量。偏度信号则包含了信号的形状信息。

8.12.2.3 信号的均方根值

T. J. Baca ([BAC 82, BAC 83, BAC 84, BAC 86])提出用信号的均方根值描述信号的特征，均方根值描述了整个冲击过程中信号的平均能量。计算公式为

$$\ddot{x}_{\text{rms}} = \sqrt{\frac{1}{\tau}\int_0^{\tau} \ddot{x}^2(t)\,\mathrm{d}t} \tag{8.92}$$

式中：τ 为冲击的持续时间。

注：可通过冲击持续时间的均方根值变化比较冲击波形[CAN 80]：

$$\ddot{x}_{\text{rms}}(t) = \sqrt{\frac{1}{t}\int_0^{t} \ddot{x}^2(\lambda)\,\mathrm{d}\lambda} \quad (0 \leqslant t \leqslant \tau) \tag{8.93}$$

用数字表示就是

$$\ddot{x}_{\text{rms}}(j) = \sqrt{\frac{1}{j-1}\sum_{i=2}^{j} \ddot{x}_i^2} \quad (j = 2, 3, \cdots, N) \tag{8.94}$$

式中：N 为信号的采样点数。

8.12.2.4 频域的均方根值

均方根值是冲击频率成分的描述一种方法。应用 Parseval 定理，可计算频域的均方根值 [BAC 82, BAC 83, BAC 84]：

$$\int_{-\infty}^{\infty} \ddot{x}^2(t)\,\mathrm{d}t = \int_{-\infty}^{\infty} |\ddot{X}(f)|^2\,\mathrm{d}f \tag{8.95}$$

即

$$\int_0^{\tau} \ddot{x}^2(t)\,\mathrm{d}t = 2\int_0^{F_C} |\ddot{X}(f)|^2\,\mathrm{d}f \tag{8.96}$$

式中：信号 $x(t)$ 的傅里叶变换为

$$\ddot{X}(f) = \int_{-\infty}^{\infty} \ddot{x}(t)\,e^{-2\pi i f t}\,\mathrm{d}t \tag{8.97}$$

F_C 为截止频率，由于 $|\ddot{X}(f)|^2$ 的对称性，可得

$$\ddot{x}_{\text{rms}}(f) = \left[\frac{2}{\tau}\int_0^{F_C} |\dot{X}(f)|^2\,\mathrm{d}f\right]^{1/2} \tag{8.98}$$

注意：根据信号的频率，也可以得到

$$\ddot{x}_{\mathrm{rms}}(f)=\left[\frac{2}{\tau}\int_0^{F_C}[\ddot{X}(\lambda)]^2\mathrm{d}\lambda\right]^{1/2} \tag{8.99}$$

式中:f 为用于计算均方根值的频率。

通过式(8.99)可看出所有频率(低于 F_C)对于持续时间为 τ 的冲击的贡献。

8.12.2.5 信号峰值的直方图

冲击响应谱并没有给出关于信号峰值数量的信息。通过峰值直方图(过零的最大值或最小值)可以补充这些数据(通过曲线的纵坐标除以最大峰值后的得到的概率标准化曲线)。

如使用该方法,在建立直方图之前,应明确信号滤波的特性。只有在相同条件(相同的频率)下进行信号滤波,冲击的比较才有意义。

8.12.2.6 疲劳损伤谱的应用

对于给定的冲击信号 $\ddot{x}(t)$,根据线性单自由度系统的固有频率 f_0 和品质因子 Q 得到响应的相对位移 $z(t)$,计算疲劳损伤谱 $D(f_0)$(第5卷):

$$D(f_0)=\sum_i\frac{n_i}{N_i} \tag{8.100}$$

其中断裂的循环次数 N 根据 Basquin 公式 $N\delta^b=C$ 得到(b 与 C 都是构成部件的材料常数),由于 $\delta=Kz$,可得

$$D(f_0)=\sum_i n_i\frac{\sigma_i^b}{C}=\frac{K^b}{C}\sum_i n_i z_i^b \tag{8.101}$$

计算频率 f_0 处的损伤时需考虑幅值为 z_i 的峰值数量 n_i(响应的峰值直方图)。疲劳损伤谱、包括持续时间和直方图等信号特性的描述等,是对冲击响应谱一种有益的补充,可与冲击谱一起作为冲击试验的规范。

8.12.3 冲击响应谱性质评述

补充参数的需求与谱在一个有限的频率范围内定义有关。当计算谱的频率区间足够大时,可得到很多有用信息,例如:

低频段,可得到与冲击相关的速度变化量(谱的起始斜率)。如果阻尼是零,方法并不准确。但对常用的阻尼 ξ,这种近似已足够。确定冲击是否与速度变化量有关。

高频段,随时间变化的信号量值。

考虑这些参数,可获得与真实冲击更类似的模拟。因此,需在足够宽的频带内给出冲击谱。当信号的 SRS 与规定的 SRS 在整个频带范围内接近时,两个冲击的幅值和速度变化量相同。

8.13 评估冲击响应谱规范的可行性

有很多评估冲击响应谱规范可行性方法。

8.13.1 C. D. Robbins 和 E. P. Vaughan 方法

振动台受到推力的限制。加速度的均方根值$\ddot{x}_{rms}$是包括夹具、试件等试验附加物总质量 M 的函数:

$$\ddot{x}_{rms} = \frac{F_{rms}}{M} \tag{8.102}$$

式中:F_{rms}为振动台的最大均方根值随机应力,振动台能承受的最大推力是均方根值力的 3 倍,则有

$$\ddot{x}_{m} = \frac{3F_{rms}}{M} \tag{8.103}$$

SRS 上每个频率点通过有相同频率的振荡冲击模拟,如图 8.43 所示。

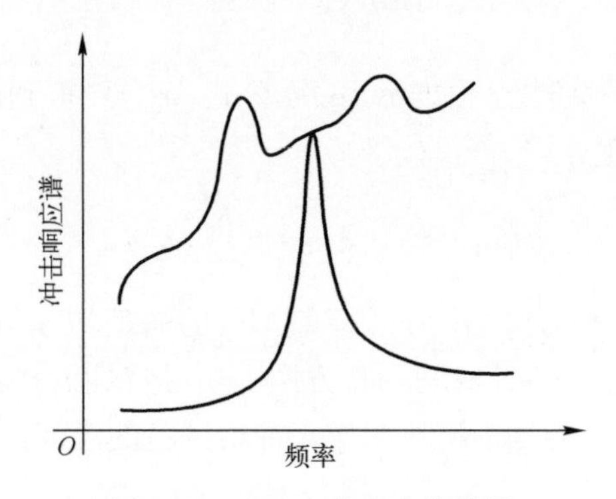

图 8.43 SRS 上参考点的模拟

该初始波形的谱在该频率处存在一个峰值,且在高频时幅值是它的 R 倍,也就是 R 倍的时域信号幅值(R 是信号类型和振荡数量的函数),SRS 的最大值为

$$SRS_{max} = R\,\ddot{x}_{m} \tag{8.104}$$

$$SRS_{max} = R\,\frac{3F_{rms}}{M} \tag{8.105}$$

式中:R 大于或等于 2。

当 $R=2$ 时,可得

$$SRS_{max}=6\frac{F_{rms}}{M} \tag{8.106}$$

当 $R=4$ 时,可得

$$SRS_{max}=12\frac{F_{rms}}{M} \tag{8.107}$$

K. J. Metzgar[MET 67], C. D. Robbins 和 P. E. Vaughan[ROB 67]的试验表明,谱的值可超过 1000g(没有给出振动台的质量和类型)。试验的振动台推力为 135kN,试件质量为 200kg。

非线性的问题

设置好控制系统的参考谱后,为避免在调试过程中造成试件损伤,通常用规范值的 10%的小量级驱动信号调试。当得到的谱符合要求时,再对试件施加规范规定的冲击。

对小试件,或刚性大的试件,除 10%以内量级的 1/10 到满量级之间均可认为足够线性。

对重的试件,为防止非线性,可在较高的量级进行调试,推荐使用模拟试件。

8.13.2 推力、功率和行程的估计

振动台的动态推力与加速度有关[DES 83]:

$$F(\Omega)=mH(\Omega)\ddot{X}(\Omega) \tag{8.108}$$

式中:$F(\Omega)$、$\ddot{X}(\Omega)$分别为推力 $F(t)$ 和加速度$\ddot{X}(t)$的傅里叶变换;m 为试验运动部分的总质量(动圈、台面、夹具和试件);$H(\Omega)$为试件的传递函数。

当振动台直接支撑负载时,台面垂直时,需要考虑移动单元的总重量。

在大多数实际情况下,试件可用固有频率为 ω_{sp},阻尼为 ξ_{sp}的单自由度系统描述,如图 8.44 所示。传递函数为

$$H(\Omega)=\frac{1+2i\xi_{sp}h}{1-h^2+2i\xi_{sp}h}$$

式中

$$h=\frac{\Omega}{\omega_{sp}},\quad i=\sqrt{-1}$$

对于阻尼为 ξ 的规范 SRS,根据定义,其上的每频率点的值为线性单自由度系统的最大响应:

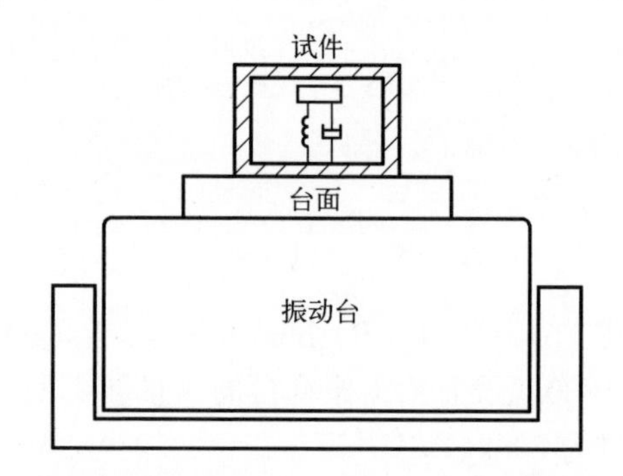

图 8.44 振动台上单自由度系统的设备冲击试验

$$H(f)=\frac{1}{1-\left(\frac{f}{f_0}\right)^2+2\mathrm{i}\xi\frac{f}{f_0}} \tag{8.109}$$

对于阻尼为 ξ,在共振频率($f=f_0$)时,$H(f)\approx\frac{1}{2\mathrm{i}\xi}$。系统的响应与激励的脉冲有关,可由式 $R(f)=H(f)\ddot{X}(f)$ 得到。响应的最大值是 SRS,引入函数 $\delta(\Omega)$,其模等于频率 Ω 下最大响应,即 $\mathrm{SRS}(\Omega)=|\sigma(\Omega)|$,则

$$\sigma(\Omega)\approx\frac{1}{2\mathrm{i}\xi}\ddot{X}(\Omega) \tag{8.110}$$

进一步计算,可得

$$F(\Omega)\approx mH(\Omega)2\mathrm{i}\xi\sigma(\Omega) \tag{8.111}$$

根据 SRS 可得保守的最大力为

$$\begin{gathered}F_{\mathrm{m}}\approx m\frac{1}{2\mathrm{i}\xi_{\mathrm{sp}}}2\mathrm{i}\xi\sigma(\Omega)_{\max}\\F_{\mathrm{m}}\approx m\frac{\xi}{\xi_{\mathrm{sp}}}\mathrm{SRS}_{\max}\end{gathered} \tag{8.112}$$

假设冲击过程中台面速度的傅里叶变换为 $V(\Omega)$,$FV(\Omega)$ 的实部给出了功率:

$$p=\mathrm{Re}[FV(\Omega)]$$

因为 $\ddot{X}(\Omega)=\mathrm{i}\Omega V(\Omega)$,所以保守最大功率为

$$p=\mathrm{Re}[mH(\Omega)\ddot{X}V]=\mathrm{Re}\left\{mH(\Omega)[2\mathrm{j}\xi\sigma(\Omega)]\frac{\ddot{X}(\Omega)}{\mathrm{j}\Omega}\right\}$$

$$p=\mathrm{Re}\left[mH(\Omega)(4\xi^2)\frac{\sigma(\Omega)^2}{\mathrm{j}\Omega}\right]$$

$$p=\frac{4m\xi^2}{\Omega}\mathrm{Re}[\,\mathrm{j}H(\Omega)\sigma(\Omega)^2\,]$$

根据 $H=\frac{1}{2\mathrm{i}\xi_{\mathrm{sp}}}$,可得

$$p_{\max}=\frac{2m\xi^2}{\xi_{\mathrm{sp}}}\left(\frac{\mathrm{SRS}^2}{\Omega}\right)_{\max} \tag{8.113}$$

考虑到式(8.110),冲击过程中位移的傅里叶变换,即

$$X=\frac{\ddot{X}(\Omega)}{(\mathrm{i}\Omega)^2}=2\mathrm{i}\xi\frac{\sigma(\Omega)}{(\mathrm{i}\Omega)^2}$$

从而得到最大行程为

$$x_{\mathrm{m}}=2\xi\left(\frac{\mathrm{SRS}}{\Omega^2}\right)_{\max} \tag{8.114}$$

根据式(8.112)~式(8.114),SRS 的斜率为 n,则功率、行程和力可根据公式 $p_{\max}=k_1\Omega^{2n-1}$ 得到,当 $n>0.5$ 时,它是递增函数,反之是递减函数。

$$x_{\mathrm{m}}=k_2\Omega^{n-2}$$

$$F_{\mathrm{m}}=k_3$$

式中:k_1、k_2、k_3 是常数。

因此,如图 8.45 所示,在对数坐标上:

(1) 斜率为 0.5 的直线与 SRS 的最大点的交线确定了最大功率;

(2) 斜率为 2 的直线与 SRS 的最大点的交线确定了最大行程;

(3) SRS 的最大点与斜率为零的直线的交点,确定了最大力。

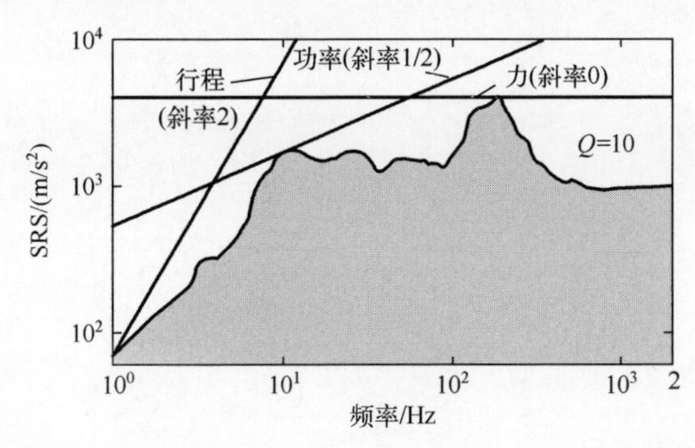

图 8.45 计算必需的应力,功率和冲程来执行给定 SRS 的冲击

使用这些交点的坐标值,分别利用式(8.112)~式(8.114)计算最大应力,必需的功率和行程。

如不知试验设备的阻尼系数 ξ,可使用近似值 0.05。

注释:

(1) 如果试验规范是用速度 SRS 定义的,需用相同的方式来考虑谱上的交点[DES 83]:如表 8.2 所列。

① 计算最大功率时,直线斜率取-1/2;

② 计算行程时直线斜率取 1;

③ 计算力时直线斜率取-1。

表 8.2 用振动台实现 SRS 时,用直线斜率评估冲击的可行性

量值参数	斜率	
	相对位移的 SRS(或绝对加速度)	速度的 SRS
功率	0.5	-0.5
行程	2	1
应力	0	-1

(2) 如果已知材料的动态特性并且已知在频域范围内材料不会发生任何共振,为避免过于保守,可设定 $\xi_{sp}=0.5$,传递函数 $H(\Omega)=1$。

(3) 该方法仅提供了实现 SRS 冲击需要的力,功率和行程的估计值,这是因为:

① 使用的公式是近似的;

② 根据初始波形的形状构建的驱动波,实际产生的冲击波形与进行估计得到的略有不同。

第 9 章
爆炸冲击模拟

有很多研究爆炸冲击源(通过爆炸分离螺栓、爆炸分离阀、分离螺母等产生)的特征、测量和模拟的文献[ZIM 93]。推荐的冲击试验装置包括了从传统的冲击机到非常奇特的试验装置。

对近场爆炸冲击的模拟(见 1.1.13 节),目前的趋势是最好使装备经受由实际设备所产生的冲击(应用不确定性因素弥补冲击的分散性)。在某些情况下,使用金属-金属冲击模拟。

对中场爆炸冲击,可使用真实的爆炸源和特定的机械装置,或使用爆炸的特定设备,也可以使用金属与金属的冲击,如果结构响应占主导,也可以使用振动台模拟[BAT 08,NAS 99]。

对远场爆炸冲击,真正的冲击实际上只是结构的响应,可应用振动台模拟(当该方法可行时)。

9.1 用火工品装置模拟

如果希望模拟的爆炸冲击接近实际环境,最好的模拟方式应在考虑装备的实际冲击环境中模拟产生。最简单的方法是在实际结构上用易操作的火工装置产生真实冲击。模拟效果较好,但[CON 76,LUH 76]成本昂贵并具有破坏性;当没有可能产生不切实际的局部损伤时,就不能应用不确定性因子(对于大的负载,通常需要对昂贵设施进行破坏性的调试)。为避免此问题,需进行统计,因此需要进行多次试验,较昂贵。

实际上,通常采用可重用的冲击模拟装置,激励源是火工品。下面给出几种示例:

(1) 试验装置为圆柱形结构,包括试验中被爆炸绳切掉的“可消耗的”套筒[IKO 64](图 9.1)。冲击的大小与爆炸绳的能量和/或爆炸绳与被试设备(尽可能与实际一致安装在结构上)的距离呈线性关系,试验前进行预试验以调试试验装置。

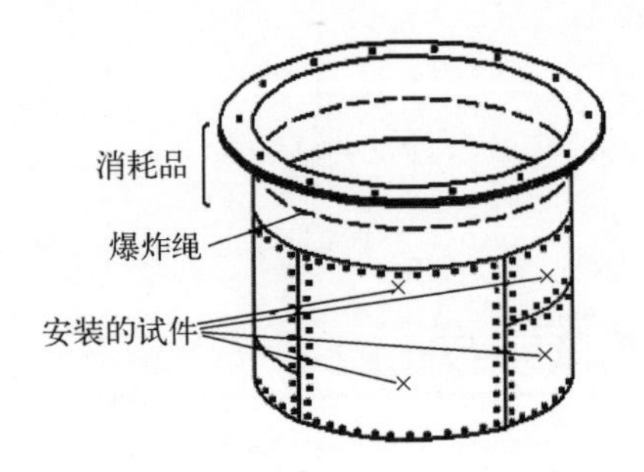

图 9.1 圆柱形测试装置的冲击模拟

(2) 对经受此类冲击的大尺寸结构,当可行时,一般将结构置于真实的火工品系统中。对于验证试验仍然存在不确定性因素的问题。

(3) D. E.White,R. L. Shipman 和 W. L. Harlvey 建议将数量更多的小型炸药放置在被试设备附件的结构上。每条轴线上的爆炸点的数目取决于冲击的大小、设备的尺寸和结构的几何尺寸。如图 9.2 所示装置为一个高 10cm、内径 5cm、外径 15cm,焊接在厚度约为 13mm 的钢板底座上的不锈钢管[CAR 77, WHI65]。

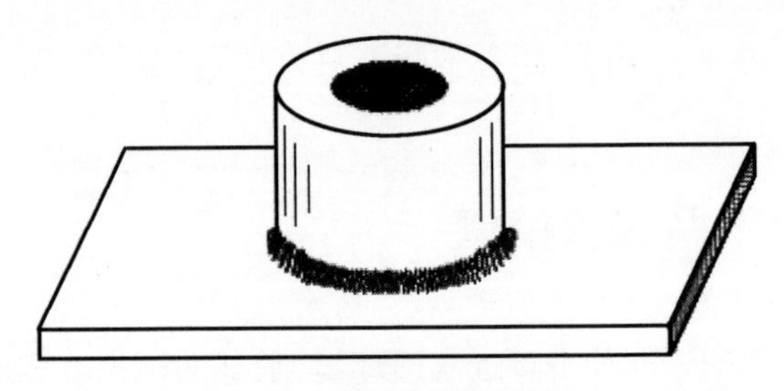

图 9.2 带有炸药包的爆点

为了获得期望的冲击需进行多次预冲击,试验中获得的经验可减少预冲击的次数。

阻尼器的使用、爆点离设备的远近、爆点附近放置的填充物等的变化可改变冲击的形状。如在爆点炸药包上放置沙子,可把更多低频能量传递到结构上而且谱会更加规则和光滑。在爆点和结构之间放置压碎材料可吸收高频冲击能量。

当炸药量太多时,爆炸过程会对结构造成显著的永久变形,造成传递的冲击幅值要比所要求的幅值要小,如果为了获更大的幅值而在下一次试验时用更大的炸药包,将进入恶性循环。因此,在下一次爆炸时最好改变爆点的位置或增加更小能量的炸药包的数目。

这种方法的优点如下:

① 设备能够在实际配置情况下进行试验;

② 能够同时获得设备 3 个轴向上的高强度冲击。

缺点如下:

① 对于获得确定的冲击,事先没有可决定炸药量的分析方法;

② 为确保安全,爆炸试验需要在特定条件下进行;

③ 由于很多参数的影响,因此获得的爆炸冲击很难复现;

④ 如果结构每次都变形,则试验成本很高的[AER 66]。

(4) 试验装置由一块水平悬挂的矩形钢板组成,如图 9.3 所示。这块板在底部受到爆炸冲击(记号线处、板内或盘内爆炸),直接地或者间接地作为"消耗品"。

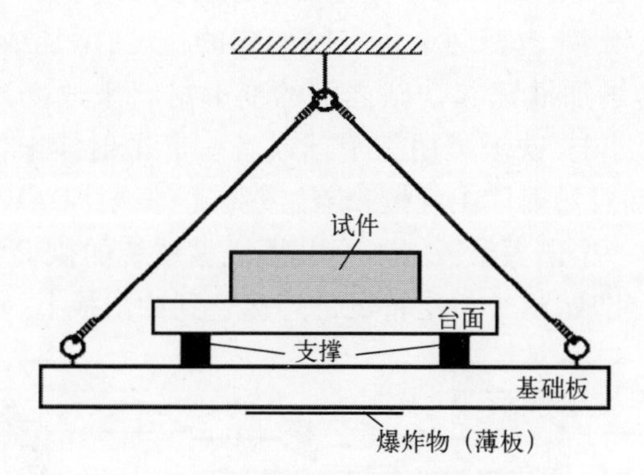

图 9.3 带有爆炸共振系统的盘

用四根弹簧挂着的底板支撑着台面,台面上为试件。用这种方法进行试验,试件上产生的冲击谱取决如下条件:

① 爆炸物的能量;

② 托起试件的板的厚度和特性;

③ 弹性支撑的特性和预应力;

④ 底板材料的特性和它的尺寸以及构成;

⑤ 试件的质量[THO 73]。

如果炸药包没有和底板直接接触,则冲击的复现性会更好。

9.2 利用金属板装置模拟

金属对金属的冲击如图 9.4 所示,其与爆炸分离冲击的中场的冲击有着相似的特点,即大幅值,短持续时间,高频谱。两者的冲击响应谱在低频都有 12dB/oct 的低斜率。一般模拟频率最高可达 10kHz。

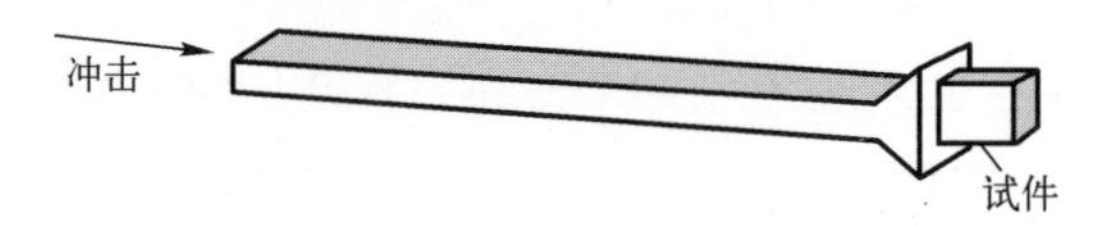

图 9.4 金属对金属的冲击模拟

冲击可以由自身结构上的一个铁锤产生,也可以由一个霍普金森棒[DAV 93,PYR 07]或者共振板产生[BAI 79,DAV 85,DAV 92,DIL 08,FIL 99,LUH 81]。

这些装置产生的冲击的幅值都受撞击的速度控制,冲击的频率成分可以通过改变系统的共振频率(改变两个定点间的棒的长度,增加或者减少滑行装置等)改变,也可通过增加铁锤和铁砧之间的变形材料来改变冲击的频率成分。为了产生大幅值的冲击,铁锤可用一个球或者一个抛射体来代替,其中抛射体的材料是钢和铝,而且抛射体由气枪(空气或氮气)发射[DAV 92],如图 9.5 所示。冲击可直接由一个谐振梁或者一个共振机械系统的拱形金属板得到,共振机械系统由一个板组成,这个板支持试件连接它到冲击板上。如图 9.6 所示。

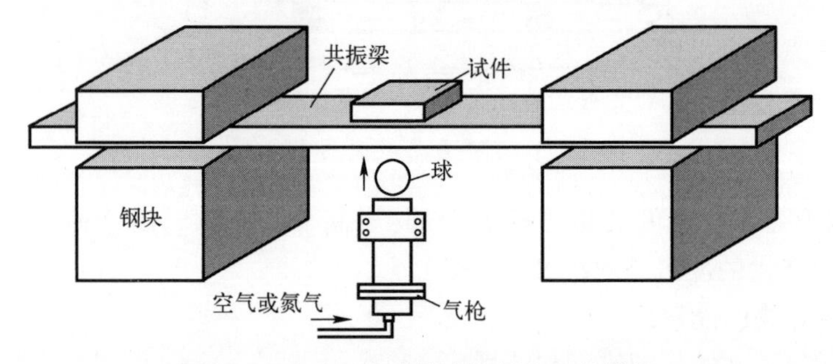

图 9.5 通过一个球撞击钢梁产生的模拟

机械冲击模拟装置

铝板、放置在其上缓冲的承受气锤撞击的泡沫或胶合板组成了机械冲击模拟装置(图 9.7)[NEW 99,STA 99]。移动架子上的气锤可改变撞击的位置。

通过改变板的尺寸,气锤的压力可得到冲击的波形,选择气锤头的材料(不锈钢、铝、铅)可改变冲击的持续时间,这种方法的复现性较好。

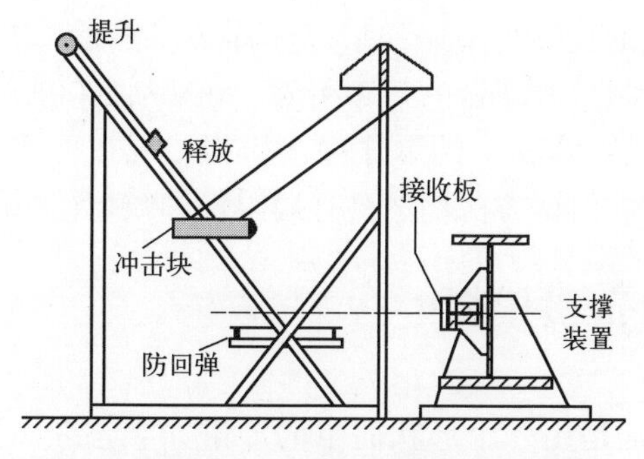

图9.6 通过一个球撞击钢梁产生的模拟

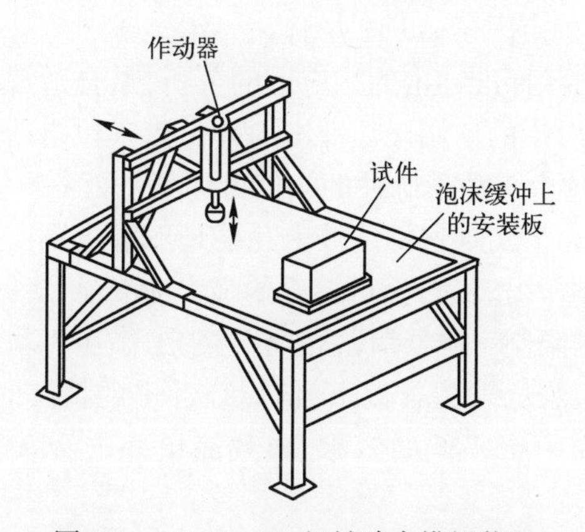

图9.7 NASA-JPL 机械冲击模拟装置

为得到要求的SRS,这些方法需要复杂的调试,例如改变撞击板厚度,锤子的材料,试件在板上的位置,撞击的速度等。

9.3 利用电动台模拟

使用电动振动台产生的冲击受限于振动台的最大行程,并受限于振动台可产生的最大推力。对于爆炸冲击来说,由于其高频特性,行程的限制并不是主要的。但冲击的最大加速度的限制依然存在[CAR 77,CON 76,LUH 76,POW 76]。在4.3.6节的假设下,试验可以只覆盖一部分频谱,这是用振动台模拟实际频谱的一个比较好的方法。

振动台的优点是可实现任何形状的冲击如经典冲击[DIN 64,GAL 66],而且能产生随机噪声,或者产生具有特定响应谱特征的组合信号(冲击谱直接控制见第8章)。

以前提到的低频段的“过试验”问题已经被消除,某些情况下,有可能重现最大频谱达 1000Hz 的真实频谱。如果离爆炸源足够远，冲击的瞬态加速度幅值会很低，唯一的限制是振动台的频率带宽，大约为 2000Hz。美国已经改进此类设备，已能实现高达 4000Hz 的爆炸冲击模拟。现在可实现最高 7000g 的冲击的模拟[MOE 86]。但该方法仍然具有局限性和缺点(见第 8 章)。

9.4 利用冲击机模拟

冲击规范中通常是用一个形状简单的冲击如半正弦波、锯齿波、梯形波等来取代一个形状复杂的真实环境的冲击，依据是冲击响应谱相等这一等效原则(应用一个给定的不确定因子[LUH 76])。

根据各种简单形状标准冲击的响应谱的分析，最合适替代的信号是后峰锯齿波，因为它的谱是对称的。用爆炸冲击的冲击谱来包络的三角形脉冲的持续时间约为 1ms，同时这个三角形脉冲的幅值可达到上万 m/s^2。除非常小的试件以外，在常用的冲击台上实现这样的冲击几乎是不可能的：

(1) 幅值的限制(冲击机台面可接受的最大力)。

(2) 持续时间的限制：气动编程器不允许它工作在 3~4ms。即使先进的编程器的持续时间也很难低于 2ms 以下，但爆炸冲击的持续时间一般接近零，它的冲击谱在低频段有一个很低的斜率，导致简单冲击会有一个很短的持续时间，大约 1ms(或者很小)。

(3) 爆炸冲击的频谱和冲击台实现的简单冲击相比，对阻尼更加敏感。

为了避免第一种局限，在一些情况下，仅接受在低频段的冲击效果的模拟，如图 9.8 所示。从 f_a 开始，这个"等价"的冲击在这种情况下有一个大的幅值，最后覆盖的频率更高。

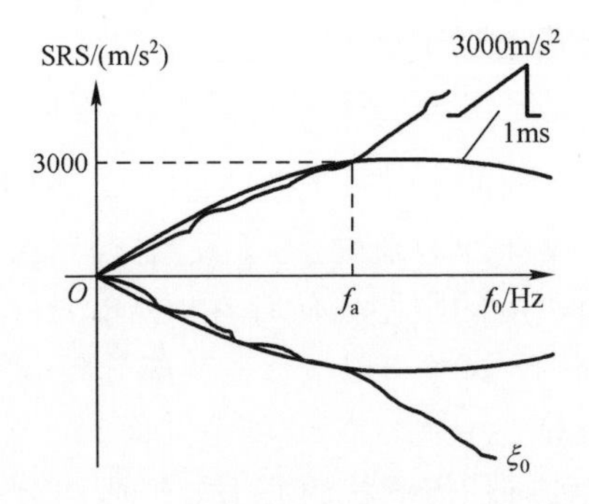

图 9.8 一个短持续时间的 TPS 冲击脉冲

用这种近似法，冲击的形状变得不重要的，所有的简单形状且有对称谱形(冲击区)的冲击都可以。但是，通常应用先进的编程器能够实现后峰锯齿波，用其他编程器很难实现这样的加速度量级。

使用这个程序的缺点是：

(1) 如果试件只有一个频率 f_a，则可认为模拟是正确的(试验设备能够完美地实现规定的冲击)。但通常除了相当低的基本共振频率 f_f 以外，设 $f_a>f_f$，试件在其他更高的频率段还有高品质因数 Q 的共振。

在这种情况下，冲击的宽频率可激起所有的共振频率，高频段的响应起主要作用。因此这种试验方法导致欠试验。

(2) 通过只覆盖低频段，可设置一个低幅值的在冲击台上可实现的“等价”冲击。

但不能解决冲击持续时间的问题。压碎编程器 2ms 的限制和气动编程器 4ms 的限制，使得不可能实现短持续时间的冲击。通常它的响应谱在低频段过高的包络了爆炸冲击的谱(图 9.9)。除谱的交叉点($f_a=f_f$)外，在所有频段的模拟是不正确的。但 $f_a<f_f$ 时过试验，$f_a>f_f$ 时欠试验，有时是允许的。

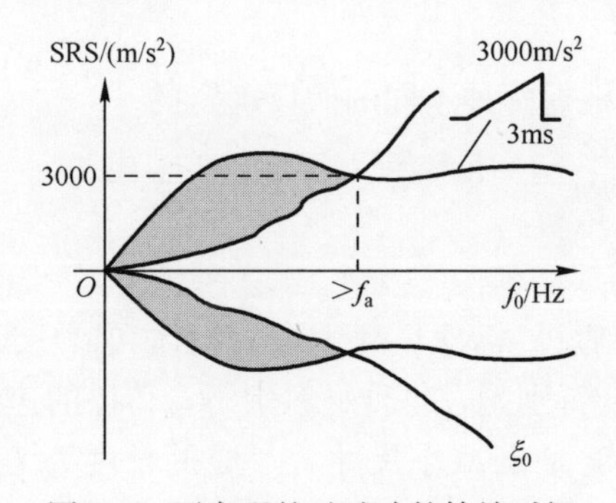

图 9.9　可实现的过试验的持续时间

本章描述了如何在实验室里模拟冲击，并描述了最先进试验设备，但是仍有多试验设备没有描述。许多其他设备过去、现在仍然用来满足特殊的需要[CON 76，NEL 74，POW 74，POW 76]。

附录 动力学相似

当装备太重或体积太大以至于不能用常规试验设备进行试验时,可以采用缩比尺寸的试件进行试验。验证试验常采用这种方法,例如,运输核原料的容器试验,容器要从 9m 高的地方自由落体到混凝土的石板路上(针对 B 型容器)。

这种试验模型是根据两种不同的假设确定的。

A.1 材料不变

根据常用的这种假设,标准尺寸为 1 的物体和缩比尺寸模型的材料相同。应力和速度是一样的(特别是在每种材料中声音传播的速度)。

假设尺寸 1 的长度为 L,减小尺寸后对应的长度为 ℓ,尺寸的比值为[BAK 73,BRI 31,FOC 53,LAN 56,MUR 50,PAS 67,SED 72]

$$\lambda=\frac{\ell}{L} \tag{A.1}$$

速度保持不变,$V=\frac{L}{T}=v=\frac{\ell}{t}$,时间的变化为

$$t=\frac{\ell}{v}=\frac{\lambda L}{V}=\lambda T \tag{A.2}$$

加速度 $\Gamma=\frac{V}{T}$变为

$$\gamma=\frac{v}{t}=\frac{V}{\lambda T}=\frac{\Gamma}{\lambda} \tag{A.3}$$

类似地,分析不同物理变量可得到如表 A.1 的关系。

表 A.1 不同参数的比例因子

表面积	$s=\lambda^2 S$
体积	$w=\lambda^3 W$
密度	不变
质量	$m=\lambda^3 M$
频率	$\varphi=\frac{\Phi}{\lambda}$
力	$f=\lambda^2 F$
能量	$e=\lambda^3 E$
功率	$p=\lambda^2 P$
压强(压力)	不变

采用缩比尺寸模型时,存在很多要求:

(1) 尺寸的空隙极限,制造公差,表面状态。

(2) 对于螺纹部分,如果可能,应该考虑螺纹的数量(尺寸)。如果尺寸的比值导致了螺纹过小,可考虑到所有螺纹总的横截面积,可用较少数量较大尺寸的螺纹取代。

(3) 存在被卡住的部件时,应该考虑相似的结合强度。

(4) 对缩比相似的模型测量时,应考虑测量设备的频带宽度的相似性。但这通常不容易做到,特别是当尺寸 1 的冲击试验包含较高的高频成分时。

(5) 重力的影响(当不可忽略时)。

(6) 尽可能选用相似的传感器(尺寸和质量等),建议根据功能特点考虑尺寸因子的影响(尺寸缩小时,加速度和频率是 $1/\lambda$ 倍的关系)。

对于出现的问题,其重要程度需要通过具体案例的研究进行评估。例如,部件受力的梯度没有考虑。如果 G 是尺寸为 1 的受力梯度,Σ 是力,缩比尺寸的样品上有

$$g=\frac{\sigma_2-\sigma_1}{\ell}=\frac{\Sigma_2-\Sigma_1}{\lambda L}=\frac{G}{\lambda} \tag{A.4}$$

即

$$g=\frac{G}{\lambda} \tag{A.5}$$

A.2 加速度和应力不变

通常有

$$\ell=\lambda L \tag{A.6}$$

加速度不变，既然 $\gamma=\frac{v}{t}=\frac{\ell}{t^2}=\Gamma$，则可得

$$t^2=\frac{\ell}{\gamma}=\frac{\lambda L}{\Gamma}=\lambda T^2 \tag{A.7}$$

则

$$t=\sqrt{\lambda}\,T \tag{A.8}$$

表 A.2 给出了主要物理量的关系。

表 A.2 比例因子

速　度	$v=\lambda^{1/2}V$
表面积	$s=\lambda^2 S$
体积	$w=\lambda^3 W$
密度	$d=\frac{D}{\lambda}$
质量	$m=\lambda^2 M$
频率	$\varphi=\frac{\Phi}{\sqrt{\lambda}}$
阻力	$f=\lambda^2 F$
能量	$e=\lambda^3 E$
功率	$p=\lambda^{5/2}P$
压强(压力)	不变

机械冲击试验:历史背景简介

1917 年前后,美国海军进行了第一次冲击试验[PUS 77,WEL 46]。第二次世界大战前发展较缓慢,20 世纪 40 年代发展迅速。下面给出主要的发展阶段。

1932 年, 对地震的研究中,首次提出了冲击响应谱。

1939 年,首次用强冲击设备(摆动式落锤)模拟水下爆炸对舰载设备的影响[CLE 72,OLI 47]。

1941 年,10ft 高的自由跌落试验方法的研究[DEV 47]。

1945 年,首次制定各种环境条件下[KEN 51]机载设备规范(A. F. 规范 410065)。

1947 年,为制定规范,对陆上交通工具进行环境测量[PRI 47]。

1947 年,用气枪模拟电子设备的冲击[DEV47](美国海军军械实验室)。

1948 年,能产生规定幅值和持续时间的沙沉式跌落机[BRO 61](美国空军)。

1955 年,用振动台模拟冲击(简单冲击波形的再现)[WEL66]。

1964 年,考虑到爆炸冲击模拟的困难,研制了特殊的试验设备[BLA 64]。

1966 年,在振动台上实现冲击响应谱[GAL 66]。20 世纪 70 年代中期,该方法得到了充分发展。

1984 年,冲击响应谱成为美国军用标准 MIL-STD-810D 规范的方法。

参考文献

[AER 66] Aerospace systems pyrotechnic shock data (Ground test and flight), Final Report, Contract NAS 5, 15208, June 1966, March 1970.

[AST 94] Selected ASTM Standards on Packaging, American Society for Testing and Materials, Fourth Edition, Philadelphia, PA, 1994.

[AST 10] ASTM D3332, Standard Test Method for Mechanical-Shock Fragility of Products, Using Shock Machines, American Society for Testing and Materials, Philadelphia, PA, 2010.

[BAC 82] BACA T. J., Characterization of conservatism in mechanical shock testing of structures, PhD Dissertation, Department of Civil Engineering, Stanford University, September 1982, or Sandia Report, Sand 82-2186, 1982.

[BAC 83] BACA T. J., "Evaluation and control of conservatism in drop table shock tests", *The Shock and Vibration Bulletin*, no. 53, Part 1, May 1983, p. 166-170, or Sandia Report, 82-1548C, 1982.

[BAC 84] BACA T. J., "Alternative shock characterizations for consistent shock test specification", *The Shock and Vibration Bulletin*, no. 54, Part 2, June 1984, p. 109-130.

[BAC 86] BACA T. J. and BLACKER T. D., "Relative conservatism of drop table and shaker shock tests", *The Shock and Vibration Bulletin*, no. 56, Part 1, August 1986, p. 289-298.

[BAC 89] BACA T. J. and BELL R. G., "Identification of error sources in shock data", *IES Proceedings*, 1989, p. 1-7.

[BAI 79] BAI M. and THATCHER W., "High G pyrotechnic shock simulation using metal-tometal impact", *The Shock and Vibration Bulletin*, 49, Part 1, September 1979, p. 97-100.

[BAK 73] BAKER W. E., WESTINE P. S. and DODGE F. T., *Similarity Methods in Engineering Dynamics-Theory and Practice of Scale Modeling*, Spartan Books, Hayden Book Company, Inc., Rochelle Park, New Jersey, 1973.

[BAR 73] BARNOSKI R. L. and MAURER J. R., "Transient characteristics of single systems of modulated random noise", *Journal of Applied Mechanics*, March 1973, p. 73-77.

[BAR 74] BARTHMAIER J. P., "Shock testing under minicomputer control", *IES Proceedings*, 1974, p. 207-215.

[BAT 08] BATEMAN V. I., "Pyroshock Testing Update", *Sound and Vibration*, April 2008.

[BAT 09] BATEMAN V. I. ,"Pyroshock Testing Update" ,*Sound and Vibration*,March 2009.

[BEL 88] BELL R. G. ,DAVIE N. T. ,Shock response spectrum anomalies which occur due to imperfections in the data,Sandia Report,SAND-88-1486C,1988.

[BEN 34] BENIOFF H. ,"The physical evaluation of seismic destructiveness" ,*Bulletin of the Seismological Society of America*,1934.

[BIO 32] BIOT M. A. ,Transient oscillations in elastic systems,Thesis no. 259,Aeronautics Dept. , California Institute of Technology,Pasadena,1932.

[BIO 33] BIOT M. A. ,"Theory of elastic systems vibrating under transient impulse,with an application to earthquake-proof buildings" ,*Proceedings of the National Academy of Science*,19,no. 2, 1933,p. 262-268.

[BIO 34] BIOT M. A. ,"Acoustic spectrum of an elastic body submitted to shock" ,*Journal of the Acoustical Society of America*,5,January 1934,p. 206-207.

[BIO 41] BIOT M. A. ,"A mechanical analyzer for the prediction of earthquake stresses" ,*Bulletin of the Seismological Society of America*,Vol. 31,no. 2,April 1941,p. 151-171.

[BIO 43] BIOT M. A. ,"Analytical and experimental methods in engineering seismology" ,*Transactions of the American Society of Civil Engineers*,1943.

[BLA 64] BLAKE R. E. ,"Problems of simulating high-frequency mechanical shocks" ,*IES Proceedings*,1964,p. 145-160.

[BOC 70] BOCK D. and DANIELS W. ,*Stoss-Prüfanlage für Messgeräte*,I. S. L. Notiz N 26-70,3 July 1970.

[BOI 81] BOISSIN B. , GIRARD A. and IMBERT J. F. , "Methodology of uniaxial transient vibration test for satellites" ,*Recent Advances in Space Structure Design-Verification Techniques*, ESA SP 1036,October 1981,p 35-53.

[BOO 99] BOORE D. M. ,Effect of Baseline Corrections on Response Spectra for Two Recordings of the 1999 Chi - Chi, Taiwan, Earthquake, US Geol. Surv. , Open - File Report 99 - 545, p. 37,1999.

[BOR 89] BORT R. L. ,"Use and misuse of shock spectra" ,*The Shock and Vibration Bulletin*,60, Part 3,1989,p. 79/86.

[BOU 96] BOURBAO E. ,"Adaptez votre analyse temps-fréquence à chaque signal" ,*Mesures*, no. 685,p. 79-84,May 1996.

[BOZ 97] BOZIO M. ,Comparaison des spécifications d'essais en spectres de réponse au choc de cinq industriels du domaine Espace et Défense, ASTELAB 1997, Recueil de Conférences, p. 51-58.

[BRA 02] BRAUN S. ,EWINS D. ,RAO S. S. ,*Encyclopedia of Vibration*,Academic Press,2002.

[BRE 66] BRESK F. ,BEAL J. ,"Universal impulse impact shock simulation system with initial peak sawtooth capability" ,*IES Proceedings*,1966,p. 405-416.

[BRE 67] BRESK F. ,"Shock programmers" ,*IES Proceedings*,1967,p. 141149.

[BRI 31] BRIDGMAN P. W. ,*Dimensional Analysis*,Yale University Press,1931.

[BRO 61] BROOKS G. W. ,CARDEN H. D. ,"A versatile drop test procedure for the simulation of impact environments",*The Shock and Vibration Bulletin*,no. 29,Part IV,June 1961,p. 43–51.

[BRO 63] BROOKS R. O. ,"Shocks–Testing methods",Sandia Corporation,*SCTM* 172 *A*,vol. 62, no. 73,Albuquerque,September 1963.

[BRO 66a] BROOKS R. O. and MATHEWS F. H. ,"Mechanical shock testing techniques and equipment",*IES Tutorial Lecture Series*,1966,p. 69.

[BRO 66b] BROOKS R. O. ,"Shock springs and pulse shaping on impact shock machines",*The Shock and Vibration Bulletin*,no. 35,Part 6,April 1966,p. 23–40.

[BUC 73] BUCCIARELLI L. L. and ASKINAZI J. ,"Pyrotechnic shock synthesis using nonstationary broad band noise",*Journal of Applied Mechanics*,June 1973,p. 429–432.

[BUR 96] BURGESS G. ,"Effects of fatigue on fragility testing and the damage boundary curve", *Journal of Testing and Evaluation*,JTEVA,vol. 24,no. 6,pp. 419–426,November 1996.

[BUR 00] BURGESS G. ,"Extension and evaluation of fatigue model for product shock fragility used in package design",*Journal of Testing and Evaluation*,JTEVA,vol. 28,no. 2,pp. 116–120, March 2000.

[CAI 94] CAI L. and VINCENT C. ,"Débruitage de signaux de chocs par soustraction spectrale du bruit",*Mécanique Industrielle et Matériaux*,Vol. 47,no. 2,June 1994,p. 320–322.

[CAL 08] CALVI A. C. , Fundamental Aspects on Structural Dynamics of Spacecraft, ESA/ESTEC, Noordwijk, The Netherlands, 2008 (http://www. ltasvis. ulg. ac. be/cmsms/uploads/File/CALVI_LIEGE_2_Printable. pdf).

[CAN 80] MCCANN JR,M. W. ,"RMS acceleration and duration of strong ground motion",John A. Blume Earthquake Engineering Center,Report no. 46,Stanford University,1980.

[CAP 97] CAP J. S. ,SMALLWOOD D. O. ,A methodology for defining shock tests based on shock response spectra and temporal moments,Sandia Report SAND 97–1480C,Shock and Vibration Symposium,Baltimore,MD (United States),3 Nov 1997.

[CAR 74] CARDEN J. ,DECLUE T. K. ,KOEN P. A. ,"A vibro–shock test system for testing large equipment items",*The Shock and Vibration Bulletin*,August 1974,Supplement 1,p. 1–26.

[CAR 77] CARUSO H. ,"Testing the Viking lander",*The Journal of Environmental Sciences*, March/April 1977,p. 11–17.

[CAV 64] CAVANAUGH R. ,"Shock spectra",*IES Proceedings*,April 1964,p. 89–95.

[CHA 94] CHALMERS R. ,"The NTS pyroshock round robin",*IES Proceedings*, vol. 2, 1994, p. 494–503.

[CHA 10] CHAO W. A. ,WU Y. M. ,ZHAO L. ,"An automatic scheme for baseline correction of strong–motion records in coseismic deformation determination",*Journal of Seismology*, volume 14,issue 3,pp 495–504,July 2010.

[CHI 02] CHILDERS M. A. ,Evaluation of the IMPAC66 Shock Test Machine, Serial Number 118,Army Research Laboratory,ARL–TR–2840,October 2002.

[CHO 80] CHOPRA A. K. ,*Dynamics of Structures: A Primer*,Earthquake Engineering Research

Institute, Berkeley, CA, 1980.

[CLA 65] MCCLANAHAN J. M. and FAGAN J. R., "Shock capabilities of electro-dynamic shakers", *IES Proceedings*, 1965, p 251-256.

[CLA 66] McCLANAHAN J. M. and FAGAN J. R., "Extension of shaker shock capabilities", *The Shock and Vibration Bulletin*, no. 35, Part 6, April 1966, p. 111-118.

[CLE 72] CLEMENTS E. W., Shipboard shock and Navy devices for its simulation, NRL Report 7396, July 14, 1972.

[CLO 55] CLOUGH R. W., "On the importance of higher modes of vibration in the earthquake response of a tall building", *Bulletin of the Seismological Society of America*, vol. 45, no. 4, 1955, p. 289-301.

[COL 90] COLVIN V. G. and MORRIS T. R., "Algorithms for the rapid computation of response of an oscillator with bounded truncation error estimates", *International Journal of Mechanical Sciences*, vol. 32, no. 3, 1990, p. 181-189.

[CON 51] CONRAD R. W., Characteristics of the Navy medium weight High-Impact shock machine, NRL Report 3852, September 14, 1951.

[CON 52] CONRAD R. W., Characteristics of the light weight High-Impact shock machine, NRL Report 3922, January 23, 1952.

[CON 76] CONWAY J. J., PUGH D. A., SERENO T. J., "Pyrotechnic shock simulation", *IES Proceedings*, 1976, p. 12-16.

[COO 65] COOLEY J. W., TUKEY J. W., "An algorithm for the machine calculation of complex Fourier series", *Mathematics of Computation*, vol. 19, no. 90, April 1965, p. 297-301.

[COT 66] COTY A., SANNIER B., "Essais de chocs sur excitateur de vibrations", *LRBA*, *Note Technique no. 170/66/EM*, December 1966.

[COX 83] COX F. W., "Efficient algorithms for calculating shock spectra on general purpose computers", *The Shock and Vibration Bulletin*, 53, Part 1, May 1983, p. 143-161.

[CRA 62] CRANDALL, S. H., "Relation between Strain and Velocity in resonant vibration", *J. Acoust. Soc. Am*, 34 (12), 1962, pp. 1960-1961.

[CRI 78] CRIMI P., "Analysis of structural shock transmission", *Journal of Spacecraft*, vol 15, no. 2, March-April 1978, p. 79-84.

[CRU 70] CRUM J. D., GRANT R. L., "Transient pulse development", *The Shock and Vibration Bulletin*, no. 41, Part 5, December 1970, p. 167-176.

[CUR 55] CURTIS A. J., "The selection and performance of single-frequency sweep vibration tests", *Shock, Vibration and Associated Environments Bulletin*, no. 23, 1955, p. 93-101.

[CZE 67] CZECHOWSKI A., "The study of mechanical shock spectra for spacecraft applications", *NASA CR* 91 356, 1967.

[DAV 85] DAVIE N. T., "Pyrotechnic shock simulation using the controlled response of a resonating bar fixture", *IES Proceedings*, 1985, p. 344-351.

[DAV 92] DAVIE N. T., BATEMAN V. I., Pyroshock simulation for satellite components using a tunable resonant fixture-Phase 1,SAND 92-2135,October 1992.

[DAV 93] DAVIE N. T. ,BATEMAN V. I. ,Pyroshock Simulation for Satellite Components Using a Tunable Resonant Fixture-Phase 2,Sandia Report SAND 93-2294,UC-706,1993.

[DEC 76] DE CAPUA N. J. ,HETMAN M. G. ,LIU S. C. ,"Earthquake test environment - Simulation and procedure for communications equipment",*The Shock and Vibration Bulletin*,46,Part 2,August 1976,p. 59/67.

[DEF 99] Environmental Handbook for Defence Materials, Environmental Test Methods, DEF STAN 00 35,Part 3,Issue 3,Ministry of Defence,May 7,1999.

[DER 80] DER KIUREGHIAN, A. A Response Spectrum Method for Random Vibrations, Report No. UC-B/EERC-80/15, Earthquake Engineering Center, University of California, Berkeley, June 1980.

[DES 83] DE SILVA C. W. ,"Selection of shaker specifications in seismic qualification tests", *Journal of Sound and Vibration*,Vol. 91,no. 1,p. 21-26,November 1983.

[DEV 47] "Development of NOL shock and vibration testing equipment",*The Shock and Vibration Bulletin*,no. 3,May 1947.

[DEW 84] DE WINNE J. ,"Etude de la validité du critère de spectre de réponse au choc",*CESTA/EX* no. 040/84,27/02/1984.

[DIL 08] DILHAN D. ,PIQUEREAU A. ,BONNES L. ,VAN de VEIRE J. ,"Definition and manufacturing of the pyroshock bench",*7th ESA/CNES International Workshop on Space Pyrotechnics*, *ESTEC*,2 September ,2008.

[DIN 64] DINICOLA D. J. ,"A method of producing high-intensity shock with an electrodynamic exciter",*IES Proceedings*,1964,p. 253/256.

[DOK 89] DOKAINISH M. A. ,SUBBARAJ K. ,"A survey of direct time-integration methods in computational structural dynamics: I Explicit methods"; "II Implicit methods", *Computers & Structures*,vol. 32,no. 6,1989,p. 1371-1389 and p. 1387/1401.

[EDW 04] EDWARDS,T. ,"Errors in Numerical Integration Due to Band Limiting and Sampling Rate",*Proceedings 75th Shock and Vibration Symposium*,Virginia Beach,VA,October 2004.

[ENV 89] Environmental Test Methods and Engineering Guidelines, Military Standard MILSTD-810E,U. S. Department of Defense,1989.

[EUR 98] Eurocode 8, Conception et dimensionnement des structures pour leur résistance aux séismes,CEN Standard,1998.

[FAG 67] FAGAN J. R. ,BARAN A. S. ,"Shock spectra of practical shaker shock pulses", *The Shock and Vibration Bulletin*,no. 36,Part 2,1967,p. 17-29.

[FAN 69] FANDRICH R. T. ,"Shock pulse time history generator", *IES Proceedings*, 1969, p. 31-36.

[FAN 81] FANDRICH R. T. ,"Optimizing pre and post pulses for shaker shock testing", *The Shock and Vibration Bulletin*,51,Part 2,May 1981,p. 1-13.

[FAV 69] FAVOUR J. D. , LEBRUN J. M. and YOUNG J. P. ,"Transient waveform control of electromagnetic test equipment", *The Shock and Vibration Bulletin*, no. 40, Part 2, December 1969, p. 157-171.

[FAV 74] FAVOUR J. D., "Transient waveform control - a review of current techniques", *The Journal of Environmental Sciences*, Nov-Dec 1974, p. 9-19.

[FIL 99] FILIPI E., ATTOUOMAN H., CONTI C., "Pyroshock simulation using the Alcatel ETCA test facility, Launch Vehicle Vibrations", *First European Conference*, CNES Toulouse (France), Dec. 14-16, 1999.

[FIS 77] FISHER D. K., POSEHN M. R., "Digital control system for a multiple - actuator shaker", *The Shock and Vibration Bulletin*, no. 47, Part 3, September 1977, p. 79-96.

[FOC 53] FOCKEN C. M., *Dimensional Methods and their Applications*, Edward Arnold & Co, London, 1953.

[FRA 42] FRANKLAND J. M., Effects of impact on simple elastic structures, David Taylor Model Basin Report 481, 1942 (or *Proceedings of the Society for Experimental Stress Analysis*, Vol. 6, no. 2, April 1949, p. 7-27).

[FRA 77] FRAIN W. E., "Shock waveform testing on an electrodynamic vibrator", *The Shock and Vibration Bulletin*, Vol. 47, Part 1, September 1977, p. 121-131.

[FUN 57] FUNG Y. C., "Some general properties of the dynamic amplification spectra", *Journal of the Aeronautical Sciences*, 24, 1, July 1957, p. 547-549.

[FUN 58] FUNG Y. C. and BARTON M. V., "Some shock spectra characteristics and uses", *Journal of Applied Mechanics*, 25, September 1958, p. 365-372.

[FUN 61] FUNG Y. C., "On the response spectrum of low frequency mass-spring systems subjected to ground shock", *STL TR no. EM*11-5, Space Technology Laboratories, Inc., 1961.

[GAB 69] GABERSON H. A., CHALMERS R. H., "Modal velocity as a criterion of shock severity", *Shock and Vibration Bulletin*, no. 40, Part 2, Dec. 1969, pp. 31-49.

[GAB 80] GABERSON H. A., Shock spectrum calculation from acceleration time histories, Civil Engineering Laboratory TN 1590, September 1980.

[GAB 95] GABERSON H. A., "Reasons for presenting shock response spectra with velocity as the ordinate", *Proceedings of the* 66th *Shock and Vibration Symposium*, 1995.

[GAB 00] GABERSON H. A., PAL D. "Classification of violent environments that cause equipment failure", *Sound and Vibration*, vol. 34, no. 5, p. 16-22, May 2000.

[GAB 03] GABERSON H. A., "Using the velocity shock spectrum to predict shock damage", *Sound and Vibration*, September 2003, p. 5-6.

[GAB 06] GABERSON H. A., "The pseudo velocity shock spectrum rules and concepts", *Proceeding of* 60*th Annual Meeting of the Mechanical Failure Prevention Technology Society Annual Meeting*, Virginia Beach, VA, April 7, 2006, pp 369-401.

[GAB 07] GABERSON H. A., "An overview of the use of the pseudo velocity shock spectrum", *Spacecraft and Launch Vehicle-Dynamic Environments Workshop*, June 26-28, 2007.

[GAB 07a] GABERSON H. A., "Shock analysis using the pseudo velocity shock spectrum", *Part*

1, *SAVIAC-75th Shock and Vibration Symposium*, Philadelphia, Pennsylvania, 7 Nov., 2007.

[GAB 07b] GABERSON H. A., "Pseudo velocity shock spectrum rules analysis mechanical shock", *IMAC-XXV: Conference & Exposition on Structural Dynamics*, s11p03 2007.

[GAB 08] GABERSON H. A., "Use damping pseudo velocity shock analysis", *IMAC-XXVI: Conference & Exposition on Structural Dynamics*, s05p04, 2008.

[GAB 11] GABERSON H. A., "Estimating shock severity, rotating Machinery, structural health monitoring", Shock and Vibration, Volume 5, *Conference Proceedings of the Society for Experimental Mechanics Series*, 2011, Volume 8, 515-532.

[GAD 97] GADE S., GRAM-HANSEN K., "The analysis of nonstationary signals", *Sound and Vibration*, p. 40-46, January 1997.

[GAL 66] GALLAGHER G. A., ADKINS A. W., "Shock testing a spacecraft to shock response spectrum by means of an electrodynamic exciter", *The Shock and Vibration Bulletin*, 35, Part 6, April 1966, p. 41-45.

[GAL 73] GALEF A. E., "Approximate response spectra of decaying sinusoids", *The Shock and Vibration Bulletin*, no. 43, Part 1, June 1973, p. 61-65.

[GAM 86] GAM-EG13, Essais généraux en environnement des matériels, Première Partie, Recueil des Fascicules d'Essais, Ministère de la Défense, Délégation Générale pour l'Armement, 1986.

[GAR 86] GARREAU D., GEORGEL B., "La méthode de Prony en analyse des vibrations", *Traitement du Signal*, vol 3, no. 4-5, 1986, p. 235/240.

[GAR 93] GARNER J. M., Shock test machine user's guide, Army Research Laboratory, ARLTN-23, September 1993.

[GER 66] GERTEL M. and HOLLAND P., "Definition of shock testing and test criteria using shock and Fourier spectra of transient environments", *The Shock and Vibration Bulletin*, no. 35, Part 6, April 1966, p. 249-264.

[GIR 04] GIRDHAR P., *Practical Machinery Vibration Analysis and Predictive Maintenance*, Elsevier, C. Scheffer (ed.), 2004.

[GIR 06a] GIRARD A., "Nonlinear analysis of a programmer for half sine pulse", *ASTELAB*, October 17-19, 2006, Paris.

[GIR 06b] GIRARD A.; "Optimization of a pre-pulse on a shaker", *ASTELAB*, October 17-19 2006, Paris.

[GRA 66] GRAY R. P., "Shock test programming-some recent developments", *Test Engineering*, May 1966, p. 28-41.

[GRA 72] McGRATH M. B., BANGS W. F., "The effect of "Q" variations in shock spectrum analysis", *The Shock and Vibration Bulletin*, no. 42, Part 5, January 1972, p. 61-67.

[GRI 06] GRIVELET P. A., "Application de la décomposition modale empirique à l'analyse des signaux de choc", *ASTELAB*, Paris, 2006.

[GRZ 08] GRZESKOWIAK, H., "Shock Input Derivation to Subsystems", *ESA Shock Handbook*, Part 1, Issue 1, 2008.

[GRZ 08a] GRZESKOWIAK, H., "Shock Verification Approach", *ESA Shock Handbook*, Part 2, Issue 1, 2008.

[GRZ 08b] GRZESKOWIAK, "Shock damage risk, assessment H.", *ESA Shock Handbook*, Part 3, Issue 1, 2008.

[GRI 96] GRIVELET P., "SRS calculation using Prony and wavelet transforms", *The Shock and Vibration Bulletin*, no. 67, vol. 1, 1996, p. 123-132.

[HAL 91] HALE M. T. and ADHAMI R., "Time-frequency analysis of shock data with application to shock response spectrum waveform synthesis", *Proceedings of the IEEE*, Southeastcon, 91 CH 2998-3, p. 213/217, April 1991.

[HAY 63] HAY W. A and OLIVA R. M., "An improved method of shock testing on shakers", *IES Proceedings*, 1963, p 241/246.

[HAY 72] HAY J. A., "Experimentally determined damping factors", *Symposium on Acoustic Fatigue*, *AGARD* CP 113, September 1972, p. 12-1/12-15.

[HEN 03] HENDERSON G., *Inappropriate SRS Specifications*, *EE-Evaluation Engineering*, Nelson Publishing Inc., June 1, 2003.

[HER 84a] HERLUFSEN H., "Dual channel FFT analysis", *Brüel & Kjaer Technical Review*, Part I, no. 1, 1984.

[HER 84b] HERLUFSEN H., "Dual channel FFT analysis", *Brüel & Kjaer Technical Review*, Part II, no. 2, 1984.

[HIE 74] HIEBER G. M., TUSTIN W., "Understanding and measuring the shock response spectrum-Part 1" *Sound and Vibration*, March 1974, p. 42-49, "Part 2" *Sound and Vibration*, April 1975, p. 50-54.

[HIE 75] HIEBER G. M. and TUSTIN W., "Understanding and measuring the shock response spectrum", *Sound and Vibration*, Part 2, p. 50-54, April 1975.

[HIM 95] HIMELBLAU, H., PIERSOL, A. G., WISE, J. H., and GRUNDVIG, M. R., Handbook for Dynamic Data Acquisition and Analysis, Institute of Environmental Sciences, Publication IEST -RP-DTE012. 1. 01/01/1995.

[HOR 97] HORNUNG E. and OERY H., "Pyrotechnic shock loads test evaluation, equipment protection", *48th International Astronautical Congress*, Turin, Italy, October 6-10, 1997.

[HOU 59] HOUSNER G. W., "Behavior of structures during earthquakes", *Journal of the Engineering Mechanics Division*, *Proceedings of the ASCE*, *EM*4, October 1959, pp. 109 -129.

[HOW 68] HOWLETT J. T., MARTIN D. J., "A sinusoidal pulse technique for environmental vibration testing", *NASA-TM-X*-61198, or *The Shock and Vibration*, no. 38, Part 3, 1968, p. 207-212.

[HUA 98] N. E. HUANG N. E., SHEN Z., LONG S. R., et al., "The empirical mode decomposition and Hilbert spectrum for nonlinear and non-stationary time series analysis", *Proc. Roy. Soc. London A*, Vol. 454, p. 903-995, 1998.

[HUD 60] HUDSON D. E., "A comparison of theoretical and experimental determination of building response to earthquakes", 2nd *World Conference on Earthquake*, 1960.

[HUG 72] HUG G., Méthodes d'essais de chocs au moyen de vibrateurs électrodynamiques, IMEX, France, 1972.

[HUG 83a] HUGHES T. J. R., BELYTSCHKO T., "A precis of developments in computational methods for transient analysis", *Journal of Applied Mechanics*, vol. 50, December 1983, p. 1033-1041.

[HUG 83b] HUGUES M. E., "Pyrotechnic shock test and test simulation", *The Shock and Vibration Bulletin*, no. 53, Part 1, May 1983, p. 83-88.

[HUN 60] HUNT F. V., "Stress and strain limits on the attainable velocity in mechanical vibration", *The Journal of the Acoustical Society of America*, vol. 32, no. 9, pp. 1123 - 1128, Sept. 1960.

[IBA 01] IBAYASHI K., NAKAZAWA M., OZAKA Y., SUZUKI M., "Damage evaluation method based on total earthquake input energy and unit earthquake input energy in reinforced concrete pier", *Journal of Materials, Concrete Structures and Pavements*, 2001.

[IEC 87] IEC 60068-2-29 Ed. 2. 0, Basic Environmental Testing Procedures, Part 2: Tests, Test Eb and guidance: Bump, 1987.

[IES 09] IEST, Pyroshock Testing Recommended Practice, Institute of Environmental Sciences and Technology, IEST Design, Test, and Evaluation Division (WG-DTE032), October 2009.

[IKO 64] IKOLA A. L., "Simulation of the pyrotechnic shock environment", *The Shock and Vibration Bulletin*, no. 34, Part 3, December 1964, p. 267-274.

[IMP] IMPAC 6060F-Shock test machine-Operating manual, MRL 335 Monterey Research Laboratory, Inc.

[IRV 86] IRVINE M., "Duhamel's integral and the numerical solution of the oscillator equation", *Structural Dynamics for the Practising Engineer*, Unwin Hyman, London, p. 114-153, 1986.

[IWA 84] IWAN W. D., MOSER M. A., PENG C. Y., Strong-motion earthquake measurement using a digtal accelerograph, California Institute of California, Earthquake Engineering Research Laboratory, Report No. ERRL 84-02, April 1984.

[IWA 85] IWAN W. D., MOSER M. A., PENG C. Y., "Some observations on strong-motion earthquake measurement using a digital accelerograph", *Bulletin of the Seismological Society of America*, vol. 75, No. 5, October 1985.

[IWA 08] IWASA T., SHI O., SAITOH M., "Shock response spectrum based on maximum total energy of single degree of freedom model", *49th AIAA/ASME/ASCE/AHS/ASC Structures, Structural Dynamics, and Materials Conference*, 7-10 April 2008, Schaumburg, I, AIAA 2008-1742.

[JEN 58] JENNINGS R. L., The response of multi-storied structures to strong ground motion, MSc Thesis, University of Illinois, Urbana, 1958.

[JOU 79] JOUSSET M., LALANNE C., SGANDURA R., Elaboration des spécifications de chocs mécaniques, Report CEA/DAM Z/EX DO 78086, 1979.

[KAN 85] KANNINEN M. F. ,POPELAR C. H. ,*Advanced Fracture Mechanics*,Oxford University Press,1985.

[KEE 73] KEEGAN W. B. , Capabilities of electrodynamic shakers when used for mechanical shock testing,NASA Report N74-19083,July 1973.

[KEE 74] KEEGAN W. B. ,"A statistical approach to deriving subsystem specifications",*IES Proceedings*,1974,p. 106-117.

[KEL 69] KELLY R. D. ,RICHMAN G. ,"Principles and techniques of shock data analysis",*The Shock and Vibration Information Center*,*SVM5*,1969.

[KEN 51] KENNARD D. C. , Measured aircraft vibration as a guide to laboratory testing, W. A. D. C. A. F. Technical Report no. 6429, May 1951, (or "Vibration testing as a guide to equipment design for aircraft",*The Shock and Vibration Bulletin*,no. 11,February 1953).

[KER 84] KERN D. L. ,HAYES C. D. ,"Transient vibration test criteria for spacecraft hardware", *The Shock and Vibration Bulletin*,no. 54,Part 3,June 1984,p. 99-109.

[KIM 09] KIM D. and OH H. S. ,EMD: A package for Empirical Mode Decomposition and Hilbert Spectrum,The R Journal,vol. 1/1,p. 40-46,May 2009.

[KIR 69] KIRKLEY E. L. ,"Limitations of the shock pulse as a design and test criterion",*The Journal of Environmental Sciences*,April 1969,p. 32/36.

[LAL 72] LALANNE C. ,Recueil de spectres de Fourier et de choc de quelques signaux de forme simple,CEA/CESTA/Z-SDA-EX DO 20,22 August 1972.

[LAL 75] LALANNE C. ,La simulation des environnements de chocs mécaniques,Report CEA-R-4682 (1) and (2),1975.

[LAL 78] LALANNE C. ,JOUSSET M. ,SGANDURA R. ,Elaboration des spécifications de chocs mécaniques,CEA/CESTA Z/EX DO 78086,December 1978.

[LAL 83] LALANNE C. ,Réalisation de chocs mécaniques sur excitateurs électrodynamiques et vérins hydrauliques. Limitations des moyens d'essais, CESTA/EX/ME/ 787, 07/09/1983, Additif CESTA/EX/ME 1353, 28/10/1983, 2nd addendum, COUDARD B. , CESTA/EX/ENV 1141,16/12/1987.

[LAL 90] LALANNE C. ,La simulation des chocs mécaniques sur excitateurs,CESTA/DT/EX/EC DO no. 1187,December 1990.

[LAL 92a] LALANNE C. ,*Les chocs mécaniques*,Stage ADERA: Simulation des Vibrations et des Chocs Mécaniques,1992.

[LAL 92b] LALANNE C. ,Pilotage en spectre de choc et sinus balayé rapide,ASTELAB 1992, p. 227/237.

[LAL 05] LALANNE C. ,"Mechanical Shock",in DE SILVA C. W. (ed.),*Vibration and Shock Handbook*,CRC Press,June 2005.

[LAN 56] LANGHAAR H. L. ,Analyse dimensionnelle et théorie des maquettes,Dunod,1956.

[LAN 03] LANG G. F. ,"Shock'n on Shakers",*Sound and Vibration*,p. 2-8,September 2003.

[ROO 69] ROOT L. ,BOHS C. ,"Slingshot shock testing",*The Shock and Vibration*,*Bulletin* 39,

Part 5, 1969, p. 73/81.

[LAX 00] LAX R., Designing MIL STD (*et al.*) shock tests that meet both specification and practical constraints, m + p international (UK) Ltd, November 2000. (http://www.mpihome.com/pdf/laxdr.pdf)

[LAX 01] LAX R., "A new method for designing MIL-STD shock tests", *Test Engineering & Management*, vol. 63, no. 3, June-July 2001, p. 10-13.

[LAZ 67] LAZARUS M., "Shock testing", *Machine Design*, October 12, 1967, p. 200/214.

[LEV 71] LEVY R., KOZIN F. and MOORMAN R. B. B., "Random processes for earthquake simulation", *Journal of the Engineering Mechanics Division*, *Proccedings of the American Society of Civil Engineers*, April 1971, p. 495/517.

[LIM 09] LIM B., DIDOSZAK J. M., A study on fragility assessment for equipment in a shock environment, Naval Postgraduate School, NPS-MAE-09-002, Monterey, CA, December 09.

[LON 63] LONBORG J. O., "A slingshot shock tester", *IES Proceedings*, 1963, p. 457-460.

[LUH 76] LUHRS H. N., "Equipment sensitivity to pyrotechnic shock", *IES Proceedings*, 1976, p. 3-4.

[LUH 81] LUHRS H. N., "Pyrotechnic shock testing-past and future", *The Journal of Environmental Sciences*, vol. XXIV, no. 6, November-December 1981, p. 17-20.

[MAG 71] MAGNE M., Essais de chocs sur excitateur électrodynamique-Méthode numérique, Note CEA-DAM Z-SDA/EX-DO 0016, 8 December 1971.

[MAG 72] MAGNE M. and LEGUAY P., Réalisation d' essais aux chocs par excitateurs électrodynamique, Report CEA-R-4282, 1972.

[MAN 03] MANCAS M., LE FLOCH G., Missiles: influence des dérives dans les mecures de chocs mécaniques, Essais Industriels (France), no. 25, p. 4-9, 2003.

[MAO 10] MAO Y., HUANG H., YAN Y., "Numerical techniques for predicting pyroshock responses of aerospace structures", *Advanced Materials Research*, vols. 108 - 111, p. 1043 - 1048, 2012.

[MAR 65] MARSHALL S., LA VERNE ROOT, SACKETT L., "10,000 g Slingshot shock tests on a modified sand-drop machine", *The Shock and Vibration Bulletin*, 35, Part 6, 1965.

[MAR 72] MARK W. D. "Characterization of Stochastic Transients and Transmission Media: The Method of Power-Moments Spectra," *Journal of Sound and Vibration* (1972) 22 (3), p. 249_295, 1972.

[MAR 87] MARPLE S. L., *Digital Spectral Analysis with Applications*, Prentice Hall Signal Processing Series, 1987.

[MAT 77] MATSUZAKI Y., "A review of shock response spectrum", *The Shock and Vibration Digest*, March 1977, p. 3-12.

[MER 62] MERCHANT H. C., HUDSON D. E., "Mode superposition in multi-degree of freedom systems using earthquake response spectrum data", *Bulletin of the Seismological Society of America*, Vol. 52, no. 2, April 1962, p. 405/416.

[MER 91] MERCER C. A. ,LINCOLN A. P. ,"Improved evaluation of shock response spectra", *The Shock and Vibration Bulletin*,no. 62,Part 2,October 1991,p. 350-359.

[MER 93] MERRITT R. G. ,"A note on variation in computation of shock response spectra",*IES Proceedings*,vol. 2,1993,p. 330-335.

[MET 67] METZGAR K. J. ,"A test oriented appraisal of shock spectrum synthesis and analysis", *IES Proceedings*,1967,p. 69-73.

[MIL 64] MILLER W. R. ,"Shaping shock acceleration waveforms for optimum electrodynamic shaker performance", *The Shock and Vibration Bulletin*, no. 34, Part 3, December 1964, p. 345-354.

[MIL 89] Military Specification, Requirements for Shock Tests, H. I. (High Impact) Shipboard Machinery,Equipment,and Systems,MIL-S-901D (NAVY),17 March 1989.

[MIN 45] MINDLIN R. D. ,"Dynamics of package cushioning",*Bell System Technical Journal*, Vol. 24,July-October 1945,p. 353-461.

[MOE 85] MOENING C. ,RUBIN S. ,"*Pyrotechnic shocks*",*Proceedings of the* 56*th Shock and Vibration Symposium*,Monterey,CA,1985.

[MOE 86] MOENING C. ,"Views of the world of pyrotechnic shock",*The Shock and Vibration Bulletin*,no. 56,Part 3,August 1986,p. 3/28.

[MOR 99] MORANTE R. ,WANG Y. ,CHOKSHI N. ,*et al.* ,"Evaluation of modal combination methods for seismic response spectrum analysis,BNL-NUREG-6641",15*th International Conference on Structural Mechanics in Reactor Technology*,Seoul (KR),08/15/1999- 08/20/1999.

[MOR 06] MORI Y. ,*Chocs mécaniques et applications aux matériels*,Hermes Science Lavoisier, Paris,2006.

[MRL] Operating Manual for the MRL 2680 Universal Programmer,MRL 519,Monterey Research Laboratory,Inc.

[MUR 50] MURPHY G. ,*Similitude in Engineering*,The Ronald Press Company,New York,1950.

[NAS 65] NASA,Study of mechanical shock spectra for spacecraft applications,NASA CR 91384, August 1965.

[NAS 99] NASA, Pyroshock test criteria, NASA Technical Standard, *NASA STD* - 7003, May 18,1999.

[NAS 01] NASA,Dynamic Environmental Criteria,NASA-HDBK-7005,March 13,2001.

[NEL 74] NELSON D. B. ,PRASTHOFER P. H. ,"A case for damped oscillatory excitation as a natural pyrotechnic shock simulation",*The Shock and Vibration Bulletin*,no. 44,Part 3,August 1974,p. 57-71.

[NEW 99] NEWELL T. ,"Mechanical impulse pyro shock (mips) simulation",*IEEE*,*Workshop on Accelerated Stress Testing*, Boston, MA, USA, 26 Oct 1999 (http://trsnew. jpl. nasa. gov/dspace/bitstream/2014/18340/1/99-1815. pdf)

[NIS 02] NISHIOKA T. ,"Impact-Load Behavior of Materials and Its Evaluation Techniques - III: Impact Fracture Mechanics", *J. Soc. Mat. Sci.* , Japan, vol. 51, no. 12, pp. 1436 -

1442, Dec. 2002.

[NOR 93] Vibrations et Chocs Mécaniques-Vocabulaire, Norme AFNOR NF E 90-001 (NF ISO 2041), June 1993.

[OHA 62] O'HARA G. J., A numerical procedure for shock and Fourier analysis, NRL Report 5772, June 5, 1962.

[OLI 47] OLIVER R. H., "The history and development of the high-impact shock-testing machine for lightweight equipment", *The Shock and Vibration Bulletin*, no. 3, May 1947.

[ORD 03] ORDAZ M., HUERTA B., REINOSO E., "Exact computation of input-energy spectra from Fourier amplitude spectra", *Earthquake Engineering and Structural Dynamics*, 2003, 32, pp. 597-605.

[OST 65] OSTREM F. E., RUMERMAN M. L., Final report. Shock and vibration transportation environmental criteria, NASA Report CR 77220, 1965.

[PAI 64] PAINTER G. W. and PARRY H. J., "Simulating flight environment shock on an electrodynamic shaker", *Shock, Vibration and Associated Environments Bulletin*, no. 33, Part 3, 1964, p. 85-96.

[PAP 62] PAPOULIS A., *The Fourier Integral and its Applications*, McGraw-Hill, 1962, p. 62.

[PAS 67] PASCOUET A., *Similitude et résistance dynamique des matériaux. Application aux ondes de pression dans l'eau*, Mémorial de l'Artillerie Française, Fascicule 1, 1967.

[PIE 88] PIERSOL A. G., Pyroshock data acquisition and analysis for U-RGM-109D payload cover ejection tests, Naval Weapons Center, China Lake, CA, September 1988.

[PIE 92] PIERSOL A. G., "Guidelines for dynamic data acquisition and analysis", *Journal of the IES*, Volume 35, Number 5, September-October 1992, p. 21-26.

[PET 81] PETERSEN B. B., *Applications of Mechanical Shock Spectra*, Elektronikcentralen, Danish Research Center for Applied Electronics, Denmark, ECR 106, January 1981.

[POW 74] POWERS D. R., "Development of a pyrotechnic shock test facility", *The Shock and Vibration Bulletin*, no. 44, Part 3, August 1974, p. 73/82.

[POW 76] POWERS D. R., "Simulation of pyrotechnic shock in a test laboratory", *IES Proceedings*, 1976, p. 5-9.

[PRI 47] PRIEBE F. K., "Vehicular shock and vibration instrumentation and measurements with special consideration of military vehicles", *The Shock and Vibration Bulletin*, no. 6, November 1947.

[PUS 77] PUSEY H. C., "An historical view of dynamic testing", *The Journal of Environmental Sciences*, September-October 1977, p. 9-14.

[PYR 07] Pyrotechnic Shock Test Procedures, US Army Development Test Command, Test Operations Procedure 5-2-521, 20 November 2007.

[RAD 70] RADER W. P., BANGS W. F., "A summary of pyrotechnic shock in the aerospace industry", *The Shock and Vibration Bulletin*, no. 41, Part 5, December 1970, p. 9-15.

[REE 60] REED W. H., HALL A. W., BARKER L. E., Analog techniques for measuring the frequency response of linear physical systems excited by frequency sweep inputs, NASA TN D 508, 1960.

[REG 06] Regulatory Guide1. 92, Combining modal responses and spatial components in seismic response analysis, Revision 2, July 2006.

[RID 69] RIDLER K. D., BLADER F. B., "Errors in the use of shock spectra", *Environmental Engineering*, July 1969, p. 7-16.

[ROB 67] ROBBINS C. D., VAUGHAN P. E., "Laboratory techniques for utilization of a shock synthetizer/analyzer", *IES Proceedings*, 1967, p. 211/214.

[ROS 69] ROSENBLUETH E., ELORDUY J., "Responses of linear systems to certain transient disturbances," *Proceedings of the Fourth World Conference on Earthquake Engineering*, Santiago, Chile, 1969.

[RÖS 70] RÖSSLER F., DAVID E., Fallversuche auf Blei, ISL Notiz N 32/70, 09/07/1970.

[ROT 72] ROTHAUG R. J., "Practical aspects of shock spectrum testing", *IES Proceedings*, 1972, p. 303-308.

[ROU 74] ROUNTREE R. C., FREBERG C. R., "Identification of an optimum set of transient sweep parameters for generating specified response spectra", *The Shock and Vibration Bulletin*, no. 44, Part 3, 1974, p. 177-192.

[RUB 58] RUBIN S., "Response of complex structures from reed-gage data", *Journal of Applied Mechanics*, Vol. 35, December 1958.

[RUB 86] RUBIN S., "Pyrotechnic shock", *The Shock and Vibration Bulletin*, no. 56, Part 3, August 1986, p. 1/2.

[RUS 04] RUSTENBURG J., TIPPS D. O., SKINN D., A study of sampling rate requirements for some load parameter statistics, University of Dayton Research Institute, UDR-TR-2004- 000, September 2004.

[SED 72] SEDOV L., *Similitude et dimensions en mécanique*, Editions de Moscou, 1972.

[SEI 91] SEIPEL W. F., "The SRC shock response spectra computer program", *The Shock and Vibration Bulletin*, no. 62, Part 1, October 1991, p. 300-309.

[SHA 04] SHAKAL A. F., HUANG M. J., GRAIZER V. M., "CSMIP Strong-motion data processing", *Proceedings of COSMOS Invited Workshop on Strong-Motion Record Processing*, May 2004, Richmond, Calif, USA http://www. cosmoseq. org/events/wkshop_records_processing/papers/Shakal_et_al_paper. pdf

[SHE 66] SHELL E. H., "Errors inherent in the specification of shock motions by their shock spectra", *IES Proceedings*, 1966.

[SIN 81] SINN L. A. and BOSIN K. H., "Sampling rate detection requirements for digital shock response spectra calculations", *IES Proceedings*, 1981, p. 174-180.

[SMA 66] SMALL E. F., "A unified phlosophy of shock and vibration testing for guided missiles", *IES Proceedings*, 1966, p. 277/282.

[SMA 72] SMALLWOOD D. O, "A transient vibration test technique using least favorable responses", *The Shock and Vibration Bulletin*, no. 43, Part 1, June 1973, p. 151-164, or Sandia Report, SC-DR-71 0897, February 1972.

[SMA 73] SMALLWOOD D. O., WITTE A. F., "The use of shaker optimized periodic transients in watching field shock spectra", *The Shock and Vibration Bulletin*, no. 43, Part 1, June 1973, p. 139/150, or Sandia Report, SC-DR-710911, May 1972.

[SMA 74a] SMALLWOOD D. O., "Methods used to match shock spectra using oscillatory transients", *IES Proceedings*, 28 April, 1 May, 1974, p. 409-420.

[SMA 74b] SMALLWOOD D. O., NORD A. R., "Matching shock spectra with sums of decaying sinusoids compensated for shaker velocity and displacement limitations", *The Shock and Vibration Bulletin*, 44, Part 3, Aug 1974, p. 43/56.

[SMA 75] SMALLWOOD D. O., Time history synthesis for shock testing on shakers, SAND 75-5368, 1975.

[SMA 81] SMALLWOOD D. O., "An improved recursive formula for calculating shock response spectra", *The Shock and Vibration Bulletin*, 51, Part 2, May 1981, p. 211-217.

[SMA 85] SMALLWOOD D. O., Shock testing by using digital control, SAND 85-03552 J., 1985.

[SMA 92] SMALLWOOD, D. O., "Variance of temporal moment estimates of a squared time history," 63rd *Shock and Vibration Symposium*, Oct. 1992, pp. 389-399.

[SMA 94] SMALLWOOD D. O., Gunfire Characterization and Simulation using Temporal Moments, SANDIA Report SAND-94-21144C, 1 Aug. 1994, Shock and vibration symposium, San Diego, CA (United States), 31 Oct 1994.

[SMA 00] SMALLWOOD D. O., "Shock response spectrum calculation - using waveform reconstruction to improve the results", *Shock and Vibration Symposium*, Nov. 6-9, 2000.

[SMA 02a] SMALLWOOD, D. O., "Calculation of the Shock Response Spectrum (SRS) with a change in sample rate", *ESTECH* 2002 *Proceedings*, April 28, May 1, 2002.

[SMA 02b] SMALLWOOD, D. O., "A family of transients suitable for reproduction on a shaker based on the cosm(x) window", *Journal of the IEST*, vol. 45, no. 1, p. 178-184, 2002.

[SMA 06] SMALLWOOD D. O., "Enveloping the shock response spectrum (SRS) does not always produce a conservative test", *Journal of the IEST*, vol. 49, no. 1, July 2006.

[SMA 08] SMALLWOOD D., EDWARDS T., Energy Methods for the Characterization and Simulation of Shock and Vibration, Sandia National Laboratories, Albuquerque, NM, June 10-12, 2008.

[SMI 84] SMITH J. L., Shock response spectra variational analysis for pyrotechnic qualification testing of flight hardware, NASA Technical Paper 2315, N84-23676, May 1984.

[SMI 85] SMITH J. L., Recovery of pyroshock data from distorted acceleration records, NASA Technical Paper 2494, 1985.

[SMI 86] SMITH J. L., Effects of variables upon pyrotechnically induced shock response spectra, NASA Technical Paper 2603, 1986.

[SMI 91] SMITH S., HOLLOWELL W., "Techniques for the normalization of shock data", *Pro-*

ceedings of the 62nd Shock and Vibration Symposium, October 1991.

[SMI 95] SMITH S., MELANDER R., "Why shock measurements performed at different facilities don't agree", *Proceedings of the 66th Shock and Vibration Symposium*, October 1995.

[SMI 96] SMITH S., HOLLOWELL W., "A proposed method to standardize shock response spectrum (SRS) analysis (to provide agreement between tests performed at different facilities)", *Journal of the Institute of Environmental Sciences*, May–June 1996 and *Aerospace Testing Symposium*, Los Angeles, 1995.

[SMI 08] SMITH S., PANKRACIJ B., FRANZ B., AMEIKA K. "Acquiring and analyzing pyrotechnic test data–the right way!", *Sound and Vibration*, October 2008, pp. 8–10.

[SNO 68] SNOWDON J. C., *Vibration and Shock in Damped Mechanical Systems*, John Wiley & Sons, Inc., 1968.

[SOH 84] SOHANEY R. C., NIETERS J. M., "Proper use of weighting functions for impact testing", *Brüel & Kjaer Technical Review*, No. 4, 1984.

[STA 99] STARK B., MEMS Reliability Assurance Guidelines for Space Applications, NASA, JPL Publication 99–1, California Institute of Technology, January 1999.

[SUT 68] SUTHERLAND L. C., Fourier spectra and shock spectra for simple undamped systems–A generalized approach, NASA CR 98417, October 1968.

[THO 64] THORNE L. F., "The design and the advantages of an air–accelerated impact mechanical shock machine", *The Shock and Vibration Bulletin*, 33, Part 3, 1964, p. 81–84.

[THO 73] THOMAS C. L., "Pyrotechnic shock simulation using the response plate approach", *The Shock and Vibration Bulletin*, no. 43, Part 1, June 1973, p. 119–126.

[TRE 90] TREPESS D. H., WHITE R. G., "Shock testing using a rapid frequency sweep", *A. I. A. I* 90–0947–*CP*, 1990, p. 1885/1892.

[TSA 72] TSAI N. C., "Spectrum–compatible motions for design purposes", *Journal of the Engineering Mechanics Division*, *Proceedings of the ASCE*, April 1972, p. 345–356.

[UNG 62] UNGAR E. E., "Maximum stresses in beams and plates vibrating at resonance", *Journal of Engineering for Industry*, *Trans. ASME* 84*B*, February 1962, pp. 149–155.

[UNR 82] UNRUH J. F., "Digital control of a shaker to a specified shock spectrum", *The Shock and Vibration Bulletin*, 52, Part 3, May 1982, p. 1–9.

[USH 72] USHER T., "Reproduction of shock spectra with electrodynamic shakers", *Sound and Vibration*, January 1972, p. 21–25.

[VAN 72] VANMARCKE E. H. and CORNELL C. A., "Seismic risk and design response spectra", *Safety and Reliability of Metal Structures*, ASCE, 1972, p. 1–25.

[VIG 47] VIGNESS I., "Some characteristics of Navy High Impact type shock machines", *SESA Proceedings*, Vol. 5, no. 1, 1947.

[VIG 61a] VIGNESS I., Navy High Impact shock machines for light weight and medium weight equipment, NRL Report 5618 AD 260–008, US Naval Research Laboratory, Washington DC, June 1961.

[VIG 61b] VIGNESS I., "Shock testing machines", in HARRIS C. M., CREDE C. E. (eds), *Shock and Vibration Handbook* Vol. 2, 26, McGraw-Hill Book Company, 1961.

[VIG 63] VIGNESS I., CLEMENTS E. W., Sawtooth and half-sine shock impulses from the Navy shock machine for mediumweight equipment, NRL Report 5943, US Naval Research Laboratory, June 3, 1963.

[WAL 48] WALSH J. P. and BLAKE R. E., The equivalent static accelerations of shock motions, Naval Research Laboratory, NRL Report no. F 3302, June 21, 1948.

[WAL] WALTER P. L., Pyroshock explained, PCB Piezotronics, Inc. Depew, NY 14043, Technical Note TN 23, http://www.pcb.com/techsupport/docs/vib/VIB_TN_23_0406.pdf.

[WAN 96] WANG W. J., "Wavelet transform in vibration analysis for mechanical fault diagnosis", *Shock and Vibration*, vol. 3, no. 1, p. 17-26, 1996.

[WEL 46] WELCH W. P., "Mechanical shock on naval vessels", *NAVSHIPS* 250-660-26, March 1946.

[WEL 61] WELLS R. H., MAUER R. C., "Shock testing with the electrodynamic shaker", *The Shock and Vibration Bulletin*, no. 29, Part 4, 1961, p. 96/105.

[WHI 61] McWHIRTER M., Methods of simulating shock and acceleration and testing techniques, Sandia Corporation SCDC 2939, 1961.

[WHI 63] McWHIRTER M., "Shock machines and shock test specifications", *IES Proceedings*, 1963, p. 497-515.

[WHI 65] WHITE D. E., SHIPMAN R. L., HARVEY W. L., "High intensity shock simulation", *IES Proceedings*, 1965, p. 425/431.

[WIL 81] WILSON, E. L., DER KIUREGHIAN A., BAYO E. R., "A Replacement for the SRSS Method in Seismic Analysis", *Earthquake Engineering and Structural Dynamics*, Vol. 9. p. 187-192, 1981.

[WIL 02] WILSON E. L., *Three-dimensional Static and Dynamic Analysis of Structures-A Physical Approach with Emphasis on Earthquake Engineering*, Third Edition, Computers and Structures, Inc., Berkeley, California, USA, January 2002.

[WIS 83] WISE J. H., "The effects of digitizing rate and phase distortion errors on the shock response spectrum", *IES Proceedings*, 1983, p. 36-43.

[WIT 74] WITTE A. F., SMALLWOOD D. O., "A comparison of shock spectra and the least favorable response techniques in a transient vibration test program", *IES Proceedings*, April 28-May 1, 1974, p. 16/29.

[WRI 10] WRIGHT C. P., "Effective data validation methodology for pyrotechnic shock testing", *Journal of the IEST*, Vol. 53, no. 1, pp. 9-26, 2010.

[WU 07] WU Y. M., WU C. F., "Approximate Recovery Coseismic Deformation from Strongmotion Records", *Journal of Seismology*, Volume 11, Issue 2, pp 159-170, April 2007.

[YAN 70] YANG R. C., Safeguard BMD System-Development of a waveform synthesis technique, Document no. SAF-64, The Ralph M. Parsons Company, 28 August 1970.

[YAN 72] YANG R. C. , SAFFELL H. R. , "Development of a waveform synthesis technique. A supplement to response spectrum as a definition of shock environment", *The Shock and Vibration Bulletin*, no. 42, Part 2, January 1972, p. 45–53.

[YAR 65] YARNOLD J. A. L. , "High velocity shock machines", *Environmental Engineering*, no. 17, November 1965, p. 11–16.

[YAT 49] YATES H. G. , "Vibration diagnosis in marine geared turbines", *Trans. North East Const. Institution of Engineers and Shipbuilders*, 65, pp. 225–261, Appendix J, 1949.

[YOU 64] YOUNG F. W. , "Shock testing with vibration systems", *The Shock and Vibration Bulletin*, no. 34, Part 3, 1964, p. 355–364.

[ZIM 93] ZIMMERMAN R. M. , "Pyroshock-bibliography", *IES Proceedings*, 1993, p. 471–479.